George Greenstein:

Der gefrorene Stern

Pulsare, Schwarze Löcher und das Schicksal des Alls

Mit 74 Abbildungen

Aus dem Amerikanischen von
Gernot Barschke

Deutscher
Taschenbuch
Verlag

dtv

Ungekürzte Ausgabe
März 1988
Deutscher Taschenbuch Verlag GmbH & Co. KG, München

Titel der amerikanischen Originalausgabe:
Frozen Star
Freundlich Books, New York

ISBN 3-430-13395-5
Umschlaggestaltung: Celestino Piatti
Umschlagfoto: Hale Observatories, Mount Palomar
(Andromedanebel=M31=NGC224)
Gesamtherstellung: C. H. Beck'sche Buchdruckerei, Nördlingen
Printed in Germany · ISBN 3-423-10868-1

Das Buch

Von den geheimnisvollen Pulsaren, Schwarzen Löchern oder Röntgensternen hat man öfter schon gehört. Wie aber entstehen sie? Wie kam man ihnen überhaupt auf die Spur? Verschwinden sie wieder in der Tiefe des Alls? Was geht im Inneren von Pulsaren vor? Geben Schwarze Löcher doch Strahlung ab? Dies alles können am ehesten jene wenigen erklären, die es selber verstanden haben – sofern sie auch erklären können. George Greenstein zählt dazu. Er ist selbst Astrophysiker und beschreibt in diesem Buch die Geschichte jener Forschungen, die den Ursprung und die Zukunft unseres Weltalls zu ergründen suchen. Wovon er sich als Forscher in Atem halten läßt, erlebt der Leser mit – von Greenstein ständig in Spannung gehalten. Er berichtet von der aufregenden Geschichte der Entdeckung der Pulsare, vom derzeitigen Wissensstand über Schwarze Löcher oder Röntgensterne, über die Mühen der Astrophysiker, Mathematiker und Kosmologen, bis an den Rand des überhaupt Erforschbaren vorzudringen. Dem Autor geht es nicht nur darum, die neuesten Erkenntnisse der Astrophysik, dieses noch recht jungen Forschungszweiges der Astronomie, zu vermitteln (alles begann 1967, als der erste Pulsar entdeckt wurde); er läßt den Leser miterleben, wie die Forscher Szenarien durchdenken, Erklärungsmodelle entwickeln und wieder verwerfen müssen, wie sie den Phänomenen unserer Galaxie Stück um Stück auf die Spur kommen. Dabei schreibt Greenstein in klarem Stil und macht dem Laien in einleuchtenden Vergleichen mit der Alltagswelt auch das Schwierigste begreiflich.

Der Autor

George Greenstein promovierte 1968 an der Yale-Universität und arbeitet seitdem als Astrophysiker vor allem über Pulsare und Neutronensterne. Er ist heute Professor am Amherst College in Massachusetts, USA.

Inhalt

Danksagung

Dieses Buch hätte ohne die freundliche Unterstützung der vielen Wissenschaftler, die bereitwillig ihre Zeit für Gespräche zur Verfügung gestellt haben, nicht geschrieben werden können. Einige dieser Dialoge erscheinen auf den folgenden Seiten; andere tauchen dagegen nicht auf, sind für mich aber ebenso wichtig gewesen, um meine Ideen zu formulieren.

Allen beteiligten Personen spreche ich meinen aufrichtigen Dank aus: Brandon Carter, Willy Fowler, Riccardo Giacconi, Stephen Hawking – ich bedanke mich bei Ian Moss für seine Hilfe bei diesem Gespräch – Richard Huguenin, Richard Manchester, Ethan Schreier, Harvey Tananbaum und John Wheeler. Der Bericht von Jocelyn Bell-Burnell im 2. Kapitel wurde in den *»Annals of the New York Academy of Sciences«* veröffentlicht. Die Schilderung von den Erfahrungen Chandrasekhars, die sich im 12. Kapitel findet, basiert auf einem ausführlichen Interview mit Chandrasekhar, das von Spencer Weart von der Niels-Bohr-Bibliothek des *American Institute of Physics,* New York, im Jahre 1977 geführt worden ist; ich danke beiden für die Erlaubnis, dieses Material zu verwenden. Vieles über die Person Eddingtons im 9. Kapitel wurde einfach aus Chandrasekhars Abhandlung *»Verifying the Theory of Relativity«* entnommen, und es freut mich, meine »Schuld« einzugestehen.

Ich bedanke mich beim *Amherst College* für die finanzielle Unterstützung dieses Vorhabens und bei Robert Novick und dem *Columbia Astrophysics Laboratory,* in dem ein Großteil der Arbeit ausgeführt worden ist, für ihre Aufgeschlossenheit. Bei Alan Babb und Mary Catherine Bateson bedanke ich mich für die Hilfe im mythologischen Bereich, bei Ellen Perchonock für ihre Geduld mit den scheinbar endlosen Überarbeitungen und bei Elizabeth West und Walter Pitkin für wertvolle redaktionelle Ratschläge.

I. Teil

Pulsare

1. Kapitel

Der Gaststern

Bei einem Spaziergang in einer sternklaren Nacht wurde mir auf einmal bewußt, wie selten wir Astronomen uns eigentlich den Himmel ansehen.

Ich war gerade zu Besuch bei einem Kollegen, um unsere gemeinsame Forschungsarbeit abzuschließen. Gegenstand der Untersuchung war die minimale, aber beständige Schwankung der Rotationsgeschwindigkeit von Pulsaren. Mein Mitarbeiter hatte die letzten beiden Jahre damit zugebracht, die notwendigen Daten zu sammeln; ich war mit einer Reihe von Theorien vertraut, die aufgestellt worden waren, um diese Unregelmäßigkeit zu erklären. Und nun testeten wir jede Theorie, indem wir deren Voraussagen mit den tatsächlichen Beobachtungen verglichen; alles gestreng mit Hilfe nachprüfbarer Verfahrenswerte – nach der wissenschaftlichen Methode.

Zur wissenschaftlichen Methode gehörten auch die ständigen, persönlichen Sticheleien. Über jeden Autor einer Theorie zu unserem Thema wußten wir einiges zu erzählen. Ganz oben auf unserer Liste stand ein gewisser Professor M. Erst kürzlich hatten wir an einer internationalen Konferenz in Deutschland teilgenommen, wo wir eines Abends mit mehreren anderen Wissenschaftlern in eine Kneipe eingekehrt waren. M. hatte den ganzen Abend damit verbracht, Faßbier zu trinken. Und er hatte sich dabei nicht enthalten, sich wiederholt über das Laster des Trinkens auszulassen.

Alles in allem waren wir entschlossen, seine Theorie genauestens unter die Lupe zu nehmen. Den ganzen Nachmittag lang hatten wir zu beweisen versucht, daß sie falsch war, doch sehr zu unserer Verärgerung hatte sie jedem Test widerstanden: Mit ihr kam man weiter als mit den meisten anderen Theorien.

Und nun waren wir unterwegs, um irgendwo etwas zu essen und zu trinken. Etwas Seltsames hatte gerade unsere Aufmerksamkeit erregt, eine Unregelmäßigkeit, die durch die Beobachtungen aufgezeigt worden war. Reine Daten sind wertlos, bilden lediglich eine Ansammlung von Zahlen. Nur im Zusammenhang mit einer Theorie erhalten sie ihren Sinn; und erst jetzt, nach tagelanger Vertiefung in die Theorien, hatten wir die Bedeutsamkeit dieser Unregelmäßigkeit erkannt. Soweit wir es beurteilen konnten, war keine der Theorien in der Lage, diese Anomalie zu erklären. Über uns leuchteten die Sterne herab. Wir sahen sie nicht an. Wir gingen und sahen auf unsere Füße hinunter, blieben stehen und gingen wieder weiter. Wir redeten und redeten.

Unter dem Reflektor eines Radioteleskops spielt ein Student Saxophon. Das Teleskop befindet sich unter einer weißen, geodätischen Kuppel, deren Oberfläche aus einem Mosaik ungleichförmiger Platten besteht, von denen keine zwei identisch sind. Der Zweck dieser scheinbar willkürlichen Struktur liegt darin, das durch die Kuppel hervorgerufene Interferenzmuster, was sich auf die eintreffenden Radiowellen störend auswirkt, möglichst gering zu halten. Und es funktioniert.

Außerdem herrscht unter der Kuppel eine hervorragende Akustik. Der Student spielt einige wohlbekannte Melodien: »Confirmation«, »The House I Live In«. Dann wird es zu schrill, und er wechselt die Tonlage. Er durchläuft einen kurzen Riff, der schließlich in »My Favorite Things« übergeht.

Die Aufgabe seiner Dissertation besteht in der Beobachtung der zeitlichen Helligkeitsänderungen von Quasaren – weit entfernten Explosionen, die, nach der Meinung vieler Astronomen, dadurch entstehen, daß Sterne in riesige Schwarze Löcher hineinfallen. Am liebsten würde er jeden Quasar stichprobenweise zweimal im Monat beobachten, doch der Konkurrenzkampf um die Benutzung des Teleskops ist heftig gewesen, das Wetter ungünstig. Seine Beobachtungstermine sind, ohne eine Möglichkeit, sie zu verlegen, Monate im voraus festgelegt, und irgendwie scheint es so, als ob der Himmel andauernd klar ist, bis auf die Zeiten, wenn er das Teleskop benutzt. So konnte er glücklich sein, alle paar Monate eine brauchbare Beobachtung zu machen. Langsam bekommt er die Vorstellung, daß sich seine Dissertation allmählich in der Leere auflöst.

Aber nun ist die Luft kristallklar, und die nächsten 36 Stunden kann er ununterbrochen das Teleskop benutzen. Die Beobachtung des ersten Quasars ist bereits abgeschlossen, und die Daten für den zweiten sind unterwegs. Es wird noch eine Weile dauern, bis sie vollständig aufgezeichnet sind. Er beginnt mit »Lush Life«, dann schweift er ab und verliert sich in einer langen Improvisation. Musik erfüllt die Kuppel – wundervolle Töne.

»Nebel über dem südlichen Horn des (Sternbilds des) Stiers. Er enthält keinen Stern, ein weißliches Licht, in die Länge gezogen wie die Flamme einer Wachskerze; entdeckt während der Beobachtung des Kometen von 1758.« Diese Notiz machte Charles Messier, derzeit wissenschaftlicher Assistent des Astronomen der französischen Kriegsmarine, achtundzwanzig Jahre alt, der sein ganzes Leben lang leidenschaftlich Kometen aufspürte und später von König Ludwig XV. »Kometenfrettchen« genannt wurde. Im Laufe seiner Beobachtungen stieß er auf viele dieser Nebel – schwach leuchtende, nicht klar abgegrenzte Flecken, die oftmals Kometen glichen. Im Gegensatz zu wirklichen Kometen bewegten sie sich jedoch nicht am Nachthimmel entlang. Damit er sie nicht mit den Objekten, nach denen er suchte, verwechselte, entschied sich Messier schließlich dafür, sie zu katalogisieren. Während seines langen Lebens entdeckte er 16 Kometen und katalogisierte 102 Nebelflecken. Seinen Katalog gibt es heute immer noch; die von ihm entdeckten Kometen sind dagegen in völlige Vergessenheit geraten.

Die zitierte Notiz ist die erste Eintragung in Messiers Katalog, und der so beschriebene Nebel wurde als Messier 1 bekannt. Irgendwann im Laufe der Zeit bekam er, wegen der großen Ähnlichkeit, einen neuen Namen: *Crabnebel* (Krebsnebel). Der Katalog enthält – unter anderem – viele dieser unförmigen Nebel, und die meisten sind auch das, was sie zu sein scheinen: Wolken aus Gas und Staub, die von einem nahe gelegenen Stern beleuchtet werden. Der hauptsächliche Unterschied zwischen ihnen und gewöhnlichen Wolken besteht in der Größe, denn nach erdgebundenen Maßstäben sind sie riesig, unvergleichlich viel größer als die Erde selbst.

Auch der Crabnebel ist eine ausgedehnte Wolke. Er leuchtet jedoch nicht durch reflektiertes Sternenlicht.

Der Crabnebel hat in der Länge eine Ausdehnung von ungefähr 100 Milliarden Kilometern – zehn Lichtjahre – und ist somit groß genug, um in seinem Innern einen Stern zu enthalten. (Dieser Stern leuchtet aber nur schwach, so daß Messier ihn nicht entdecken konnte.) Der Nebel breitet sich sehr schnell aus, mit einer Geschwindigkeit von ungefähr 1 600 Kilometern pro Sekunde. Er breitet sich aus, weil er durch eine Explosion auseinandergerissen worden ist – es handelt sich bei dem Nebel um die Trümmer einer Explosion. Wenn man weiß, wie groß der Crabnebel ist und wie schnell er sich nach außen bewegt, kann man berechnen, wann der Ausbruch stattgefunden hat. Man kommt zu dem Schluß, daß es vor ungefähr 900 Jahren gewesen sein muß. Anhand einer völlig anderen Quelle kann auch die exakte Antwort festgestellt werden: Als die Explosion stattfand, wurde sie nämlich beobachtet – am 4. Juli des Jahres 1054.

Auf einem Foto (Bild 1) sieht der Crabnebel aus wie eine Pusteblume, die von Baumwolle umhüllt ist. Bei der Pusteblume handelt es sich um ein verschlungenes Gebilde aus glühenden, orangefarbenen Gasfasern. Diese Fasern sind die Überreste eines Himmelskörpers, der durch eine Explosion in Fetzen gerissen worden ist; und sie glühen, weil sie noch immer heiß sind. Die »Baumwolle«, eine formlose, blauweiße Wolke, ist noch sonderbarer. Sie setzt sich eigentlich nicht aus Materie im herkömmlichen Sinne zusammen. Sie entsteht durch Elektronen, die mit hohen Geschwindigkeiten durch ein im Nebel befindliches, magnetisches Feld rasen. Das Magnetfeld bringt sie dazu, Kreisbahnen zu beschreiben; und wenn sie im Bogen fliegen, senden sie Licht aus.

Jahrelang hatte man ein Problem mit diesen Elektronen. Niemand wußte, woher sie kamen. Es war nicht so schwierig, sich vorzustellen, daß die Explosion von 1054 unzählige, sich schnell bewegende Teilchen hervorgebracht hatte, doch sie hätten ihre hohe Geschwindigkeit nicht sehr lange halten können. Durch die Abstrahlung von Energie wären sie langsamer geworden, wären schon vor langer Zeit so gut wie zur Ruhe gekommen und hätten aufgehört, Licht auszusenden. Es muß irgend etwas anderes geben, was sie entstehen läßt und was sie in den Nebel hineinbringt – irgend etwas, das genau *jetzt* vor sich geht.

Und es gab noch ein weiteres Problem: Wenn man den Zeitpunkt der Explosion nach der Ausdehnungsgeschwindigkeit des Nebels berechnete, kam man nicht genau auf die richtige Lösung. Die Unstimmigkeit konnte nur durch die Annahme erklärt werden, daß sich der Nebel nicht mit einer gleichmäßigen Geschwindigkeit ausbreitet. Er mußte beschleunigt worden sein. Eine gewöhnliche Wolke aus Trümmern wird langsamer, wenn sie auseinanderfliegt; der Crabnebel dagegen wurde schneller. Auch in diesem Fall muß in seinem Innern irgend etwas vor sich gehen – genau jetzt.

Was den Stern inmitten des Nebels betrifft: Es handelte sich nicht um einen Stern. Es war ein Pulsar. Aber bis vor kurzem hatte dies noch niemand erkannt.

Für diejenigen von uns, die sich mit Pulsaren und Schwarzen Löchern beschäftigen, gehören diese Dinge zum alltäglichen Leben – aber nur in dem Sinne, wie ich es eben beschrieben habe. Der Wissenschaftler, der in die Forschung vertieft ist, wird weniger durch das Objekt seiner Untersuchung in Anspruch genommen als durch die Methoden, die er anwendet. Der beobachtende Astronom beschäftigt sich mit seinem Teleskop, der Theoretiker mit Mathematik; und beide wenden einen beträchtlichen Teil ihrer Energie für Diskussionen mit ihren Kollegen auf. Bei dieser ganzen Sache scheint es so, als ob der Pulsar und das Schwarze Loch irgendwie verlorengehen.

Ich muß mich schon sehr anstrengen, um mich vom Wissenschaftsbetrieb zu lösen und mir das seltsame Wesen vorzustellen, mit dem ich so viele Jahre zugebracht habe. Aber versuchen wir es einfach.

Ich stelle mir vor, daß ich schwerelos im Raum schwebe. Neben mir befindet sich eine gewaltige, orangefarbene Wand, die sich scheinbar endlos bis in die Ferne hinzieht. Es handelt sich um den Teil einer Gasfaser in den Außenbezirken des Crabnebels. Von allen Seiten bin ich von einer milchigweißen Trübheit eingeschlossen, den Ausstrahlungen der Elektronen. In jeder Richtung sind Sterne zu sehen, denn der Nebel ist transparent, so sehr verdünnt, daß es sich fast um ein Vakuum handelt. Dennoch enthält er Strahlung in hohen Konzentrationen. Diese Strahlung besteht zum Teil aus rasend schnellen Teilchen; in diesem Fall sind es die gleichen, die auch die nebelartige Trübheit erzeugen, und ohne eine ausreichende Abschirmung würde ich innerhalb von Sekunden eine tödliche Dosis erhalten. Außerdem verursacht die Strahlung eine beträchtliche Heizwirkung.

Lichtjahre entfernt gleicht der Pulsar im Zentrum des Nebels einem Stroboskop. Sein Licht kommt stoßweise, ein helles Aufblitzen, dann ein schwächeres: sechzig Pulse pro Sekunde in einem gleichbleibenden Rhythmus. Das Objekt, das für diese Pulsation verantwortlich ist – der »Leuchtturm«, der die Lichtblitze aussendet –, ist zu klein, um von den Außenbezirken des Nebels aus gesehen werden zu können. Das größte Teleskop, das es gibt, würde nicht in der Lage sein, es von hier aus zu entdecken.

Ich bewege mich weiter, auf das Innere des Crabnebels zu. Die Intensität der Partikelstrahlung steigt. In Richtung des Pulsars wird sie immer stärker – sie kommt von dem Pulsar. Die Strahlung übt einen beträchtlichen Druck aus, und diese Kraft ist es, die die Ausbreitung des Nebels beschleunigt. Was den Pulsar anbetrifft, so würde mir ein Film, der von hier aus gedreht werden würde, einiges über sein Wesen offenbaren. In Zeitlupe abgespielt, würde der Film zwei Lichtstrahlen zeigen, der eine heller als der andere, die in fast entgegengesetzte Richtungen deuten und mit dreißig Umdrehungen pro Sekunde wild umherwirbeln.

Ich bewege mich noch näher heran. Ich bewege mich bis auf 150 Millionen Kilometer, die Entfernung der Erde von der Sonne, an den Pulsar heran. Die Pulsationen sind überwältigend. Im Durchschnitt ist die Helligkeit größer als die des Sonnenlichts: Da sie in Blitze konzentriert ist, würde jeder einzelne von ihnen unweigerlich zur Blindheit führen. Eine ungestüme Strahlung – Elektronen und Protonen – strömt von dem Pulsar aus nach außen in den Nebel hinein. Man kann sich keine Abschirmung vorstellen, die davor ausreichend schützen würde. Die Strahlung wäre groß genug, um einen Planeten auseinanderzureißen. Es ist sogar möglich, daß vor langer Zeit ein System von Himmelskörpern in gleichbleibenden Umlaufbahnen um den Pulsar gekreist ist, aber wenn dies der Fall gewesen ist, so hätte es in Flammen gestanden und hätte unter der Gewalt der furchterregenden Strahlung heftig gekocht. Von jedem der Himmelskörper wäre eine riesige, längliche Wolke verdampften Gesteins nach außen geflossen. Die Planeten hätten dann wie Kometen ausgesehen. Keiner hätte bis heute überleben können.

Der Pulsar ist ebenso massereich wie die Sonne, aber trotzdem ist er viel kleiner – so klein, daß selbst aus dieser Nähe kein Teleskop in der Lage wäre, ihn zu finden. Seine Masse hat zur Folge, daß er eine Anziehungskraft auf mich ausübt. Ich wiege etwas. Nach und nach falle ich dem Pulsar entgegen – und je mehr ich mich ihm nähere, desto größer wird die Schwerkraft. Ich falle immer schneller. Wenn ich 1,6 Kilometer von dem Pulsar entfernt bin, stürze ich mit einer Geschwindigkeit von mehr als 300 Kilometern pro Sekunde auf ihn zu. Bei einem Zehntel dieser Entfernung ist die Gravitation so stark, daß sie eine Erbse mit der Kraft von fünf Newton anzieht, und die Fallgeschwindigkeit hat sich auf 1 300 Kilometer pro Sekunde erhöht. Ein ständiger Fluß von Röntgenstrahlen strömt nach außen. Während ich falle, nimmt er zu, genauso wie die Stärke der Partikelstrahlung und die Helligkeit des Lichts. In einer Höhe von sechzehntausend Kilometern beträgt die Anziehungskraft auf die Erbse fünfhundert Newton, und ich bewege mich mit einer Geschwindigkeit von mehr als 3 000 Kilometern pro Sekunde. In der Zeit, die man braucht, um diesen Satz zu lesen, bin ich dem Pulsar bis auf 1 600 Kilometer entgegengestürzt. Hier befindet sich ein mächtiges Magnetfeld. Es verändert sich ständig auf heftige Weise – es *rotiert,* genau im Einklang mit den Leuchtfeuern des Pulsars. Ich bin von kosmischem Feuer eingeschlossen: von überhitztem Plasma und starken elektrischen Strömen. Gewaltige Blitze flackern mir entgegen. Irgendwo in dieser Gegend entstehen die umherwirbelnden, gleißenden Lichtstrahlen. Die Kraft, die auf die Erbse wirkt, beträgt nun 50 000 Newton.

Bis zum Pulsar, der noch immer nicht zu sehen ist, sind es jetzt noch 1 600 Kilometer, und diese Strecke werde ich, ob ich will oder nicht, in einer Achtelsekunde zurücklegen. Alles geschieht nun auf einmal. Ich werde heftig beschleunigt und erreiche beim Fallen fast die Lichtgeschwindigkeit. Was sich vor mir befindet, ist blau, hinter mir ist es rot. Die Intensität des rotierenden Magnetfeldes wird so unvorstellbar groß, daß die Atome verformt werden. Ungewöhnliche Auswirkungen der Gravitation kommen hinzu: Mein Körper wird langgezogen, die Geometrie ist verzerrt, und die Bahnen der Lichtstrahlen sind gekrümmt. Und dann wird das Objekt dieser Reise und die Ursache von allem, was ich erlebt habe, plötzlich sichtbar. Es bleibt vielleicht eine tausendstel Sekunde, in der ich es sehen kann, dann bin ich schon vorbeigerast. An diesem Punkt ist meine Geschwindigkeit so enorm hoch, daß keine vorstellbare Maschine in der Lage wäre, die Richtung meines ungestümen Sturzes auch nur etwas zu ändern.

Es handelt sich um einen Magneten, den stärksten, den man kennt, wahrscheinlich ist es sogar der stärkste Magnet des ganzen Universums. Er hat einen Durchmesser von sechzehn Kilometern, ist kugelförmig und besitzt eine Oberfläche, die so eben ist, daß man ein Mikroskop brauchen würde, um irgendwelche Unregelmäßigkeiten zu entdecken. Er dreht sich dreißigmal pro Sekunde um seine Achse und ist so heiß, daß er nicht rot glüht wie erhitztes Metall und nicht weiß wie die Sterne, sondern Röntgenstrahlen aussendet. Er wird von einer wenige Zentimeter dicken Atmosphäre eingehüllt, die heftig wirbelnd in den Weltraum strömt.

Nun bin ich daran vorbeigeflogen. Es war ein *Neutronenstern.*

In der obigen Beschreibung fallen zwei Dinge auf, die für die Beschaffenheit eines Neutronensterns grundlegend sind: Die Masse des Sterns entsprach der der Sonne, aber sein Durchmesser betrug nur 16 Kilometer. Er muß also sehr dicht gewesen sein. Wenn man die Masse durch das Volumen teilt, erhält man die Dichte. Sie ist 100 000 000 000 000mal größer als die des Wassers.

Ein interessanter Wert. Es ist genau die Dichte eines Atomkerns.

Normalerweise besteht Materie aus Atomen – jede Art von Materie: ein Felsen, ein lebender Organismus, das Wasser im Meer. Ein Atom wiederum setzt sich aus einem kleinen, sehr dichten Kern – bestehend aus ungefähr der gleichen Anzahl von Neutronen und Protonen – und einer Elektronenwolke zusammen, die den Kern umgibt. Diese Elektronen sind von dem Kern recht weit entfernt, so daß ein Atom eine sehr offene Struktur aufweist. Wenn man annimmt, daß ein Atomkern die Größe eines Golfballs hätte, so würden sich die Elektronen mehrere Kilometer weit weg befinden. Selbst die dichtesten Substanzen auf der Erde, zum Beispiel ein Bleiklotz, sind fast vollkommen inhaltlos: die Atome sind zwar eng aneinandergepreßt, aber sie selbst bilden nahezu leere Räume.

Die soeben beschriebene, vorgestellte Reise endete mit einem flüchtigen Blick auf eines der wenigen Dinge im Universum, die *nicht* zur Hauptsache aus Leere bestehen. Vor langer Zeit hatte eine sehr starke Kompressionskraft auf den Stern gewirkt. Die Atome wurden zerquetscht, die Kerne zusammengepreßt. Unter dem Druck verbanden sich die Elektronen mit den Protonen der Kerne und bildeten Neutronen. Es entstand ein kleiner, nur aus Neutronen bestehender Bereich mit einer enormen Dichte: keine Atome, keine leeren Räume mehr. Ein Neutronenstern.

Um eine derartige »Neutronenmaterie« zu erzeugen, muß man nur gewöhnliche Materie genug zusammenpressen. Wenn man einen Schraubstock hätte, der stark genug ist, so könnte man einen Löffel so sehr zusammendrücken, daß er den neutronischen Zustand erreicht. Eine derartige Materie würde allerdings äußerst seltsame Eigenschaften besitzen. Ein Stück in der Größe eines Zuckerwürfels würde 100 Millionen Tonnen wiegen. Auf einen Tisch gelegt, würde sich der Würfel infolge seines Gewichts durch die Tischplatte bohren. Er würde auf den Fußboden fallen und sich sofort hineindrücken. Er würde sich einen Weg durch die feste Erde bahnen und sich einen Tunnel bis zum Mittelpunkt der Erdkugel bohren, dann weiterfliegen, auf der anderen Seite herauskommen, allmählich langsamer werden und schließlich wieder nach innen fallen; er würde, immer mitten durch die Erdkugel hindurch, hin- und herpendeln.

Neutronenmaterie kann auf der Erde nur dann in ihrem Zustand verbleiben, wenn sie von einer Hochdruckhülle umgeben wird, denn sie besitzt einen enormen inneren Druck. Bei einem Neutronenstern ist es die Gravitation, die den Druck im Zaume hält. Auf der Erde würde der Zuckerwürfel, wenn er nicht durch eine äußere Kraft gebändigt wird, explodieren; und zwar mit einer Wucht, die der Sprengkraft von 100 000 000 000 Megatonnen TNT gleichkommt.

Vielleicht ist es auch nur gut so, daß wir eine derartige Substanz nicht herstellen können. Die Kompressionskraft, die benötigt wird, um diese Neutronenmaterie zu erzeugen, ist so groß, daß sie auf der Erde nicht aufgebracht werden kann. Aber die Natur ist in der Lage, zu schaffen, was wir nicht können. Der Gravitation könnte es gelingen. Die Sonne ist zur Zeit einer sehr starken Kompressionskraft ausgesetzt, die von der Schwerkraft jedes ihrer Teile auf alle anderen herrührt. Sie wird nur deshalb nicht zu einem neutronischen Zustand zusammengedrückt, weil sie so heiß ist: durch ihre hohe Temperatur behält die Sonne die Form einer großen, nicht klar abgegrenzten Kugel. Bei der Sonne ist dieses Gleichgewicht beständig, doch bei anderen Sternen kann es bedenklich werden. Was würde geschehen, wenn dieses Gleichgewicht bei irgendeinem Stern gestört wird? Würde der Stern zum neutronischen Zustand zusammenstürzen und ein Neutronenstern werden?

Wenn ein großer Körper zusammenschrumpft, gibt er Energie ab; und je mehr er zusammenschrumpft, desto mehr Energie wird freigesetzt. Es ist leicht zu berechnen, wieviel Energie ein gewöhnlicher Stern mit einem Durchmesser von ungefähr 1,6 Millionen Kilometern hervorbringen müßte, wenn er zu einem Neutronenstern mit einem Durchmesser von 16 Kilometern zusammenstürzen würde. Die Lösung ist entnervend: Innerhalb weniger Sekunden würde mehr Energie freigesetzt werden, als der Stern in seiner ganzen Milliarden Jahre dauernden bisherigen Existenz ausgestrahlt hat. Sie würde explosionsartig freigesetzt werden. Die äußeren Regionen des Sterns würden weggesprengt werden, während das Innere in den neutronischen Zustand zusammenfällt. Dieser Vorgang, die Zerstörung eines alten Sterns und die gleichzeitige Erschaffung eines neuen, wäre eines der gewaltsamsten und katastrophalsten Ereignisse, die man sich vorstellen kann.

Aus der Geschichte der Sung-Dynastie, geschrieben von T'o-T'o: »Im ersten Jahr der Periode *chih-ho*, im fünften Mond, am Tage *chi-ch'ou,* ungefähr mehrere Zentimeter südöstlich von T'ien-Kuan erschienen. Nach über einem Jahr wurde er (der Gaststern) allmählich unsichtbar.«

Das erste Jahr der Periode *chih-ho* entspricht dem Jahre 1054; der Tag *chi-ch'ou* im fünften Mond ist der 4. Juli. T'ien-Kuan ist die Himmelsregion, die sich in der Nähe eines Sterns befindet, den wir heutzutage T-Tauri nennen, weil er sich, ebenso wie der Crabnebel, im Sternbild des Stiers befindet. Aber was ist nun ein Gaststern?

Eine weitere Eintragung lautet: »Er war wie die Venus bei Tage sichtbar... Insgesamt war er 23 Tage lang (bei Tageslicht) zu sehen.« Der Stern wurde offenbar immer dunkler: Am 17. April des Jahres 1056 war er nicht einmal mehr bei Nacht zu sehen. Soviel wir wissen, ist er nie wieder aufgetaucht.

Yang Wei-te, wahrscheinlich der damalige Hofastrologe, vermerkte, daß der Gaststern »eine schillernde gelbe Farbe (hatte). Mit Respekt habe ich, gemäß dem Willen der Kaiser (die kaiserliche Farbe war gelb), eine Prognose gestellt, die folgendes aussagt: Der Gaststern hat keine negativen Auswirkungen auf Aldebaran (im Sternbild des Stiers); daraus geht hervor, daß ein begnadeter Herrscher regiert und daß dem Land eine große Persönlichkeit von Verdienst und Würde voransteht: Ich bitte darum, daß dies(e Deutung) an das Hofarchiv weitergeleitet wird, um dort aufbewahrt zu werden.« Das Ergebnis hatte also durchaus auch eine politische Bedeutung.

Genaugenommen sind Gaststerne eigentlich nicht so ungewöhnlich, wie man vielleicht meinen sollte. Das Ungewöhnliche bei diesem Stern ist seine Helligkeit gewesen. Mit Hilfe von Teleskopen hat man schließlich herausgefunden, daß bestimmte Sterne von Zeit zu Zeit plötzlich und unerwartet aufflackern, als ob sie explodiert wären, und nur langsam wieder dunkler werden, bis sie wieder ihre ursprüngliche Helligkeit erreicht haben. Wenn ein derartiger explodierender Stern vorher zu dunkel gewesen ist, um bemerkt zu werden, dann scheint es wegen seiner plötzlichen Helligkeit so, als ob er gerade entstanden ist. Deshalb benutzte man den Begriff *nova,* lateinisch für »neu«. Der chinesische Begriff *Gaststern* meinte das gleiche: Der Stern taucht kurz auf, dann verschwindet er wieder.

Eine Nova hat nicht die vollständige und auch nicht eine teilweise Zerstörung des Sterns zur Folge. Es handelt sich um ein kurzzeitiges Aufflackern, nach dem der Stern wieder genau seinen vorherigen Zustand annimmt. Aber nach langer Zeit – nach sehr langer Zeit – tritt eine Nova völlig anderer Art auf. Diese *Supernovae*, wie sie genannt werden, sind sehr selten; die letzte, die stattgefunden hat – nicht einmal ganz in unserer Nähe –, wurde 1604 von Kepler entdeckt. Um derartige Ereignisse zu beobachten, müssen die heutigen Astronomen Fotografien von fernen Galaxien untersuchen. Wenn eine Supernova gefunden wird, ist es wirklich außergewöhnlich. Der Stern – vorher unsichtbar, denn kein einzelner Stern kann auf diese weite Entfernung gesehen werden – leuchtet auf, bis er vielleicht hundertmilliardenmal heller ist als vorher. Langsam wird er wieder dunkler; oftmals bleibt er, wenn man gute Teleskope benutzt, mehrere Jahre lang sichtbar, dann verschwindet er schließlich wieder. Im hellsten Stadium strahlt eine Supernova mehr Licht aus als eine ganze Galaxie. Ein derartiger Ausbruch reicht völlig aus, um einen Stern auseinanderzureißen. Sollte die Sonne vom Schicksal einer Supernova ereilt werden, so würde alles Leben auf der Erde im nächsten Moment ausgelöscht sein; der gesamte Planet würde übel zugerichtet, möglicherweise sogar zerstört werden.

Wenn eine Supernova entdeckt wird, werden die Astronomen in der ganzen Welt davon sofort in Kenntnis gesetzt. Da die bekannten Galaxien nur gelegentlich fotografiert werden, ist die Wahrscheinlichkeit, daß man eine Supernova im Anfangsstadium der Explosion entdeckt, sehr gering. Meistens bemerkt man sie erst einige Wochen nach dem Ausbruch. Viele dieser Ausbrüche scheinen ähnliche Eigenschaften aufzuweisen, so daß man sie zu einer Kategorie zusammengefaßt hat. Die Übereinstimmungen sind das plötzliche Aufleuchten des Sterns; eine sehr große Helligkeit, vielleicht einhundertmilliardenmal stärker als die der Sonne; ein recht schnelles Abnehmen der Helligkeit, das ungefähr einen Monat lang anhält, und schließlich ein langsameres Dunklerwerden, bis der Stern, scheinbar für immer, verschwindet. Das Spektrum des Lichts, das von diesem Sterntyp ausgesendet wird, die genaue Analyse der Farben, ist eines der Rätsel in der Astronomie, die seit langem ungelöst sind: Es konnte bisher nicht vollständig gedeutet werden.

Da Supernovae so selten auftreten, befinden sich die wenigen, die entdeckt worden sind, in sehr weiter Ferne (wie Blitze, die meistens dort auftauchen, wo man sie nicht vermutet). Und da sie sehr weit entfernt sind, konnte man nur wenige Informationen über sie sammeln, und wie die Dinge heute stehen, handelt es sich um rätselhafte Wesen. Die Supernova-Explosion eines in der Nähe befindlichen Sterns würde eine einmalige Gelegenheit bieten. Spiegelteleskope, Radio- und Röntgenteleskope, Zähler für kosmische Strahlung, Neutrino-Teleskope, Gravitationswellen-Teleskope ... das ganze Arsenal, das zur Verfügung steht, würde sofort in Betrieb gesetzt werden. In einem Jahr oder schon in den ersten Tagen würde man mehr über die Supernovae lernen als in den ganzen Jahrzehnten, die seit ihrer Entdeckung vergangen sind. Doch es ist äußerst schwierig, die Chance, ob dies bald geschieht, einzuschätzen. Supernovae scheinen in jeder Galaxie alle hundert Jahre einige Male aufzutreten. Da die letzte in unserer Galaxie 1604 erschienen ist, sind wir eigentlich seit langem für eine weitere überfällig. Es kann aber auch sein, daß sie – oder auch schon mehrere – bereits dagewesen und wieder verschwunden ist, denn auf einen großen Teil unserer näheren Umgebung ist die Sicht versperrt, und zwar durch Staubwolken, die so undurchlässig sind, daß man nicht einmal eine Supernova durch sie hindurch sehen könnte. Alles in allem lassen sich die Astronomen aber nicht beirren.

Im Jahre 1934 erkannten die Astronomen Walter Baade und Fritz Zwicky als erste die wirklichen Vorgänge bei einer Supernova-Explosion, zu der das ständige Leuchten von Milliarden von Sternen im Vergleich bedeutungslos ist. Gerade zwei Jahre vorher hatte der russische Physiker Lew Landau die Theorie aufgestellt, daß es in dem Kern von gewöhnlichen Sternen eine Art »Neutronenmaterie« geben könnte. Heute wissen wir, daß Landaus damalige Beweisführung falsch gewesen war und so gut wie keinen Zusammenhang mit der gegenwärtigen Vorstellung von einem Neutronenstern hatte. Aber immerhin diente sie dazu, den Gedanken, daß Neutronenmaterie existieren könnte, einzuführen.

Baade und Zwicky griffen die Idee auf. In einer Fachzeitschrift schrieben sie: »Mit allem Vorbehalt bringen wir die Ansicht vor, daß Supernovae den Übergang von gewöhnlichen Sternen zu Neutronensternen verkörpern, die in ihrem Endstadium aus extrem eng zusammengepackten Neutronen bestehen.« Nur zwei Jahre nach der Entdeckung des Neutrons war diese Vermutung natürlich sehr kühn. Als ob sie beunruhigt waren, zu weit gegangen zu sein, fügten Baade und Zwicky an einer anderen Stelle hinzu: »Wir sind uns darüber im klaren, daß unsere Vermutung schwerwiegende Folgen für die gegenwärtige Vorstellung von dem Aufbau der Sterne in sich birgt und daher noch genauer untersucht werden muß.«

Niemand beachtete den Artikel.

Die Geschichte der Wissenschaft ist voll von weitsichtigen Vermutungen, die jahrzehntelang ignoriert wurden. Diese war eine davon. Dabei fällt einem das alte Bild von dem Wissenschaftler ein, der kampfbereit sein muß, um seine Ideen gegenüber einer allgemeinen Gleichgültigkeit mit äußerster Anstrengung ans Licht zu bringen. Dieses Bild gilt heute immer noch. Auf der anderen Seite stehen jeder richtigen Idee hundert falsche gegenüber: Der Wissenschaftler, der jeder aufgestellten Theorie, die seinen Weg kreuzt, nachgeht, würde nicht sehr weit kommen. Auf jeden Fall werden Baade, Zwicky und Landau der erwähnten Klischeevorstellung nicht gerecht, denn sie selbst vertrauten ihrer Vermutung nicht allzusehr. Baade beschäftigte sich nicht mehr mit ihr, und Landau erwähnte sie nur noch einmal kurz in einem Lehrbuch. Sie betrachteten sie als eine unter vielen Ansichten. Nur Zwicky setzte sich weiterhin ab und zu mit der Idee auseinander – aber im allgemeinen hielt man ihn sowieso für einen »Wilden«. Die Fachartikel, die Neutronensterne behandeln und in den Jahren nach der ersten Mutmaßung veröffentlicht worden sind, kann man an den Fingern einer Hand abzählen.

Während man sich in dieser Zeit kaum mit Neutronensternen befaßte, gewann man bei der Erforschung von diffusen Nebeln neue

Erkenntnisse. Seit 1921 stand der Crabnebel in einer Liste von Nebeln, die sich in der Nähe von ehemaligen »Novae« – möglicherweise auch genau dort – befanden. 1942, mit der Veröffentlichung der bereits erwähnten alten chinesischen Aufzeichnungen in englischer Sprache, wurde es offensichtlich, daß es sich bei dem Gaststern von 1054 um eine nahe gelegene Supernova gehandelt hatte. Außerdem stimmte sein Standort genau mit dem des Crabnebels überein.

Der Crabnebel war also ein Beispiel dafür, wie eine Supernova nach 900 Jahren aussieht: Sie besteht aus den Trümmern eines explodierten Sterns. Im Crabnebel befand sich ein Stern. War es ein Neutronenstern? Er war offensichtlich ungewöhnlich, denn sein Spektrum widersetzte sich jeder Analyse und glich keinem von anderen Sternen. Aber derart besondere Sterne waren nicht selten, und so erregte er nur wenig Aufmerksamkeit.

Es wurden einige Artikel veröffentlicht, in denen versucht wurde, ihn zu klassifizieren. Beim Lesen dieser alten Abhandlungen kann man sich amüsieren und ärgern: Es handelt sich um diesen Sterntyp, es handelt sich um jenen Sterntyp, er ist ein Neutronenstern . . . Heute wissen wir natürlich, daß er nichts von alledem ist: Er ist ein Pulsar, ein rotierender Scheinwerferstrahl, und dieser Pulsar ist irgendwie eine Manifestation eines sich sehr schnell drehenden Neutronensterns, den bis zum heutigen Tage noch niemand ausfindig machen konnte.

Wenn der Pulsar seine Lichtblitze nur langsamer ausgesandt hätte! Auf dem Foto (Bild 1) kann man es erkennen; wenn seine unzähligen Pulse in einem Punkt zusammengefaßt werden – dann sieht er aus wie ein Stern. Mit Hilfe eines Teleskops kann man es beobachten; genauso wie ein Film, eine Serie von unbeweglichen Bildern, beständig zu fließen scheint, sieht es so aus, als ob er gleichmäßig leuchtet. Man braucht keine besondere technische Ausrüstung, um die Pulse aufzuspüren. Sie hätten bereits 1934 entdeckt werden können.

Aber niemand tat es. Der »Stern« blieb ein Stern.

2. Kapitel

Die Entdeckung der Pulsare

Ende der 60er Jahre hatte der Gedanke, daß es Neutronensterne geben könnte, mehr als drei Jahrzehnte lang in der Luft gelegen. Schließlich wurden sie durch Zufall entdeckt.

Der Zufall ereignete sich 1967 in Cambridge, England, und es geschah, als der britische Astronom Antony Hewish ein neues, spezielles Radioteleskop baute. Hewish suchte überhaupt nicht nach Neutronensternen. Er interessierte sich nicht besonders für sie. Er interessierte sich mehr für ein bestimmtes Flackern – oder, wissenschaftlich ausgedrückt, für die Szintillation. Hewish wollte die Szintillation der Radiosignale, die von den Quasaren ausgesendet wurden, untersuchen. Um dieses zu tun, war er dazu gezwungen, eine neue Art von Radioteleskop zu konstruieren: Es mußte empfindlich genug sein, um die unscheinbaren, raschen Schwankungen, die durch Szintillation hervorgerufen wurden, festzustellen. Dieses Teleskop war tatsächlich das erste, das in der Lage war, derartige, rasche Schwankungen der Intensität einer kosmischen Radioquelle zu ermitteln. Der Zufall wollte es, daß dieses Modell geradezu ideal für die Entdeckung von Pulsaren war. Für diese Entdeckung und für seine lebenslange, hervorragende Arbeit in der Radioastronomie erhielt Hewish 1974 den Nobelpreis für Physik.

Es war eigentlich nicht Hewish, der die ersten Spuren von Pulsaren fand. Dieses Verdienst geht an eine Studentin, Jocelyn Bell. In einem wahren Labyrinth von Daten, die das neue Teleskop aufzeichnete, fiel ihr Ende September 1967 als erste eine Unregelmäßigkeit auf. Zuerst wußte sie nicht, was sie damit anfangen sollte. Diese Anomalie war sehr seltsam, und sie nannte sie *»scruff«* (was wörtlich soviel wie Falte bedeutet).

Bell versuchte die Radioquelle sorgfältiger zu beobachten, um den *scruff* genauer festzuhalten. Aber die Quelle verweigerte die Mitarbeit. Sie verschwand. Volle zwei Monate lang ging Bell jeden

Tag zum Teleskop, um nach dem *scruff* zu suchen, und zwei Monate lang blieb die Radioquelle unsichtbar. Viele andere Wissenschaftler – und natürlich viele andere Studenten – hätten aufgegeben. Bell jedoch machte weiter. Schließlich, Ende November 1967, tauchte die Radioquelle wieder auf, und Bell erkannte sofort, daß es sich bei der Anomalie um eine Folge von regelmäßigen Pulsationen handelte.

Sie hatte den ersten *Pulsar* entdeckt.

Jahre später, während einer Zusammenkunft von Wissenschaftlern, beschrieb Jocelyn Bell – die nun Jocelyn Bell-Burnell hieß – nach dem Essen ihre Erfahrungen in dieser wundervollen Zeit.

»Ich war Studentin und schloß mich (Hewish) an, als mit dem Bau seines Teleskops begonnen werden sollte«, erzählte sie. »Das Teleskop bedeckte eine Fläche, die fast zwei Hektar groß war – eine Fläche, auf der 57 Tennisplätze Platz gehabt hätten. In diesem Gebiet stellten wir über tausend Pfähle auf und befestigten an ihnen über 2 000 Dipole. Die ganze Konstruktion wurde mit 190 Kilometern Draht und Kabel verbunden. Wir führten die Arbeiten selbst aus – wir waren zu fünft – mit der Hilfe von mehreren, sehr eifrigen Studenten, die Semesterferien hatten und sich einen ganzen Sommer lang munter mit dem Vorschlaghammer abmühten. Der Bau dauerte zwei Jahre und kostete über 15 000 Pfund, was selbst für damalige Verhältnisse noch billig war. Wir nahmen das Teleskop im Juli 1967 in Betrieb, obwohl es noch einige Monate dauerte, bis die Konstruktion vollständig fertiggestellt war.

Unter der Aufsicht von Tony Hewish konnte ich eigenverantwortlich an dem Teleskop arbeiten und die Daten analysieren. Wir setzten jeweils vier Empfänger gleichzeitig ein und tasteten alle vier Tage den ganzen Himmel im Deklinationsbereich von + 50 bis – 10 ab. Die Ausgabe der Daten wurde von vier dreispurigen Kurvenschreibern bewerkstelligt, die zusammen jeden Tag auf einer Papierrolle Aufzeichnungen mit einer Gesamtlänge von 30 Metern erstellten. Die Diagramme wurden ohne technische Hilfsmittel analysiert – von mir. Wir entschieden uns dafür, die Ausgabedaten zunächst nicht von einem Computer auswerten zu lassen, da wir dachten, daß es, bis wir mit unserem Teleskop und den Empfangsgeräten richtig vertraut waren, besser wäre, die Daten visuell zu untersuchen, und weil ein Mensch ein Signal mit besonderen Merkmalen sofort erkennen kann, während es schwierig ist, dafür ein Computerprogramm zu entwickeln.

Nachdem ich die ersten hundert Meter analysiert hatte, konnte ich die szintillierenden Quellen (also die Quasare) erkennen, außerdem bemerkte ich eine Interferenz. Sechs oder acht Wochen nach Beginn der Untersuchung fiel mir auf, daß die Aufzeichnungen gelegentlich einen *scruff* wiedergaben, was nicht so aussah wie eine szintillierende Quelle und auch nicht so wie eine durch Menschen verursachte Interferenz. Des weiteren bemerkte ich, daß dieser *scruff* schon vorher im gleichen Abschnitt der Aufzeichnungen zu beobachten gewesen war – daß er also von der gleichen Stelle des Himmels stammte.«

Als Hewish und Bell darüber sprachen, kamen sie zu dem Schluß, daß die Quelle dieser ungewöhnlichen Signale eine stärkere Aufmerksamkeit verdiente. Sie entschlossen sich, ein besonders schnelles Registriergerät einzusetzen, um somit Aufzeichnungen von hohem Auflösungsvermögen zu erhalten. Das Radioteleskop konnte die Quellen nur dann beobachten, wenn diese infolge der täglichen Rotation des Himmels genau darüber hinwegzogen. So war Bell gezwungen, ihren Zeitplan nach dieser Rotation auszurichten, um immer dann am Teleskop sein zu können, wenn die Quelle feststellbar war. »Gegen Ende Oktober, als wir eine bestimmte Untersuchung von 3 C 273 (einem Quasar) abgeschlossen hatten und schließlich mit allen benötigten Empfängern und Aufzeichnungsgeräten ausgestattet waren, begann ich damit, jeden Tag das Observatorium aufzusuchen, um diese genaueren Aufzeichnungen zu erstellen. Sie waren unbrauchbar. Wochenlang registrierte ich nur das Rauschen des Empfängers. Die ›Quelle‹ war offensichtlich verschwunden.

Dann ließ ich eines Tages die Beobachtung sausen, um eine Vorlesung zu besuchen, und am nächsten Tag entdeckte ich auf meinen normalen Aufzeichnungen, daß der *scruff* dagewesen war. Einige Tage später, Ende November 67, erschien er auf den genaueren Aufzeichnungen. Als das Kurvenbild unter dem Schreiber herausfloß, konnte ich sehen, daß es sich bei dem Signal um eine Folge von Pulsen handelte; somit wurde meine Vermutung, daß sie den gleichen Abstand voneinander hatten, bereits in dem Augenblick bestätigt, in dem ich das Kurvenbild des Aufzeichnungsgerätes erhielt. Sie waren eine und eine drittel Sekunde voneinander entfernt.

Ich setzte mich mit Tony Hewish in Verbindung, der gerade in Cambridge eine Vorlesung hielt, und seinem ersten Eindruck nach mußten sie von Menschen stammen. Unter diesen Umständen handelte es sich um eine sehr vernünftige Antwort, aber aus einer wirklich bemerkenswerten Unwissenheit heraus konnte ich nicht verstehen, warum sie nicht von einem Stern stammen sollten. Er war jedoch interessiert genug, um am nächsten Tag zum Observatorium zu kommen, und glücklicherweise (denn Pulsare erscheinen selten auf Bestellung) zeigten sich die Pulse erneut.

Dies war der Punkt, an dem unsere Probleme erst richtig anfingen.«

Es ist eine Sache, eine Folge von Radiopulsen zu entdecken; und es ist eine ganz andere, vollkommen zu verstehen, was es mit ihnen auf sich hat. Wie die Dinge damals standen, war nur eines klar: daß Bell eine höchst ungewöhnliche Radiostrahlungsquelle ausfindig gemacht hatte. Am Ende stellte sich heraus, daß ihre Entdeckung eine kleine Revolution für die Astronomie bedeutete. Es handelte sich um den Höhepunkt einer dreiunddreißig Jahre langen Geschichte und zugleich um den Beginn einer neuen. Aber niemand wußte das zu dieser Zeit.

Niemand wußte, *was* es war, das diese Signale aussandte. War es ein Stern? Eine Galaxie? Oder war es etwas völlig anderes – vielleicht ein Objekt, das bis dahin noch nicht einmal von irgend jemandem vermutet worden war? Wenn es sich um einen Stern oder um eine Galaxie handelte, warum unterschied sich ihre Emission dann so sehr von der anderer Sterne und Galaxien? Und: Gab es nur ein derartiges Objekt, oder gab es mehrere?

Es war ein langer Weg bis zur endgültigen Lösung dieser Fragen. Am Anfang waren es Hewish, Bell und ihre Kollegen, die versuchten, die Bedeutung der Pulsation zu verstehen. Aber sie kamen nicht sehr weit. Schließlich veröffentlichten sie, ohne eine Erklärung gefunden zu haben, die Bekanntmachung ihrer Entdeckung, und mit dieser Veröffentlichung wurde das Problem von ihnen an die Physiker und Astronomen in der ganzen Welt weitergeleitet. Was vorher eine Arbeit war, die sich auf wenige Personen beschränkte, wurde nun zu einer Arbeit, die weltweit durchgeführt wurde. Man beschäftigte sich damit in den Artikeln der Fachzeitschriften, in persönlichen Briefen und am Telefon; man setzte sich damit in weit entfernten Universitäten, wie zum Beispiel in Moskau, Sydney, London oder in New York, auseinander, in Seminaren und beim Mittagessen.

Wie wurde das Rätsel nun gelöst? Es gibt keine einfache Antwort auf diese Frage, und so werde ich im einzelnen berichten, was sich weiterhin abgespielt hat. Es ist eine lange Geschichte, an der Wissenschaftler aus der ganzen Welt beteiligt sind, und zurückblickend drängt sich der Vergleich mit dem Zusammensetzen eines riesigen Puzzlespiels auf. Es ging darum, die richtigen Teile aneinanderzufügen.

Ganz am Anfang kam es Hewish und Bell so vor, als ob die Radiopulse nicht astronomischen Ursprungs sein konnten. Wahrscheinlicher war es, daß sie von einer Quelle ausgingen, die vom Menschen geschaffen worden war. Sie waren einfach zu regelmäßig, um natürlich zu sein. Die Zündkerzen eines Autos strahlen beispielsweise bei jedem Zündvorgang derartige gleichmäßige Radiosignale aus. Die Signale hätten auch von einer elektrischen Uhr erzeugt werden können; und es gab noch unzählige andere Möglichkeiten. Was dagegen sprach, war jedoch die Tatsache, daß die Pulsationen nur zu einer bestimmten Tageszeit in den Aufzeichnungen des Radioteleskops erschienen. Die naheliegende Erklärung war, daß sie von einer im Himmel befindlichen Quelle kamen und daß die Quelle über das Teleskop hinwegzog und folglich genau zu dieser Zeit beobachtet wurde. Es paßte alles zusammen.

Aber hierbei handelte es sich nicht um die einzige mögliche Interpretation. Vielleicht waren die Pulse doch künstlicher Natur, wurden aber nur zu bestimmten Tageszeiten ausgesendet. Vielleicht handelte es sich um ein Radiosignal, das die Sirene einer Fabrik auslösen sollte, oder um einen Amateurfunker mit äußerst regelmäßigen Gewohnheiten. Welche der beiden Erklärungen war nun richtig? Wie unterscheidet man den Zeitablauf im Himmel von dem Zeitablauf auf der Erde?

Diese beiden Zeitsysteme sind tatsächlich verschieden. Mag sein, daß es nicht sofort auffällt, denn der nächtliche Himmel über uns scheint gleichbleibend zu rotieren. Aber obwohl die Rotation des Himmels gleichmäßig ist, geht sie nicht mit der gleichen *Geschwindigkeit* vor sich wie die der Uhrzeiger. Der leichteste Weg zur Feststellung dieses Sachverhalts besteht darin, sich einen bestimmten

Bereich im Himmel vorzunehmen – ein auffallendes Sternbild oder einen einzelnen hellen Stern – und zu prüfen, ob er in den folgenden Nächten genau zur gleichen, von Uhren festgelegten Zeit über uns hinwegzieht.

Er tut es nicht. Jede Nacht ziehen diese Orientierungspunkte etwas früher über uns hinweg. Sirius, der hellste Stern, zieht beispielsweise Ende Dezember um Mitternacht über uns hinweg, aber im Frühling bereits kurz nach Sonnenuntergang. Den ganzen Sommer hindurch steht Sirius bei Tage am Himmel und ist daher nicht zu sehen; erst im Herbst wird er wieder sichtbar, und zwar am frühen Morgen. Die Uhren auf der Erde richten sich nach der Zeit des Menschen; der Himmel richtet sich nach der *siderischen* Zeit.

Um diese beiden Zeitabläufe zu unterscheiden, brauchte Bell den *scruff* nur lange genug zu beobachten. Tauchte er in den Aufzeichnungen jeden Tag genau zur gleichen Zeit auf? Als Bell die riesige Datenansammlung, die mit den Monaten zusammengekommen war, durchging, erkannte sie, daß dies nicht der Fall war. Der *scruff* richtete sich nach der siderischen Zeit.

Ungefähr gleichzeitig gelang es John Pilkington, einem dritten Mitglied von Hewishs Forschungsgruppe, die *Entfernung* zum Pulsar zu ermitteln. Er schaffte es, indem er das Objekt auf einer anderen Frequenz beobachtete. Radioteleskope arbeiten, ebenso wie gewöhnliche Radioempfänger, auf einer bestimmten Frequenz des elektromagnetischen Spektrums; und bis dahin waren alle Beobachtungen des Pulsars auf einer Frequenz gemacht worden. Pilkington versuchte es auf einer anderen. Beim normalen Radio ändert man die Frequenz, indem man einfach den Abstimmknopf dreht. Beim Radioteleskop geht es natürlich nicht so leicht, aber es ist immer noch verhältnismäßig unkompliziert. Pilkington verminderte die Betriebsfrequenz des Teleskops und entdeckte dann, daß die Pulse mit einer niedrigeren Frequenz etwas *später* ankamen als die mit einer höheren Frequenz.

Pilkington glaubte sofort, daß dieses Phänomen sehr wahrscheinlich nicht von dem Pulsar selbst verursacht wurde. Er hielt es für einsichtiger, anzunehmen, daß die Quelle alle Frequenzen gleichzeitig aussandte. Seine Annahme stützte sich auf die Kenntnis einer Besonderheit bei der Ausbreitung von Radiosignalen im interstellaren Raum, und er war sich darüber im klaren, daß diese Besonderheit das von ihm beobachtete Phänomen verursachen konnte. Radiowellen breiten sich mit Lichtgeschwindigkeit aus – aber nur im Vakuum; und der interstellare Raum enthält hochverdünnte Gase. Dieses interstellare Gas verlangsamt die Wellen. In der Tat – und das war Pilkingtons Punkt – verlangsamt es sie selektiv. Seine Wirkung auf die Signale hängt von ihrer Frequenz ab. Je niedriger die Frequenz der Welle ist, desto mehr wird sie gebremst, und desto später erreicht sie die Erde.

Mit Hilfe dieser Erklärung war es für Pilkington einfach, die Entfernung zum Pulsar zu bestimmen. Er sah sich einer Situation gegenüber, die mit einem Wettlauf zweier Personen, von denen die eine etwas schneller ist als die andere, zu vergleichen war. Wenn die Strecke kurz ist, zum Beispiel 50 Meter, so wird der schnellere Läufer nur knapp vor dem langsameren ins Ziel kommen, vielleicht um den Bruchteil einer Sekunde früher. Auf einer längeren Distanz – nehmen wir fünfzehn Kilometer – kann der Sieger das Ziel dagegen vielleicht schon fünf Minuten vor dem Zweiten erreichen. Je länger die Strecke ist, desto größer wird der Zeitunterschied zwischen der Ankunft des schnelleren und des langsameren Läufers.

Pilkington brauchte nur zu bestimmen, um wieviel die Signale mit höherer Frequenz *früher* ankamen als die niedrigerer Frequenz, und dann die gleiche Logik anwenden. Er fand heraus, daß der Pulsar tausend Lichtjahre weit entfernt war.

Nach einiger Zeit stellten Hewish und seine Kollegen fest, daß ihre Gedanken in eine merkwürdige Richtung gedrängt wurden. Die Pulsationen, die sie entdeckt hatten, waren beunruhigend regelmäßig. Sie waren *zu* regelmäßig. Jeder Radiowellenpuls kam eine und eine drittel Sekunde nach dem vorhergehenden. Um noch genauer zu sein: Sie kamen alle 1,3 373 011 Sekunden; und sie hielten diese starre Folge, diese perfekte Regelmäßigkeit, mit einer Beständigkeit ein, die in der natürlichen Welt selten zu finden ist. Wenn es eine Uhr war, die sie entdeckt hatten, dann handelte es sich wirklich um eine sehr gut gebaute Uhr.

Vielleicht war sie zu gut gebaut. Vielleicht war sie zu gut gebaut, um ein Produkt der Natur sein zu können.

Wann präsentiert uns die natürliche Welt denn schon ein Phänomen solch perfekter Regelmäßigkeit? in den meisten Fällen zeigt sich die Natur verworren und unregelmäßig. Wenn man sich allein im Wald befindet, hört man viele Laute – aber fast niemals ein regelmäßiges Geräusch oder etwa ein völlig gleichmäßiges Ticken. Ist es ein Specht? Es ist wahrscheinlicher, daß es sich um eine versteckte Uhr handelt. Im großen und ganzen gehören Strukturen, die eine exakte Ordnung aufweisen, *nicht* zu den Produkten natürlicher Prozesse. Sie sind die Kennzeichen der Intelligenz.

Hatte Jocelyn Bell eine außerirdische Zivilisation entdeckt?

Die Aussichten waren beängstigend. Es war eine Sache, eine neue und ungewöhnliche Radiowellenquelle zu entdecken; und eine ganz andere, möglicherweise eine fremde Intelligenz zu entdecken. So seltsam es auch klingen mag, bei jeder wissenschaftlichen Entdeckung spielt die Furcht mit. Sie hat viele Schattierungen. Es gibt die Furcht davor, zu weit zu gehen, den Anspruch auf eine wichtige Entdeckung zu erheben, obwohl die Beweisführung noch gar nicht vollständig ist. Dann gibt es die Furcht davor, daß man einen kleinen, aber für das Gesamtergebnis schrecklichen Fehler gemacht hat. Und dann gibt es noch die Furcht vor dem Erfolg. Immer ist die Furcht da – versteckt, unsichtbar, im Hintergrund lauernd –, auf eine Entdeckung zu stoßen, die von so großer Bedeutung, so erschütternd ist, daß sie die Welt für immer verändert. Hewish, Bell und ihre Mitarbeiter wußten, daß sie, wenn sie irrtümlicherweise behaupten würden, Anzeichen einer außerirdischen Zivilisation entdeckt zu haben, dem Gelächter der Wissenschaftler ausgesetzt wären. Und wenn sie recht hätten, dann würden sie die Urheber einer Entdeckung sein, die ohne Übertreibung als eine der bedeutsamsten in der gesamten Geschichte der Wissenschaft bezeichnet werden könnte.

Die Signale sahen genauso aus wie die Lichtblitze eines Leuchtturms. Hatte Bell eine Art Navigationshilfe, die interstellare Reisende vor einer Gefahr im Weltraum warnen sollte, entdeckt? Sie glichen auch den Strahlungspulsen, die von den Zündkerzen eines Autos ausgesendet werden. Hatte sie die Emissionen eines unbemerkt in der Nacht vorüberziehenden Raumschiffs empfangen? Lauschte sie einem Gespräch im Weltraum? Oder waren diese Signale für *uns* bestimmt? Wurden sie absichtlich zur Erde gesendet, vielleicht von einer Gesellschaft, die Kontakt aufnehmen wollte, um uns zu zeigen, daß es sie gibt?

Gegen all diese Vermutungen stand eine wichtige Tatsache. Die Signale waren auf der falschen Frequenz, um künstlich zu sein. Sie waren auf der Frequenz, auf der *andere* Quellen kosmischer Radiosignale am stärksten sendeten. Die Quasare, die Radiogalaxien, die Überreste einer Supernova und selbst unsere eigene Galaxie – all diese natürlichen Sender konkurrierten mit den Pulsaren. Andere, weniger benutzte Bereiche standen zur Verfügung, doch die Pulsare hatten sie nicht gewählt. Für die Verursacher wäre es kaum eine vernünftige Frequenzwahl gewesen. Es wäre ungefähr so, als ob wir unsere Leuchttürme bei hellem Tageslicht in Betrieb setzen würden.

Ein annehmbares Argument ... aber trotzdem überzeugte es nicht ganz. Es konnte sein, daß die Fremden aus irgendwelchen unbekannten Gründen doch genau diese Frequenz benutzten. Vielleicht gefiel es ihnen einfach, auf diese Art vorzugehen. Wir Menschen haben schließlich noch viel dümmere Sachen fabriziert. Hewish entschloß sich, einen weiteren Versuch durchzuführen.

Er wollte herausfinden, ob sich die Radioquellen auf einem Planeten befand. Die Wesen irgendeiner außerirdischen Zivilisation mußten notgedrungen auf einem Planeten leben, der um einen Stern kreiste. Er würde *in Bewegung* sein, würde sich auf einer Umlaufbahn um seine Sonne bewegen. Und es war einfach, diese Bewegung festzustellen. Hewish benutzte den Doppler-Effekt.

Der Name mag vielleicht nicht bekannt sein, aber jeder kennt diesen Effekt. Er zeigt sich jedesmal, wenn ein hupendes Auto vorbeifährt. Die plötzliche Abnahme der Tonhöhe beim Vorbeifahren wird dadurch bewirkt, daß das Auto, das sich zuerst genähert hat, auf einmal anfängt, sich zu entfernen. Diese von unserem Standort aus wahrzunehmende Bewegungsänderung ist für die Frequenzänderung der empfangenen Schallwellen verantwortlich.

Was für Schallwellen gilt, gilt genauso für die Radiosignale eines Pulsars. In diesem Fall ist es jedoch nicht die Tonhöhe, sondern die *Geschwindigkeit der Pulsation,* die sich ändern würde. Da der Planet um seine Sonne kreist, würde er wechselweise der Erde näher kommen und sich von ihr entfernen. Infolge des Doppler-Effekts würde die fortwährende, relative Bewegungsänderung eine entsprechende, regelmäßige Änderung der festgestellten Pulsationsgeschwindigkeit bewirken.

Hewishs Versuchsergebnis war negativ. Die sorgfältigsten Überprüfungen zeigten deutlich, daß es *keine* Änderungen gab.

Bell: »Kurz vor Weihnachten suchte ich aus irgendeinem Grund Tony Hewish auf, und schließlich kam es zu einer ernsten Beratung darüber, wie wir diese Ergebnisse präsentieren sollten. Wir konnten uns eigentlich nicht vorstellen, daß wir Signale von einer anderen Zivilisation empfangen hatten, aber der Gedanke geisterte nun einmal in unseren Köpfen herum, und wir hatten keinen Beweis dafür, daß es sich um eine natürliche Radiostrahlung handelte. Es war ein interessantes Problem. Wenn die Möglichkeit besteht, daß man in einer anderen Region des Universums Leben entdeckt hat, wie sollte man diesen Sachverhalt bekanntmachen? Wem sollte man es zuerst mitteilen?

An diesem Nachmittag konnten wir das Problem nicht lösen, und ich fuhr abends übelgelaunt und etwas verwirrt nach Hause – ich versuchte unter Anwendung eines neuen technischen Verfahrens zu meinen Doktortitel zu kommen, und irgendeine Gruppe von kleinen, grünen Männchen mußte ausgerechnet *meine* Antenne und *meine* Frequenz wählen, um sich mit uns in Verbindung zu setzen. Gestärkt durch eine kräftige Mahlzeit, kehrte ich jedoch noch am gleichen Abend zum Labor zurück, um weitere Aufzeichnungen zu analysieren. Später, kurz bevor das Labor geschlossen werden sollte, untersuchte ich die Aufzeichnung einer ganz anderen Himmelsregion und entdeckte ein deutliches, stark moduliertes Signal von (der Radioquelle) Cassiopeia A. . . Ich glaubte einen *scruff* zu erkennen. Ich überprüfte schnell die vorhergehenden Aufzeichnungen dieser Himmelsregion und sah, daß der *scruff* ab und zu auftauchte. Ich mußte das Labor verlassen, da es nachts abgeschlossen wurde, wußte aber, daß der *scruff* in den frühen Morgenstunden ausgesendet werden würde.

So suchte ich einige Stunden später das Observatorium auf. Es war sehr kalt, und das Empfangssystem unseres Teleskops litt irgendwie unter dieser Kälte, was eine drastische Abnahme der Verstärkung zur Folge hatte. Natürlich, das war nun einmal so! Doch indem ich die Schalter immer wieder ruckartig bewegte, sie verfluchte und sie anhauchte, brachte ich die Anlage dazu, fünf Minuten lang normal zu arbeiten – es waren genau die entscheidenden fünf Minuten, und das Teleskop war genau auf die richtigen Signale eingestellt. Dieser *scruff* entpuppte sich ebenfalls als eine Folge von Pulsaren; diesmal waren sie 1,2 Sekunden voneinander entfernt. Ich legte die Aufzeichnung auf Tonys Schreibtisch und fuhr los, viel zufriedener als vorher, um Weihnachten zu feiern. Es war sehr unwahrscheinlich, daß zwei Gruppen von kleinen, grünen Männchen zur gleichen Zeit die gleiche, ungeeignete Frequenz wählen würden, um Signale zum gleichen Planeten, der Erde, zu senden.«

Schade.

»Über Weihnachten kümmerte sich Tony Hewish freundlicherweise um die Datenaufnahme, legte neues Papier in die Registriergeräte ein, füllte Tinte nach und stapelte die Aufzeichnungen unanalysiert auf meinen Schreibtisch. Als ich aus den Ferien zurückkam, konnte ich ihn nicht sofort finden, und so setzte ich mich hin, um die Aufzeichnungen durchzugehen. Schon bald entdeckte ich auf einem Registrierblatt, von ihrer Rektaszension her gesehen ungefähr eine Stunde voneinander entfernt, *zwei weitere scruffs* (die Pulsare drei und vier). Nach ungefähr zwei Wochen wurde (der zweite) bestätigt, kurz danach auch der dritte und der vierte. Inzwischen war ich meine sämtlichen vorhergehenden Aufzeichnungen, die auf eine Länge von mehreren Kilometern angewachsen waren, noch einmal durchgegangen, um zu sehen, ob es noch irgendwelche weiteren Anzeichen von *scruffs* gab, die ich nicht bemerkt hatte. Es stellte sich heraus, daß einige schwache Spuren sichtbar waren, doch keine von ihnen war so deutlich wie die der ersten vier.

Ende Januar wurde der Artikel, der von dem ersten Pulsar berichtete, an die britische Zeitschrift *Nature* geschickt. Einige Tage vor Veröffentlichung dieses Aufsatzes hielt Tony Hewish einen Vortrag in Cambridge, in dem er die Ergebnisse bekanntgab. Es schien so, als ob alle Astronomen, die sich in Cambridge aufhielten, zu diesem Vortrag gekommen waren, und ihr Interesse und ihre Aufgeregtheit vermittelten mir eine erste Vorstellung von der Revolution, die wir ausgelöst hatten. In unserem Bericht erwähnten wir, daß wir eine Zeitlang geglaubt hatten, die Signale wären möglicherweise von einer anderen Zivilisation ausgesandt worden. Als der Artikel veröffentlicht wurde, griff die Presse das Thema begierig auf, und als man entdeckte, daß eine Frau an der Entdeckung beteiligt war, wurde das Interesse noch größer. Man fotografierte mich, wie ich an einem Ufer stand, wie ich am Ufer saß, wie ich am Ufer stand und unechte Aufzeichnungen untersuchte, wie ich am Ufer saß und unechte Aufzeichnungen untersuchte; eines der Fotos zeigte mich sogar, wie ich am Ufer entlanglief und freudig mit meinen Armen in der Luft herumfuchtelte – du mußt glücklich aussehen, meine Liebe, du hast gerade eine große Entdeckung gemacht!

(Archimedes weiß gar nicht, was er da versäumt hat!) Inzwischen stellten die Journalisten sachliche Fragen, wie zum Beispiel, ob ich größer wäre als Prinzessin Margaret oder nicht ganz so groß (wir haben wunderliche Maßeinheiten in Großbritannien) und wie viele Freunde ich gleichzeitig hätte.«

Ungefähr zu dieser Zeit ging Bells Rolle in dieser Geschichte ihrem Ende entgegen. Bell stellte ihre Beobachtungen ein und überließ die weiteren Forschungen der nächsten Studentengeneration. Sie übernahm eine Stelle in einem anderen Landesteil und arbeitete in einem völlig anderen Forschungsbereich. Dort schrieb sie ihre Doktorarbeit zu Ende.

Die Pulsare tauchten nur im Anhang auf.

Am 9. Februar 1968 sandte die Gruppe aus Cambridge ihren Artikel über die Entdeckung der Pulsare an die Zeitschrift *Nature*. Seine Überschrift lautete »Beobachtung einer sehr schnell pulsierenden Radioquelle«, und er wurde bereits zwei Wochen später veröffentlicht – eine ungewöhlich rasche Entscheidung seitens der Herausgeber, die damit bewiesen, daß sie ein Gespür für die Bedeutsamkeit dieser Entdeckung hatten. Auf der Titelseite der Ausgabe standen die Worte *»Possible Neutron Star«*.

Innerhalb weniger Wochen nahmen andere Gruppen von Wissenschaftlern die Forschung in diesem Bereich auf. Es begann eine wilde Balgerei um die speziellen Geräte, die für die Beobachtung der Pulsare notwendig waren. Es gab einen Ansturm auf die Teleskope. Astronomen, denen die Benutzung eines Teleskops für ein vollkommen anderes Projekt zugesagt worden war, erhielten plötzlich unzählige Telefonanrufe von ihren Kollegen, die begierig darauf waren, es für die Beobachtung von Pulsaren zu benutzen. Abkommen wurden getroffen. Eine Nacht am Teleskop wurde nun gegen eine Woche, sechs Monate später, getauscht. Und gleichzeitig mit diesen Bemühungen und parallel dazu lief die ununterbrochene Diskussion über das Objekt, das für die pulsierenden Emissionen verantwortlich war.

Immer wieder kam man bei der Diskussion auf den gleichen Kernpunkt zurück, der schon Hewish und Bell beschäftigt hatte. Man spürte, daß man der extremen Regelmäßigkeit der Pulsarstrahlung besondere Aufmerksamkeit zuwenden sollte. Die Tatsache, daß Pulsare Radiowellen aussandten, war nichts Ungewöhnliches. Viele Himmelskörper tun dies: unsere Sonne beispielsweise, wenn auch sehr schwach. Es war auch nicht überraschend, daß die Signale so sehr schwankten. Die Quasare szintillierten andauernd – Hewishs Teleskop war ja gebaut worden, um diese Schwankungen zu beobachten. Aber die Szintillationen der Quasare waren unregelmäßig. Vor der Entdeckung der Pulsare hatte man keine einzige astronomische Quelle gefunden, die mit einer derartigen Regelmäßigkeit pulste.

Offensichtlich bargen die Pulsare in sich selbst einen exakt ablaufenden Mechanismus, eine natürlich vorkommende Uhr, die die Ausstrahlung kontrollierte. Es war der Aufbau dieser Uhr, der die größte Aufmerksamkeit auf sich zog. Die Diskussion über die genaue Beschaffenheit der Pulsare stieß am Ende eben auf diese Frage, und die Art, wie sie geführt wurde, ist eines der besten Beispiele für die exakte, abstrakte Vorgehensweise der Wissenschaft. Es war eine mustergültige Beweisführung, beeindruckend in ihrer geistigen Reichweite und Allgemeingültigkeit. Und ihr Endresultat war meiner Meinung nach mit der eindruckvollste Beleg für die Fähigkeit des abstrakten Denkens, wenn es mit nüchternen Beobachtungen kombiniert wird. Selbst heute noch, mehr als ein Jahrzehnt danach, handelt es sich um ein packendes Beispiel.

Aus verschiedenen Gründen stellte man fest, daß kein gewöhnlicher Stern ein Pulsar sein konnte – die Sonne nicht und auch keiner der anderen Sterne, die man mit bloßem Auge sehen konnte. Nur kleine, extrem dichte Sterne waren in der Lage, derartige Signale auszusenden, und es gab nur zwei Sterntypen, die in Frage kamen. Der eine davon war der *Weiße Zwergstern.* Der Weiße Zwerg ist ein bekannter Sterntyp, obwohl er so klein ist – er hat ungefähr die Größe eines Planeten –, daß es schwierig ist, ihn zu erkennen. Mit bloßem Auge kann man ihn nicht sehen.

Der zweite Sterntyp war der *Neutronenstern.* Erst eine Folge von Radiopulsen schaffte es, ihn in den Mittelpunkt des Interesses zu rücken.

Drei verschiedene Uhrmechanismen wurden im Laufe der Diskussion über die Natur der Pulsare vorgestellt. Mit dem ersten sind wir alle vertraut. Es ist der Ablauf der Jahreszeiten. Auf den Winter folgt der Frühling, der vom Sommer abgelöst wird, bis schließlich der Herbst anbricht, und dieser Zyklus setzt sich fort – mit einer endlosen Regelmäßigkeit. Dieser immerwährende Zyklus, diese Uhr, entsteht durch *die Umlaufbewegung der Erde um die Sonne* .

Es ist gedanklich gesehen ein weiter Weg von der jährlichen Umlaufbahn der Erde bis zu einer Folge von Radiopulsen, die etwa alle 1,3 Sekunden ausgesendet werden. Wie sollte man die Verbindung herstellen? Man ging von der Vorstellung aus, daß sich ein Paar Weiße Zwerge oder Neutronensterne gegenseitig umrundeten. Tatsächlich sind den Astronomen derartige Sternpaare, oder auch Doppelsterne, gut bekannt. Ein Doppelsternsystem besteht aus zwei sehr dicht beieinanderstehenden Sternen, die einen ihnen *gemeinsamen* Schwerpunkt umlaufen. Einige kann man mit bloßem Auge sehen. Der zweite von den Sternen, die die Deichsel des Großen Wagens bilden, ist beispielsweise ein Doppelstern; und diejenigen, die gute Augen haben, können seine beiden Komponenten, Mizar und Alcor, erkennen.

Es ist nicht so schwer, sich vorzustellen, wie ein derartiges Paar pulsweise Radiowellen aussenden könnte. Zeichnung 1 zeigt eine Möglichkeit: Die Radiostrahlung könnte im gemeinsamen Schwerpunkt der beiden Sterne entstehen. Das ist zweifellos möglich. Des weiteren umkreisen sich die Sterne mit einer enormen Geschwindigkeit. Von der Erde aus gesehen, hätte es dadurch den Anschein, als ob die Radiowellen pulsweise ausgesendet werden. Während der meisten Zeit der Umlaufperiode würden die Sternkörper die Radioquelle vor uns verbergen.

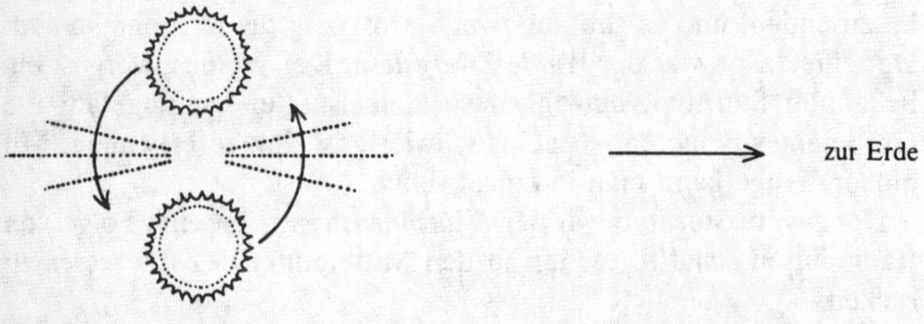

Zeichnung 1

Es gibt nur zwei Stellungen, bei denen diese Radioquellen für einen Beobachter auf der Erde sichtbar wäre: Die eine ist auf Zeichnung 1 dargestellt; die andere wird eine halbe Umdrehung später erreicht. Nach diesem Modell würden wir bei jeder Umlaufperiode des Paars zwei kurze Radiopulse empfangen.

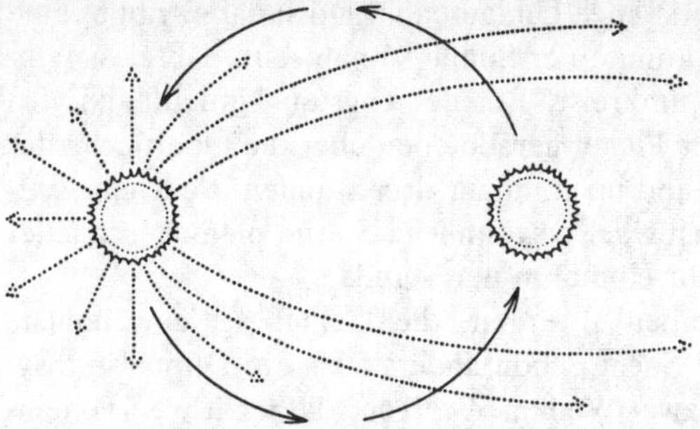

Zeichnung 2

Eine zweite Möglichkeit ist auf Zeichnung 2 dargestellt. Sie stützt sich auf die im 9. Kapitel behandelte Vorhersage der Allgemeinen Relativitätstheorie Einsteins, daß die Gravitationsfelder massereicher Körper die Bahnen von Licht- und Radiowellen krümmen. Diese Krümmung ist groß, wenn die Körper sehr dicht sind: Nur Weiße Zwerge und Neutronensterne sind kompakt genug, um eine starke Wirkung dieser Art zu erzielen. Beide Komponenten des Doppelsterns würden als Linse agieren und die Signale ihres Gegenübers bündeln. Wenn einer der Sterne beständig und in alle Richtungen Radiowellen aussendet – was nicht sehr ungewöhlich ist –, würde die Linse ihre Bahn krümmen und sie so konzentrieren, daß sie einen Strahl bilden. Der Strahl würde wegen der Rotation des Doppelsterns ebenfalls kreisen; und wenn er dann über die Erde hinwegstreicht, würden wir einen Puls empfangen.

Ein Doppelsternsystem ist also, zumindest prinzipiell, in der Lage, eine regelmäßige Folge von Radiopulsen auszusenden. Unsere eigene, irdische astronomische Uhr tickt sehr langsam. Kann man sich nun eine viel schnellere Uhr vorstellen, die ebenso schnell tickt wie die Pulsare?

Es ist eine charakteristische Eigenschaft aller Doppelsterne, daß, je dichter die beiden Komponenten zusammenliegen, sich diese um so schneller gegenseitig umrunden. Genau das gleiche Prinzip ist beim Sonnensystem zu beobachten. Die Erde umkreist die Sonne einmal im Jahr, während der Merkur, der sich in größerer Nähe zur Sonne befindet, für seine Rundreise nur 88 Tage braucht. Grundvoraussetzung für unsere Konstruktion einer sehr schnell tickenden Uhr ist also eine äußerst enge Umlaufbahn. Doch dabei gibt es eine Grenze. Kein Planet könnte der Sonne so nah sein, daß er sie einmal in der Sekunde umkreist. Bei der engsten Umlaufbahn, die möglich ist, würde der Planet gerade eben über die Oberfläche der Sonne hinweggleiten und noch immer drei Stunden brauchen. Entsprechend können sich zwei gewöhnliche Sterne niemals schneller umkreisen als ungefähr einmal in der Stunde.

Aber bei den Weißen Zwergen, die kleiner als gewöhnliche Sterne sind, sieht die Sache schon anders aus. Ein Doppelsternsystem, bestehend aus zwei Weißen Zwergen, die recht weit voneinander entfernt sind, würde – wie die Erde – eine Umlaufperiode von einem Jahr haben. Ein System, bei dem die beiden Sterne etwas dichter beieinanderliegen, kann Umlaufperioden von einer Stunde erreichen. Aber selbst hier sind die beiden Komponenten des Paars noch weit voneinander entfernt. Bei der engsten Stellung, die möglich ist, berühren sich die beiden Weißen Zwerge fast und bewegen sich so schnell, daß ihr »Jahr« nur noch eine Sekunde lang ist. Und zwei Neutronensterne, die noch kleiner sind, könnten tausendmal pro Sekunde umeinander herumsausen.

Soviel zum ersten möglichen Modell der Pulsaruhr. Umläufe sind nicht die einzigen exakt ablaufenden Vorgänge, die man in der Natur finden kann. Aus unserer täglichen Erfahrung kennen wir ein weiteres Beispiel: den 24-Stunden-Zyklus von Tag und Nacht. Hervorgerufen wird er *nicht durch die Umlaufbewegung der Erde, sondern durch ihre Drehung.* Kann ein Pulsarstrahlungsmodell konstruiert werden, das auf Rotation basiert?

Es ist leicht zu verstehen, wie ein derartiges Modell Pulsare erzeugen könnte. Wir stellen uns vor, daß die Radioemission nur von einer kleinen Region des Sterns – von einem Punkt – ausgeht. Nur wenn man diesen Punkt von der Erde aus sehen kann, würden seine Ausstrahlungen sichtbar sein; da der Stern rotiert, dreht sich der Punkt mit, was zur Folge hat, daß er regelmäßig auftaucht und verschwindet, wie es auf Zeichnung 3 dargestellt ist.

Wieder werden dem Modell durch die extreme Schnelligkeit der Pulse strenge Beschränkungen auferlegt. Es ist eine Sache, ein alltägliches Objekt, wie zum Beispiel einen Basketball, so schnell wie

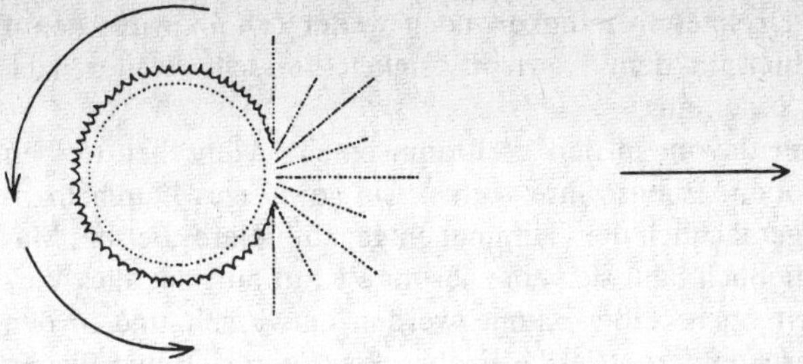

Zeichnung 3

das Ticken des Pulsars zu drehen; und es ist etwas ganz anderes, ein riesiges Objekt wie einen Planeten oder einen Stern so schnell zu drehen. Um sich diese Schwierigkeit zu verdeutlichen, möge man sich vergegenwärtigen, was passieren würde, wenn man den Versuch unternimmt, die Pulsare zu imitieren, indem man die Rotation der Erde von ihrer gegenwärtigen Geschwindigkeit von einer Umdrehung in 24 Stunden auf die erforderliche Geschwindigkeit von einer Umdrehung pro Sekunde beschleunigt.

Man stelle sich das Experiment vor, seitlich um den Äquator herum riesige Raketen fest zu montieren. Auf ein Signal hin werden sie alle in Betrieb gesetzt. Die Folge ist, daß die Tage kürzer werden. Die Sonne geht immer schneller auf und unter.

Mit dem Fortschreiten des Vorgangs fangen die Dinge an, leichter zu werden. Felsbrocken, die vorher nicht zu bewegen waren, kann man nun mit Leichtigkeit hochheben. Übergewichtige Männer und Frauen blicken mit Zufriedenheit auf die Badezimmerwaage hinunter. Je schneller sich die Erde dreht, desto weniger wiegen die Dinge.

Aber was anfangs amüsant war, beginnt nun ernstere Formen anzunehmen. Die Leute können nicht mehr laufen, sondern springen mit enormen Sätzen ungeschickt die Bürgersteige entlang. Ihre Muskeln sind viel zu stark für ihr Gewicht – jede Person wiegt nur wenige Gramm. Ein leichter Windstoß reicht schon aus, um parkende Autos ins Rutschen zu bringen. Die Steine auf den Feldern bewegen sich in beunruhigender Weise umher. Da die Raketen noch immer in Betrieb sind, wird schließlich ein kritischer Punkt erreicht, an dem der Tag nur noch 1,4 Stunden dauert. An diesem Punkt hat jedes Objekt entlang des Äquators *kein* Gewicht mehr.

Und da die Drehgeschwindigkeit noch weiter erhöht wird, dehnt sich das Gebiet, in dem Gewichtslosigkeit herrscht, weiter nach Norden und Süden aus.

Alles gleitet davon, in den Weltraum hinein. Menschen treiben hilflos nach oben. Ebenso ihre Autos. Ein gewaltiges Durcheinander schwebt gemächlich dem Himmel entgegen – Tiere, Felsen, Maschinen. Schließlich baut sich eine absolute Kraft auf, die alles Verbliebene nach oben reißt. Bäume werden entwurzelt und in den Weltraum geschleudert. Riesige Erdbrocken lösen sich und fliegen davon. Der ganze Planet Erde wird durch die Rotation auseinandergerissen.

Dies geschieht auf die gleiche Weise und aus dem gleichen Grund, weshalb ein Schwungrad auseinanderreißt, wenn es zu schnell gedreht wird. Jedes Objekt im Universum besitzt eine natürliche Grenze seiner Drehgeschwindigkeit, und wenn es trotzdem schneller rotiert, so wird es zerstört. Die Erde würde auseinandergerissen werden, wenn sie sich schneller als alle 1,4 Stunden einmal dreht. Bei der Sonne tritt das Stadium der Zerstörung schon früher ein: Sie kann sich höchstens alle 2,8 Stunden einmal um ihre Achse drehen. Wenn wir die Pulsare mit Hilfe eines rotierenden Objekts erklären wollen, sollten wir so sorgfältig sein, eins zu suchen, das sich mindestens einmal in der Sekunde drehen kann.

Wie im Fall der Umlaufbewegung müssen wir uns wieder in das Reich der extrem kleinen Sterne begeben. Je kompakter ein Stern ist, desto schneller kann er sich drehen. Genaugenommen ist es die Gravitation, die diesen Zusammenhang reguliert. Je dichter ein Stern ist, desto größer ist die Gravitationskraft, die ihn zusammenhält, und desto besser kann er den Zentrifugalwirkungen der Rotation widerstehen. Nur Weiße Zwerge und Neutronensterne sind hinreichend zusammengepreßt, um mit der erforderlichen Geschwindigkeit rotieren zu können. Die Schwerkraft auf der Oberfläche eines Weißen Zwergs ist so stark, daß ein Mann mit einem Gewicht von 75 Kilogramm dort 25 000 Tonnen wiegen würde; und auf einem Neutronenstern ist die Schwerkraft noch stärker. Weiße Zwerge können daher mehrere Male in der Sekunde rotieren. Neutronensterne einige tausendmal in der Sekunde.

Das dritte und letzte Modell des exakt ablaufenden Pulsarmechanismus stützt sich nicht auf etwas, das zu unserer alltäglichen Erfahrung gehört. Aber es basiert auf einer Erscheinung, die den Astronomen gut bekannt ist – so gut bekannt, daß man wahrscheinlich sagen kann, daß den meisten Astronomen dieses Modell als erstes in den Sinn gekommen ist, als der Artikel über die Entdeckung der Pulsare veröffentlicht worden war. Sicherlich dachten auch die Entdecker selbst zuerst an diese Möglichkeit der Erklärung.

Es geht um *die Eigenschwingungen eines Sterns.* Bestimmte Sterne werden, einem regelmäßigen Ablauf folgend größer und dann wieder kleiner. Zeichnung 4 veranschaulicht diese Bewegung: Der Stern pulsiert unaufhörlich, dehnt sich aus und zieht sich wieder zusammen, wobei er entsprechend heller und dunkler wird.

Zeichnung 4

Diese regelmäßige Schwankung der Helligkeit kann in einigen Fällen sogar mit bloßem Auge beobachtet werden. Beispielsweise pulsiert der Polarstern; die Schwingungen selbst kann man ohne die Benutzung komplizierter technischer Geräte zwar nicht feststellen, dagegen aber die damit verbundene Änderung der Helligkeit. Wenn man Polaris mit bloßem Auge aufmerksam beobachtet, kann man tatsächlich erkennen, wie er heller und dunkler wird.

Eine wichtige Eigenschaft der Sternenpulsation ist ihre Endlosigkeit. Sie hören nicht auf. In dieser Hinsicht unterscheiden sich die Eigenschwingungen eines Sterns deutlich von beispielsweise denen einer Glocke, die nach dem Schlag mit einem Hammer nur für eine kurze Zeit nachklingt. Um den Stern in Schwingung zu versetzen, ist nicht einmal der Hammerschlag erforderlich. Er schwingt aus Gründen, die ganz allein in ihm selbst zu finden sind.

Da pulsierende Sterne Helligkeitsschwankungen aufweisen, wäre es nicht überraschend, wenn man bei ihnen auch Schwankungen der Radiostrahlung feststellen würde. Die Signale waren vielleicht in einem bestimmten Stadium des Kreislaufs von Ausdehnung und Zusammenziehung des Sterns ausgesendet worden; zum Beispeil, als der Stern seine kleinste Größe erreicht hatte und nach außen strebte. Sie konnten auch in einem Zwischenstadium der Ausdehnung erzeugt worden sein, als der Stern sich sehr schnell ausdehnte und dabei gegen seine Atmosphäre oder Korona stieß.

Wieder kommen wegen der enormen Schnelligkeit der Pulsaruhr nur bestimmte Sterntypen in Frage. Es wird den Leser inzwischen nicht weiter überraschen, wenn er erfährt, daß nur Weiße Zwerge und Neutronensterne so schnell schwingen können wie die Pulsare. Die Vibrationsgeschwindigkeit eines Sterns wird von der Schwerkraft, die auf seiner Oberfläche herrscht, bestimmt: Je größer diese Kraft ist, desto schneller schwingt er. In dieser Hinsicht haben die Vibrationsgeschwindigkeit und die maximale Rotationsgeschwindigkeit eines Sterns eines gemeinsam: Beide werden von der gleichen physikalischen Größe festgelegt.

Gewöhnliche Sterne, wie die Sonne oder Polaris, haben eine relativ schwache Schwerkraft: Polaris pulst mit einer Periode von vier Tagen, die Sonne, falls sie aus irgendeinem Grunde in Schwingung versetzt werden sollte, würde eine Rotationsperiode von ein paar Stunden besitzen. Ein Weißer Zwerg könnte dagegen leicht einmal in der Sekunde eine Pulsation vollführen, und im Falle eines Neutronensterns kommen wir auf eine verwirrend hohe Zahl: Derartige Sterne würden, wenn überhaupt, einige tausendmal pro Sekunde schwingen. Wenn die Pulsaruhr also durch die Vibration eines Sterns entsteht, kann es sich bei dem Stern nur um einen Weißen Zwerg handeln.

Die drei Modelle der Pulsaruhr wurden in den ersten Monaten nach Bekanntgabe der Entdeckung entwickelt, und sie wurden heftig diskutiert. Die Fortschritte in der Forschung waren in diesen Monaten enorm. Es war eine ungestüme Zeit. Ein Hagel von wissenschaftlichen Abhandlungen wirbelte durch die Seiten der Fachzeitschriften. Artikel wurden veröffentlicht, in denen über die Entdeckung neuer Pulsare oder über irgendeinen neuen, bisher unvermuteten Aspekt der Pulsarstrahlung berichtet wurde. Andere beschrieben in schillernden Worten verschiedene, sich widersprechende Theorien über den Mechanismus, der für diese Strahlung verantwortlich war; wieder andere behandelten – ebenfalls unvereinbare – Theorien über den Mechanismus, der für die Regelmäßigkeit der ausgesandten Signale verantwortlich war. Ein Wissenschaftler veröffentlichte die Ergebnisse seiner Forschungsarbeit. Aber vielleicht schon am gleichen Tag entdeckte er einen anderen Artikel, der einen neuen

Aspekt enthielt, den er bisher vernachlässigt hatte. Er eilte wieder an seinen Arbeitsplatz zurück, und kurze Zeit später erschien ein neuer oder überarbeiteter Artikel. Es ist nicht übertrieben, wenn man behauptet, daß im Zeitraum von wenigen Monaten mehr für die Erforschung von Neutronensternen getan worden ist als in den ganzen Jahrzehnten davor, nachdem man bereits 1932 angenommen hatte, daß es einen derartigen Sterntyp geben könnte.

Die Monate vergingen. Es herrschte einige Verwirrung, und bis zum Herbst 1968, ein Jahr nach der Entdeckung der Pulsare, befand sich noch alles im Schwebezustand. Aber dann waren drei Ereignisse zu verzeichnen. Jedes einzelne war von entscheidender Bedeutung, und zusammengenommen lösten sie das Rätsel vollständig. In drei aufeinanderfolgenden Monaten – Oktober, November, Dezember – wurden diese Entdeckungen gemacht, und bevor man richtig erkannte, was sich ereignet hatte, war das Problem gelöst.

Das erste Ereignis war die Entdeckung des Vela-Pulsars. Der Pulsar, der im südlichen Sternhimmel im Sternbild Vela ausfindig gemacht wurde, war sehr schnell – zehnmal schneller als die anderen. Er war schon fast *zu* schnell. Seine Pulsationsgeschwindigkeit war so groß, daß man ihn beinahe nicht mehr mit Hilfe irgendeines Modells, das Weiße Zwerge zum Gegenstand hatte, erklären konnte. Der Vela-Pulsar stellte diese Theorien auf eine harte Probe. Ihnen zufolge bildete er einen Ausnahmefall, ein ungewöhnliches Extrem, und trug damit dazu bei, daß man die Hypothese, daß es sich bei Pulsaren um Neutronensterne handelte, nun für wahrscheinlicher hielt.

Aber was noch bedeutungsvoller war: *Der Pulsar befand sich in den Überresten einer Supernova.* Vielleicht wird es der Leser schon vorausgeahnt haben. Ein Neutronenstern, der in der Feuersbrunst einer Supernova-Explosion entsteht, ist am Anfang seiner Existenz stets von den Explosionstrümmern umschlossen. Sollte es sich bei Pulsaren um Neutronensterne handeln, müßten sie also von diesen Überresten begleitet werden. Aber auf die ersten Pulsare, die man entdeckt hatte, traf dies nicht zu. Hewish und seine Gruppe hatten einwandfrei nachgewiesen, daß sich die ersten vier nicht in der Nähe irgendwelcher bekannter Überreste einer Supernova befanden. Das gleiche galt für diejenigen, die danach entdeckt worden waren – bis der Vela-Pulsar auftauchte. Aber die Bedeutung dieser Tatsache war zunächst unklar. Auf den ersten Blick bewirkte sie, daß man bei der Erklärung die Theorien, die auf Weiße Zwerge hinausliefen, für richtig hielt, aber nach einer sorgfältigeren Betrachtung sah die Sache schon wieder ganz anders aus – denn die Überreste einer Supernova existieren nicht sehr lange. Wie die durch die Luft fliegenden Trümmer einer gewöhnlichen Explosion verschwinden sie bald wieder. Vielleicht bedeutete die Tatsache, daß in der Nähe von Pulsaren keine bekannten Überreste einer Supernova zu finden waren, auch nur, daß sie alt waren.

Die Entdeckung des Vela-Pulsars stellte die erste klare Verbindung zwischen Pulsaren und Neutronensternen her, und wenn man mit einbezog, daß die auf Weißen Zwergen basierenden Theorien wegen der Schnelligkeit des Objektes leicht ins Wanken geraten waren, schien die Vermutung noch überzeugender zu werden. Langsam fing man an zu glauben, daß Jocelyn Bell den ersten Neutronenstern entdeckt hatte.

Die Astronomen hatten kaum genug Zeit gehabt, sich mit der Bedeutung des Vela-Pulsars auseinanderzusetzen, als die zweite der drei grundlegenden Entdeckungen von 1968 gemacht wurde – und wenn die erste wichtig gewesen war, so war diese entscheidend. Durch sie stand man kurz vor der endgültigen Lösung des Rätsels. Es handelte sich um die Entdeckung des Crab-Pulsars. Auch er war von den Überresten einer Supernova umgeben, aber seine wahre Bedeutung lag woanders: nämlich in seiner enormen, beispiellosen Schnelligkeit. Der Crab-Pulsar sandte pro Sekunde dreißig Pulse aus; und nachdem die auf Weißen Zwergen basierenden Theorien vom Vela-Pulsar hart geprüft worden waren, erbrachte der Crab-Pulsar nun den Beweis dafür, daß sie falsch waren. Dieser Pulsar war zu schnell, um irgendeinen Zweifel aufkommen zu lassen; seine dreißig Pulse pro Sekunde gaben jeder Theorie, die Weiße Zwerge zum Gegenstand hatte, den Todesstoß. Mit einem Schlag wurden ganze Gruppen von Theorien zu Fall gebracht.

Somit blieben nur zwei Möglichkeiten übrig: die Rotation und die Umlaufbewegung von Neutronensternen. Für welche sollte man sich entscheiden?

Die endgültige Entscheidung wurde durch die letzte der drei Entdeckungen von 1968 ermöglicht, aber bevor ich darüber berichte, will ich noch auf etwas anderes hinweisen. Es gab nämlich eine Besonderheit, eine Ungewöhnlichkeit bei den Tatsachen, die im November des betreffenden Jahres feststanden, und diese Besonderheit war bedeutungsvoll. In der Nähe der meisten Pulsare konnte man keine Überreste einer Supernova erkennen. Nur zwei von ihnen, der Crab- und der Vela-Pulsar, befanden sich inmitten solcher Überreste. Und bei diesen beiden handelte es sich gerade um die schnellsten Pulsare.

Standen diese Tatsachen in Beziehung zueinander?

Wie war es zu erklären, daß von allen bisher entdeckten Pulsaren nur die beiden schnellsten von diesen Überresten umgeben waren? In diesem Stadium hatte es sich offenbart, daß Pulsare Neutronensterne waren und ihre Entstehung durch eines der gewaltsamsten und verheerendsten Ereignisse, die der Wissenschaft bekannt waren, gekennzeichnet wurde: die Supernova-Explosion eines Sterns. Die langsameren Pulsare wurden nicht mehr von den Überresten dieser Explosion begleitet. Sie hatten diese Trümmer überlebt. Nur die schnelleren waren noch von dem bei ihrer Geburt entstandenen Schutt umgeben.

Es schien fast so, als ob die schnelleren Pulsare die jüngeren waren.

Und das stimmte tatsächlich. Nur einen Monat nach der Entdekkung des Crab-Pulsars beobachtete ihn die Gruppe, die ihn ausfindig gemacht hatte, erneut – und stellte fest, daß er langsamer tickte. Die Geschwindigkeit des Crab-Pulsars nahm ab.

Mit einem Male offenbarte sich den Wissenschaftlern der faszinierende Werdegang eines Pulsars. Am Anfang seiner Existenz wurde der Pulsar von der Feuersbrunst der Supernova-Explosion eines Sterns eingehüllt. Er fing an, mit großer Geschwindigkeit zu pulsieren – viel schneller als jeder Pulsar, der uns bekannt ist. Während die Zeit verging – Tausende von Jahren, Millionen von Jahren –, wurde der Pulsar allmählich langsamer, und während er langsamer wurde, dehnten sich die Überreste der Supernova, die ihn umschlossen, aus. Nach tausend Jahren hatte sich der Pulsar auf dreißig Pulse pro Sekunde verlangsamt – er war zum Crab-Pulsar geworden, und die ihn umgebenden Überreste hatten eine Ausdehnung von zehn Lichtjahren erreicht – sie waren zum Crab-Nebel geworden. Nach 20 000 Jahren hatte er sich zum Vela-Pulsar entwickelt: noch langsamer pulsierend, in einen Nebel gehüllt, der sich noch weiter ausgebreitet hatte und sehr transparent geworden war. Schließlich, nachdem weitere Jahrtausende vergangen waren und die Überreste sich vollkommen in die Weite des interstellaren

Raums verstreut hatten, war der Pulsar von den Spuren seiner Geburt befreit. Nun pulsierte er nur noch einmal in der Sekunde.

Die Entdeckung, daß sich Pulsare verlangsamten, war gleichzeitig die endgültige Lösung des Rätsels, denn von den beiden verbliebenen Modellen der Pulsaruhr war nur eins in der Lage, langsamer zu werden. Es handelte sich um das Rotationsmodell. Sich drehende Objekte konnten leicht ihre Rotationsgeschwindigkeit vermindern und schließlich zur Ruhe kommen. Dies kann man beispielsweise bei rotierenden Kreiseln beobachten. Aber auf das Umlaufbewegungsmodell traf genau das Gegenteil zu. Diese Uhren konnten nicht langsamer werden; sie wurden schneller.

Sie wurden durch die Aussendung von Gravitationswellen beschleunigt. Jeder Körper, der sich auf einer Umlaufbahn bewegt, sendet derartige Wellen aus. Die Erde tut es genau jetzt auf ihrer Reise um die Sonne, und ebenso verhalten sich die anderen Planeten des Sonnensystems und jeder Doppelstern. Die Aussendung dieser Gravitationswellen hat zur Folge, daß der kreisende Körper sich langsam spiralförmig nach innen bewegt. Genau jetzt treibt die Erde, wenn auch in verschwindend kleinem Maße, auf die Sonne zu – und je mehr sie sich ihr nähert, desto kürzer wird das Jahr.

Innerhalb des Sonnensystems ist dieser Vorgang so gut wie nicht wahrzunehmen. Seine Auswirkungen sind so geringfügig, daß sie praktisch nicht die geringste Bedeutung haben. Seit der Existenz unseres Planeten, also im Laufe von mehr als vier Milliarden Jahren, hat er die Erde buchstäblich nicht einmal um Haaresbreite nach innen bewegt, und das Jahr ist noch nicht einmal um eine Sekunde kürzer geworden. Aber im Falle des vorgestellten Doppelsternsystems, das aus zwei Neutronensternen besteht, würde die Aussendung von Gravitationswellen durch die schnelle Umkreisung der beiden Komponenten stärker sein. Und da ihre Aussendung stärker wäre, würden sie sich schneller spiralförmig aufeinander zu bewegen – die Pulsaruhr würde beträchtlich beschleunigt werden.

Mit diesem letzten, kleinen Schritt wurde die Diskussion über die Natur der Pulsare beendet. Die Entdeckung der Verlangsamung von Pulsaren schloß das Doppelsternmodell aus, und schließlich blieb nur noch ein Modell übrig. Pulsare waren *rotierende Neutronensterne.*

In gewisser Hinsicht handelte es sich um eine unbefriedigende Entdeckung. Denn welche *unmittelbaren* Beweis haben wir eigentlich für die Existenz von Neutronensternen? Selbst heute, mehr als ein Jahrzehnt nach der entscheidenden Entdeckung, ist es uns immer noch nicht gelungen, einen Neutronenstern direkt zu beobachten. Sie sind viel zu klein, so daß man sie auf diese Entfernung nicht mehr sehen kann. Wenn sie nicht die seltsame Fähigkeit hätten, Radiopulse auszusenden, wären sie überhaupt nicht ausfindig gemacht worden.

Die Entdeckung von Neutronensternen warf mehr Fragen auf, als sie beantwortete, und zeigte deutlich, daß es sich bei derartigen Sternen um weitaus merkwürdigere Wesen handelte, als man sich vorgestellt hatte. In den ursprünglichen Ideen von Baade, Zicky und Landau gab es nicht den geringsten Hinweis darauf, daß diese Sterne derartige Eigenschaften aufweisen würden. Auch die Erde und die Sonne rotieren, doch sie senden keine Pulse aus. Von den ganzen Sterntypen, die es im Himmel gibt, besitzen nur die Neutronensterne diese unheimliche Fähigkeit. Durch die Aussendung von Radiowellen von einem Punkt ihrer Oberfläche aus entstanden die Pulse irgendwie, aber niemand konnte sich erklären, *wie* es genau vor sich ging. Niemand wußte, weshalb sie so sehr kosmischen Leuchttürmen glichen. Und niemand wußte, wie es kam, daß sie langsamer wurden.

3. Kapitel

Das Radioteleskop

Der Quabbin-Stausee befindet sich im Herzen des US-Bundesstaates Massachusetts und wird von einer unbewohnten Wasserscheide mit einer Fläche von nahezu fünfhundert Quadratkilometern umgeben. Diese Wasserscheide gleicht einer Wildnis. Dort gibt es kein Einkaufszentrum, keine Stadt, nicht einmal ein bewohntes Haus. Sie ist für jede Form einer kommerziellen Erschließung gesperrt, ebenso – abgesehen von bestimmten Gebieten – für die freizeitliche Nutzung wie Jagen oder Picknicken. In diesem Reservat wimmelt es von wildlebenden Tieren. Flußläufe mit klarem Wasser plätschern durch einsame Täler. Es ist eine wunderschöne und eine einzigartige Gegend, zumal sie sich inmitten einer der am stärksten bevölkerten Regionen der ganzen USA befindet.

Der Stausee wurde in den 40er Jahren geschaffen, um die Wasserversorgung für Boston sicherzustellen. Vier Dörfer wurden dabei überflutet. Ungefähr 7 500 Grabmale mußten ausgehoben und außerhalb der Reichweite der Wassermassen wieder eingegraben werden. Häuser wurden aufgegeben; einige wurden für den Holzpreis verkauft, andere an Leute verschenkt, die den Wiederaufbau des Gebäudes an einem sicheren Platz garantiert hatten. Heute klingen die Namen dieser verschwundenen Dörfer geisterhaft: Dana, Prescott, Enfield, Greenwich. Keines von ihnen war jemals sehr groß gewesen – Greenwich, das größte der vier, erreichte im Jahre 1800 eine Einwohnerzahl von 1 500 Seelen, die danach immer weiter abnahm. Alte Fotografien von dieser Gegend zeigen stille Straßen mit weißen Holzhäusern, die in dem nüchternen, für das ländliche Neuengland so charakteristischen Stil gebaut waren. Kinder spielten auf den weiten Feldern; die würdevollen Gebäude waren mit großen Vorbauten geschmückt; den Kirchen gegenüber befanden sich die Gemeindehäuser. Nun ist all das verschwunden, geblieben sind nur einige gähnende Kellerlöcher, die man bei niedrigem Wasserstand im Schlick entdecken kann, und die verrotteten Überreste einer stillgelegten Eisenbahnlinie.

Weit in den Stausee hinein erstreckt sich eine Landzunge, die vorher eine große Erhebung gewesen war und zwei Täler voneinander getrennt hatte, und nun, seit der Überflutung dieser beiden Täler, Prescott-Halbinsel genannt wurde. Ungefähr in der Mitte dieser Landzunge, auf einer kleinen Waldlichtung, befindet sich ein Radioteleskop.

Dieses Teleskop wurde unter der Leitung von G. Richard Huguenin gebaut, einem Astronomen an der Fakultät der University of Massachusetts, und ich glaube, daß die rauhen, freiheitsliebenden Neuengländer, die wegen des Quabbin-Stausees umgesiedelt worden waren, die Art und Weise, wie er es gebaut hat, anerkannt hätten. Huguenin hat eine Vorliebe für die Konstruktion wissenschaftlicher Apparaturen, und als die Pulsare entdeckt wurden, entschloß er sich dazu, ein Teleskop zu bauen, mit dem er sie erforschen konnte. Wenn die damalige Situation anders gewesen wäre, hätte er für dieses Vorhaben sicherlich eine hohe Summe aus öffentlichen Mitteln beantragt; und wenn er diese Gelder bekommen hätte, wäre er in einem dreifachen Labyrinth umhergetaumelt, bestehend aus Bauunternehmern, Lieferanten und Baubesprechungen. Aber es war eine Zeit, in der Etatkürzungen vorgenommen wurden, und die hohe Summe, die Huguenin benötigte, war nicht zu bekommen. Er hatte nicht genug Geld, um ein Radioteleskop zu bauen.

Also baute er trotzdem eins.

Huguenin und seine Kollegen setzten sich an ihre Zeichenbretter und erstellten eine Reihe von Entwürfen für ein Radioteleskop, das besonders billig sein sollte. Sie konstruierten es so, daß es aus möglichst vielen Bauteilen bestand, die man in den örtlichen Warenhäusern kaufen konnte. Anstatt bei der *National Science Foundation* vorzusprechen, gingen sie in das nächste Kaufhaus. Anstatt die Listen der möglichen Geldgeber durchzugehen, arbeiteten sie sich durch die Kleinanzeigen. Sie achteten auf die Sonderangebote in den Metallwarenhandlungen. Ein billiger, alter Lastwagen wurde von ihnen aufgetrieben. Sie kauften Zaundraht in riesigen Mengen und benutzten ihn, ganz unorthodox, als Reflektoren ihres Teleskops. Einer der Techniker hatte einen Schwiegervater, der Gebrauchtwagenhändler war und für sie ein altes Fahrzeug einer Telefongesellschaft ausfindig machte, das mit einem großen Bohrer ausgerüstet war. Sie lernten damit umzugehen und bohrten damit die Löcher, in die die Stützpfeiler für die Reflektoren eingesetzt werden sollten. Was diese Stützpfeiler anbetraf, verwarfen sie einige elegante, aber teure Möglichkeiten und entschieden sich für die billigste und einfachste Sache, die sie finden konnten – Telegrafenmasten. Sie stellten diese Masten selbst auf, rodeten den Wald selbst und verlegten die Telefonleitung selbst. Sie beschafften sich von überallher Material, schnorrten und bearbeiteten die Leute: Von einem nahe gelegenen College bekamen sie einen Computer, von einer Firma aus Boston ein winziges Kontrollgebäude, und sie schafften es, daß jeder für sie Zeit hatte.

Das Teleskop, das neben den Überresten der Dörfer Dana, Prescott, Enfield und Greenwich entstanden war, wirkte nicht gerade als Bereicherung für die Landschaft. Es sah genauso fehlplaziert aus wie ein verrostetes Schrottauto in einem einsamen Tal. Und es *war* auch teilweise verrostet, und das Unkraut rankte daran empor. Vier aus Zaundraht bestehende Reflektoren waren an den Telegrafenmasten befestigt worden, und hoch über jedem von ihnen hing, bedenklich schwankend, ein Empfangsteil. Koaxialkabel, die von jedem Empfangsteil bis zum Kontrollgebäude verliefen, bildeten auf dem Boden ein rostiges Durcheinander.

Im Gebäude befand sich ein Gestell neben dem anderen, voller elektronischer Geräte, die mit einer Unzahl von Knöpfen und Schaltern geschmückt waren. Es sah eindrucksvoll aus, aber auch wieder nicht ganz so eindrucksvoll wie zum Beispiel das Cockpit eines Düsenverkehrsflugzeugs. Die Bedienungspersonen des Teleskops saßen gemütlich in Sesseln; manchmal sahen sie prüfend auf die Skalen, und manchmal schienen sie sie nicht zu beachten. Ein Stapel zerlesener Zeitschriften lag auf einem Tisch: *Newsweek, Playboy*. Draußen auf der Lichtung, die man durch ein großes Fenster hindurch sehen konnte, ästen die Rehe unter den Reflektoren. Und auf diese Szenerie hinunter, auf die nahe gelegene Wasserfläche des Quabbin-Stausees hinunter, auf die holperigen, unbefestigten Straßen der Prescott-Halbinsel hinunter, auf die Rehe und auf die Oberflächen der Blätter, die sich im Herbst so prächtig verfärbten, hinunter, fiel – ununterbrochen, gleichmäßig und völlig unsichtbar – ein Schauer von Radiosignalen, der von den Pulsaren stammte. Er fiel auf eine rostige Ansammlung von Metall, die sich auf einer Lichtung befand, und diese Ansammlung war das einzige in dieser Gegend, das dafür empfänglich war. Selbst als die Rehe unter den Reflektoren des Teleskops ästen, war es in Betrieb: Es spürte die vorüberziehenden Pulsare automatisch auf, sammelte automatisch die Daten und speicherte sie automatisch auf dem Magnetband des Computers. Einmal in der Woche wurde das Magnetband von irgend jemandem auf den Rücksitz eines Wagens geworfen und zur University of Massachusetts gebracht, wo es dann analysiert wurde.

Auf diese Weise hörte Huguenin den Pulsaren zu.

Heute sind mehrere hundert Pulsare bekannt, von denen nur zwei sichtbares Licht aussenden und mit einem gewöhnlichen Teleskop untersucht werden können. Die anderen strahlen Radiowellen aus. Die Erforschung der Pulsare fällt somit hauptsächlich in den Bereich der Radioastronomie. Die von den Pulsaren ausgesandten Wellen sind tatsächlich von genau der gleichen Natur wie diejenigen, die von irgendeinem Radiosender ausgestrahlt werden, und man kann sie auch mit den gleichen Geräten empfangen. Die Astronomen untersuchen die Pulsare auf die gleiche Art, wie sie den Nachrichten zuhören, wenn sie von der Arbeit nach Hause fahren: mit einem Radio.

Im Prinzip geht es mit jedem Radio. Das Gerät im Auto würde geradezu ideal sein für den Empfang von Pulsarsignalen, wenn sie nur stärker wären. Aber die Pulsare sind zu weit entfernt. Wenn man einen von ihnen in die Nähe der Erde bewegen könnte, würde jedes Radio- und Fernsehgerät auf unserem Planeten seine Emissionen empfangen. Wir würden dann ein Geräusch hören, das sehr dem Ticken einer Uhr gleicht: eine regelmäßige Folge von Pulsen, ein gleichmäßiges Klicken.

Da die Pulsarsignale so schwach sind, bleibt uns nichts anderes übrig, als bessere Radios zu bauen, mit denen wir sie dann hören können – Radioteleskope. Die Bauweise eines derartigen Teleskops unterscheidet sich nicht von der irgendeines anderen Radios. Die Geräte setzen sich aus drei grundlegenden Bauteilen zusammen: der Antenne, die das Signal aufnimmt; dem Verstärker, der den ankommenden elektrischen Strom, wie der Name schon sagt, verstärkt; und dem Lautsprecher, der diesen Strom umwandelt, das Signal also hörbar macht. Für die Radioteleskope benötigt man im allgemeinen nur die ersten beiden dieser Grundbauteile und verzichtet auf das dritte. Für die Wissenschaftler ist es fruchtbarer, wenn sie den Pulsaren nicht zuhören, sondern deren Signale aufzeichnen, so daß diese besser untersucht werden können. Dazu benutzt man einen Kurvenschreiber oder ein Oszilloskop, oder aber man gibt die Signale in einen Computer ein.

Die erste Station bei der Arbeitsweise eines Radios ist die *Antenne,* eine Vorrichtung, die dazu dient, die ankommenden Signale aufzunehmen. Oftmals handelt es sich um einen einfachen Draht. Radiosignale sind Wellen, und in jedem Draht, der von diesen Wellen umgeben ist, wird ein elektrischer Strom erzeugt. Dieser Strom ist es, mit dem der Verstärker arbeitet. Je größer die Antenne ist, desto mehr elektromagnetische Wellen kann sie abfangen, und desto stärker ist der Strom, den sie entstehen läßt.

Beim Auto befindet sich die Antenne außen auf dem Kotflügel – ein langer, dünner Metallstab – oder in der Windschutzscheibe – ein dünner Draht. Bei den Radiogeräten, die im Hause zu finden sind, ist sie meistens überhaupt nicht zu sehen: Sie befindet sich aufgewickelt irgendwo innerhalb des Gehäuses. In diesen Fällen ist die Antenne also klein und unscheinbar. Beim Radioteleskop dagegen, das dafür bestimmt ist, schwache Signale zu empfangen, ist sie riesig und aufsehenerregend – das bei weitem eindrucksvollste Bauteil. Aus dem gleichen Grunde, weshalb sich die Pupille des Auges in einem dunklen Raum vergrößert oder weshalb übergroße Antennen die Dächer in Gegenden, wo ein schlechter Empfang herrscht, schmücken, benötigt das Radioteleskop eine riesige Antenne. Sie kann aus einem an Masten befestigten Drahtgeflecht mit einer Gesamtlänge von 190 Kilometern bestehen, wie es bei Hewishs Teleskop der Fall war. Sie kann eine Schüsselform haben und einer gigantischen Radaranlage gleichen, wie das Radioteleskop von Arecibo in Puerto Rico: ein riesiger, künstlicher Krater in den Bergen mit einem Durchmesser von 300 Metern, ausgelegt mit perforierter Aluminiumfolie. Oder es kann sich um das größte Radio-Observatorium überhaupt handeln: 27 Antennenschüsseln, die in der Form eines riesigen Y angeordnet sind, verteilt auf einer Fläche von fast 1 300 Quadratkilometern in der Wüste von New Mexico, und deren empfangene Signale durch Überlagerung zusammengefaßt werden – das Very-Large-Array-Radiointerferometer.

Diese Schüsseln sind im Grunde nicht die Antennen, sondern Reflektoren. Ihre Funktion ist es, die ankommenden Radiowellen eines großen Bereiches zu sammeln und sie gebündelt auf die eigentliche Antenne zurückzuwerfen, auf das bereits erwähnte Empfangsteil: ein kleines, äußerst unscheinbares Gerät, das über der reflektierenden Schüssel befestigt ist. Die Aufgabe des Reflektors entspricht der einer Kameralinse, die das einfallende Licht sammelt und auf den eigentlichen Empfänger, den Film, richtet. Aber egal wie groß die Reflektoren auch sein mögen, der im Empfangsteil erzeugte elektrische Strom ist nur schwach. Es folgt also die zweite Station bei der Arbeitsweise eines Radios: *die Verstärkung dieses Stroms.*

Bei gewöhnlichen Radios wird der Grad der Verstärkung mit dem Lautstärkeregler verändert, aber bei Radioteleskopen verzichtet man auf diese Feinheit. Radioteleskope sind entweder an- oder ausgestellt, und wenn sie an sind, arbeiten sie mit voller Kraft. Der Verstärker ist der zweite Grundbaustein, der sehr kostspielig ist. Moderne Verstärker, wie sie für astronomische Zwecke eingesetzt werden, sind wirklich außergewöhnliche Geräte, die weitaus leistungsfähiger sind als diejenigen, die im normalen Handel angeboten werden. Die Aufgabe, die sie erfüllen müssen, stellt derart hohe Anforderungen, daß jeder Verstärker gesondert angefertigt wird und so konstruiert ist, daß er auf einer einzigen, bestimmten Frequenz arbeitet, ganz im Gegensatz zu den gewöhnlichen Verstärkern, deren Betriebsfrequenz geändert wird, wenn man an dem Abstimmknopf des Radios dreht. Hinsichtlich der Arbeit und der Erfindungsgabe, die für seine Konstruktion erforderlich sind, ist der Verstärker eines Radioteleskops genauso eindrucksvoll wie der Reflektor. Natürlich, sein äußeres Erscheinungsbild ist nicht so eindrucksvoll – es sind eben nur einige elektronische Geräteteile.

Gewöhnliche Radioantennen nehmen die Signale aus allen Richtungen auf. Das Gerät empfängt also jeden Sender, der sich in seiner Reichweite befindet, gleichzeitig und würde eigentlich nur ein sinnloses Gebrabbel hervorbringen. Dieser Sache gehen wir durch eine vorher getroffene Abmachung aus dem Weg, die besagt, daß die von den Sendern ausgestrahlten Wellen sich hinsichtlich der Frequenz unterscheiden sollen; und wir wählen den Sender, indem wir den Verstärker auf seine Frequenz abstimmen – eben mit Hilfe des Abstimmknopfs. Aber astronomische Radioquellen wie zum Beispiel Pulsare senden auf *jeder* Frequenz des Radiostrahlungsspektrums. Eine Abstimmung auf eine bestimmte Frequenz würde also keinen Sinn ergeben. Daher konstruiert der Radioastronom seine Antenne so, daß sie die Signale aus dem Himmel nur aus einer bestimmten Richtung empfängt. Man stimmt ein Radioteleskop also nicht ab, sondern richtet es.

So ist also ein Radio aufgebaut – jedes Radio, vom kleinsten Transistorgerät, das wir mit zum Strand nehmen, bis zum größten, leistungsfähigen Modell. Und jedes von ihnen ist auf seine Weise ein technisches Wunderwerk und dient dem Zweck, durch Aufnahme von Signalen aus einer mehr oder weniger weit entfernten Quelle einen Kontakt herzustellen.

Der Kontakt wird durch das elektromagnetische Feld ermöglicht, das den ganzen Raum erfüllt. Jeder von uns ist davon umgeben. Das Feld durchdringt das Innere unseres Körpers und den gesamten Erdball. Und es erstreckt sich weit in die eisige Kälte des interstellaren Raums hinein. Soweit wir feststellen können, gibt es im ganzen Universum keine einzige Region, die nicht von diesem Feld erfüllt ist.

Es ist niemals vollkommen still. Es zittert und wogt unaufhörlich. Wellen bilden das Feld. Dort ist eine schwache Kräuselung. Auf der Netzhaut unserer Augen wird sie als Licht eines weit entfernten Sterns registriert. Und dort ist eine weitere Kräuselung: das Licht eines anderen Sterns. Unzählige derartige Wellen fließen der Erde entgegen, und sie sind der Grund, weshalb wir den Nachthimmel sehen können: Planeten, Sterne und Sternbilder. Dort ist noch eine Welle, weitaus stärker als all die anderen: es ist das Sonnenlicht. Dann gibt es noch Hunderttausende und mehr, die aber sehr viel schwächer sind. Wenn man sie mit Hilfe eines Teleskops verstärkt, offenbaren sie die Existenz weiterer Sterne, aber auch noch andere Dinge: Galaxien, Nebel und Quasare.

Dort ist nun eine Welle, die nicht stärker oder schwächer ist, sondern *länger* als die anderen. Sichtbares Licht ist eine Welle im elektromagnetischen Feld, die eine sehr kurze Länge hat – ungefähr einen zehntausendstel Zentimeter. Wellen von größerer oder noch kürzerer Länge nehmen wir nicht als Licht wahr. Wir können sie überhaupt nicht sehen, aber es ist uns möglich, Geräte zu bauen, mit deren Hilfe ihre Existenz feststellbar ist. Kürzere Wellen sind Röntgenstrahlen mit einer Wellenlänge von ungefähr einem hundertmillionstel Zentimeter und Gammastrahlen mit einer Wellenlänge von ungefähr einem hundertmilliardstel Zentimeter. Längere Wellen sind Infrarot- oder Wärmestrahlen und Radiostrahlen. Radiosignale können eine Wellenlänge von einem Millimeter bis zu mehreren Kilometern haben. Die Radio- und Fernsehsender strahlen derartige Wellen aus.

Und ebenso die Pulsare. Die von ihnen ausgesandten Wellen reisen durch den »leeren« Raum und erreichen die Erde. Und überall dort, wo sich Radioteleskope befinden, hören wir die ankommenden Signale.

Huguenin wechselte von Harvard zur University of Massachusetts in Amherst. Er hatte ein Projekt im Kopf und Aussicht auf 25 000 Dollar, es zu realisieren. Seine erste Aufgabe bestand nun darin, noch mehr Geld aufzutreiben. »Damals, in den Jahren 68/69, wurden von der Bundesregierung Etatkürzungen vorgenommen«, erzählte er mir, »und somit war es sehr schwierig, Gelder zu bekommen. Es war gerade in der Zeit, als der Staat die Förderung einiger größerer Forschungsprojekte an drei wichtigen Universitäten einstellte. Aus diesem Grunde konnten wir auch nicht sehr viel erwarten. Ähnlich war es mit der NASA. Deshalb versuchten wir von kleinen, unabhängigen Stiftungen Gelder zu bekommen. Zu unserer Überraschung erhielten wir von allen eine positive Antwort, und schließlich verfügten wir über doppelt soviel Geld, wie wir veranschlagt hatten, um mit unserem Projekt beginnen zu können.«

Ich fragte Huguenin nach den Kriterien bei der Auswahl des Standortes für sein Observatorium.

»Vor allen Dingen mußte er eben sein«, antwortete er. »Einigermaßen eben jedenfalls. Dies machte den Aufbau um einiges einfacher. Aber noch viel wichtiger war, daß er sich so weit wie möglich von störenden Interferenzen befinden mußte.«

Die Arbeit an einem Radioteleskop kann durch künstliche Radiointerferenzen sehr leicht unmöglich gemacht werden. Denn die Signale, die man zu empfangen versucht, sind bei weitem schwächer als die immerwährenden Ausstrahlungen von örtlichen Quellen wie zum Beispiel Radiosender. Eine ähnliche Schwierigkeit tritt bei den Spiegelteleskopen auf. Das 2,5-Meter-Spiegelteleskop auf dem Mount Wilson in Kalifornien ist jahrelang das größte Teleskop der Welt gewesen. Von dem Berg aus, auf dem es sich befindet, kann man direkt auf Los Angeles hinuntersehen, und das ist der Grund, weshalb das Teleskop nun völlig unbrauchbar ist. Die Neonlichter und die Straßenbeleuchtung geben einen beeindruckenden Anblick ab, doch sie machen die Beobachtung des nächtlichen Sternenhimmels unmöglich. Ähnlich ergeht es dem 5-Meter-Teleskop auf dem Mount Palomar. Es befindet sich zu dicht bei San Diego, und in den letzten Jahren ist seine Leistungsfähigkeit durch die stetig größer werdende Stadt ernstlich beeinträchtig worden.

»Autobahnen und Starkstromleitungen sind für Radioastronomen die Hauptquellen der Interferenz«, erzählte mir Huguenin. »Bei den Autos sind es die Zündkerzen, die Kabelverbindungen dorthin, der Verteiler, die Zündspule und all diese Sachen. Sie erzeugen äußerst starke Signale und können Radioastronomen gewaltigen Kummer bereiten.

Ebenso sind die Starkstromleitungen störend. In erster Linie sind es die Isolatoren. Was passiert, ist, daß sie dreckig oder rissig werden, was Entladungen zur Folge hat, die Radiosignale ausstrahlen. Diese Entladungen kann man *sehen:* Am besten sichtbar sind sie, wenn die Luft salzig ist; wenn man bei Nacht an der Küste entlanggeht, kann man sie an fast jedem Mast sehen. Mit diesem Problem hatte ich während eines früheren Projekts Erfahrungen gesammelt. Uns stand damals ein Lastwagen zur Verfügung, auf dem eine kleine Antenne montiert war, und so konnten wir feststellen, von welchem Strommast die Interferenz stammte. Dann fuhren wir mit dem Lastwagen sehr vorsichtig gegen den entsprechenden Mast. Durch die Erschütterung sprang die Dreckschicht von dem Isolator ab, und wir waren zufrieden. Wir starteten öfter solche Aktionen, und die Leute dachten, wir wären völlig übergeschnappt.

Auch Radiosender können zum Problem werden. In Massachusetts kann man sich nicht sehr weit von ihnen entfernen, weil es überall welche gibt. Aber hinsichtlich der *Frequenz* kann man sich von ihnen entfernen. In Amherst befindet sich ein Sender, der ein starkes Signal auf einer Frequenz von 89,5 Megahertz ausstrahlt. Also beobachtet man nicht auf 89,5 Megahertz. Man konstruiert einen Empfänger, um auf einer Frequenz von 87 Megahertz zu arbeiten; dann ist alles in Ordnung. Einmal tauchte eine neue Radiostation auf, die auf unserer Frequenz sendete, und wir mußten wieder alles anders einstellen. Man bewegt sich eben weiter.«

Genauso wie es eine kontinuierliche Anstrengung erfordert, zu verhindern, daß die letzten unerschlossenen Gebiete Amerikas von

Einkaufszentren, Wohnsiedlungen und dergleichen überschwemmt werden, ist es wichtig, daß die Frequenzen, auf denen die Radioastronomen beobachten, geschützt werden. Es besteht wirklich Anlaß zu der Befürchtung, daß das Betreiben der Astronomie innerhalb der kontinentalen USA in absehbarer Zukunft unmöglich sein wird, wenn nicht wirkungsvollere Schutzmaßnahmen getroffen werden. »Es gibt zwar Gesetze und so weiter, aber die nützen nicht viel«, meinte Huguenin. »Den einzigen wirklichen Schutz hat man bei dem kleinen Frequenzbereich um die Wellenlänge von 21 Zentimetern herum; auf diesen Frequenzen strahlt interstellarer Wasserstoff. Niemand auf der Welt kann in diesem Frequenzbereich senden. Aber es war so ungefähr die letzte Chance für uns, ein Teil des Radiostrahlungsspektrums für die Astronomie zu ergattern. Bis dahin war es uns nur möglich, andere Frequenzen mit Hilfe irgendwelcher Bestimmungen zu schützen, die sich aber meistens als wertlos erweisen. Überraschenderweise sind die Frequenzbereiche, in denen man am besten arbeiten kann, zur alleinigen Benutzung an andere vergeben. Eine der Frequenzen, auf denen wir beobachten, liegt im Frequenzbereich der Luftwaffe. Diese Frequenz ist extrem ruhig, außer wenn das Militär sie gelegentlich benutzt; dann wird jede Beobachtung unmöglich. Der Grund, daß diese Frequenz sicher ist, besteht natürlich darin, daß niemand das Risiko eingehen will, den Funkverkehr der Luftwaffe zu stören: man weiß, daß man dann große Schwierigkeiten bekommen würde.

Wie dem auch sei, wir suchten also nach einem geeigneten Standort. Ich kaufte einige topographische Karten, die die gesamte Fläche des Staates Massachusetts abdeckten. Es waren sehr viele, und wir gingen sie alle durch, um ein Stück Land zu entdecken, das für unsere Zwecke in Frage zu kommen schien. Wir fanden zwei Möglichkeiten. Die erste war die Prescott-Halbinsel, die zweite eine Stelle am Swift River. Beide erfüllten all unsere Kriterien.

Das war im März 69. Wir stellten einige Geräte zusammen, verstauten sie in einem Jeep und wollten die beiden Stellen sorgfältig prüfen. Ich erinnere mich noch, wie ich im Matsch steckengeblieben bin; auf den Straßen lag noch Schnee. Es war zu diesem Zeitpunkt leichter, die Stelle am Swift River zu erreichen, also fuhren wir zuerst dorthin, doch unsere Untersuchungen zeigten, daß diese Stelle ungeeignet war – es gab dort zu viele Radiointerferenzen. Dann begaben wir uns auf die Prescott-Halbinsel. Wir fuhren die ganze Halbinsel ab, und zwar mit einem Biologen von der University of Massachusetts, der diese Gegend wie seine eigene Westentasche kannte. Es war ein richtiges Erlebnis, zusammen mit ihm dieses Gebiet zu erkunden. Auf der Halbinsel befindet sich eine Vielzahl von kleinen, unbefestigten Straßen. Wir kamen schließlich zu dem Platz, für den wir uns dann entschieden hatten, und ich wußte damals sofort, daß es der richtige war. Ein guter Standort: recht offen, nur wenige Bäume, die man fällen mußte, und eben. Wir überprüften die Radiointerferenz, und das Ergebnis war sehr gut.

Diese Stelle am Quabbin-Stausee ist ein hervorragender Standort – sie ist einzigartig. An der ganzen Ostküste – einschließlich des größten Teils von Maine – gibt es kaum einen so guten Platz wie diesen, obwohl ich denke, daß man in den Norden von Maine gehen und dort ebenso gute Bedingungen vorfinden könnte. Aber wir freuten uns besonders über die Tatsache, daß dieser Platz nur etwa dreißig Kilometer von der University of Massachusetts in Amherst entfernt war.

Im Herbst 69 hatten wir die behördliche Genehmigung erhalten, ein Teleskop auf öffentlichem Land aufzustellen, und genug Geld zur Verfügung, um anfangen zu können. Also begannen wir mit dem Bau.«

»Wir begannen, indem wir eine Motorsäge im Sonderangebot kauften und Bäume fällten. Wir arbeiteten dort draußen, holzten das Waldstück ab, räumten das Gelände frei und bereiteten alles für den eigentlichen Bau vor. Das meiste war Eschenholz, und es wurde als Feuerholz abtransportiert – in die Universität, wo es benutzt wurde, um die Studentenwohnungen zu beheizen. Wir hatten uns von der Universität einen kleinen Lieferwagen ausgeliehen, und jeden Tag, wenn wir zurückfuhren, nahmen wir eine Ladung Holz mit.«

Das Quabbin-Observatorium besteht aus vier Einzelantennen, deren Ausgangsströme exakt zusammengeführt werden, bevor sie den Verstärker erreichen. »Die reflektierende Fläche unserer Antennen ist ein Drahtgeflecht«, erzählte mir Huguenin. »Eine Art besserer Maschendraht. Er wird für viele verschiedene Zwecke benutzt – von den Landwirten für Zäune oder für die Fenster von Hühnerbrutkäfigen, im Bauwesen für die Verstärkung von Betonkonstruktionen. Das meiste davon bestellten wir aus dem Katalog einer Warenhauskette. Und es stellte sich später heraus, daß dieser Draht der bessere war. Während des Baus machte ich mir Sorgen darüber, daß er vielleicht nicht so lange halten würde, und wir fanden eine Firma, die den Maschendraht mit einer doppelt so hohen Rostbeständigkeit herstellte. Er kostete 20 % mehr, aber ich dachte, daß es das wert sein würde. Aber es stellte sich schließlich als Irrtum heraus. Wenn du zum Quabbin-Teleskop rausfährst, wirst du sehen, daß genau dieser Draht verrostet ist.«

Huguenin wollte unbewegliche Reflektoren bauen. Sie sollten flach auf dem Rücken liegen und nach oben auf den Himmel gerichtet sein, und zwar deshalb, weil derartige starre Konstruktionen verhältnismäßig billig sein würden. Jeder der Reflektoren würde also, wenn sich der Pulsar genau über ihm befand, die Signale einwandfrei in einem Punkt sammeln. Genau in diesem Brennpunkt mußte dann das Empfangsteil angebracht sein, so wie es auf Zeichnung 5 dargestellt ist.

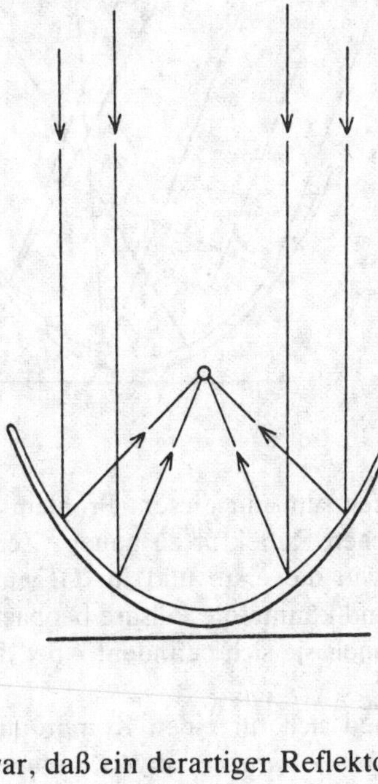

Zeichnung 5

Das Problem war, daß ein derartiger Reflektor keine Signale, die aus irgendeiner anderen Richtung kamen, in einem Punkt vereinigen würde. Wenn sich der Pulsar nicht genau senkrecht über dem Reflektor, sondern etwas seitlich davon befand, würden alle auftreffenden Strahlen verschieden reflektiert werden und sich nicht in einem Punkt treffen, wie auf Zeichnung 6 aufgezeigt wird. Diese Reflektorart war ungeeignet. Huguenin brauchte ein Teleskop, daß flexibler war.

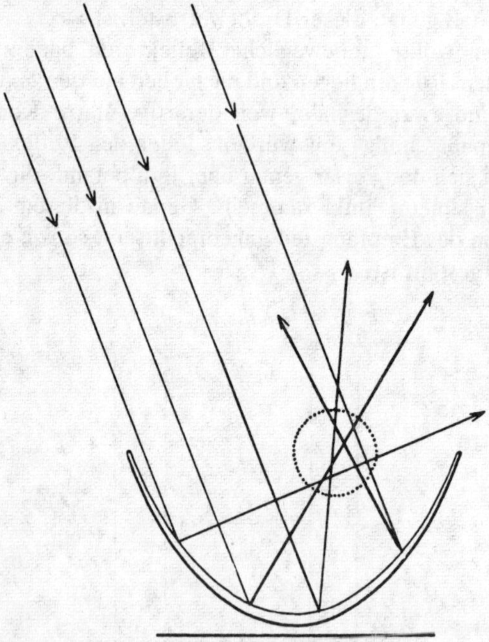

Zeichnung 6

Der einfachste Weg, um mit diesem Problem fertig zu werden, war, einen beweglichen Reflektor zu bauen (Zeichnung 7). Diese Konstruktion hat, wie die erste und im Gegensatz zur zweiten, einen Brennpunkt und könnte die Pulsare beobachten, egal an welcher Stelle des Himmels sie sich befinden. Aber die Kosten für den Bau waren zu hoch.

Huguenin entschied sich für einen Kompromiß. Nur wenn ein Reflektor die Form einer *Parabel* aufwies, sammelte er die ankommenden Wellen genau im Brennpunkt. Die Reflektoren steuerbarer

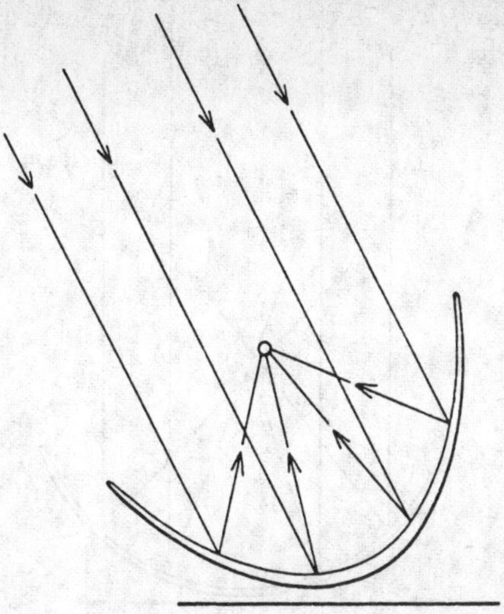

Zeichnung 7

Radioteleskope waren daher, ebenso wie die der Spiegelteleskope, parabelförmig. Reflektoren, die eine andere Form hatten, konzentrierten die Wellen dagegen nur schwach und wurden daher nicht oft eingesetzt. Aber ein Reflektor, der die Form eines *Kugelsegments* hatte, besaß eine besondere Eigenschaft, die für Huguenin sehr interessant war. Wenn sich eine Radioquelle direkt über einem sphärischen Reflektor befand, würde dieser die ankommenden Signale nicht genau in einem Punkt sammeln wie eine Parabolschüssel, aber doch immer noch stark genug konzentrieren (Zeichnung 8). Dieser leichte Mangel mußte den Fokussierungseigenschaften des Reflektors im Hinblick auf eine Quelle, die sich seitlich der Senkrechten befand, gegenübergestellt werden. Auf Zeichnung 9 wird dieser Fall dargestellt.

Die Bündelung war noch recht gut. Wenn das Empfangsteil zur einen Seite hin, an die Stelle, an der sich die reflektierten Wellen trafen, bewegt werden würde, könnte es immer noch die ankommenden Signale aufnehmen. Diese Konstruktion würde funktionieren.

Ein derartiger Reflektor würde also die Signale von mehreren Pulsaren, die sich in verschiedenen Himmelsregionen befanden,

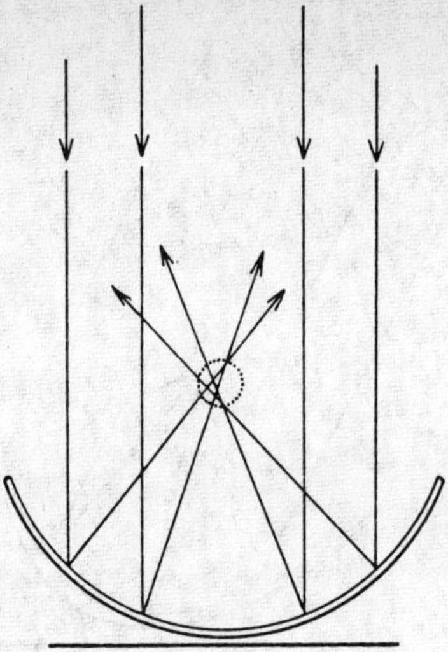

Zeichnung 8

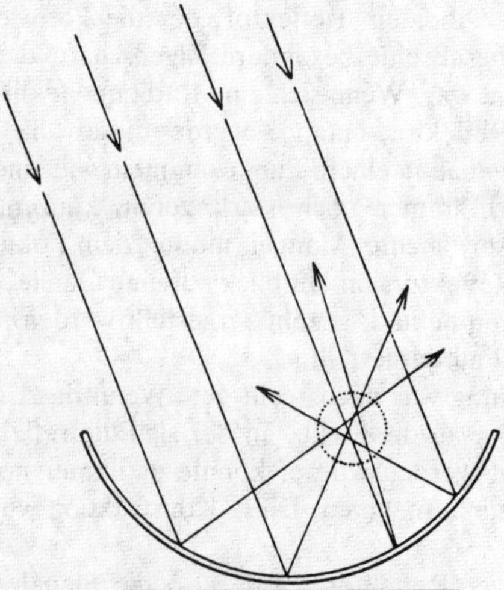

Zeichnung 9

gleichzeitig bündeln. Wenn sich also, sagen wir mal, vier Pulsare in seinem Aufnahmebereich befinden würden, gäbe es vier verschiedene Stellen über dem Reflektor, an denen die eintreffenden Signale gebündelt werden. Und an jeder einzelnen dieser Stellen werden nur die Strahlen von einer einzigen dieser vier Quellen gebündelt; und wenn sich das Empfangsteil an einer dieser Sammelstellen befindet, nimmt es also nur die Signale eines einzigen Pulsars auf. Auf diese Weise würde Huguenin sein Teleskop richten: nicht durch das Schwenken des Reflektors, sondern indem er das Empfangsteil bewegte.

»Unsere Reflektoren werden von jeweils zweiundzwanzig Telegrafenmasten gehalten, die sich am äußeren Rand befinden«, erzählte mir Huguenin, »die Empfangsteile von jeweils drei höheren, die weiter innen stehen. Neue Masten. Wir wollten die Schüssel wegen der Kosten für den Verstärker so groß bauen, wie wir konnten. Die drei hohen Masten bestimmten die Größe der ganzen Schüssel und setzten somit die Kosten fest. Diese Masten bekamen wir von einem Stromversorgungsunternehmen – und *ihre* Größe wurde wiederum durch die Ausmaße der Eisenbahnwagen, auf denen sie transportiert wurden, bestimmt. Die Masten waren 21 Meter lang. Es stellte sich heraus, daß, wenn wir sie benutzen würden, eine Schüssel einen Durchmesser von 37 Metern hätte. Und genau so haben wir sie auch gebaut.

Die Masten waren billig, weil das Stromversorgungsunternehmen Millionen davon verwendet. Ebenso die Drahtseile, die die Reflektionsfläche hochhalten; es sind die gleichen, die das Unternehmen als Abspannseile benutzt. Das Drahtgeflecht ist mit einer Ringbefestigung, wie sie von der Autoindustrie bei der Polsterung verwendet wird, an den Drahtseilen festgemacht. Alle Arbeiten wurden von John Taylor und mir und einigen Studenten ausgeführt. Es handelte sich nicht nur um Astronomiestudenten; einige studierten. auch Anglistik oder Geschichte. Die Kosten für jede Schüssel beliefen sich schließlich auf ungefähr 10 000 Dollar für das Material und 20 000 Dollar für die Arbeit.

Auch die Masten stellten wir selbst auf. Mit den kleineren war es noch einfach. Aber unser Lastwagen war nicht groß genug, um die längeren in die Höhe zu hieven. Man muß den Mast oberhalb seines Schwerpunkts packen, und diese Dinger waren 21 Meter lang. Es war uns klar, daß, wenn wir einen der großen Masten hochheben wollten, wir das untere Ende mit irgendeinem Gewicht beschweren mußten, um dieses Ende dann in das Loch bugsieren zu können.

Beim ersten Versuch benutzten wir *Menschen* als Ballast. Aber das stellte sich als Fehler heraus. Es gibt einen Film davon, was passiert ist. Einer von unseren Technikern wollte diese Aktion filmen, und so stand er mit seiner Kamera in der Nähe, als der Ausleger den ersten Mast hochhob. Sein Film zeigt, wie der Ausleger den Mast anhebt, an dessen einem Ende sich Taylor und vier andere Leute festklammern. Sie sitzen wie Cowboys auf dem Mast – sie reiten darauf, ihre Beine eng um das Holz geschlungen. Der Film zeigt, wie der Mast mit all diesen Leuten darauf in die Höhe gehoben wird, und noch etwas höher . . . und dann sieht man plötzlich, wie der Mast anfängt zu rotieren! Er dreht sich langsam nach oben, und all diese Leute bewegen sich ebenfalls mit nach oben . . . das ist das Ende des Films. Der Techniker mit der Kamera war die einzige Person in der Umgebung, die die Sache aufhalten und diese Leute vor einem unfreiwilligen Höhenflug bewahren konnte. Also legte er die Kamera schnell auf den Boden, stürmte los und griff in das Geschehen ein.

Danach benutzten wir einen großen Stahlklotz als Ballast.

Im folgenden Winter begannen wir mit den schweren Arbeiten. Wir bekamen ein überzähliges Kantinenzelt, schlugen es auf und benutzten es den ganzen Winter lang für die Herstellung der Stahlteile. Wir kauften uns eine Säge im Warenhaus. Alles, was wir hatten, war der Stahl im Rohzustand, und wir mußten ihn auf die richtige Länge sägen und die Teile zusammenschweißen. Das Wetter war verdammt schlecht. Wir hatten einen Ölofen: Er sieht aus wie ein Ölbrenner, aber es ist keiner; es ist nur eben eine Flamme da, und er gibt Hitze, Qualm und Gestank ab – zu vergleichen mit einer großen Lötlampe. Den ganzen Winter lang: nur Stahlteile absägen und sie zusammenbauen.

In der Zwischenzeit brauchten wir einen Platz für die elektronischen Geräte. Also kauften wir einen Wohnwagen. Ich erinnere mich noch genau an den Abend, an dem der Wohnwagen angeliefert wurde – unser langersehntes Laborgebäude. Es war mitten im Winter, kurz nach einem Eisregen. Die Straßen waren spiegelglatt, und dann erschien ein Typ mit diesem 18 Meter langen Wohnwagen und nur einem sehr kleinen Lastwagen, um ihn zu ziehen. Er hatte überhaupt keine Schneeketten dabei. Ich meinte: ›Es wäre besser, wenn du dir Schneeketten besorgen würdest, denn die Straße dort draußen ist von einer reinen Eisschicht überzogen.‹ ›Nein, mit diesem Laster bleib' ich nicht stecken‹, erzählte er mir. Damals hatte ich einen Bronco – einen Jeep – und ich fuhr vor, die unbefestigte Straße entlang, die zur Baustelle führte.

Es ging alles gut, bis wir zu einem Hügel kamen. Den ersten Teil des Hügels schaffte er, aber ungefähr auf halbem Wege blieb der Lastwagen stehen: der Motor setzte aus; und das mit dem riesigen Wohnwagen dahinter. Der Fahrer meinte, er wollte den Hügel wieder hinunterfahren, um es noch einmal zu versuchen. Aber als er startete, kam der Lastwagen sofort ins Rutschen – und das nächste, woran ich mich erinnern kann, war, daß dieses ganze Gebilde wie ein Taschenmesser zusammenklappte. Der riesige Wohnwagen stand nun quer auf der Straße.

Ich befand mich vor ihm, und es gab keine Möglichkeit mehr, an ihm vorbeizukommen. Der Rückweg war abgeschnitten. Aber wir waren damals die ganze Halbinsel abgefahren, und deshalb erinnerte ich mich schwach daran, daß es noch eine andere Straße geben mußte. Sie befand sich sicherlich in einem schlechten Zustand. Aber ich startete meinen Wagen, der einen Vierradantrieb hatte, der andere Fahrer stieg mit ein, und schließlich fanden wir die Straße. So kamen wir an dem Wohnwagen vorbei und fuhren zur Universität zurück. Wir gingen zu einer Autoreparaturwerkstatt und fanden jemand, der den Wohnwagen abschleppen konnte. Ich sagte: ›Es ist wirklich spiegelglatt dort draußen, nehmen Sie um Himmels willen Schneeketten mit.‹ ›Erzählen Sie mir nicht, wie ich meine Arbeit machen muß‹, war die Antwort des Kfz-Mechanikers. Zusammen fuhren wir zurück, mit dem Jeep und einem Abschleppwagen, und schafften es, auf die andere Seite des quergestellten Wohnwagens zu kommen. Es war derart glatt, daß der Abschleppwagen, ohne etwas zu ziehen, kaum den Hügel hinaufkam. Aber der Mechaniker hatte eine Vorrichtung dabei, mit der er den Abschleppwagen verankern konnte. Doch das Drahtseil war nicht lang genug.

Mittlerweile war es sieben Uhr abends geworden. Der Mechaniker schleppte den Wohnwagen 30 Meter weit. Dann zog ich den Abschleppwagen mit meinem Bronco weitere 30 Meter hoch, worauf der Mechaniker seinen Abschleppwagen wieder fest verankerte und den Wohnwagen weiter hochziehen konnte. Dann war ich mit meinem Bronco wieder an der Reihe. Wir erreichten den steilsten Abschnitt des Hügels. Es war ein merkwürdiges Bild: der Bronco, der Abschleppwagen, der kleine Lastwagen und der Wohnwagen, der langsam die Straße hinaufgezogen wurde – bei dieser Eisschicht schafften wir es so gerade eben.

Schließlich erreichten wir die Kuppe des Hügels. Ich sagte: ›Bei dem, was noch vor uns liegt, fahre ich jetzt nicht weiter.‹ So ließen wir den Wohnwagen dort stehen und fuhren nach Hause. In der nächsten Woche kam jemand aus der Universität mit einem Bulldozer und brachte ihn den vereisten Hügel hinunter zu seinem Standort. Eine lange Geschichte ... und es ist auch eine lange Nacht gewesen. Als wir die Hügelkuppe erreicht hatten, war es bereits Mitternacht.«

Sie stellten die Telegrafenmasten auf und machten an ihnen Drahtseile fest. An diese wiederum befestigten sie das reflektierende Drahtgeflecht und brachten es in die gewünschte Form, indem sie an den wichtigen Stellen einfach Backsteine herabhängen ließen. Das Empfangsteil befestigten sie an den hohen Masten, die mehr in der Mitte standen, und legten Koaxialkabel von ihm nach unten zum Wohnwagen, der nun neben den Reflektoren sicher abgestellt worden war. In diesem Wohnwagen befanden sich die elektronischen Geräte für die Verstärkung, ein Computer und viele andere Ausrüstungsgegenstände. Im Dezember 1970 war das Teleskop funktionsbereit; die ersten Beobachtungen wurden durchgeführt.

Sie hatten 146 000 Dollar ausgegeben. Mit einer derartigen Summe kann man eine große Segeljacht oder ein Apartment in New York kaufen. Das Verteidigungsministerium der Vereinigten Staaten verbraucht jedes Jahr mehrere hundert Milliarden Dollar: In der kurzen Zeit, die vergeht, wenn man – ohne Schwierigkeiten zu bekommen – die Luft anhält, gibt es so viel Geld aus, daß man davon ein weiteres Quabbin-Observatorium bauen könnte.

»Es gibt viele Gründe, warum das Quabbin-Radioteleskop so billig gewesen ist«, erzählte mir Huguenin. »Zum einen, weil das Teleskop speziell für die Beobachtung von Pulsaren konstruiert worden ist, was den Aufbau sehr vereinfacht hat. Aber ich würde sagen, daß der wirkliche Grund, weshalb es so billig geworden ist, der war, daß es billig sein *mußte.* Wir hatten nun einmal nicht mehr

Geld, und wir wollten es bauen. Ich bin mir sicher, daß wir, wenn wir doppelt soviel Geld zur Verfügung gehabt hätten, es auch alles verbraucht hätten: der Bau wäre etwas schneller vorangegangen, und das Teleskop hätte vielleicht etwas kunstvoller ausgesehen.

Das war eben die Summe, mit der wir es verwirklichen mußten«, meinte er. »Und das ist es, was wir daraus gemacht haben.«

Die unbefestigte Straße, die zum Observatorium am Quabbin-Stausee führt, geht von einer kleinen Bundesstraße ab, die sich am Rande der Wasserscheide entlangzieht, und ist mit keinem einzigen Hinweisschild gekennzeichnet. Sie unterscheidet sich in nichts von den anderen Straßen, die in dieses Gebiet führen. Eines Tages fuhr ich auf ihr und erreichte bald ein verschlossenes Tor. Ich öffnete es mit einem Schlüssel, den ich vorher aus dem Büro des Astronomie-Fachbereichs der University of Massachusetts geholt hatte. Ich fuhr durch und schloß das Tor hinter mir sorgfältig ab.

Es war später Nachmittag. Der Winter hatte bereits begonnen, aber der erste Schnee war noch nicht gefallen. Die Bäume waren kahl. Die Quabbin-Wildnis spiegelte die rauhe, nüchterne Schönheit wider, die in dieser Jahreszeit für Neuengland so charakteristisch ist. Der Wald lag schweigend da. Darüber drang blasses Sonnenlicht aus einem grauen Himmel. Geräusche und die Leuchtkraft der Farben wurden gedämpft. Die Bäume ragten grau und kahl über dem Waldboden auf, der von einer dicken, braunen Laubschicht bedeckt war. Ich zerdrückte einige der Blätter in meiner Hand und atmete ihren wundervollen Geruch ein.

Als ich die schmale Straße entlangfuhr, kam ich an unzähligen kleinen Steinwällen vorbei. Vor langer Zeit waren sie von den Siedlern, die in dieses Gebiet gekommen waren, aufgeschichtet worden, doch nun wurden sie von Büschen und Kräutern überwachsen und zogen sich ziellos durch die Wälder. Die Straße führte an einem trüben Teich vorbei. Zwischen den Bäumen hindurch konnte ich für einen Augenblick die große Wasserfläche des Stausees erkennen. Ich legte einen Kilometer nach dem anderen zurück. Ein aufgeschrecktes Reh sprang vor den Wagen, lief über die Straße und verschwand wieder im Wald. Ich hielt an und entdeckte mehrere andere Rehe, die mich schweigend, ohne sich zu rühren, anstarrten.

Als ich schließlich das Teleskop erreichte, fand ich einen Ort reger Aktivität vor, der einen scharfen Kontrast zu seiner Umgebung bildete. Seitdem das Observatorium in Betrieb genommen worden war, hatte es sich um einiges vergrößert. Der alte Wohnwagen stand nun verlassen da, ersetzt durch ein richtiges Kontrollgebäude. Es gab fließendes Wasser und ein Telefon. Neben den vier Reflektorschüsseln, unter einer weißen, geodätischen Kuppel, befand sich ein neues, eleganteres Teleskop, das für die Untersuchung der Moleküle in interstellaren Wolken bestimmt war.

Die Pulsarschüsseln sahen dagegen häßlich aus. Sie waren stellenweise verrostet, im Maschendraht befanden sich einige Löcher. Eine Vielzahl von Pflanzen wuchs unter ihnen. Ein zufälliger Beobachter hätte sicherlich geglaubt, daß die Anlage nicht mehr benutzt wurde. Aber sie wurde noch benutzt. Selbst als ich unter den Reflektoren entlangging, war sie in Betrieb. Die Anlage arbeitete nun vollautomatisch. Ein Computer sammelte die Daten, und er tat es, ohne daß irgendeine Person anwesend sein mußte: Tagsüber, in der Nacht, in den Ferien, wenn es bewölkt war, bei heftigem Regen – er arbeitete unaufhörlich. Die Koaxialkabel, die von den vier Antennen in das Kontrollgebäude führten, bildeten ein verwirrendes Durcheinander. Derartige Haufen kann man oftmals auf einem verlassenen Bauernhof entdecken. Aber auch in diesem Fall war die äußerliche Erscheinung irreführend, denn selbst als ich dies beobachtete, flossen die Pulsarsignale durch sie hindurch. Die Länge der Kabel hatte man so sorgfältig abgemessen, daß die Signale von den vier Antennen genau phasengleich das Kontrollgebäude erreichten.

Drinnen sah es in keiner Weise vernachlässigt aus. Dort befand sich eine kleine Bibliothek, die aus Nachschlagewerken, den neuesten Zeitschriftenausgaben und einem Foto-Sternatlas bestand. Ein Fotokopiergerät stand dort. Es gab eine Küche und zwei winzige, fensterlose Schlafräume, in denen die Beobachter, die die ganze Nacht durch gearbeitet hatten, tagsüber schlafen konnten – oder umgekehrt. Außerdem befanden sich dort noch eine Maschinenhalle und eine Elektronikwerkstatt. Die Wände waren mit unzähligen Fotografien, auf denen das Teleskop zu sehen war, geschmückt.

Im Kontrollraum stand ein elektronisches Gerät neben dem anderen; manche waren über und über mit Knöpfen, Tasten und Lämpchen verziert, andere sahen vollkommen schlicht aus. (An einem Gerät war ein kleines Schild angebracht worden, auf dem, sauber eingraviert, *einfach aber wirkungsvoll* stand.) Ein außerordentlich leistungsfähiger Verstärker befand sich dort; eine Atomuhr, mit der die exakte Ankunftszeit jedes einzelnen Pulses festgestellt wurde; ein Analog-Digital-Umsetzer, der den Ausgangsstrom des Verstärkers mittels eines Zahlencodes übersetzte, so daß der Computer mit den ankommenden Daten arbeiten konnte. Und eine Schreibmaschine gab es dort, die verwendet wurde, um sich mit diesem Computer in Verbindung zu setzen.

Der Computer brauchte ein kleines Regal für sich allein. Er führte vier verschiedene Funktionen gleichzeitig aus. Er steuerte die vier Empfangsteile so, daß sie mit den sich verschiebenden Brennpunkten der Signale mitgingen, während der Pulsar infolge der täglichen Rotation des Himmels von Osten nach Westen vorüberzog. Er überwachte ständig die Stellung des Teleskops, damit es immer richtig geeicht war. Er speicherte die eintreffenden Beobachtungsergebnisse. Schließlich, nachdem ein Pulsar ausreichend untersucht worden war, bewegte er die Empfangsteile weiter, um den nächsten zu beobachten, der in den Aufnahmebereich gekommen war. Zur Zeit meines Besuchs umfaßte das Beobachtungsprogramm zwanzig Pulsare, die jeweils ungefähr zwei Stunden lang beobachtet wurden: alle zwei Tage ging der Computer also seine Liste durch.

Das unausgewertete Ergebnis dieser ganzen Unternehmung befand sich auf einem Magnetband. Es war an einem Laufwerk, das vom Computer gesteuert wurde, befestigt, und selbst als ich es betrachtete, wurden darauf Daten aufgezeichnet. Zentimeter um Zentimeter bewegte es sich langsam über die Schreibköpfe hinweg. Wenn es vollkommen durchgelaufen war, würde es von jemandem zurückgespult, durch ein neues ersetzt und in die Universität gebracht werden.

Als ich vor diesen Geräten stand, wurde mir plötzlich bewußt, daß ich nirgendwo in diesem Raum irgendein Anzeichen eines Pulsars entdecken konnte. Ich hörte kein regelmäßiges Klicken aus irgendeinem Lautsprecher, der mit dem Ausgangsstrom des Verstärkers verbunden war. Ich sah keine Pulsfolge, die auf Millimeterpapier, das sich beständig weiterbewegte, aufgezeichnet wurde. Die gesamte Anlage war für die Untersuchung von Pulsaren bestimmt, doch nichts in diesem Raum zeigte mir einen von ihnen.

In dieser Hinsicht unterscheiden sich die Radioteleskope sehr von ihren bekannteren optischen Gegenstücken. Bei der Benutzung eines Spiegelteleskops kann man wenigstens noch etwas *sehen.* Aber heutzutage werden an den Okularen dieser Teleskope ebenfalls immer kompliziertere und verfeinertere elektronische Vorrichtungen angebracht, und die vollautomatische Untersuchung ersetzt schnell den menschlichen Akt des Sehens. Im gleichen Maße, wie sich die Methoden ändern, verliert die Astronomie den direkten Kontakt mit ihrem Forschungsgegenstand.

Hier in dem Kontrollraum des Quabbin-Observatoriums offenbarten sich mir die Kompliziertheit und die Abstraktheit, die für die Beobachtung von Pulsaren so charakteristisch sind. Niemand hatte jemals einen Pulsar gesehen. Und niemand würde jemals einen sehen. Ich war zum Radio-Observatorium gekommen, um einen zu suchen – aber alles, was ich fand, war nur das Observatorium selbst.

Dies erinnerte mich an eine Definition für die Astronomie, die ich einmal gehört hatte: *Astronomie ist die Erforschung von Teleskopen.*

An einem kalten Wintertag im Dezember 1980 spulte Joe Taylor das Band zurück, auf dem die Beobachtungsergebnisse der letzten Woche gespeichert waren. Schon routinemäßig nahm er es vom Magnetbandlaufwerk. Aber diesmal ersetzte er es nicht durch ein neues. Statt dessen bewegte er seine Hand nach unten und schaltete den Computer aus. Er schaltete den Verstärker aus, den Analog-Digital-Umsetzer, die Atomuhr und all die anderen Geräte, die sich in dem Raum befanden. Schließlich hatte er die gesamte Anlage stillgelegt.

Nach zehn Jahren hatte das Pulsar-Observatorium am Quabbin-Stausee ausgedient.

Die Gruppe, die es entworfen und gebaut hatte, löste sich auf. Taylor hatte eine Stelle an einer anderen Universität angenommen und bereitete sich auf die Abreise vor. Huguenin steckte seine ganzen Energien nun in die Arbeit an dem neueren Radioteleskop, das neben den alten Schüsseln errichtet worden war. Die meisten der Ingenieure und Techniker, die am Bau des Pulsar-Observatoriums beteiligt gewesen waren, hatten schon seit längerer Zeit an dieser neuen Anlage gearbeitet.

In den letzten Jahren waren Huguenin, Taylor und deren Studenten immer öfter zu den größeren Observatorien – wie zum Beispiel NRAO, Arecibo oder dem Very-Large-Array – gefahren, um dort ihre Beobachtungen durchzuführen. Mit der Zeit hatten sie immer deutlicher erkannt, daß das Quabbin-Teleskop die Grenzen seiner Leistungsfähigkeit erreicht hatte. Es war eben trotz allem verhältnismäßig klein. Und anstatt es zu vergrößern, indem man mehr Schüsseln hinzufügte, entschlossen sie sich, es stillzulegen.

Der Computer wurde in die University of Massachusetts gebracht. Einige der elektronischen Geräte bekamen die Wissenschaftler, die am neuen Teleskop im Bereich der molekularen Astronomie arbeiteten, andere erhielt Taylor für sein Beobachtungsprogramm, das er in den größeren Observatorien durchführte. Techniker begannen, die Empfangsteile und die Reflektorschüsseln abzumontieren. Sie erweckten den alten Lastwagen der Telefongesellschaft wieder zum Leben und bauten auch die Telegrafenmasten ab.

Getreu ihrer Einstellung, die sie am Anfang gehabt hatten, suchten Huguenin und Taylor nach einem Käufer für die gebrauchten Telegrafenmasten. Und sie fanden einen. »Für diese Masten«, erzählte mir Taylor mit leuchtenden Augen, »bekamen wir mehr, als wir damals bezahlt hatten.«

4. Kapitel

Das elektromagnetische Gewitter

Am Ende des Jahres 1968 wußte man, daß es sich bei Pulsaren um rotierende Neutronensterne handelte. Aber das war alles, was man über sie wußte, abgesehen von der vagen Vermutung, daß die Pulsationen irgendwie mit der Aussendung von Radiowellen von einer bestimmten Stelle des Sterns aus zusammenhingen. Man verstand auch noch nicht genau, weshalb sie langsamer wurden. Die Aufgabe dieses Kapitels ist es, diese Dinge zu erklären. Aber es wird uns nicht möglich sein, sehr weit zu kommen, denn niemand kann sie genau erklären.

Bevor man die Frage stellt, warum Neutronensterne das tun, was sie tun, wäre es gut, herauszufinden, *was* sie tun. Dafür sind die Radioteleskope da. Sie geben uns, bis ins kleinstmögliche Detail gehend, Auskunft darüber, wie die Pulsaremission tatsächlich aufgebaut ist. Wenn man die Feinheiten nicht genau betrachtet, kann man die Pulsare nicht verstehen, denn ihr Abstrahlungsmechanismus ist außerordentlich kompliziert. Die Aussage, daß sie aus einer Folge von Pulsen bestehen, wird der komplexen und verwirrenden Struktur, die diese Pulse aufweisen, überhaupt nicht gerecht. Jede Einzelheit dieser Struktur kann ein Schlüssel für die Erforschung der Pulsare sein.

Das einfachste Gerät, mit dem Pulsarsignale untersucht werden, ist das Registriergerät, das die von einem Radioteleskop empfangenen Signale graphisch darstellt. Zeichnung 10 zeigt einen kurzen Abschnitt einer derartigen Aufzeichnung; die registrierten Signale stammen von einem typischen Pulsar. Die erste Sache, die bei diesem Schaubild auffällt, ist die Basislinie – die Intervalle zwischen den einzelnen Pulsen. Sie ist nicht gerade. Aber diese schwache Strahlung kommt nicht von dem Pulsar. Es ist ein Rauschen, das andere Ursachen hat: vom Menschen herbeigeführte Interferenzen,

Signale von anderen kosmischen Quellen als Pulsaren, Signale aus unserer eigenen Atmosphäre und sogar Störsignale, die vom Radio-

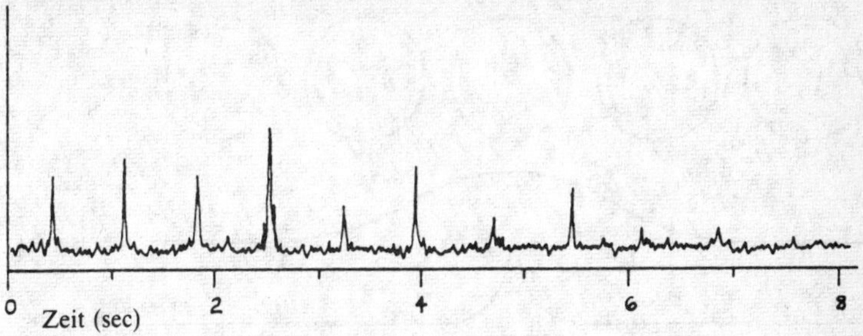

Zeichnung 10

teleskop selbst erzeugt werden. Ein Großteil der Arbeit beim Bau von genauen Teleskopen wird dafür aufgewendet, eben dieses störende Rauschen zu vermindern; und mit dem wachsenden Erfolg dieser Bemühungen wird es immer deutlicher, daß die Pulsare zwischen den Aussendungen ihrer Pulse vollkommen still sind. Sie sind entweder an oder aus, und wenn sie aus sind, dann hundertprozentig.

Betrachten wir die Pulse selbst etwas genauer. Zeitlich gesehen sind sie sehr kurz, viel kürzer als die Zeitintervalle, von denen sie getrennt werden – und daraus ergibt sich ein neues Problem, denn dies bedeutet, daß jedes Modell, bei dem angenommen wird, daß die Pulsaremission von einer Stelle ausgeht, falsch sein muß. Eine derartige Theorie kann keine Erklärung für kurze Pulse liefern. Wenn man nach ihr ginge, müßten die Pulse lang sein, denn deren Aussendung würde genau eine halbe Pulsarumdrehung in Anspruch nehmen.

Auf Zeichnung 11 ist der rotierende Neutronenstern skizziert, wie man ihn von der Erde aus sehen würde, und auf ihm ist die Stelle eingezeichnet, von der die Radioemission vermutlich ausgeht. Wenn sich der Stern dreht, bewegt sich diese Stelle ebenso mit, was zur Folge hat, daß sie für uns abwechselnd sichtbar und unsichtbar ist. Zeichnung 11 zeigt mehrere »Momentaufnahmen« des Neutronensterns in chronologischer Reihenfolge, wobei die Zeit von links nach rechts vorrückt, und darunter die empfangene Strahlungsintensität – zuerst diejenige, die vom Modell vorausgesagt worden war, darunter die tatsächlich gemessene.

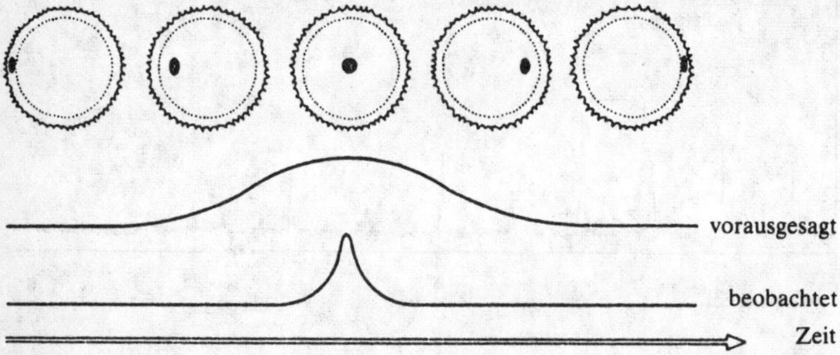

Zeichnung 11

In der ersten Momentaufnahme erscheint die Radiosignale abstrahlende Stelle gerade über dem linksseitigen Horizont des Sterns, und genau in diesem Augenblick fangen wir an, seine Aussendung zu empfangen – aber nur schwach, denn die Stelle zeigt nach links. Mit der Zeit wendet sie sich jedoch mehr und mehr der Erde zu. In der zweiten Momentaufnahme ist sie auf der sichtbaren Seite des Sterns weiter vorgerückt und zeigt etwas mehr in unsere Richtung. Die Intensität der Strahlung, die wir empfangen, hat sich vergrößert. In der dritten Momentaufnahme befindet sich die Stelle, von der Erde aus gesehen, in der Mitte des Sterns, und die empfangene Strahlungsintensität hat ihren Höchstwert erreicht. Dann, da die Zeit vergeht und der Stern sich weiterhin dreht, wird der Punkt weitergetragen, und in der fünften Momentaufnahme geht die Strahlungsintensität auf Null zurück.

An diesem Punkt hat der Stern eine halbe Umdrehung ausgeführt, und während dieser ganzen Zeit sind von ihm ausgesandte Radiosignale empfangen worden. Aber dies deckt sich nicht mit dem, was beobachtet worden ist. Die Beobachtungen zeigen einen viel kürzeren, scharfen Radiopuls, der sich also nur auf einen kleinen Abschnitt der Pulsarumdrehung beschränkt. Der vom Modell vorausgesagte Puls ist zu lang.

Wo liegt der Fehler des Modells? Der Fehler entstand durch eine unserer Annahmen – eine Annahme, die eigentlich so natürlich und so klar ist, daß wir sie nie in Frage gestellt haben. *Wir haben angenommen, daß die Strahlung von der Stelle aus in alle Richtungen gleichzeitig abgegeben wird.* Zeichnung 12 zeigt das von uns unbewußt angenommene Strahlungsmuster, das von der Stelle ausgeht. Die Emission füllt das halbe Diagramm aus, und wenn sich der Stern einmal dreht, so kann man die Ausstrahlung für die Hälfte der Zeit beobachten. Es ist vollkommen vernünftig, dies anzunehmen. Aber es kann nicht richtig sein.

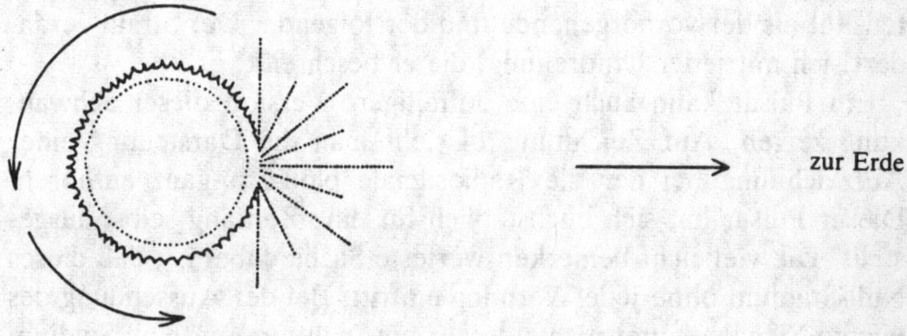

Zeichnung 12

Die beobachtete Kürze und die Schärfe des Pulses besagen also: *Die von einem Neutronenstern ausgehende Radioemission wird zu einem Strahl zusammengefaßt,* wie es auf Zeichnung 13 dargestellt ist.

Zeichnung 13

Nur ein Modell, bei dem die Abstrahlung derart gebündelt ist, kann die beobachteten kurzen Pulse liefern. Mit der Entdeckung dieses schmalen Strahlenbündels begibt sich die Astrophysik in ein vollkommen fremdes Gebiet. Man kennt keinen anderen Himmelskörper im Universum, der eine derartige Eigenschaft aufweist. Irgendwie, aufgrund rein natürlicher Vorgänge, verhält sich ein Neutronenstern wie ein *kosmischer Leuchtturm.*

Kehren wir nun zur Zeichnung 10 zurück. In diesem Diagramm sind die aufeinanderfolgenden Pulse von verschiedener Intensität. In seiner Stärke ist der Pulsar unregelmäßig: Einige Pulse sind deutlich zu sehen, andere kaum, so daß sie von dem Rauschen fast nicht zu unterscheiden sind. Jeder empfangene Puls hat eine andere Intensität als der vorhergehende und der folgende. Der Strahl verändert sich mit jeder Umdrehung, die er beschreibt.

Ein Pulsar kann auch eine auffälligere Version dieser Schwankung zeigen. Auf Zeichnung 14 sieht man die Darstellung einer Aufzeichnung bei der die Radiosignale plötzlich ganz aufhören. Dieser Pulsar hat sich buchstäblich für eine Zeitlang selbst ausgestellt. Die vielleicht bemerkenswerteste Sache dabei ist, daß dieses Null-Stadium ohne jede Warnung eintritt. Bei der Aussendung des letzten Signals deutet nichts darauf hin, daß nun ein Null-Stadium folgt. Der Strahl wird nicht allmählich unsichtbar – er verschwindet ganz plötzlich. Derart abrupte Schwankungen sind bei den Pulsaren oft zu beobachten. Das Null-Stadium kann von einigen Sekunden bis zu mehreren Minuten dauern.

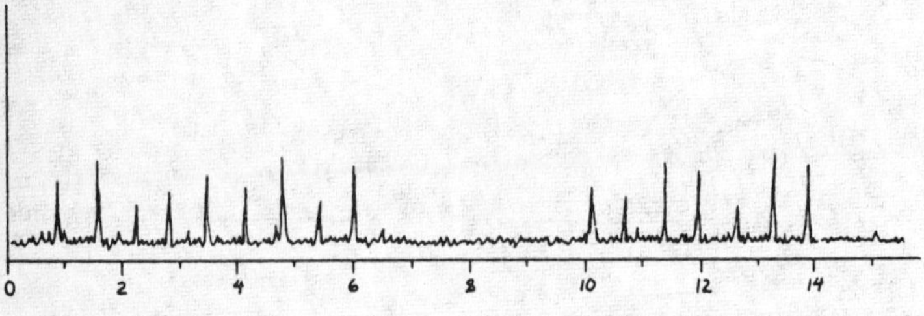

Zeichnung 14

Zeichnung 15 führt auf eine höhere Ebene der Kompliziertheit und untersucht die charakteristischen Merkmale der einzelnen Pulse noch detaillierter. In diesem Diagramm sind die aufeinanderfolgenden Pulse übereinandergeschichtet worden; die »Totzeit« – die Intervalle zwischen den Pulsen – wurde weggelassen, um das Schaubild übersichtlicher zu gestalten. Man liest das Diagramm von links nach rechts, so wie die Zeit an den einzelnen Pulsen entlang verläuft, und von unten nach oben, also von einem Puls zum nächsten. Der erste Puls wird von der Basislinie dargestellt, der zweite von der zweiten Linie und so weiter bis nach oben.

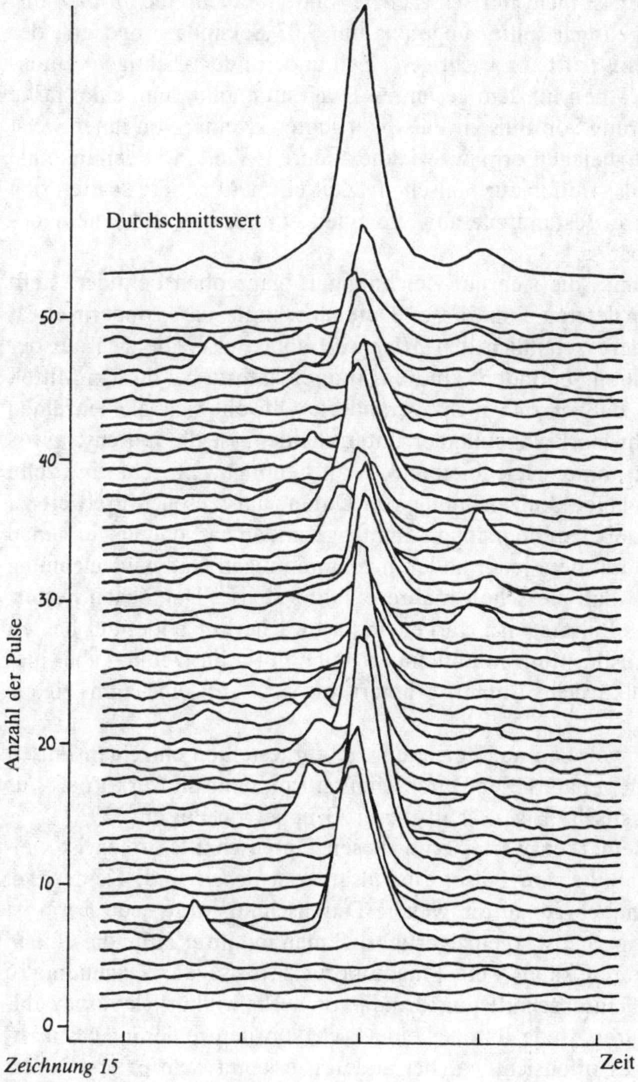

Zeichnung 15

In diesem Datenabschnitt fehlen die vier ersten Pulse einfach: zu Beginn der Beobachtung hat sich der Pulsar in einem Null-Stadium befunden. Der erste Puls, der auf der Aufzeichnung tatsächlich erscheint, ist der fünfte, und er ist etwas schwächer als der Durchschnitt. Er ist nicht nur schwächer, sondern taucht auch *früher* auf, als er eigentlich sollte, ungefähr um 0,03 Sekunden, und erst der sechste Puls trifft zur »richtigen« Zeit und mit der »richtigen« Intensität ein. Aber auf dem gesamten Diagramm kann man eine starke Veränderung von Puls zu Puls beobachten. Keiner von ihnen weist genau die gleiche Form auf wie die anderen. Viele, wie der anomale fünfte Puls, treffen zur »falschen« Zeit ein, und andere spalten sich in mehrere Bestandteile auf, die einen kommen zu früh, die anderen zu spät.

Die Linie, die sich auf Zeichnung 15 ganz oben befindet, stellt nicht den letzten Puls dieses Datenabschnitts dar, sondern etwas ganz anderes: nämlich den *Mittelwert* aller Pulse, die sich auf der Aufzeichnung befinden. Und das Interessanteste bei diesem Mittelwert ist, daß er sich nicht verändert. Obwohl sich die einzelnen Pulse sehr stark voneinander unterscheiden, ist die Durchschnittspulsform immer gleichbleibend. Man benötigt vielleicht eine zehn Minuten lange Aufzeichnung von Daten, um diesen Mittelwert zu erhalten, aber wenn man ihn einmal gefunden hat, dann ist er genau identisch mit dem jeder anderen zehnminütigen Datenaufzeichnung – selbst wenn sie schon mehrere Jahre alt ist. Der Scheinwerferstrahl des Pulsars wird stärker und schwächer, er bildet auf beiden Seiten Ausbuchtungen und ändert seine Form im Detail – aber niemals willkürlich. Immer erinnert er sich an seine ihm eigene Form.

Keiner von den auf Zeichnung 15 dargestellten einzelnen Pulsen entspricht genau dieser Durchschnittsform, denn sie verkörpert nur eine statistische Eigenschaft dieser Gruppe von Pulsen.

Das Bemerkenswerteste an diesen Durchschnittsformen ist vielleicht, daß sie von Pulsar zu Pulsar *verschieden* sind. Keine zwei Pulsare haben genau die gleiche Durchschnittsform; jede Form ist einzigartig. Sie ist so einzigartig, daß man mit ihrer Hilfe die Quelle identifizieren kann – ein Fingerabdruck sozusagen. Zeichnung 16 zeigt die Durchschnittspulsformen von sechs willkürlich ausgewählten Pulsaren. Jede unterscheidet sich von den anderen; bei manchen ist es offensichtlich, bei anderen erkennt man es erst, wenn man sie genauer betrachtet. Die erste besteht beispielsweise aus einem Hauptpuls, der von einem schwächeren gefolgt wird. Die nächsten beiden haben einen verhältnismäßig einfachen Aufbau, doch die dritte ist kürzer als die zweite. Die vierte Durchschnittspulsform ist dagegen recht kompliziert: Auf den ersten Blick scheint sie aus einem kleineren und einem Hauptteil zu bestehen, doch bei näherer Betrachtung wird es deutlich, daß diese beiden Komponenten selbst noch weiter unterteilt sind. Die fünfte dargestellte Form ist wieder recht einfach, aber die letzte besteht allein schon aus fünf Hauptkomponenten.

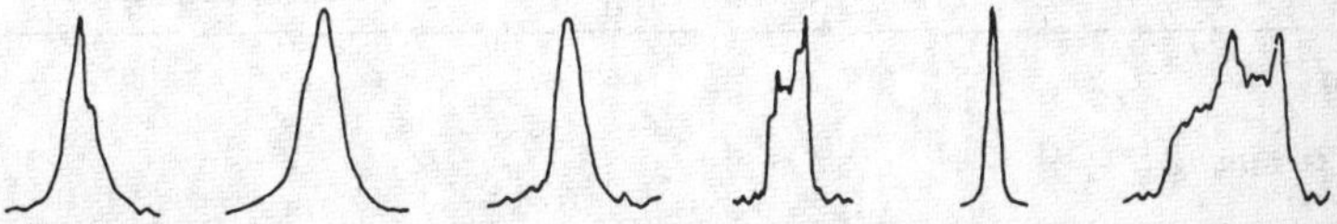

Zeichnung 16

Man kann auch von dem *durchschnittlichen Zeitintervall zwischen den Pulsen* sprechen. Die einzelnen Pulse mögen vielleicht zu früh oder zu spät eintreffen, aber dieser Mittelwert ist ebenfalls gleichbleibend. Der Crab-Pulsar sandte zum Beispiel um Mitternacht des 1. Januars 1970 im Durchschnitt alle 0,031061537607607 Sekunden einen Puls aus, und er würde es heute genauso tun, wenn er nicht auch noch gleichmäßig langsamer werden würde. Nur sehr wenige Uhren sind so exakt wie die Pulsare, von denen einige die Zeit auf eine tausendstel Sekunde ganz einhalten, und das zehn Jahre lang. Im ganzen Bereich der Physik und der Astronomie gibt es kaum irgendwo eine physikalische Größe, die mit einer derartigen Regelmäßigkeit aufrechterhalten wird.

Im Gegensatz zu der eigentlichen Bedeutung der Durchschnittspulsform, die noch im verborgenen liegt, drängt sich eine sofortige Erklärung für den gleichbleibenden Mittelwert der Pulsationsgeschwindigkeit auf: Er wird durch die Rotationsgeschwindigkeit des Neutronensterns bewirkt. Nur ein derart massiger Körper kann sich mit solch einer vollkommenen Gleichmäßigkeit drehen. Wenn das stimmt, dann müßten die Abweichungen der einzelnen Pulse von diesem Mittelwert auf irgendeine Art unvollständiger Verankerung des Strahls auf dem Stern hinweisen. Der Strahl verläuft nicht in gerade Richtung vom Stern weg. Er bewegt sich ständig hin und her, manchmal geht er der Rotation voraus, manchmal hinkt er hinterher.

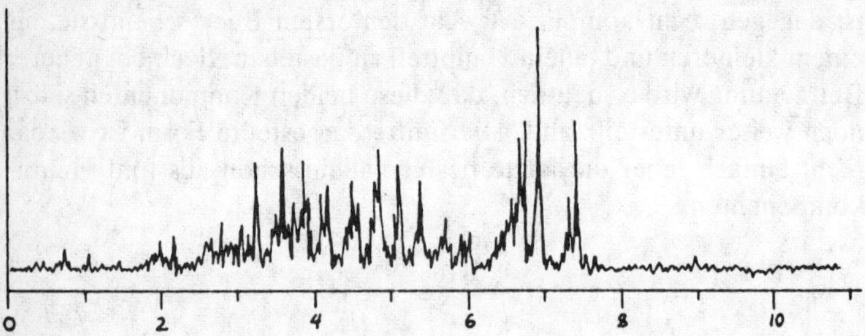

Zeichnung 17

Zeichnung 17 führt auf eine noch höhere Ebene der Kompliziertheit, was erst kürzlich durch die außerordentlich verfeinerte Technik der größten Teleskope ermöglicht worden ist. Dieses Diagramm scheint eine Pulsfolge darzustellen. Aber es ist keine: Es handelt sich um die Aufzeichnung eines *einzigen Pulses,* und sie offenbart etwas, was bis vor kurzem noch niemand erwartet hatte. Jeder einzelne Puls setzt sich aus einer sehr großen Anzahl noch kürzerer Radiostrahlenstöße zusammen. Diese Stöße sind sehr kurz, sie nehmen weniger als eine tausendstel Sekunde in Anspruch, und sie selbst weisen auch noch eine Struktur auf, für die noch kleinere Zeiteinheiten gelten. Was zuerst als einzelner Puls angesehen worden ist, stellt sich nun als ein außergewöhnlich schnelles »Stottern« heraus.

Es gibt zwei Möglichkeiten, wie dieses Stottern entstehen könnte. Der Pulsarstrahl besteht möglicherweise aus einer großen Anzahl noch kleinerer Strahlen – aus einem Strahlenbündel. Andererseits könnte es sich um einen einzelnen Strahl handeln, der ungewöhnlich schnell flackert. Niemand weiß, welche Theorie richtig ist.

Somit haben wir nun eine Vorstellung von dem Pulsarstrahl: Er stottert heftig, schwingt hin und her, seine Intensität schwankt, er verändert seine Form und verschwindet manchmal ganz. Diese Eigenschaften des Strahls werden durch irgendeinen Prozeß, über den man kaum etwas weiß, gesteuert, wobei eine Durchschnittspulsform beibehalten wird, die ebenso detailliert und identifizierbar ist wie ein Fingerabdruck; und die Rotation des Strahls wird durch das massige, schwere Schwungrad, also durch den Neutronenstern selbst, gesteuert. Die gewaltige Intensität dieses Strahls kann mit Worten nicht verdeutlicht werden. Auf der Erde gibt es nicht einmal annähernd einen Vergleich für diese Intensität. Der Pulsarstrahl ist so stark, daß, wenn sich ein Mensch auf eine Entfernung von hundertsechzig Millionen Kilometer heranwagte, er innerhalb eines Sekundenbruchteils getötet werden würde – getötet von bloßen, nicht stofflichen Radiosignalen. In der Nähe eines Pulsars ist der Radiostrahl stark genug, um Metall vergasen zu lassen oder Löcher durch festes Gestein zu bohren. In einer einzigen Sekunde leitet der Strahl so viel Energie weiter, daß sie ausreichen würde, um den gesamten Energiebedarf auf unserem Planeten zu decken – Transportwesen, Heizung, Industrie, für Europa und die USA und den ganzen Rest der Welt zusammen – und das dreihundert Jahre lang.

Der Radiostrahl, der vom Crab-Pulsar ausgeht, wird von einem Strahl sichtbaren Lichts begleitet. Man hat festgestellt, daß auch vom Vela-Pulsar schwache Lichtpulsationen und von anderen Pulsaren Röntgen- und Gammastrahlen ausgesendet werden. Doch im großen und ganzen sind sie im Radiostrahlungsbereich des elektromagnetischen Spektrums am aktivsten.

Aber außer all diesen verschiedenen Arten von stoßweisen Signalen geben die Pulsare noch eine andere Strahlung ab. Im Gegensatz zu den Pulsen ist diese Strahlung beständig: eine konstante, gleichmäßige Aussendung von Energie nach außen in alle Richtungen. Es handelt sich um eine außerordentlich rätselhafte Emissionsart, und abgesehen von der reinen Tatsache ihrer Existenz und der Gewißheit, daß diese Strahlung nicht pulsiert, wissen wir sehr wenig darüber. Wir wissen nicht einmal, ob sie überhaupt aus Radiosignalen besteht. Vielleicht sind es kosmische Strahlen. In der Tat, *niemand hat es bisher geschafft, diese Emission nachzuweisen;* und wenn es nicht einen kleinen Hinweis gegeben hätte, würden wir nicht einmal die leiseste Ahnung von ihrer Existenz haben.

Der kleine Hinweis ist die Tatsache, daß Pulsare langsamer werden. Auf den ersten Blick scheint dies ein völlig normaler Vorgang zu sein, der es kaum wert ist, daß man ihm besondere Aufmerksamkeit schenkt. Im täglichen Leben wird schließlich auch alles langsamer. Ein rotierender Kreisel kippt deshalb nach einiger Zeit um. Warum sollte man sich also über die Verlangsamung der Pulsare aufregen?

Die Frage kann in das richtige Licht gerückt werden, indem man die beständige Rotation der Erde betrachtet. Zweifellos wird die Erde nicht langsamer. Sie hat sich nun über vier Milliarden Jahre lang gedreht, ohne daß sie zur Ruhe gekommen ist. Warum dreht sie sich so unaufhörlich gleichmäßig und der Kreisel nicht? Weil der Kreisel bei der Bewegung seines äußersten Endes auf dem Boden der Reibung unterworfen ist. Alltagsgegenstände haben immer mit Reibungsprozessen zu kämpfen, die Bewegungsenergie von ihnen abziehen und sie nach kurzer Zeit zum Stillstand bringen. Aber bei der rotierenden Erde ist es anders. Es gibt im Weltraum nichts, wogegen sie reiben könnte. Was für die Erde gilt, gilt ebenso für die anderen Planeten, für die Sonne und sehr wahrscheinlich auch für die Neutronensterne. Da sie sich in der Leere des interstellaren Raums befinden, müßten sie eigentlich unaufhörlich, mit gleichbleibender Geschwindigkeit rotieren; und die Tatsache, daß sie es nicht tun, deutet auf einen neuen, unerwarteten Vorgang hin. Obwohl sie von allen äußeren Einflüssen isoliert sind, schaffen sie es irgendwie, ihre Rotationsenergie abzugeben.

Jeder rotierende Pulsar ist ein Schwungrad, ein Speicher, der Rotationsenergie enthält; und jeder von ihnen wandelt diese Energie unaufhörlich und gleichmäßig in eine andere Form um und strahlt sie in den Weltraum hinaus. Die Intensität dieser Emission ist weitaus größer als diejenige, die von dem Pulsarstrahl selbst weitergeleitet wird. Aber mit keinem Experiment hat man es geschafft, eine Spur dieser ausgesandten Energie ausfindig zu machen. Mit keinem Radioteleskop hat man sie feststellen können, und mit keinem Spiegelteleskop konnte man ein Anzeichen von ihr entdecken. Niemals ist ein Hinweis auf ihre Beschaffenheit gefunden worden. Alles, was wir mit Sicherheit wissen, ist, daß es sie gibt.

Das Modell eines Neutronensterns hatte man schon mehr als drei Jahrzehnte vor seiner Entdeckung ersonnen: Man hätte daher denken mögen, daß in dieser ganzen Zeit, die zur Verfügung gestanden hatte, seine Eigenschaften im Detail vorausgeahnt worden wären. *Immerhin ist die Wissenschaft angeblich die Kunst der Voraussage.* Aber in diesem Fall traf die Voraussage nicht ein. Vor der Entdekkung der Pulsare glaubte man, wenn der Neutronenstern überhaupt in Erwägung gezogen wurde, daß er klein und ruhig und somit schwer auszumachen wäre, weshalb er bei interstellaren Reisen eine Gefahr darstellen würde: ein astronomisches Korallenriff sozusagen. Nicht ein einziger Wissenschaftler ahnte das stroboskopische Flackern der Neutronensterne voraus. Niemand vermutete, daß sie sich so auffällig bemerkbar machen würden.

Aber es wurde vorausgesagt, daß sie langsamer werden würden. Diese Erkenntnis geht auf den italienischen Astrophysiker Franco Pacini zurück; seine Abhandlung wurde in der britischen Zeitschrift *Nature* kurz vor der Entdeckung der Pulsare veröffentlicht. Pacinis Arbeit ist deshalb so bedeutsam, weil sie die Grundlage für unser heutiges Verständnis von Pulsaren geliefert hat. Alles was darauf folgte, ist von seiner Arbeit direkt beeinflußt. Bald danach wurden seine Gedanken, aber unabhängig von ihm, noch einmal veröffentlicht, und zwar von den Amerikanern James Gunn und Jeremiah Ostriker, die seine Überlegungen nicht gekannt hatten. In einer bedeutenden Artikelserie zeigten sie auf, wie die Eigenschaften der Pulsare auf der Grundlage dieser Gedanken verstanden werden konnten.

Pacinis Ausführung beginnt mit der Erkenntnis: *Ein Stern ist ein Magnet.* Dieser stellare Magnetismus ist den Astronomen gut bekannt und ist mit dem Magnetismus der Erde zu vergleichen. Zeichnung 18 zeigt eine Darstellung der magnetischen Kraftlinien der Erde: Sie treten am magnetischen Nordpol aus der Erde heraus, bilden einen Bogen, bis sie sich am magnetischen Äquator parallel zur Oberfläche der Erde befinden, und gelangen am magnetischen Südpol wieder ins Innere des Erdballs. An jedem Punkt verlaufen sie in nordsüdlicher Richtung. Eine Kompaßnadel richtet sich nach diesen Kraftlinien aus und zeigt daher nach Norden.

Auch Sterne haben Magnetfelder, und viele ihrer Besonderheiten sind auf diesen stellaren Magnetismus zurückzuführen. Sonnenflekken sind zum Beispiel Regionen, in denen das Magnetfeld der Sonne ungewöhnlich stark ist; und die Sonnenflares, heftige Strahlungsausbrüche, die die Radiokommunikation unterbrechen können, sind die Folge von plötzlichen Neuordnungen der solaren Magnetfeldstruktur.

Der zweite Schritt in Pacinis Ausführung ist die Folgerung: *Wenn ein gewöhnlicher Stern ein Magnet ist, dann ist ein Neutronenstern*

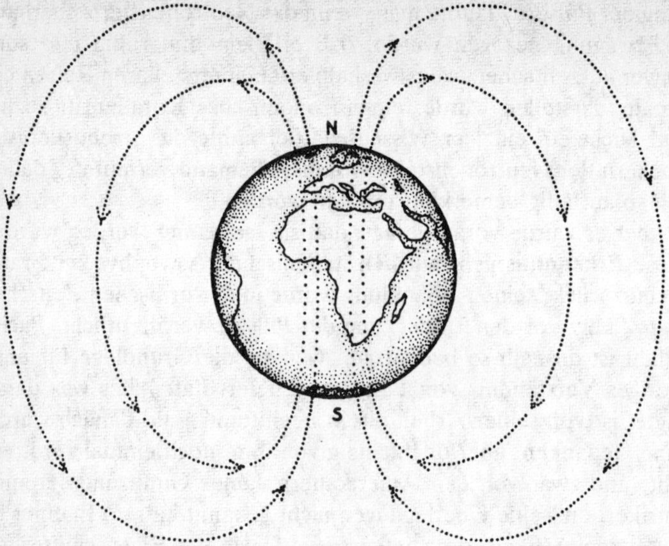

Zeichnung 18

ein sehr starker Magnet. Und zwar deshalb, weil diese Sterne aus gewöhnlichen Sternen, die einen Kollaps erlitten haben, »geboren« werden. Innerhalb eines Sternkörpers sind die magnetischen Kraftlinien untrennbar mit der stellaren Materie verbunden. Sie können sich nicht von ihr entfernen. Wenn das Material, das den Stern bildet, in sich zusammenbricht, nimmt es diese Kraftlinien unweigerlich mit: Es drückt sie zusammen und verstärkt somit das Feld.

Das Magnetfeld innerhalb und im Bereich eines gewöhnlichen Sterns ist nicht besonders stark. Aber die Verstärkung infolge eines Kollapses ist enorm; man nimmt an, daß die Magnetfelder von Neutronensternen ungefähr 1 000 000 000 000mal stärker sind als das der Erde. Eine Kompaßnadel auf der Erde erfährt eine leichte Kraft, die sie dazu bringt, sich nach Norden auszurichten – eine Kraft von sehr viel weniger als einem Newton. Auf der Oberfläche eines Neutronensterns würde die Kompaßnadel eine Kraft erfahren, die 1 000 000 000 000mal stärker ist. Sie würde so unbeweglich wie ein Felsen sein: unnachgiebig, starr, an einer Stelle festgesetzt von einer Kraft, die mit keinem plötzlichen Ruck und keiner Brechstange überwunden werden könnte.

Dieses übermäßig starke Magnetfeld ist der Schlüssel für das Verständnis der Pulsarstrahlung.

Die magnetischen Pole der Erde stimmen nicht mit den geographischen Polen der Erde überein. Der magnetische Nordpol befindet sich vor der nordamerikanischen Küste. Die Richtung, die der Kompaß angibt, weicht also etwas von der wirklichen geographi-

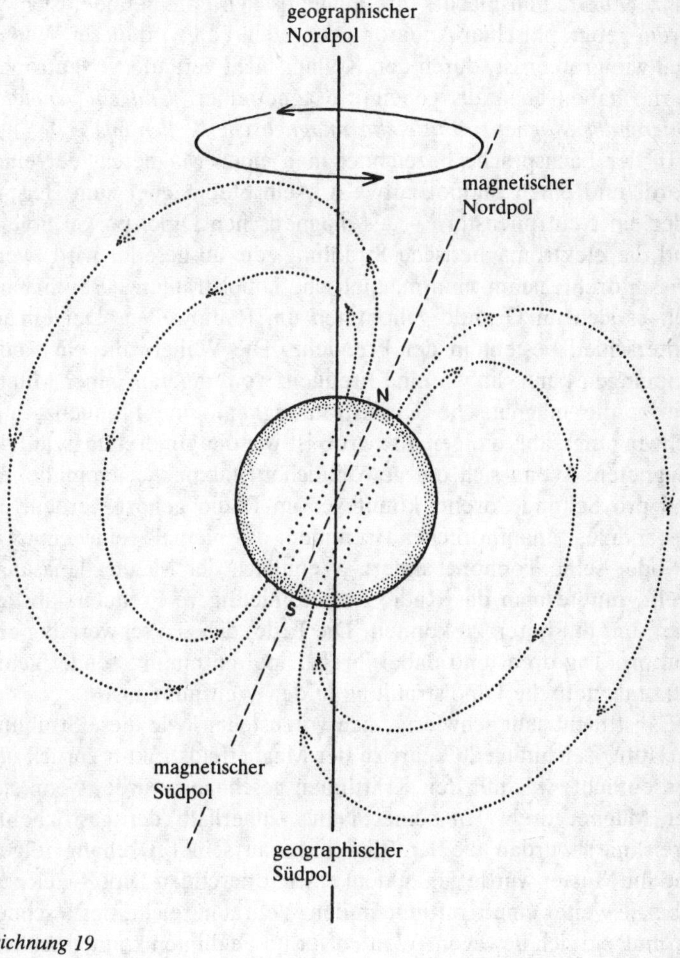

Zeichnung 19

schen Richtung ab. Eine andere Folge davon ist, daß die magnetischen Pole infolge der Erdrotation einen Kreis beschreiben. Zeichnung 19 zeigt diesen Sachverhalt; zur Verdeutlichung ist der bestehende Winkel übertrieben groß dargestellt. Die Erde ist ein *geneigter, rotierender Magnet.*

In dieser Hinsicht ist die Erde nicht einzigartig. Bei den meisten Sternen stimmen die Rotationspole ebenfalls nicht mit den magnetischen Polen überein: Es gibt sogar Sterne, bei denen der Winkel ganze 90 Grad ausmacht. Ihre magnetischen Pole befinden sich auf ihrem geographischen Äquator. Auf jeden Fall wird dieser Winkel, egal wie groß er ist, durch den Kollaps nicht verändert: Neutronensterne haben ebenfalls geneigte Magnetfelder. *Und ein geneigter, rotierender Magnet strahlt elektromagnetische Wellen aus.*

In der Fachsprache bezeichnet man einen Magneten, der einen Nord- und einen Südpol aufweist – ein Stabmagnet zum Beispiel oder ein Neutronenstern –, als magnetischen Dipol (»zwei Pole«); und die elektromagnetische Strahlung, die ausgesandt wird, wenn er sich dreht, nennt man magnetische Dipolstrahlung. Bei ihr handelt es sich im Grunde genommen um Radiowellen. Der einzige Unterschied besteht in der Frequenz. Die Wellen, die ein Radio empfangen kann, haben eine Frequenz von ungefähr einer Million Hertz; die magnetische Dipolstrahlung hat eine Frequenz, eine Schwingungszahl, die genauso groß ist wie die Umdrehungszahl des Magneten. Wenn sich ein gewöhnlicher Stabmagnet einmillionenmal pro Sekunde dreht, könnte er im Radio gehört werden: ein beständiges, unaufhörliches Brummen, das niemals seine Lautstärke oder seine Tonhöhe ändert. Wenn sich der Magnet langsamer dreht, müßte man das Radio auf die niedrigere Frequenz abstimmen, um ihn hören zu können. Die Erde, die sich schwerfällig einmal pro Tag dreht und dabei ihren Dipol mitnimmt, sendet genau jetzt magnetische Dipolstrahlung in den Weltraum aus.

Es ist nicht sehr schwierig, sich vorzustellen, wie diese Strahlung verläuft. Zeichnung 20 kehrt zu der Magnetfeldstruktur zurück und verdeutlicht, was mit den Kraftlinien geschehen würde, wenn sich der Magnet dreht. In seiner Nähe (innerhalb der gestrichelten Kreislinie) würden die Kraftlinien genau seiner Drehung folgen, und ihr Muster würde genau dem eines rotierenden Dipols gleichen. Aber je weiter eine Kraftlinie in den Weltraum reicht, desto schneller muß sie sich bewegen. Weit entfernte Feldlinien können schließlich nicht mehr mithalten. Sie fangen an, zurückzufallen, wie es in dem angezeigten Quadrat zu sehen ist.

Je weiter wir uns von dem rotierenden Magnet entfernen, desto mehr verändert sich der Verlauf der Kraftlinien gegenüber dem einfachen Fall, bei dem der Magnet nicht rotiert. Schließlich werden die Kraftlinien hinterhergezogen, so daß sie das Spiralenmuster bilden, das im äußeren Bereich der Zeichnung 20 dargestellt ist. Sehr weit vom Magneten entfernt, hat die Feldstruktur jede Ähnlichkeit mit der eines einfachen Dipols verloren: Sie ist zu einer elektromagnetischen Welle geworden, die sich mit Lichtgeschwindigkeit ausbreitet – ein sich endlos ausdehnender Strom magnetischer Dipolstrahlen.

Zeichnung 20

Und die *Dipolstrahlung führt Energie mit* – wie alle anderen elektromagnetischen Wellen auch. Die Energie wurde von der Rotationsenergie des Magneten abgezogen. Wenn sich ein Neutronenstern dreht, sein geneigtes, übermäßig starkes Magnetfeld also ebenso schnell rotieren läßt, gibt er beständig und unerbittlich Energie in den Weltraum ab – und wird langsamer. Aber nicht nur die Pulsare: Jeder geneigte, rotierende Magnet strahlt eine derartige Energie ab und muß daher auch langsamer werden. Aber unter normalen Umständen ist dieser Prozeß kaum spürbar. Diese Kraft, die bewirkt, daß sich die Rotationsgeschwindigkeit der Erde verlangsamt, hat einen Wert von nur 3/1 000 000 Newton. Aber weil das Magnetfeld der Pulsare so stark ist, geben sie eine intensivere Strahlung ab, und die Kraft, die bewirkt, daß sich ihre Rotationsgeschwindigkeit verringert, ist 100 000 000 000 000 000 000 Newton groß. Also werden sie langsamer.

Vielleicht . . . aber vielleicht auch nicht. Kurz nach der Entdeckung der Pulsare wiesen die amerikanischen Astrophysiker Peter Goldreich und William Julian auf eine weitere wichtige Eigenschaft hin, die Pacini nicht einbezogen hatte und die somit seine Arbeit in Frage stellte. Gleichzeitig ermöglichte sie eine vollkommen andere Erklärung für die Verlangsamung der Pulsare. Und außerdem zeigte sie einen Weg auf, um einem Verständnis der Pulsarstrahlen näherzukommen.

Goldreich und Julian schlossen folgende Erkenntnis mit in ihre Überlegungen ein: *Ein rotierender Magnet erzeugt in seiner Umgebung ein elektrisches Feld.* Dies ist bei allen rotierenden Magneten der Fall und kann in einem Laborversuch leicht nachgewiesen werden. Wenn ein einfacher Stabmagnet um seine Längsachse gedreht wird, entsteht in seiner Umgebung eine elektrostatische Spannung. Wenn man nun einen Draht nimmt und das eine Ende an einen Pol des Magneten und das anderen an den anderen Pol hält, wird dieser Draht von Strom durchflossen. Je schneller wir den Magneten drehen, desto stärker wird der Strom. Dies ist ein wohlbekannter Vorgang: Ein Wasserkraftwerk erzeugt den Strom auf ähnliche Weise, indem die Magnetläufer der Generatoren durch den Druck des Wassers in Drehung versetzt werden.

Goldreichs und Julians Kernpunkt war aber nicht die bloße Existenz dieses Feldes, sondern seine Intensität. Da das Magnetfeld des Pulsars so stark ist, erzeugt es ein entsprechend starkes elektrisches Feld. Die beiden Wissenschaftler zeigen auf, daß dieses elektrische Feld im Vergleich zu denjenigen, die unter normalen Umständen erzeugt werden, so gewaltig ist, daß es elektrisch geladene Teilchen aus der Oberfläche des Neutronensterns reißen und sie in den Weltraum befördern kann.

Elektrische Felder üben auf geladene Teilchen eine Kraft aus. In jedem Stück Materie, ob es nun ein Kupferdraht oder die Oberfläche eines Neutronensterns ist, findet man zwei und *nur* zwei Ladungsarten: die positiv geladenen Atomkerne und die negativ geladenen Elektronen, die diese Kerne umkreisen. Es hängt von den Umständen ab, ob diese Teilchen dieser Kraft widerstehen können. In Kupferdrähten zum Beispiel, die normalerweise als elektrische Leiter verwendet werden, verharren die positiv geladenen Atomkerne fest an ihrem Platz, während sich die Elektronen frei bewegen können. Ihre Bewegung ist der elektrische Strom.

Diese geladenen Teilchen erfahren eine verhältnismäßig schwache Kraft – sie verbleiben also in dem Draht. Aber bei einem Neutronenstern ist es anders. Der Stoff, aus dem der Stern besteht, ist nicht in der Lage, sie zurückzuhalten. Die Teilchen werden von der Oberfläche weggerissen. Durch die Einwirkung des übermäßig starken elektrischen Feldes des Pulsars lösen sich die positiven und negativen Ladungsteilchen von der Oberfläche des Sterns und werden heftig, in den Weltraum hinaus, beschleunigt. Nachdem sie einen Zentimeter zurückgelegt haben, erreichen sie fast die Lichtgeschwindigkeit. Eine große Anzahl von ihnen erfüllt die Umgebung des Sterns. Der Pulsar hat sich seine eigene Atmosphäre geschaffen. Aber es handelt sich hierbei nicht um eine gewöhnliche Atmosphäre. Sie ist ein Bereich, der von starken elektrischen Strömen, intensiven Strahlungen und Atomen, die gewaltsam in ihre Bestandteile zerlegt worden sind, durchdrungen ist. In der Fachsprache nennt man ein derartiges Gas Plasma; und dieses Plasma, das den Stern umgibt und das sich in dessen Magnetfeld befindet, bildet nicht die *Atmosphäre,* sondern die *Magnetosphäre* des Neutronensterns.

Der Aufbau dieser Magnetosphäre ist so kompliziert, daß es bisher noch niemand geschafft hat, ihn genau zu erforschen. Besonders über die Wirkung der Magnetosphäre auf die magnetische Dipolstrahlung weiß man so gut wie nichts. Das von Pacini entworfene einfache Bild eines rotierenden Magnetfeldes kann nicht richtig sein, wenn es außer dem Magnetfeld noch ein Plasma gibt. Das Plasma verändert das Magnetfeld. Wir kennen uns in der Physik nicht gut genug aus, um festzustellen, ob der Neutronenstern nach dem neuen Modell überhaupt in der Lage wäre, Dipolstrahlung auszusenden, wenn er rotiert. Es kann sein, daß die Ladungsteilchen die Strahlungsquelle kurz umkreisen, was bedeuten würde, daß Pacinis Denkmodell nicht zutrifft.

Ob es nun so ist oder nicht, die Magnetosphäre des Pulsars hat noch eine andere bedeutsame Eigenschaft. Sie enthält sehr viel Energie. Diese Energie ist die Bewegung der elektrischen Ladungen, aus denen die Magnetosphäre besteht, und da sie sich sehr schnell bewegen, weist die Magnetosphäre eine weite Ausdehnung auf. Wie immer in solch einem Fall müssen wir uns fragen, wo diese Energie herkommt.

Goldreich und Julian gelang es, aufzuzeigen, daß die magnetosphärische Energie von der Rotationsenergie des Sterns abgezogen worden ist. Der ständige Teilchenstrom, der sich von der Oberfläche nach außen bewegt, verursacht eine Rückwirkung auf den Stern, die zur Verlangsamung seiner Rotationsgeschwindigkeit führt. Selbst wenn ein rotierender Magnet keine Dipolstrahlung aussendet, liefert der Goldreich-Julian-Prozeß eine Erklärung für die Verlangsamung der Pulsare.

Eine Tatsache, für die es *zwei* mögliche Erklärungen gibt: Ob nun Pacinis oder Goldreich-Julians Modell näher an die Wirklichkeit herankommt, könnte man durch eine Untersuchung feststellen – wenn es gelingen würde, etwas von dieser abgegebenen Energie nachzuweisen. Bis dahin oder bis irgendein begabter Theoretiker es schafft, die Magnetosphäre in ihrer ganzen Kompliziertheit aufzuzeigen, wird diese Angelegenheit im Schwebezustand verbleiben.

Kommen wir nun zu der Erscheinung der Pulsaremission, die am auffälligsten ist, zugleich aber am wenigsten verstanden wird: die Scheinwerferstrahlen der Pulsare. Sie müssen irgendwo innerhalb der Magnetosphäre entstehen. Aber wie?

Sie müssen ganz anders geartet sein als die Emission, die für die Verlangsamung der Pulsare verantwortlich ist. Dies geht klar aus dem Goldreich-Julian-Modell hervor, das mit Teilchen arbeitet und nicht mit Wellen. Und auch nach Pacinis Modell stimmt dieser Sachverhalt, denn die magnetische Dipolstrahlung wird mit einer weit niedrigeren Frequenz ausgesendet als die empfangene Pulsaremission – mit einem Hertz, wenn sich der Pulsar einmal pro Sekunde dreht, während die von ihm abgestrahlten Wellen, die wir als Radiopulse empfangen, eine Frequenz von mehreren Millionen Hertz haben. Außerdem wird die magnetische Dipolstrahlung kontinuierlich und in alle Richtungen ausgesendet.

Wir müssen woanders ansetzen.

Wer oder was läßt Radiowellen entstehen? Rotierende Magnete zum Beispiel, aber in diesem Fall kommen wir damit nicht weiter, zumal es sich auch um einen für die Natur verhältnismäßig ungewöhnlichen Vorgang handelt. Sehr viel häufiger ist die Erzeugung von Radiosignalen durch elektrische Ladungen.

Ein geladenes Teilchen, das sich in Ruhe befindet, sendet nichts aus. Das gleiche gilt, wenn es sich mit konstanter Geschwindigkeit in gerader Richtung bewegt. Dabei ist es egal, wie schnell sich das Ladungsteilchen fortbewegt; es kann eine Geschwindigkeit von zehn Stundenkilometern haben oder fast mit Lichtgeschwindigkeit durch den Raum rasen: Solange sich der Bewegungszustand nicht ändert, sendet die Ladung keine Signale aus. Aber wenn das Teilchen irgendwie *beschleunigt* wird oder wenn es mit einem anderen zusammenstößt und plötzlich zur Ruhe kommt oder wenn es von einer Wand abprallt, seine Geschwindigkeit beibehält, aber seine Richtung ändert, wenn irgendeine äußere Kraft bewirkt, daß seine Geschwindigkeit erhöht oder seine Bahn bogenförmig gekrümmt wird, wenn also irgend etwas in dieser Art geschieht, dann sendet die Ladung elektromagnetische Wellen aus.

Auf diese Weise strahlen auch Radio- und Fernsehsender ihre Signale aus. In ihren Antennen werden elektrische Ströme abwechselnd in die eine und dann in die andere Richtung beschleunigt: Wenn die Elektronen, die diese Ströme bilden, beständig ihre Geschwindigkeit ändern, senden sie beständig Wellen aus.

In welche Richtung geht diese Emission? Die Antwort hängt von der Geschwindigkeit der elektrischen Ladung ab. Bei niedrigen Geschwindigkeiten geht ihre Strahlung in alle Richtungen. Die Elektronen in den Sendeantennen der Rundfunk- und Fernsehstationen bewegen sich verhältnismäßig langsam vorwärts; diese Stationen senden ihre Signale also in fast alle Richtungen gleichzeitig aus.

Aber die Ladungsteilchen, die die Magnetosphäre des Pulsars bilden, bewegen sich fast mit Lichtgeschwindigkeit voran, und für sie fällt die Antwort anders aus. Ihre Aussendung ist in einem schmalen Strahl zusammengefaßt, der gerade nach vorne zeigt – in ihre Bewegungsrichtung.

Und in welche Richtung bewegen sich die Ladungen, die die Magnetosphäre des Pulsars bilden? Ihre Bewegungsrichtung wird von den magnetischen Kraftlinien bestimmt. Elektrische Ladungen in einem Plasma können diese Linien niemals überqueren, sie können sich nur an ihnen entlangbewegen. Die Ladung ist eine Perle; die magnetische Kraftlinie eine Schnur. Die Perle gleitet auf der Schnur entlang.

Dies sind die physikalischen Grundlagen, auf denen jede Pulsationstheorie aufbauen muß. Es gibt einige offensichtliche Übereinstimmungen. Wir brauchen Ladungsteilchen: Die Magnetosphäre ist voll davon. Wir brauchen einen Strahl: Jede dieser elektrischen Ladungen ist in der Lage, einen auszusenden. Nun brauchen wir noch die Beschleunigung, eine Änderung ihres Bewegungszustandes; je größer die Beschleunigung ist, desto besser.

Zeichnung 21 gibt noch einmal Zeichnung 19 wieder, die das rotierende Magnetfeld des Pulsars darstellt, aber es ist etwas hinzugefügt worden: ein einzelnes geladenes Teilchen. Unzählige derartiger Ladungen bilden die Magnetosphäre, aber jetzt konzentrieren wir uns auf dieses eine Teilchen. Bewegt es sich?

Die magnetischen Feldlinien bewegen sich auf jeden Fall. Sie *rotieren* genau synchron mit dem Stern. Und die Ladung kann diese Linien nicht überqueren: sie muß also ebenfalls rotieren, kreist mit dem Stern herum, eine Perle auf der Speiche eines sich drehenden Rades.

Der Stern rotiert gleichmäßig. Bewegt sich auch die Ladung gleichmäßig? Oder wird sie beschleunigt? Folgen wir ihrer Bahn. In dem Augenblick, der auf Zeichnung 21 dargestellt ist, bewegt sie sich in die Seite hinein. Eine halbe Umdrehung später befindet sie sich auf der anderen Seite des Schaubildes. Nun bewegt sie sich aus der Seite heraus – also genau in die entgegengesetzte Richtung. Die Geschwindigkeit war nicht konstant. Wann ereignete sich diese Umkehr? in keinem bestimmten Augenblick: die Ladung änderte allmählich ihre Richtung, beschrieb gleichmäßig und kontinuierlich

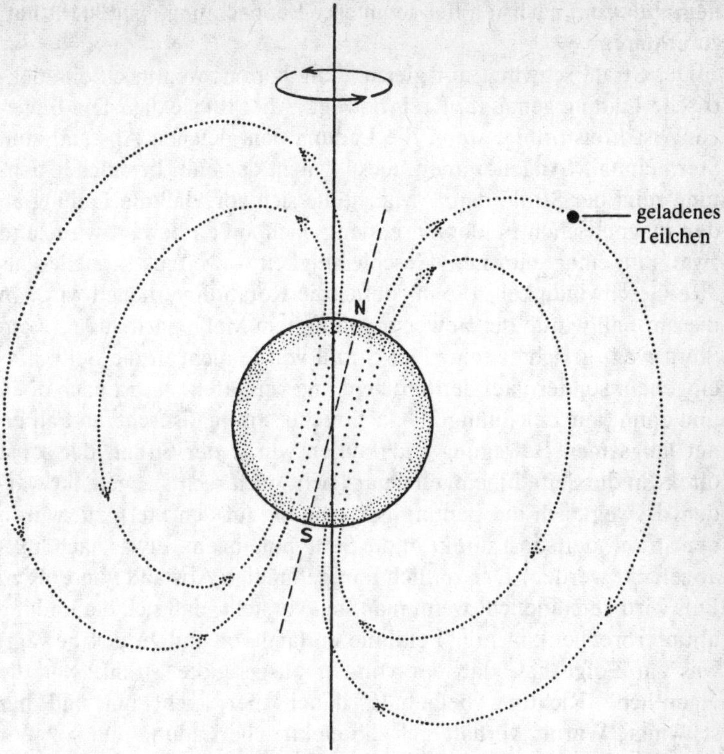

Zeichnung 21

einen Bogen. An *keinem* Punkt ihrer Bewegung war die Geschwindigkeit der elektrischen Ladung gleich. Sie sandte ununterbrochen elektromagnetische Wellen aus.

Diese Emission wird in der Form eines Strahls ausgesandt, und in dem Augenblick, den Zeichnung 21 zeigt, geht der Strahl in die Seite hinein. Da der Stern rotiert, dreht sich der Strahl ebenfalls. Eine halbe Rotation später zeigt er aus der Seite heraus, und wir werden von seiner Emission beleuchtet. *In diesem Augenblick, wenn der Strahl vorübergleitet, empfangen wir einen Puls.*

Mit diesem Modell kann man die Existenz der Pulse erklären. Wir können auch ihre exakte Regelmäßigkeit verstehen, denn die Rotation des Strahls ist fest mit der des Sterns verbunden. Aber wie sind die Abweichungen von der Regelmäßigkeit, die man von einem Puls zum nächsten bei genauerer Beobachtung festgestellt hat, zu erklären?

Der Strahl schwingt nur gleichmäßig herum, wenn sich die elektrische Ladung genau im Kreis bewegt. Aber tut sie das? Die Bewegung ist kreisförmig, wenn die Ladung den gleichen Abstand zum Stern einhält. Angenommen, dies ist nicht der Fall. In welche Richtung zeigt der Strahl dann? Man stelle sich vor, daß die Ladung an den magnetischen Feldlinien entlang nach außen bewegt wird, und zwar mit einer enormen Geschwindigkeit – weitaus schneller als ihre Geschwindigkeit, die ihr durch die Rotation verliehen wird. In diesem Fall würde die Bewegung in hohem Maße nach außen, vom Stern weg, gerichtet sein. Der Strahl würde nicht in die Seite hineingehen, sondern auf der Seite entlang verlaufen: zuerst nach oben und dann, auf Zeichnung 21, nach rechts. Im realistischeren Fall einer langsamen Bewegung nach außen würde der Strahl, der sonst direkt in die Seite hineingeht, nur leicht nach rechts abgelenkt werden. Bewegt sich die Ladung nach innen, auf den Stern zu, würde der Strahl, der sonst direkt in die Seite hineingeht, etwas nach links abgelenkt werden. Der zeitlich unregelmäßige Abstand von Puls zu Puls wird verständlich, wenn man sich vorstellt, daß sich die Ladung ununterbrochen an ihrer Feldlinie entlang vor und zurück bewegt, was zur Folge hat, daß der von ihr ausgesandte Strahl zwar die eigentliche Richtung beibehält, dabei aber leicht hin und her schwingt. Warum verhält sich die elektrische Ladung nun so? Wir wissen es nicht. Die Beobachtungen erzählen uns nur, daß sie sich so verhält.

Das Modell sieht gut aus – es erklärt viele Eigenschaften der Pulsaremission. Es leidet aber auch an einem Mangel. Die Strahlungsintensität der elektrischen Ladung ist viel schwächer als die der tatsächlichen Pulsarstrahlung. Die vorausgesagte Stärke des Signals ist zu schwach – und der Unterschied zum tatsächlichen Wert ist gewaltig. Das Modell versagt.

Wie kann man es retten? Wir müssen die Strahlungsintensität vergrößern, indem wir die Beschleunigung der elektrischen Ladung erhöhen. Denn je stärker diese Beschleunigung ist, desto stärker ist das ausgesandte Signal. Dies erreichen wir, indem wir uns vorstellen, daß sich die Ladung weiter und weiter vom Stern entfernt befindet. Je weiter die elektrische Ladung entfernt ist, desto größer ist ihre durch die Rotation verliehene Beschleunigung.

Aber es gibt eine Grenze; die Ladung kann sich nicht beliebig weit weg vom Stern befinden. Bei einer kritischen Entfernung zum Stern muß das mitrotierende Magnetfeld bewirken, daß sich die Ladung mit Lichtgeschwindigkeit fortbewegt. Jenseits dieses Punktes muß etwas zusammenbrechen, denn es würde konsequenterweise zu Geschwindigkeiten führen, die höher als die Lichtgeschwindigkeit sind, und das ist unmöglich. Ein Großteil der heutigen Erforschung der Pulsarmagnetosphäre konzentriert sich auf das Verhalten der elektrischen Ladung bei dieser kritischen *Lichtgeschwindigkeitsentfernung* und versucht zu verstehen, wie die stabile Rotation des inneren Bereichs zusammenbricht . . . und was daraus entsteht. Aber auf jeden Fall gibt es bei diesem Modell einen Höchstwert für die Intensität des Pulsarstrahls, und das Problem ist, daß er noch immer weit unter dem tatsächlichen Wert liegt.

Auf diesem Wege kann das Modell nicht gerettet werden. Beschreiten wir einen anderen. Wirken viele elektrische Ladungen zusammen, so werden sie stärker strahlen als eine einzelne. Es stellt sich heraus, daß sich die Strahlungsintensität im Quadrat zu der Teilchenzahl vergrößert: zwei zusammenwirkende Ladungsteilchen strahlen viermal so stark wie eine einzelne Ladung; eine Gruppe von hundert Ladungen strahlt zehntausendmal stärker. Auf diese Weise geht es. Wir retten das Modell, indem wir ein *Gebilde* voraussetzen – eine zusammenhängende Einheit, eine Ansammlung von Ladungsteilchen, die zusammenwirken und fast in der Lichtgeschwindigkeitsentfernung um den Neutronenstern kreisen.

Dieses Gebilde muß angemessen groß sein und genug Ladungsteilchen enthalten, um die vorausgesagte Strahlungsintensität zu vergrößern, so daß sie die tatsächlich beobachteten Werte erreicht. Auf der anderen Seite kann es nicht fest sein: die Pulsarmagnetosphäre ist heiß genug, um alles in ihrem Bereich vergasen zu lassen. Dieses Gebilde muß also gasartig sein – eine Wolke. Im Gegensatz zu gewöhnlichen Wolken muß sie jedoch ihre Eigenständigkeit bewahren, muß eine dauerhafte Einheit bilden. Es ist sehr wahrscheinlich, daß sie eine Struktur, eine Form aufweist.

Könnte diese Form mit der des empfangenen Pulses im Zusammenhang stehen? Eine große, weit zerstreute Struktur wird einen breiten, zerstreuten Strahl aussenden, und wir werden einen breiten Puls registrieren, wenn er vorübergleitet. Kompaktere Strukturen erzeugen schärfere Pulse und Strukturen mit einer komplizierten

Form kompliziert aufgebauter Pulse. Die Tatsache, daß sich die einzelnen Pulse sehr voneinander unterscheiden, bedeutet, daß sich die Gruppe der elektrischen Ladungen ständig in Bewegung befinden muß und sich ihre Struktur unaufhörlich und schnell verändert. Die Tatsache, daß die *Durchschnitts*pulsformen so gleichbleibend sind, bedeutet, daß es irgendeinen Mechanismus geben muß, der eine ähnliche Durchschnittsstruktur bewahrt, zu der die Gruppe unaufhörlich tendiert, von der sie aber immer wieder abgehalten wird. Und diese Durchschnittsstruktur ist bei jedem Pulsar verschieden.

Was den Mechanismus angeht, der die Durchschnittsstruktur bestimmt, mag es bedeutsam sein, daß das magnetische Kraftlinienmuster der Sonne sich grundlegend von dem der Erde unterscheidet. Es ist weitaus komplizierter. Vermutlich gilt dies auch für die magnetischen Kraftlinienmuster anderer Sterne – Neutronensterne eingeschlossen. Da die elektrischen Ladungen in ihrer Bewegung von diesen Mustern geleitet werden, kann man annehmen, daß die Struktur der Ladungsteilchengruppe irgendwie durch die Feinheiten dieses Musters bestimmt wird. Das Magnetfeld eines Pulsars könnte vielleicht, wenn man nur wüßte, wie, anhand der dazugehörigen Durchschnittspulsform aufgezeichnet werden.

Die Ladungsteilchengruppe ist ein mysteriöses Gebilde: gasartig, kompliziert. Es verändert sich im Bereich einer Grundform unaufhörlich und rast fast mit Lichtgeschwindigkeit um den Pulsar herum. Niemand würde es erfunden haben, wenn wir nicht bei dem Versuch, das Modell zu retten, dazu gezwungen worden wären. Aber das bedeutet noch lange nicht, daß dieses Gebilde wirklich existiert.

Vielleicht *kann* das Modell nicht gerettet werden.

Um die Dinge in die richtige Perspektive zu rücken, erinnern wir uns an die Analogie zwischen der Pulsarmagnetosphäre und der Atmosphäre der Erde. Die Analogie ist im Grunde genommen gar nicht so schlecht. Denn die Magnetosphäre besteht aus einem Gas, das den Neutronenstern umgibt; Luft ist ein Gas, das die Erde umgibt. Und Luft ballt sich niemals auf diese Art zusammen. Wenn sie es trotzdem täte, dann würden wir bei jedem Spaziergang, den wir unternehmen, von vakuumähnlichen Regionen in Bereiche geraten, in denen ein übermäßig hoher Druck herrscht. Aber ganz im Gegenteil: Luft breitet sich gleichförmig aus und widersetzt sich erfolgreich allen Versuchen, sie zu irgendwelchen Ansammlungen zusammenzudrücken.

Warum sollte es bei der Pulsarmagnetoshpäre anders sein?

Ein weiterer Grund, die Existenz dieser Gruppe zu bezweifeln, ist der, daß sie elektrisch geladen sein müssen und sich also, wie die Ladungen, gegenseitig abstoßen würden. Alles in allem ergeben sich eine Vielzahl von Schwierigkeiten, wenn man derartige Strukturen voraussetzt. Diejenigen, die an das Modell, das wir aufgezeigt haben, glauben (und das ist das richtige Wort!), sehen sich der Aufgabe gegenüber, einen Mechanismus zu entdecken, durch den die Gruppen gebildet und trotz der entgegengesetzten Kräfte von Druck und elektrischer Abstoßung erhalten werden. Sie haben eine schwierige Aufgabe vor sich, und es steht nicht fest, ob sie überhaupt jemals erfolgreich sein werden. Bis jetzt waren sie es nicht. Zur Zeit, als dieser Satz geschrieben worden ist, konnte niemand beweisen, daß ein derartiger Mechanismus überhaupt möglich ist. Und solange ein derartiger Nachweis nicht erbracht worden ist, kann es sein, daß alles, was wir gesagt haben, falsch ist.

Es ist möglich, daß wir allesamt die falsche Fährte verfolgt haben.

Versuchen wir es mit einem anderen Modell.

Die Pulsarmagnetosphäre ist mit unzähligen elektrischen Ladungen angefüllt. Sie bewegen sich fast mit Lichtgeschwindigkeit vorwärts. Woher kommen sie? Sie kommen von der Oberfläche des Sterns – und als sie auf dieser Oberfläche waren, befanden sie sich im Ruhezustand. Diese Ladungen müssen irgendwohin beschleunigt worden sein, und in dieser Beschleunigungsperiode müssen sie elektromagnetische Wellen ausgesendet haben. Könnte es sich hierbei um die Pulsaremission handeln?

Das Modell funktioniert nur, wenn wir aufzeigen können, daß die Emission in einem Strahl ausgesendet werden muß. Ist dies der Fall? Den Gesetzen der Physik zufolge wird die Strahlung in die Bewegungsrichtung der Teilchen ausgesendet. Gibt es irgendeinen Grund für die Annahme, daß sich diese Teilchen, wenn sie von der Oberfläche des Sterns nach außen beschleunigt werden, alle in die gleiche Richtung bewegen?

Die Gesetze der Physik besagen auch, daß, wenn sich diese Teilchen vorwärtsbewegen, sie sich an den magnetischen Kraftlinien entlangbewegen – wie Perlen auf einer Schnur. Betrachten wir noch einmal die geneigte, rotierende Magnetfeldstruktur, die auf Zeichnung 21 dargestellt ist. *Es gibt nur zwei Stellen, an denen die Kraftlinien direkt vom Stern weg nach außen gerichtet sind: am nördlichen und am südlichen magnetischen Pol.*

Betrachten wir zwei Ladungsteilchen, die auf der Oberfläche des Neutronensterns liegen. Wählen wir sie sorgfältig aus: Das erste liegt am magnetischen Nordpol, das zweite irgendwo auf dem magnetischen Äquator. Ein elektrisches Feld bewirkt, daß beide nach oben steigen, sich also vom Stern entfernen. Die Ladung am magnetischen Pol kann sich ungehindert vorwärtsbewegen und wird entlang einer Kraftlinie senkrecht nach oben beschleunigt. Aber die zweite Ladung kann sich nicht ungehindert nach außen bewegen. Wenn sie es täte, würde sie eine magnetische Feldlinie überqueren, und das ist verboten. Die Bewegung der elektrischen Ladungen ist also gerichtet. Ebenso die von ihnen ausgesandte Radiostrahlung.

Eine genauere Untersuchung ergibt, daß die Beschleunigung nur für die Teilchen sehr groß ist, die sich in der Nähe von einem der beiden magnetischen Pole befinden. Somit erklärt das Modell den stark gebündelten Pulsarstrahl. Doch auch in diesem Fall ist man gezwungen, irgendeinen gruppenbildenden Mechanismus vorauszusetzen, um die beobachtete Intensität der Pulsarstrahlung erklären zu können, aber weil die Vertikalbeschleunigung so stark ist, sind viele Wissenschaftler der Meinung, daß die Aufgabe, die Gültigkeit dieses Modells nachzuweisen, einfacher ist.

Ebenso wie in dem vorhergehenden Fall müssen wir nun versuchen, jede einzelne Eigenschaft der Pulsaremission im Rahmen dieses neuen Modells zu erklären. Welche weiteren Eigenschaften müssen hinzugenommen werden, um die Vielgestaltigkeit der Pulsationen, die man beobachtet, zu verstehen? Welche Bedeutung hat zum Beispiel die Durchschnittspulsform in diesem Modell? Gibt sie au irgendeine Weise das Muster der Neutronensternoberfläche wieder? Versuche haben ergeben, daß elektrisch geladene Teilchen eher von scharfen Spitzen als von ebenen Oberflächen aus abgegeben werden. Ist es möglich, daß die Ladungsteilchen von irgendwelchen Erhebungen des Neutronensterngeländes aus abgegeben werden? Gibt es an den magnetischen Polen der Pulsare, die eine einfache Durchschnittspulsform aufweisen, einfache, kleinere Hügel und an den magnetischen Polen der Pulsare mit einer komplizierten

Durchschnittspulsform ein mehr unregelmäßiges Gelände? Oder ist es wahrscheinlicher, daß die Durchschnittspulsform von dem detaillierten Muster der Magnetfeldstruktur des Pulsars bestimmt wird?

Die sich von Puls zu Puls verändernde Form verkörpert möglicherweise das sich unaufhörlich verändernde Muster der Teilchenemission, die von der Oberfläche des Sterns aus abgestrahlt wird. Einige Wissenschaftler meinen, daß die Magnetosphäre vielleicht auf den Stern, von dem sie geschaffen worden ist, zurückwirkt. Sie denken dabei an plötzliche Entladungen auf dem Stern – an Blitze.

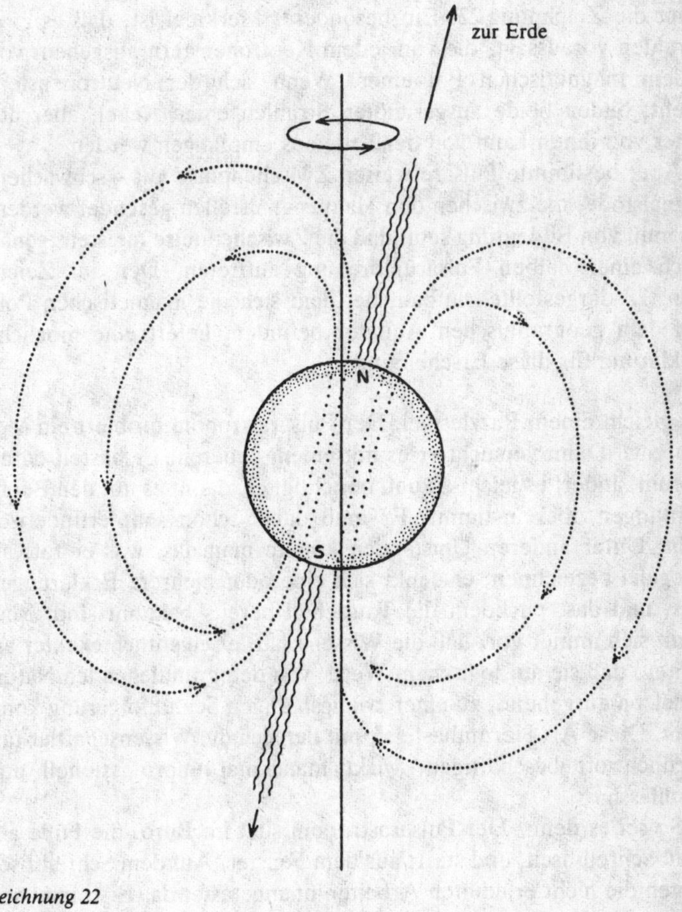

Zeichnung 22

Könnte jeder von diesen Blitzen eine neue Ansammlung von Teilchen herausschlagen und somit ein neues Emissionsmuster hervorrufen? Können die unberechenbaren zeitlichen Schwankungen der Pulse – die einen treffen früher ein, die anderen später – ein Zeichen für ein schnelles Hin- und Herschwingen des Strahls sein, was dadurch verursacht wird, daß sich die aufeinanderfolgenden herausgeschlagenen Teilchenansammlungen nicht genau in die gleiche Richtung bewegen? Oder wogen die Feldlinien selbst wie Meeresalgen im Wasser hin und her?

Das Strahlungsmuster, das nach diesem Modell ausgesandt wird, zeigt die Zeichnung 22. Ein besonderes Merkmal ist, daß es *zwei* Strahlen voraussagt, die von jedem Neutronenstern ausgehen: von jedem magnetischen Pol einer. Wenn sich der Neutronenstern dreht, bilden beide ausgesandten Strahlen einen Kegel, aber nur einer von ihnen kann von der Erde aus empfangen werden.

Aber bestimmte Pulsare weisen Zwischenpulse auf – schwächere Signalstöße, die zwischen den Hauptsignalstößen gesendet werden. Es muß von Bedeutung sein, daß die Zwischenpulse meistens genau nach einer halben Pulsarumdrehung auftreten. Der auf Zeichnung 23 dargestellte Aufbau, bei dem sich die magnetischen Pole auf dem geographischen Äquator befinden, liefert eine mögliche Erklärung für diese Erscheinung.

Es gleicht einem Puzzlespiel: Der Pulsarastronom probiert ein Modell aus. Dann versucht er es mit einem anderen. Er bastelt daran herum, ändert es leicht ab und berichtigt es, damit es mit den Beobachtungen übereinstimmt. Er muß dabei schon sehr erfinderisch sein. Unter anderen Umständen könnte man das, was er tut, als Mogelei bezeichnen: er denkt sich eine oder mehrere Erklärungen aus, und das, nachdem die Tatsachen bereits bekannt sind. Man stellt sich immer vor, daß die Wissenschaftler eigentlich exakter arbeiten, daß sie auf logischem Wege, von den grundlegenden Naturgesetzen ausgehend, zu einer zwangsläufigen Schlußfolgerung kommen. Diese Art Herumbastelei, mit der sich die Wissenschaftler tatsächlich oft beschäftigen, wirkt manchmal unprofessionell und nachlässig.

So sei es denn. Der Pulsarastronom sitzt im Büro, die Füße auf dem Schreibtisch, und starrt aus dem Fenster. Auf dem Schreibtisch liegen die nicht erledigten Arbeiten unangetastet da. Er träumt vor

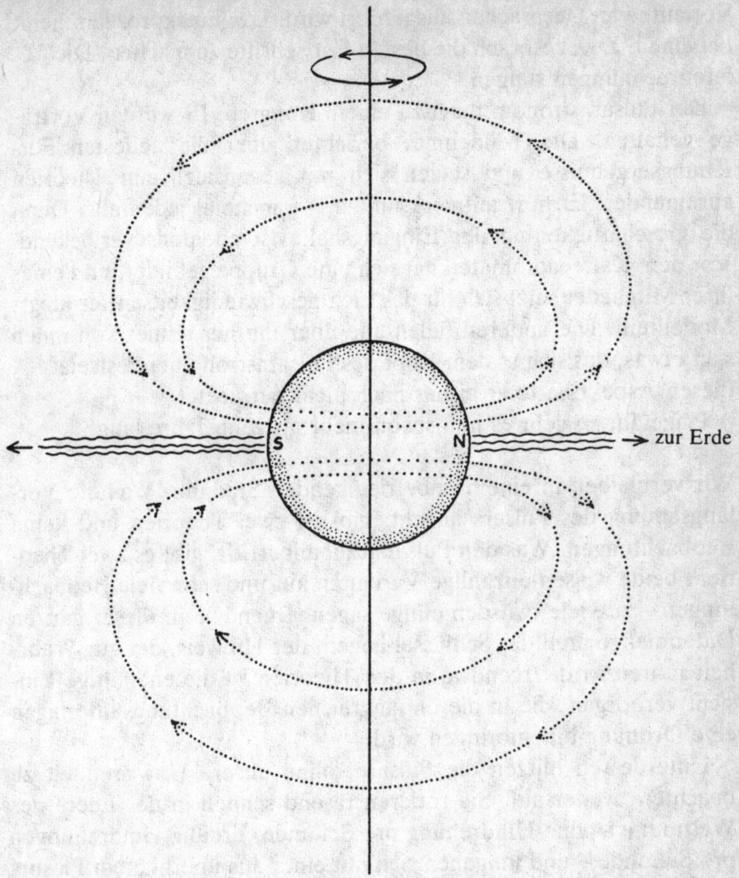

Zeichnung 23

sich hin. Beiläufig kreuzt ein Fachartikel, den er letzte Woche gelesen hat, seine Gedanken – irgendwelche neuen Beobachtungen über die Eigenschaften der Pulsare. Dies erinnert ihn an etwas, was ein Kollege neulich erwähnt hat, irgend etwas über Plasmen, Magnetfelder . . .

Pulsarmodelle werden beim Mittagessen erfunden und beim Abendessen wieder verworfen. Einige überleben jedoch länger, ein paar davon lange genug, um veröffentlicht zu werden. Es ist schon bemerkenswert, welch ein großer Teil dieser geistigen Arbeit im

Verlaufe von Gesprächen ausgeführt wird. Der Denkprozeß scheint bei einem Zwiegespräch die besten Fortschritte zu machen. Die Telefonrechnungen steigen.

Der Pulsarastronom fliegt zu einem Kongreß. Es werden Vorträge gehalten. Die Teilnehmer berichten über die neuesten Forschungsergebnisse und setzen sich mit gegensätzlichen Theorien auseinander. Er hört aufmerksam zu – manchmal jedenfalls. Denn die Geschäftigkeit in der Eingangshalle ist ebenfalls verlockend. Vor dem Kaffeeautomaten hat sich eine Gruppe gebildet, und eines ihrer Mitglieder setzt sich für das Lichtgeschwindigkeitsentfernungs-Modell ein. Die anderen fallen alle über ihn her. Einer von ihnen sagt etwas, das sich in dem Kopf des Pulsarastronomen festsetzt ... diesen Aspekt hatte er bisher noch nicht betrachtet.

Ungefähr *so* geht es nun schon mehr als zehn Jahre lang.

Wir verbleiben in einem unbefriedigenden Stadium. Was die Verlangsamung des Pulsars angeht, gibt es zwei Theorien und keine Beobachtungen. Was den Pulsarstrahl anbetrifft, gibt es zwei Theorien, beide weisen unzählige Varianten auf und sehr viele Beobachtungen – zu viele, würden einige sagen. Irgendwo in dieser ganzen Datenmenge muß der Schlüssel liegen, der Hinweis, der zur Wahrheit führen wird. Irgendwo in den Theorien ist die endgültige Einsicht verborgen, die in die umfangreichen Beobachtungsunterlagen eine Ordnung hineinbringen wird.

Unterdessen blitzen die Pulsare, ohne unsere Unwissenheit zu beachten, weiter auf. Sie rotieren rasend schnell in der Leere des Weltraums – eine Umdrehung pro Sekunde, dreißig Umdrehungen pro Sekunde – und umgeben sich mit einer aus überhitztem Plasma bestehenden Atmosphäre. In diesem Inferno wird ein gewaltiger Radiosignalstrahl erzeugt, der synchron mit dem Stern rotiert. Tausende von Lichtjahren entfernt; und einige tausend Jahre später gleiten schwache Spuren dieser Strahlen über die Erde hinweg. Sie kommen zu uns aus dem Flackern und Blitzen des elektromagnetischen Gewitters heraus.

5. Kapitel

Der Ausrutscher

Im Winter des Jahres 1969 machte der Vela-Pulsar eine außergewöhnliche Veränderung durch, die bei Himmelskörpern vorher noch niemals beobachtet worden war. Sie zog sofort das Interesse der Wissenschaftler auf sich, die davon stark beeindruckt waren. Auch *ich* war davon stark beeindruckt, und in diesem und in dem folgenden Kapitel will ich die Bemühungen, dieses Ereignis zu verstehen, aus einer persönlichen Perspektive heraus beschreiben. Von Anfang an wurde meine Beschäftigung mit Pulsaren von diesem seltsamen Ereignis beeinflußt, und auch heute bin ich noch nicht frei davon.

Am 24. Februar 1969 beobachteten zwei Radioastronomen in Australien den Vela-Pulsar. Sie fanden ihn in einem vollkommen normalen Zustand vor. Zufällig wurde der Vela-Pulsar eine Woche lang nicht mehr beobachtet. Als er das nächste Mal überprüft wurde – diesmal von einem amerikanischen Observatorium aus –, fand man ihn ebenfalls in einem normalen Zustand vor, doch mit einem bedeutenden Unterschied. Er sandte seine Pulse viel *schneller* aus. Irgendwann in den vergangenen sieben Tagen hatte er seinen gleichmäßigen Prozeß der Verlangsamung umgekehrt und war schneller geworden.

Die Emission vor diesem Ereignis hatte keinen einzigen Hinweis darauf gegeben, was geschehen würde. Die Veränderung schien sich ohne die geringste Warnung vollzogen zu haben. Aber für die weitere Entwicklung des Pulsars war sie von großer Bedeutung. Nachdem der Vela-Pulsar beschleunigt worden war, begann er wieder beständig langsamer zu werden – aber der Verlangsamungsprozeß lief jetzt schneller ab als vorher.

Langsam und gleichmäßig veränderte sich das Ausmaß der Verlangsamung. Der Vela-Pulsar verlangsamte sich nun immer langsamer. Zwei Monate vergingen. Sechs Monate vergingen; schließlich ein Jahr. Jeden Monat nahm der Verlangsamungsgrad mehr ab. Jeden Monat näherte sich der Verlangsamungsgrad etwas mehr dem Wert, den er vorher gehabt hatte, bevor der Pulsar schneller geworden war.

Der weit entfernte Planet X kreist um einen Stern, der unserer Sonne sehr ähnlich ist, aber seine Entfernung zu ihm ist nicht so groß. Das hat zur Folge, daß der Planet sehr heiß ist. Seine riesengroße Sonne füllt einen großen Teil des Himmels aus, strahlt herab und hat den Planeten X ausgetrocknet, auf dem nun eine Temperatur herrscht, die wir für unerträglich halten würden. Die Temperatur ist an allen Stellen seiner Oberfläche tatsächlich höher als der Siedepunkt des Wassers. Wenn man ein Glas Wasser bei Tageslicht auf den Boden stellt, würde die Flüssigkeit sofort anfangen zu kochen, so stark ist die von der Sonne ausgestrahlte Hitze. Wenn man das gleiche Glas mitten in der Nacht nach draußen stellt, würde das Wasser wegen der überhitzten Atmosphäre des Planeten auch sogleich kochen. Auf dem Nordpol, mitten in der ewigen Nacht des Winters, oder auf dem Gipfel des höchsten Berges würde es ebenfalls sofort anfangen zu kochen.

Der Planet X ist also trocken. Nicht so wie die Wüste Sahara oder die Talsohle des Death Valley, sondern absolut trocken. Auf dem ganzen Planeten findet man nicht einmal einen kleinen Teich, ein dürftiges Bächlein oder das geringste Anzeichen einer Oase. Die Oberfläche von X ist eine ausgedörrte Einöde, die aus kahlen Ebenen, über die der Sand geweht wird, und schroffen Bergen besteht. Eine Umgebung, in der scheinbar kein Leben in irgendeiner Form existieren kann.

Und doch, so merkwürdig es auch klingt, gibt es Leben in dieser Welt, und nicht nur Leben, sondern auch intelligente Lebewesen. Natürlich sehen die Bewohner des Planeten X nicht so aus wie wir; sie haben mehrere Köpfe und eine geschuppte Haut. Ihre Körper enthalten keine Flüssigkeiten irgendwelcher Art, und ihr biochemischer Aufbau ist fremdartig. Und trotzdem unterscheiden sie sich doch nicht so sehr von uns, denn viele ihrer Aktivitäten sind uns wohlvertraut. Ebenso wie wir legen sie eine lebhafte Natur an den Tag und genießen nichts so sehr wie eine von Zeit zu Zeit stattfindende gute Party. Ebenso wie wir neigen sie dazu, in großen Städten zu leben, und verbringen viel zuviel Zeit damit, in Verkehrsstaus steckenzubleiben. Und ebenso wie bei uns gibt es dort einige Wissenschaftler.

Von diesen Wissenschaftlern sind einige Chemiker, die Versuche mit molekularen Verbindungen durchgeführt haben. Sie haben die Elemente Wasserstoff und Sauerstoff genommen und sie im Labor so verbunden, daß sie H_2O-Moleküle bildeten. Dann haben sie die Eigenschaften dieser Moleküle untersucht und ihr Spektrum ermittelt. Sie haben die Energie bestimmt, die notwendig ist, um die Moleküle wieder zu zerlegen. Sie haben entdeckt, daß es sich um ein Dipolmolekül handelt. Und sie haben noch mehr getan. Sie haben eine große Anzahl dieser Moleküle verbunden, in eine Kammer getan und es geschafft, diese Kammer so weit abzukühlen, daß sich auf dem Boden winzige Pfützen gebildet haben. Auf diese Weise haben sie entdeckt, daß flüssiges H_2O durchsichtig und farblos ist, daß es leicht fließt und daß es eine glänzende, spiegelartige Oberfläche hat. Sie haben die Dichte, die Viskosität und die Oberflächenspannung dieser Flüssigkeit gemessen. Es war natürlich nicht einfach gewesen, diese Experimente durchzuführen, denn es war schwierig, die Moleküle zu verbinden, und noch schwieriger, die Versuchskammer bei der Hitze, die in ihrer Welt herrscht, zu kühlen. Einige Deziliter flüssiges Wasser war die äußerste Menge, die sie für ihre Forschungen verfügbar machen konnten.

Schließlich gelang es den Wissenschaftlern des Planeten X mit äußerster Anstrengung, ihre Kammer so weit abzukühlen, daß das Wasser darin kurz gefror. Auf diese Weise entdeckten sie, daß sich Wasser beim Festwerden leicht ausdehnt; und daß festes Wasser hart, leicht zerbrechlich und glatt ist.

Und nun eine Frage zu diesen hypothetischen Wesen: Wären sie irgendwie in der Lage, sich unseren Platen Erde vorzustellen?

Ist es diesen Wesen, die den Planeten Erde niemals gesehen haben, möglich, nur mit Hilfe ihrer Entdeckungen, die sie im Labor gemacht haben, die Eigenschaften unseres Planeten vorauszusagen? Hat ihr Fachwissen sie zu der Erkenntnis geführt, daß fließendes Wasser manchmal einen leise vor sich hinmurmelnden Bach und manchmal einen gewaltigen, reißenden Strom bildet? Hat irgendeine ihrer Entdeckungen sie auf die verschiedenen, wechselhaften Stimmungen des Meeres vorbereitet: ruhig und blau an einem Tag; drohend, wogend und grau am nächsten? Könnten sie aufgrund der Naturgesetze, die sie entdeckt haben, das Flimmern des Sonnenlichts auf einem Teich voraussagen? Könnten sie voraussagen, daß keine zwei Schneeflocken genau die gleiche Form haben; daß, wenn in der Stadt Schnee fällt, er zuerst leuchtend weiß ist, dann aber bald grau und schmutzig wird; daß er unter den Füßen knirscht; daß er für Skifahrer eine Freude, für Autofahrer aber ein Ärgernis darstellt? Könnten sie voraussagen, daß sich die meisten unserer Großstädte an Küsten oder an Flüssen befinden? Und was würden sie sagen, wenn sie einen Regenschirm oder ein Surfbrett zu Gesicht bekommen würden?

Anhand der Kenntnis der Eigenschaften der H_2O-Moleküle und der Beobachtungen einer geringen Wassermenge kann man all diese soeben aufgeführten Eigenschaften des Wassers im festen und im flüssigen Zustand *im Prinzip* voraussagen. Aber wenn etwas im Prinzip möglich ist, heißt es noch lange nicht, daß es leicht auszuführen ist. Es bedeutet noch nicht einmal, daß man es jemals erfolgreich ausführen wird. Es ist vollkommen klar, daß die Wissenschaftler auf dem Planeten X sehr große Schwierigkeiten haben würden; wahrscheinlich könnten sie einiges über unsere Welt voraussagen, aber manche Dinge würden sie nicht voraussagen können, und in manchen Fällen würden sie etwas voraussagen, was ganz einfach falsch ist.

Wir befinden uns in der gleichen Situation, wenn wir uns über Neutronensterne Gedanken machen. In gewisser Hinsicht könnte man annehmen, daß ein Neutronenstern gar nicht so ungewöhnlich fremdartig sein kann, denn er besteht aus den gleichen Elementarteilchen wie ein Atomkern. Der Atomkern ist im Grunde nichts anderes als ein mikroskopisch kleines Stückchen Neutronensternmaterie, und wie wir wissen immerhin einiges über ihn. Der einzige wirkliche Unterschied besteht in der Größe. Aber obwohl all dies richtig ist, geht es am Wesentlichen vorbei; denn große Mengen einer Substanz verhalten sich vollkommen anders als kleine Mengen.

Im Labor können wir die einzelnen Elementarteilchen, aus denen die Neutronensterne bestehen, untersuchen: Neutronen, Protonen und Elektronen. Wir können auch Verbindungen einer verhältnismäßig kleinen Anzahl dieser Teilchen untersuchen: die Atomkerne. Der größte bekannte Atomkern ist der des Elements Mendelevium: Er setzt sich aus 155 Neutronen und 101 Protonen zusammen. Für einen Atomkern ist er sehr groß, verglichen mit einem Neutronenstern dagegen unendlich klein. Wir untersuchen seine Eigenschaften. Wir untersuchen die Eigenschaften der leichteren Atomkerne und die der isolierten Elementarteilchen. Und dann benutzen wir unser erworbenes Wissen als Sprungbrett, machen einen Satz, einen gewaltigen, riskanten Sprung, und versuchen, das Bild eines Neutronensterns zu konstruieren.

Wie gehen wir dabei vor? Genauso, wie die Bewohner des angenommenen Planeten X vorgehen würden, um ein Bild von der Erde zu konstruieren. Es geht nicht nur darum, Gleichungen zu lösen und Versuche durchzuführen. Und es geht nicht nur darum, Antworten auf Fragen zu finden. Das wichtigste ist, die *richtigen* Fragen zu stellen. Es geht darum, zu erraten, welche Faktoren wichtig sind und welche nicht. Und vor allem sind wir dazu angehalten, unsere Vorstellungskraft spielen zu lassen. Unsere Gedanken müssen eine Welt erschaffen, die äußerst fremdartig, äußerst ungewöhnlich ist. Das ist beim Schreiben einer Science-fiction ziemlich einfach. Aber sehr schwierig wird es, wenn man recht haben muß.

All diese Dinge waren den Wissenschaftlern auf abstrakte Weise seit den 30er Jahren, als die Neutronensterne zum ersten Mal ins Gespräch gekommen waren, bekannt. Aber es ist eine Sache, etwas verstandesmäßig zu erfassen, und eine ganz andere, es im tiefsten Innern zu spüren. Erst mit der Entdeckung der Pulsare im Jahre 1967 begannen die Wissenschaftler zu erkennen, was für ein absonderliches Objekt dieser sogenannte Riesenatomkern zu sein schien. Und man kann sagen, daß man erst seit dem Winter 1969, als der Vela-Pulsar beschleunigt wurde, das ganze Ausmaß der Entdekkung erfaßte.

Das Ereignis selbst war nicht sehr auffällig. Die Rotationsgeschwindigkeit des Pulsars erhöhte sich nur um einen Wert von zwei zu einer Million (2 ppm). Wenn dies mit der Erde passieren würde, wäre der Tag nur um 0,2 Sekunden kürzer. Aber mit der Erde wird so etwas nicht passieren – niemals. Es passiert nicht mit der Sonne oder mit irgendeinem anderen Himmelskörper. Besonders außergewöhnlich war der Vorgang angesichts der wirklich bemerkenswerten Regelmäßigkeit der anderen Pulsare und auch des Vela-Pulsars selbst, *bevor* das Ereignis zu beobachten war. Man nahm sofort und übereinstimmend an, daß das, was sich uns als plötzliche Erhöhung der Rotationsgeschwindigkeit gezeigt hat, im Grunde nur eine verhältnismäßig unbedeutende Folge einer verheerenden Umwälzung war, die im Innern des Sterns stattgefunden hatte – einer Umwälzung, die für die Astrophysik Neuland bedeutete und deren Natur vollkommen unbekannt war. Diese Umwälzung ereignete sich offensichtlich niemals in den bekannteren Himmelskörpern des Universums, und es war klar, daß sie durch irgendeine spezifische Eigenschaft der Neutronensterne hervorgerufen worden war. Diese Entdeckung ist es schließlich gewesen, die ein weitverbreitetes Interesse an der Erforschung des inneren Aufbaus der Neutronensterne auslöste und die Physiker und Astronomen dazu brachte, Anstrengungen zu unternehmen, um einem Verständnis dieser neuen, fremdartigen Welten näherzukommen.

Diese Unternehmung ist von dem an der Columbia University beschäftigten Physiker Malvin Ruderman geleitet worden. Mehr als auf jede andere Einzelperson ist unser heutiges Wissen über Pulsare und Neutronensterne auf ihn zurückzuführen. Das bedeutet nicht, daß alles, was wir über Neutronensterne wissen, von Ruderman entdeckt worden ist; der Forschungsbereich ist viel zu umfassend und bezieht daher unzählige Leute mit ein, so daß er nicht von irgendeiner Einzelperson in Beschlag genommen werden kann. Ruderman lag mit seinen theoretischen Betrachtungen auch nicht immer ganz richtig. Aber neue wissenschaftliche Erkenntnisse müssen nicht unbedingt richtig sein – jedenfalls nicht bis ins kleinste Detail. Es ist weitaus wichtiger, die groben Umrisse eines Sachverhalts aufzuzeigen, vollkommen neue Phänomene zu entdecken und die Richtung für neue, fruchtbare Untersuchungen anzugeben. Einflußreiche Wissenschaftler wie Ruderman sind nicht führend, weil sie Befehle erteilen. Sie sind eher aufgrund ihrer Inspiration führend, aufgrund der Macht und der Autorität ihrer Ideen. Immer wieder ist es Ruderman gewesen, der auf das Wesentliche eines Phänomens aufmerksam gemacht hatte, der den neuartigen, den überraschenden und den erfinderischen Teil der Arbeit übernommen hatte. Er hat dafür gesorgt, daß wir am Ball blieben.

Das Bild der inneren Struktur von Neutronensternen, das von Ruderman und anderen ausgearbeitet worden ist, stellt eines der merkwürdigsten Dinge dar, die der Wissenschaft bekannt sind. Im gesamten Universum gibt es nichts Vergleichbares. Irgendwo in diesem Bild muß sich ein Hinweis auf das seltsame Verhalten des Vela-Pulsars befinden.

Die Durchschnittsdichte eines Neutronensterns stimmt ungefähr mit der des Atomkerns überein. Aber der Stern weist nicht an allen Stellen die gleiche Dichte auf. Wenn man sich von seiner Oberfläche aus zum Zentrum vorarbeitet, würde man auf Materie stoßen, die in zunehmendem Maße dichter wird. Das enorme Gewicht der Außenschichten zermalmt die Materie im tiefsten Innern des Sterns. Wenn Materie auf diese Weise nach und nach zusammengedrückt wird, gibt es einige Punkte, an denen sich ihr Zustand völlig verändert. Diese kritischen *Dichten* entsprechen den beiden kritischen *Temperaturen* des Wassers: einmal der Temperatur, bei der es gefriert, und dann der, bei der es verdampft. Ein Neutronenstern weist eine zwiebelartige Schichtstruktur auf, und je weiter man in sie eindringt, desto fremdartiger wird sie.

Um sich ein Bild von der Beschaffenheit der Materie im Innern eines Neutronensterns zu machen, ist es am einfachsten, wenn wir in Gedanken einen Versuch durchführen. Wir beginnen mit einem Brocken gewöhnlicher Materie – sagen wir, einem Felsen – und drücken ihn in zunehmendem Maße zusammen, so daß seine Dichte immer größer wird. Wenn wir dies tun, wird er eine Reihe von Umwandlungen durchmachen, immer fremdartigere Zustände annehmen und in jedem Stadium die Materie an einer anderen, immer tiefer gelegenen Stelle innerhalb des Sterns nachahmen.

Wir beginnen mit einem würfelförmigen Felsblock, der eine Kantenlänge von 1,5 Kilometern hat. Dann bewegen wir eine Anzahl von riesigen Rammböcken auf ihn zu und pressen ihn zusammen, bis seine Kantenlänge nur noch ungefähr 100 Meter beträgt. Der Block ist nun dichter als jede andere Substanz, die es auf der Erde gibt. Wir könnten es vielleicht gerade noch schaffen, ein Stück davon zu transportieren, das eine Seitenlänge von zwei Zentimetern hat, denn dieser kleine Würfel wiegt fast einhundert Kilogramm.

Als nächstes erinnern wir uns daran, daß Neutronensterne im Gegensatz zu gewöhnlichen Sternen und Planeten ein übermäßig starkes Magnetfeld haben. Um die Bedingungen im Innern des Sterns zu kopieren, verleihen wir dem Block ein derartig starkes Magnetfeld. Dieses Magnetfeld ist so stark, daß es die Atome, aus denen die Materie besteht, verformt. Wenn sie sich nicht in einem Magnetfeld befinden, sind die Atome kugelförmig, aber in übermäßig starken Feldern werden sie bleistiftförmig. Diese »Bleistifte« richten sich an den magnetischen Feldlinien entlang aus und bilden, wie viele hintereinandergelegte Nadeln, eine Linie. Sie üben chemische Kräfte aufeinander aus und verbinden sich zu langen, dünnen Molekülketten. Die Materie hat eine faserige, haarartige Struktur angenommen. Dies ist das *erste kritische Stadium der Verdichtung – die Oberfläche des Neutronensterns*.

Der Würfel, der anfangs 1,5 Kilometer hoch war, ist nun bis auf 100 Meter zusammengedrückt worden. Wir pressen ihn noch weiter zusammen, bis er nur noch fünf Meter hoch ist. Nun wiegt jedes ein Kubikzentimeter große Stück dieser übermäßig dichten Substanz bereits mehr als 100 Kilogramm, und bei diesem Prozeß hat sie eine Umwandlung in einen sehr ungewöhnlichen Zustand durchgemacht.

Die Atome, aus denen die gewöhnliche Materie besteht, sind so sehr zusammengedrückt worden, daß sie nicht mehr existieren. Sie sind dazu gezwungen worden, sich gegenseitig zu überschneiden. Atome, egal ob sie nun kugel- oder nadelförmig sind, setzen sich aus Elektronen zusammen, die den Kern umkreisen, aber wenn sie einmal zermalmt worden sind, ist diese geordnete Struktur zerstört. Das gleiche würde praktisch passieren, wenn zwei Backsteingebäude zusammengeschoben würden. Sie würden in ihre Grundbestandteile – die Backsteine – zerlegt werden. Dies ist das *zweite kritische Stadium der Verdichtung,* und in diesem Stadium hat sich die Materie in eine einheitliche, homogene Mixtur aus den Bestandteilen der Atome – Elektronen und Atomkerne – verwandelt. Die Materie weist keine chemischen Eigenschaften mehr auf. Sie kann beispielsweise nicht brennen, ist weder säurehaltig noch basisch und hat keinen Geschmack. All dies sind rein chemische Eigenschaften der Materie, die auf die Wechselwirkung von Atomen zurückzuführen sind – aber die Atome sind verschwunden.

Diese Materie ist fest. Die Gründe dafür hängen mit den Kräften, die die Atomkerne aufeinander ausüben, zusammen. Diese Kräfte lassen sich leicht erklären. Atomkerne haben eine positive elektrische Ladung – und wie alle Ladungen stoßen sie sich gegenseitig ab. Also versuchen die Atomkerne, sich aus dem Weg zu gehen. Der günstigste Zustand ist erreicht, wenn jeder Atomkern den größtmöglichen Abstand zu all seinen Nachbarn einhält. Die Ansammlung, bei der jedes Teilchen die anderen abstößt und von ihnen abgestoßen wird, verhält sich genauso wie eine in einer U-Bahn zusammengedrängte Menschenmenge. In dem Bestreben, einander zu meiden, bewegen sie sich nicht. Jeder Atomkern sucht sich den Platz, an dem er am weitesten von seinen benachbarten Atomkernen entfernt ist, und bleibt dann dort. Die Materie ist *eingefroren:* nicht wegen ihrer Kälte, sondern wegen ihrer Dichte. Neutronensterne haben ebenso wie die Erde eine *äußere Kruste*. Diese Kruste beginnt einige Meter unter der Oberfläche des Sterns und erstreckt sich mehrere Kilometer weit ins Innere hinein.

Der Würfel, der anfangs eine Seitenlänge von 1,5 Kilometern aufwies, hat nun einen Rauminhalt von fünf Kubikmetern. Wir drücken ihn weiter zusammen. Während wir das tun, beginnen die Atomkerne, Elektronen in sich aufzunehmen. Ein Atomkern besteht ungefähr aus der gleichen Anzahl von Neutronen und Protonen: Durch die Verdichtung werden die Protonen dazu gezwungen, mit den aufgenommenen Elektronen zu reagieren, wodurch noch mehr Neutronen entstehen. Langsam und gleichmäßig ist die gewöhnliche Materie zu Neutronenmaterie zusammengequetscht worden.

Wir drücken den Würfel zusammen, bis er auf jeder Seite fünfzig Zentimeter lang ist. Dann wiegt jeder ein Kubikzentimeter große Würfel über hundert Tonnen. Es handelt sich noch immer um einen Festkörper, und nun besteht er fast ausschließlich aus neutronenreichen Kernen; nur noch wenige Elektronen sind übriggeblieben. Aber bei dieser Dichte stoßen wir auf das *dritte kritische Stadium der Verdichtung,* bei dem die Neutronen anfangen, aus den Kernen herauszuquellen. Die Kerne haben in sich so viele Neutronen angesammelt, daß sie nicht mehr in der Lage sind, sie alle festzuhalten; und dann entweichen die Neutronen, zuerst eins nach dem anderen, aber schließlich, wenn die Dichte noch weiter erhöht wird, in immer größerer Anzahl aus den Kernen wie die Bienen aus dem Bienenstock. Sie füllen den Raum zwischen den Kernen an und bewegen sich frei umher. Sie fließen. Sie bilden eine Flüssigkeit – eine *Supraflüssigkeit*.

Die Kruste eines Neutronensterns ist zwar ungewöhnlich, aber zumindest fest; und Festkörper sind uns schon vom Alltag her wohlvertraut. Aber nichts, was sich in unserer Umgebung befindet, besitzt die Eigenschaften einer Supraflüssigkeit. Auf der Erde kennt man tatsächlich nur eine einzige Supraflüssigkeit; und diese findet man nur sehr selten. Wenn gewöhnliches Helium – Helium aus einem Ballon – auf eine Temperatur von vier Grad über dem absoluten Nullpunkt abgekühlt wird, verflüssigt es sich. Diese Umwandlung entspricht genau der Umwandlung, die Wasserdampf durchmacht, wenn er auf unter 100 Grad Celsius abgekühlt wird; und das entstehende flüssige Helium weist keine besonders bemerkenswerten Eigenschaften auf. Aber wenn diese Flüssigkeit noch weiter abgekühlt wird, auf zwei Grad über dem absoluten Nullpunkt, macht es eine weitere Umwandlung durch: Aus der gewöhnlichen Flüssigkeit wird eine Supraflüssigkeit.

Die beeindruckendste Eigenschaft von supraflüssigem Helium ist das Fehlen jeglicher Viskosität, die auf Reibung zurückzuführende Zähigkeit, durch die wirbelnde Bewegungen in Flüssigkeiten allmählich wieder zum Verschwinden gebracht werden. Wasser besitzt eine geringe Viskosität. Wenn wir das Wasser in einer Badewanne kurz umrühren, kann man die entstandene Bewegung einige Minuten lang beobachten. Honig besitzt eine starke Viskosität, was zur Folge hat, daß wirbelnde Bewegungen darin sofort erstarren. Supraflüssiges Helium besitzt dagegen *keine* Viskosität. Wenn die Badewanne nun mit einer Supraflüssigkcit gefüllt ist und wir diese umrühren, würden die daraus entstehenden Wirbelbewegungen monatelang zu beobachten sein. Wir rühren die Supraflüssigkeit im Sommer um und kehren irgendwann im Herbst zurück: Sie würde sich immer noch heftig bewegen.

Jenseits des dritten kritischen Stadiums der Verdichtung besteht die Materie aus einem Festkörper *und* einer Supraflüssigkeit, beides existiert gleichzeitig. Die neutronische Supraflüssigkeit kann den Festkörper durchdringen und fließt durch ihn hindurch. Wir beschreiben die *innere Kruste des Neutronensterns*. Sie befindet sich gleich unter der Außenkruste und wird von der neutronischen Supraflüssigkeit durchflossen – ein unterirdischer Ozean.

Der Verdichtungsprozeß wird fortgesetzt. Wir drücken den Würfel weiter zusammen, bis er eine Seitenlänge von fünf Zentimetern hat. In diesen kleinen Raum sind vier Milliarden Tonnen Materie hineingedrängt worden. Die Kerne sind nun so dicht zusammengepackt worden, daß sie sich berühren. Sie verschmelzen miteinander und verlieren somit ihre Identität. Jenseits von diesem *vierten kritischen Stadium der Verdichtung* sind die Kerne vollkommen verschwunden, es gibt nur noch die neutronische Supraflüssigkeit, in der sich nur noch sehr wenige freie Elektronen und Protonen befinden. Der Festkörper ist infolge der Verdichtung aufgelöst worden. Mit diesem Stadium haben wir eine Stelle erreicht, die auf dem Weg von der Oberfläche zum Zentrum des Sterns ungefähr auf halber Strecke liegt und die innere Grenze der Kruste markiert. Unterhalb dieser Begrenzung, bis ins Innere hineinreichend, befindet sich ein Ozean, der aus supraflüssigen Neutronen besteht.

Schwimmen wir nun durch diesen Ozean noch tiefer in das Innere des Sterns hinein. Die Dichte nimmt jetzt nicht mehr so stark zu. Verglichen mit unserem hypothetischen Experiment, entsprechen die Bedingungen im Zentrum des Sterns den Bedingungen innerhalb des Würfels, wenn er auf ein Viertel seiner jetzigen Größe zusammengedrückt wird. Es ist eine verhältnismäßig geringe Vergrößerung der Dichte, doch die Folge davon ist sehr bedeutsam.

Wir fangen nämlich an, die Vorgänge nicht mehr zu verstehen.

Mit dieser weiteren Vergrößerung der Dichte entstehen innerhalb des Sterns unzählige Elementarteilchen. Je dichter der Stern ist, desto schneller bewegen sich die Neutronen in ihm; in seinem Zentrum bewegen sie sich derart schnell, daß sich, jedesmal wenn sie zusammenstoßen, eine Anzahl neuer Teilchen bildet. Auf der Erde werden diese fremdartigen Teilchen nur sehr selten hervorgebracht, und zwar bei Experimenten in riesigen Teilchenbeschleunigern. Aber im Innern des Sterns werden sie andauernd erzeugt.

Die Teilchenphysik ist ein Gebiet, das sich an der Grenze des heutigen Wissens befindet. Man kennt bereits Hunderte von bizarren Elementarteilchen, doch kein einziges von ihnen versteht man bis in jede Einzelheit. Der Grund dafür liegt darin, daß sie nicht lange genug existieren, um genau untersucht werden zu können. Ebenso wie Glühwürmchen entziehen sie sich schnell dem Beobachter. Wenn sie in einem Teilchenbeschleuniger geschaffen werden, zerfallen sie sogleich wieder – in andere exotische Teilchen, die ebenfalls nur kurz überleben und dann weiter zerfallen. Das Pi-Meson existiert beispielsweise durchschnittlich nur eine dreihundertmillionstel Sekunde, und im Vergleich zu den anderen Teilchen ist es langlebig. Dennoch üben diese Elementarteilchen in ihrer kurzen Existenz Kräfte, die sehr kompliziert sind, aufeinander aus und beeinflussen sich gegenseitig auf verschiedene Weise.

Diese neuen Elementarteilchen zerfallen im Labor – aber nicht in einem Neutronenstern. Bei großen Dichten werden sie widerstandsfähig. Eine enorme Anzahl von ihnen füllt das tiefe Innere des

Sterns. Das Zentrum eines Neutronensterns setzt sich aus Materie zusammen, deren Eigenschaften wir so gut wie überhaupt nicht verstehen.

Aber es geht noch weiter: *Die Materie ist dichter als ein Elementarteilchen*. Die Verdichtung ist so groß geworden, daß die grundlegenden Einheiten, aus denen die Materie besteht, zusammengequetscht sind. Jeder Gegenstand, den wir aus dem Alltag kennen, selbst etwas, das so dicht ist wie ein Bleiklotz, besteht zum großen Teil aus leerem Raum. Die Einzelteilchen, aus denen sich die gewöhnliche Materie zusammensetzt, berühren sich nicht. Das gleiche gilt für das Zentrum der Sonne oder der Planeten. Aber in einem Neutronenstern ist die Materie vollkommen zusammengepreßt: es gibt keine leeren Zwischenräume mehr. Aber selbst in diesem Stadium haben wir das Zentrum des Sterns noch nicht erreicht. In den tieferen Schichten werden die Elementarteilchen sogar noch mehr zusammengequetscht ...

Diese Sachlage ist nicht neu. Das erste Mal begegneten wir ihr gleich unter der Oberfläche des Sterns; dort waren es die Atome, die zusammengedrückt wurden. Etwas weiter unten, an der inneren Grenze der Kruste, waren es die Atomkerne, die gezwungen wurden, miteinander zu verschmelzen. In beiden Fällen löste sich die Struktur in ihre Bestandteile auf. Doch was entsteht, wenn sich ein Elementarteilchen auflöst? *Hat* es irgendwelche Bestandteile?

Der extreme Druck im Zentrum eines Neutronensterns hat uns eine Frage aufgezwungen. Es handelt sich um eine Kernfrage der modernen Physik, die man bisher nicht beantworten kann: die Frage nach der grundlegenden Beschaffenheit der Materie. Kann es wirklich sein, daß sich Materie aus Hunderten von verschiedenen Elementarteilchen zusammensetzt? Oder bestehen diese Teilchen selbst auch wieder aus Einheiten, die noch grundlegender sind?

Im allgemeinen nimmt man heutzutage an, daß sich die sogenannten Elementarteilchen aus *Quarks* zusammensetzen. Wenn das stimmt, dann besteht das Zentrum eines Neutronensterns überhaupt nicht aus Neutronen, sondern aus Quarks. Bei diesen Quarks handelt es sich wiederum um außerordentlich schwer faßbare Wesen. Kein einziges von ihnen konnte bisher direkt nachgewiesen und untersucht werden. Obwohl man im Labor die intensivsten Bemühungen angestellt hat, ist dieses Teilchen, der vermutliche Grundbaustein der Materie, ein Rätsel geblieben.

Viele Theorien über die Beschaffenheit der Materie im Zentrum eines Neutronensterns sind aufgestellt worden. Es wurde die Vermutung geäußert, daß sich diese Materie verfestigt – daß ein Neutronenstern also einen festen Kern und eine feste Kruste besitzt. Es wurde die Annahme geäußert, daß sich im Zentrum des Sterns unzählige geladene Pi-Mesonen befinden, die elektrische Ströme ohne Widerstand leiten, also supraleitend sind. Es wurde die Mutmaßung angestellt, daß die Materie eine Umwandlung durchmacht und sich dann in einem sogenannten »anomalen Zustand« befindet, in dem sich die Elementarteilchen so verhalten, als ob sie keine Masse hätten. Aber all diese Theorien bewegen sich im Ungewissen.

Niemand weiß Genaues.

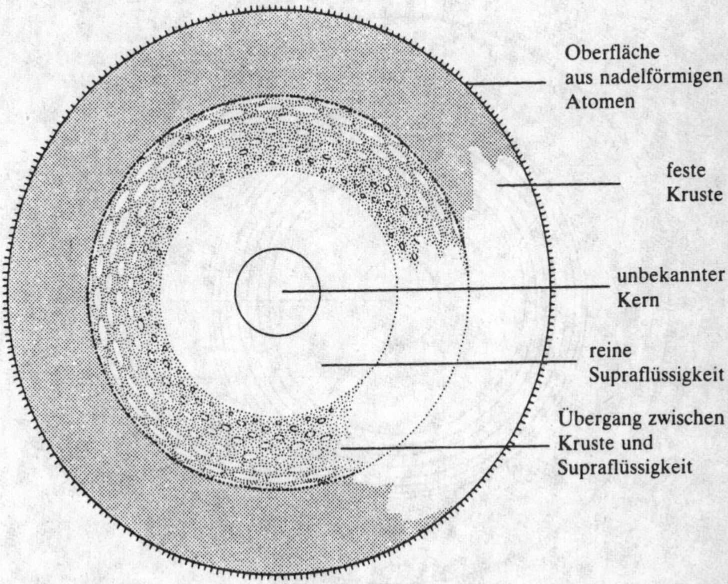

Zeichnung 24

Hiermit beenden wir unsere Reise, die von der Oberfläche eines Neutronensterns bis zu seinem Zentrum führte. Es war eine Reise in mehreren Abschnitten; nach jeder Etappe verweilten wir etwas und waren darüber verwundert, wie die Materie eine Reihe von Veränderungen durchmachte. Auf Zeichnung 24 ist das Bild, das wir dabei erhalten haben, anschaulich zusammengefaßt. Zunächst die Oberfläche des Sterns, die sehr dünn ist und aus nadelförmigen Atomen besteht. Unterhalb dieser Oberfläche beginnt die Kruste, die unvergleichlich viel härter als Stahl ist. Weiter auf das Zentrum zu, noch innerhalb der Kruste, befindet sich ein unterirdischer Ozean, der aus einer Supraflüssigkeit besteht. In noch größerer Tiefe löst sich die Kruste vollends auf, und darunter erstreckt sich die reine Supraflüssigkeit. Und schließlich, im Zentrum des Sterns, ein Kern, der Eigenschaften aufweist, die weitgehend unbekannt sind. Nirgendwo im ganzen Universum kann man einen Himmelskörper finden, der vom Aufbau her auch nur im entferntesten so fremdartig und ungewöhnlich ist wie dieses Bild. Das ist die Folge der Verdichtung.

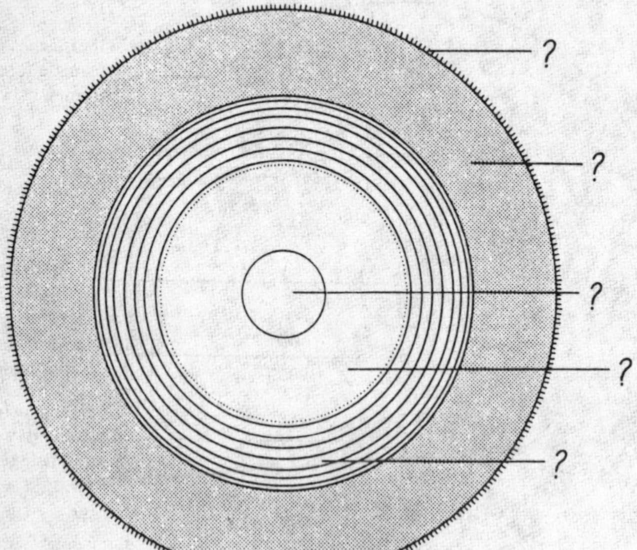

Zeichnung 25

Schließlich zeigt Zeichnung 25 noch ein etwas anderes Bild der Neutronensternstruktur. Vielleicht ist es das genauere von beiden.

Im Frühjahr 1968, als die Entdeckung der Pulsare in der britischen Zeitschrift *Nature* verkündet wurde, war ich als Physikstudent an der Yale University eingeschrieben und gerade dabei, meiner Doktorarbeit den letzten Schliff zu geben. Wie viele andere erinnere ich mich noch immer genau daran, wie ich die nun berühmte Ausgabe, mit den Worten *»Possible Neutron Star«* auf der Titelseite, zum ersten Mal gesehen habe. Und ich weiß auch noch, daß meine Reaktion auf diese Nachricht ein Achselzucken gewesen ist.

Es gab eine Reihe von Gründen für meine nicht gerade überschwengliche Reaktion. Der erste hing mit meiner derzeitigen beruflichen Stellung zusammen: Ich war ein angehender Wissenschaftler, der gerade seine Forschungsarbeiten, die für den Erwerb eines Doktortitels erforderlich waren, abgeschlossen hatte. Studenten, die ihre erste wirkliche Forschungsarbeit erfolgreich beendet haben, sind oftmals übermäßig stolz darauf und tendieren dazu, sie für die bedeutungsvollste Sache seit der Entdeckung des Feuers zu halten. Mein Forschungsthema gehörte in den Bereich der Kosmologie – die Lehre vom Universum als ein Ganzes –, und die Folge davon war, daß meine Sichtweise von den Dingen irgendwie etwas zu erhaben geworden war. Es bereitete mir Schwierigkeiten, einer so hoffnungslos weltlichen Sache wie der Entdeckung eines völlig neuen Sterntyps meine Aufmerksamkeit zuzuwenden.

Aber es gab noch einen weiteren Grund für meinen allgemeinen Mangel an Begeisterung, und er wirft ein Licht auf die Denk- und Vorgehensweise des Wissenschaftlers. Ich war nicht gerade davon beeindruckt, daß die Neutronensterne entdeckt worden waren, da ich bereits wußte, daß es sie geben mußte. Ich hatte schon von den ursprünglichen Behauptungen Baades, Zwickys und Landaus gelesen und hielt sie für überzeugend. Es war nicht meine Schuld, daß die beobachtenden Astronomen – diejenigen, die an den Teleskopen arbeiteten und diese vertrackten Dinger tatsächlich nachweisen mußten – so lange für ihre Arbeit gebraucht hatten.

Auf jeden Fall wurden im folgenden Jahr weitere Pulsare entdeckt, und die Diskussion über ihre Beschaffenheit war im vollen Gange. Aber ich war mit anderen Dingen beschäftigt. Ich schloß meine Doktorarbeit ab, genoß einen langen, erholsamen Urlaub und begann dann mit einer weiteren Forschungsarbeit, für die ich ein Stipendium erhalten hatte.

Mein Ansprechpartner und Berater war A. G. W. Cameron, der all die Eigenschaften aufwies, die sich ein Student von seinem Studienberater erhofft. Ich war daher sehr erfreut gewesen, als er mir ein Forschungsstipendium angeboten hatte, und ich war glücklich, nach New York zu ziehen, um mit der Arbeit zu beginnen. Die ersten Monate arbeitete ich zusammen mit Cameron an einem Projekt, das sich auf meine Forschungen für die Doktorarbeit bezog. Wir wollten meine damaligen Schlußfolgerungen auf anderem Wege näher bestimmen. Dieses Projekt führte aber in eine Sackgasse, denn nachdem wir eine ganze Zeit daran herumgebastelt hatten, erkannten wir, daß unser neuer Ansatz keine nennenswerten Auswirkungen haben würde. Also versuchte ich ein anderes Forschungsprojekt im gleichen Bereich anzugehen, aber mir kam nichts in den Sinn, was aufregend genug war. Inzwischen sorgte Cameron dafür, daß ich in einem völlig anderen Bereich arbeitete, um mein Fachwissen zu erweitern. Ich befaßte mich mit der Gravitationsstrahlung. Allmählich fing die ganze Angelegenheit an, mich zu langweilen.

Dann erhöhte sich die Rotationsgeschwindigkeit des Vela-Pulsars.

Selbst in diesem Augenblick, in dem ich diese Worte schreibe, durchläuft mich ein erregender Schauer, wenn ich daran denke, wie ich davon erfahren habe. Es war an einem Sonntag, und ich saß in meiner Wohnung in New York. Die Fenster gaben den Blick frei auf unzählige schwarzgeteerte Dächer. Neben dem Sessel stapelten sich die ungelesenen Ausgaben der *New York Times*, die sich im Laufe der Woche angesammelt hatten. Ich blätterte sie nachlässig durch. Dann erregte ein Artikel mein Interesse: *Astronomen entdecken einen »verrückten« Pulsar*. Als ich ihn las, wurde ich von einer Art Verwunderung erfüllt. Ich traute meinen Augen nicht. Irgendwie wurde ich schon immer von fremdartigen, unbegreiflichen Dingen angezogen, und aus irgendeinem Grund – der mir bis heute unerklärlich ist – beeindruckte mich das Verhalten des Vela-Pulsars so stark wie keine andere Sache zuvor, die mit Pulsaren zusammenhing. Mein erster Gedanke war, daß die *Times* alles durcheinandergebracht haben muß. Aber die *Times* macht derartige Fehler einfach nicht.

Es war ein Zeichen.

Am nächsten Tag suchte ich Cameron in seinem Büro auf. »Um Himmels willen, Al, was soll das, Planeten auf Pulsare fallen zu lassen?« fragte ich ihn.

Der Artikel hatte seine Vermutung zitiert, daß möglicherweise etwas auf den Pulsar gefallen war, das diesen infolge des Aufpralls beschleunigt hatte. Das konnte natürlich sein. Aber ich hatte einen alten Briefumschlag aus dem Papierkorb geholt und rechnete auf ihm aus, daß, wenn das Objekt den Pulsar derart beschleunigen wollte, es größer sein mußte als der Merkur. Es ergab keinen Sinn: Wann war das letzte Mal ein Planet auf die Sonne gefallen?

Cameron hatte bereits die gleiche Rechnung ausgeführt. Er lehnte sich in seinem Stuhl zurück. »Das erste Mal, daß ich davon gehört hatte, war, als mich die Leute von der *Times* wegen dieser Nachricht anriefen. Sie fragten mich, was geschehen sein könnte, und das ist, was mir dazu eingefallen war.« Er gestattete sich ein Lächeln. »Aber nach genauerer Betrachtung denke ich mir, daß es vielleicht mit dem plötzlichen Einsetzen einer Wirbelbewegung im Innern des Sterns zu tun hat.«

Das ist Cameron. Hochgewachsen und etwas in die Breite gehend, aber vor allem *wirkt* er groß. Wenn man ihn in einer Gruppe von Leuten sieht, kommt es einem so vor, als ob man ein Schiff betrachtet, das sich seinen Weg durch ein Gedränge von Ruderbooten sucht. Er ist riesengroß, förmlich und unerschütterlich. Cameron hat, selbst bei Unterhaltungen, eine bedächtige, sachliche Art zu reden. Dahinter verbirgt sich einer der schnellsten und einfallsreichsten Denker, die ich je kennengelernt habe.

In groben Zügen erläuterte er seine neueste Theorie. Es ging um eine Veränderung im Innern des Pulsars, die von einer gleichmäßigen Rotationsbewegung zu einem chaotischen, heftigen Wogen führte. Ich setzte mich an meinen Schreibtisch und dachte darüber nach. Dann ging ich zu ihm zurück und stellte ihm einige Fragen. Warum gerade der Vela-Pulsar? Warum gerade Pulsare und keine anderen Sterntypen? Wir sprachen eingehend darüber. Am Nachmittag schrieb er eine kurze Abhandlung, in der er seine Theorie skizzierte, um sie an die Zeitschrift *Nature* zu schicken, und gab mich, vielleicht weil einige meiner Fragen seine Gedanken irgendwie angeregt hatten, als Koautor dieses Artikels an. Diese einfache Geste führte dazu, daß ich mich noch weiter in das Gebiet der Pulsarforschung hineinbegab. Und vielleicht ist dies tatsächlich der Grund, weshalb er so freundlich war, meinen Namen mit seinen Ausführungen zu verbinden: Er wollte, daß ich anfing, in einem neuen Forschungsbereich zu arbeiten, und nahm an, daß mich diese Angelegenheit in diese Richtung bringen würde. Es war einer von den weitblickenden Einfällen, die ihm oftmals in den Sinn kommen.

Jedenfalls beschloß ich, so viel über Neutronensterne zu lernen, wie ich irgend konnte. Ich fing an zu lesen.

Monate vergingen. In der Stadt begannen sich Gerüchte zu verbreiten. Soundso hatte mit dem und dem telefoniert, der gesagt hatte, daß irgend jemand (er hatte vergessen, wer) draußen in dem und dem Labor den Pulsar beobachtete. Die Erhöhung der Verlangsamungsgeschwindigkeit des Pulsars schien allmählich abzunehmen. Der Vela-Pulsar verlangsamte sich nun langsamer.

Camerons Theorie hatte nur die Absicht, die Beschleunigung zu erklären. Von dem Gerücht angespornt, fragte ich mich, ob man, von dieser Theorie ausgehend, auch diese zusätzlichen Besonderheiten des Ereignisses erklären konnte.

Aber als ich mich mit dieser Frage beschäftigte, geschah etwas Seltsames. Eine eigenartige Müdigkeit überkam mich. Ich fühlte mich ungewöhnlich ausgelaugt. Zunächst bemerkte ich meine seltsame Reaktion kaum; ich dachte über die Frage kurz nach und wandte meine Aufmerksamkeit dann anderen Dingen zu. Aber als die Frage immer wieder in meinen Gedanken auftauchte und sich jedesmal gleichzeitig diese Müdigkeit bemerkbar machte, wurde ich schließlich auf sie aufmerksam. Von dort aus war es nur noch ein kleiner Schritt, um ihre Ursache zu erkennen. Ich hatte etwas vor mir selbst versteckt gehalten. Ich hatte vermieden, das unbequeme Eingeständnis zu machen, daß ich Camerons Theorie überhaupt nicht richtig verstand.

Es wurde Zeit, den Stier bei den Hörnern zu packen. Immer wenn ich komplizierte Überlegungen anstellen muß, habe ich die Angewohnheit, sie zu Fuß auszuführen. Ich mache einen Spaziergang. An diesem Tag war es angenehm warm, und ich ging los, um einen nahe gelegenen Park aufzusuchen. Dort angekommen, begann die Arbeit. Sie war sehr anstrengend. Irgendwo in Camerons Beweisführung gab es einen Punkt, den ich nicht verstand, aber so sehr ich mich auch anstrengte, ich kam nicht darauf, was es war, das mich an seiner Theorie störte. Ich konnte mir nicht einmal selbst erklären, warum ich so verwirrt war. Es gab einfach einen Punkt, über den meine Gedanken nicht hinauskamen, als ob sie auf ein unsichtbares Hindernis gestoßen wären. Die Klarheit wurde von der Verwirrung abgelöst, und meine Gedanken wurden konfus und verschwommen. Wenn ich intensiv nachdenke, diskutiere ich mit mir selbst; eine Hälfte von mir übernimmt die eine Seite und die andere Hälfte die Gegenseite, aber diesmal mußte ich feststellen, daß die eine Hälfte von mir darüber irritiert war, daß sich die andere strikt weigerte, die Arbeit aufzunehmen. Immer wieder versuchte ich, das Problem durchzugehen. Immer wieder kehrte ich zu einer festen Grundlage zurück, beschränkte mich auf Dinge, über die ich mir sicher sein konnte, und ging von dort aus Schritt für Schritt weiter, wobei ich mit mir selbst redete wie eine Mutter mit ihrem widerspenstigen Kind. Die ganze Zeit lang lief ich durch den Park, aber nur im Schneckentempo. Ich machte drei Schritte, blieb stehen und starrte gedankenverloren auf einen Baum, dann wandte ich mich plötzlich um und ging in eine völlig andere Richtung weiter. Meine Gedanken wanderten ohne Unterlaß umher.

Schließlich wurde es Mittag, und ich war nirgendwo angekommen. Es war eine Wohltat, den Kampf aufzugeben; ich kehrte an meinen Schreibtisch zurück. Cameron befand sich in seinem Büro, und zusammen suchten wir einen nahe gelegenen Imbiß auf. Während des Essens erzählte ich ihm von meinem Problem. Cameron reagierte schnell. Er fing sofort an zu reden. Wie viele andere Wissenschaftler auch, denkt er laut. Wie ich mich erinnern kann, schien er mit seiner Erklärung, die er noch einmal erläuterte, sehr zufrieden zu sein. Aber mir kam alles wie ein großes Durcheinander vor. Er ließ Elektronen in diese Richtung bewegen und Magnetfelder in die andere ... ich konnte es nicht nachvollziehen. Bald hörte ich auf, ihm zuzuhören. Das verschwommene Gefühl, die hoffnungslose Verwirrung kehrte zurück. Ich fühlte mich von allen Seiten bedrängt, bekam Atemschwierigkeiten und spürte das Verlangen, nach Luft zu schnappen. Und dann tat sich etwas in meinem Kopf. Ich spürte tatsächlich, wie sich in meinem Kopf etwas *bewegte*. Es war die körperliche Empfindung, daß etwas ins Rollen gekommen war, wie ein Felsen, den ich versucht hatte zu bewegen und der sich nun plötzlich gelöst hatte. Ich wußte die richtige Erklärung.

Ich unterbrach Cameron, der noch immer dabei war, seine Theorie zu erläutern, und erzählte in groben Zügen, was ich soeben entdeckt hatte. Er wartete ab und redete dann weiter, und bald zeigte sich, daß er sich genauso verhielt, als ob ich nichts gesagt hätte. Ich unterbrach ihn nochmals und fragte ihn, warum er das, was ich gesagt hatte, unberücksichtigt ließ.

»Ja«, antwortete er, »ich habe es nicht richtig verstanden.«

Ich ging noch einmal alles durch, diesmal etwas sorgfältiger und ausführlicher. Als ich fertig war, sagte Cameron eine Zeitlang nichts. Er kaute an einer Gewürzgurke herum und starrte gedankenverloren in die Luft. Es war nun völlig ruhig. Und dann machte er mir das größte Kompliment, das ein Wissenschaftler einem anderen machen kann.

»Gut«, meinte er. »Das ist es.«

Wir kehrten zum Büro zurück, und ich sprudelte fast über vor Freude. Ich fühlte mich so, als ob man mich von einer schweren Last befreit hätte. Ich machte mich sofort an die Arbeit, um die Erkenntnis in allen Details schriftlich festzuhalten.

Leider muß ich sagen, daß meine wundervolle plötzliche Einsicht schließlich auf der Strecke geblieben ist, da sie sich auf Camerons Ausführungen gründete, die sich nach einiger Zeit als falsch herausstellten. Seine und meine Erklärungen sind heutzutage ohne jede Bedeutung. Aber das macht nichts. Es war ein großer Spaß, als sie noch standhielten, und den Moment, in dem ich ans Ziel gelangte, werde ich für immer als einen derjenigen Augenblicke in Erinnerung behalten, in denen man die Freude, ein Wissenschaftler zu sein, am stärksten spürt. Solche Momente sind sehr selten, und niemand kann sie einfach herbeiführen, doch wenn sie auftauchen, sind sie wirklich außergewöhnlich und entschädigen einen für sämtliche Anstrengungen.

Es kursierten noch andere Gerüchte in der Stadt. Malvin Ruderman hatte auch eine Theorie aufgestellt, um das Ereignis, das sich im Innern des Vela-Pulsars abgespielt hatte, zu erklären. Und nicht nur das, er hatte dem Ereignis auch einen Namen gegeben. Er bezeichnete es als Periodensprung oder, umgangssprachlich ausgedrückt, als »Ausrutscher«.

Was ist Periodensprung? Ausgebuffte Elektroniker werden das Wort kennen. Es ist ein Fachausdruck. Wenn man ein neues, empfindliches elektronisches Gerät gebaut hat und wenn dieses Gerät monatelang sehr gut funktioniert hat und nun plötzlich, unerklärlicherweise und ohne jeden Grund, kaputtgeht – dann handelt es sich um einen Ausrutscher.

Rudermans Theorie von dem Vela-Pulsar-Ausrutscher hatte Erdbeben, die es auf dem Stern geben sollte, zum Gegenstand, und diese Ansicht kam mir verrückt vor – wundervoll verrückt. Sie sprach meine beständige Liebe zum Ungewöhnlichen an. Da Ruderman ebenfalls in New York lebte, beschloß ich, ihn zu besuchen. Sein Schreibstil ist äußerst formal, und durch das Lesen seiner Abhandlungen war ich schon etwas eingeschüchtert worden. Wie konnte jemand so viel wissen? Aber als ich ihn dann traf, verschwand meine Nervosität schnell wieder. Er war von einer anstekkenden Begeisterungsfähigkeit, von einer erfrischenden Vitalität. Bei ihm konnte man keine Spur von Anmaßung entdecken. Sein durchdringender Verstand wirkte weit eher anregend als erdrükkend. Schon nach wenigen Minuten redeten wir beide gleichzeitig.

Er überschüttete mich mit Sonderdrucken über Neutronensterne. Ich fuhr nach Hause und las die Artikel. Ich diskutierte sie mit Cameron, kehrte zu Ruderman zurück und diskutierte sie mit ihm. Meine ersten eigenen Gedanken stellten sich ein, und ich fragte ihn, was er davon hielt. Wir redeten und redeten. Die Stunden vergingen wie im Fluge. Je mehr ich lernte, desto mehr wurde ich von der Kraft und der Schönheit von Rudermanns Gedanken beeindruckt, was schließlich mehr als alles andere dazu führte, daß mein Interesse an Neutronensternen wuchs. Damals schien es mir so, als ob ich an einem Forschungsbereich, in dem derartige wunderbare Theorien entwickelt wurden, jahrelang mit Freuden arbeiten könnte. Und ich hatte recht gehabt.

Rudermans Theorie von dem Vela-Pulsar-Ausrutscher stützte sich auf die Tatsache, daß Neutronensterne eine feste Kruste besitzen. Die Erde weist ebenfalls eine feste Kruste auf, und ab und zu gibt es Erdbeben auf der Erde. Ruderman behauptete, daß der Vela-Pulsar-Ausrutscher die Folge einer derartigen Erschütterung – eines *Neutronensternbebens* – gewesen war.

Wie konnte ein derartiges Sternbeben den Pulsar beschleunigen? Es gelang ihm, indem es den Neutronenstern dazu brachte zusammenzuschrumpfen. Wenn ich auf einem Barhocker sitze und mich selbst in Drehung versetze, dann würde ich mich nur so lange gleichmäßig drehen, solange ich mich nicht bewege. Wenn ich jedoch meine Arme einziehe, würde sich meine Drehgeschwindigkeit erhöhen. Wenn ich es sehr schnell tue, dann würde ich eine plötzliche Erhöhung meiner Rotationsgeschwindigkeit erfahren. Ruderman rechnete aus, daß die plötzliche Schrumpfung des Vela-Pulsars um ungefähr zweieinhalb Zentimeter den Ausrutscher, das heißt die Periodenänderung, hervorrufen könnte.

Warum hatte sich das Sternbeben ereignet, und warum war es so übermäßig stark gewesen? Die Erde wird sehr oft von Erschütterungen heimgesucht, die fortwährend die Form des Planeten verändern, doch sie sind niemals so stark gewesen, daß sie eine nennenswerte Änderung der Tageslänge bewirkt haben. Auf beide Fragen gab Ruderman die gleiche Antwort: Weil der Pulsar langsamer wurde.

Welche Form hat ein Neutronenstern? Sterne sind kugelförmig. Sterne oder Planeten sind aber nur dann exakt kugelförmig, wenn sie nicht rotieren. Und wenn sie rotieren, dann schwellen sie am Äquator an. Zum Beispiel ist der Durchmesser der Erde am Äquator vierzig Kilometer größer als an den Polen. Und da der Vela-Pulsar ebenfalls rotierte, hatte er auch einen leichten Äquatorbukkel.

Bis zu diesem Punkt gab es in Rudermans Theorie keinen besonderen Unterschied zwischen einem Pulsar und irgendeinem anderen Himmelskörper wie beispielsweise der Erde. Und genau hier wurde der entscheidende Unterschied mit in die Betrachtung einbezogen: die Verlangsamung der Pulsare. Jedes Jahr wurde der Äquatorbukkel des Vela-Pulsars etwas kleiner.

Wenn der Vela-Pulsar keine feste Kruste hätte, würde diese ständige Formveränderung völlig reibungslos vor sich gehen. Aber Festkörper verändern ihre Form nicht so einfach. Sie widersetzen sich einer Verformung. Die Kruste des Pulsars versuchte seine ursprüngliche, am Äquator ausgebuchtete Form beizubehalten, doch je mehr sich der Stern verlangsamte, desto unpassender wurde diese Form. Die Spannung innerhalb der Kruste wurde mit der Zeit immer größer, bis sie schließlich zu groß wurde. Die Kruste gab der Spannung nach und zerbrach. Am Äquator des Pulsars fiel sie nach innen – um zweieinhalb Zentimeter. Und der Pulsar rutschte aus.

So erklärte Ruderman das Ereignis. In Zusammenarbeit mit drei anderen Kollegen erarbeitete er auch eine Begründung für die Erhöhung der Verlangsamungsgeschwindigkeit nach dem Ausrutscher und ihre darauf folgende allmähliche Abnahme. Aber es gab in seiner Theorie noch einen anderen Aspekt, der bei weitem bedeutungsvoller war. Als Ruderman seine Gedanken entwickelte, fiel ihm sofort auf, daß, wenn seine Theorie stimmte, der Vela-Pulsar-Ausrutscher, zumindestens an menschlichen Maßstäben gemessen, einzigartig war: in der Zeit unseres Lebens würde er nie wieder auftreten.

Zu dieser Schlußfolgerung kam er, als er das *voraussichtliche Zeitintervall zwischen aufeinanderfolgenden Sternbeben* berechnete. Seinem Gedankenmodell nach traten sie regelmäßig wieder auf. Es bebte, und der Pulsar rutschte aus – aber dann setzte der Pulsar seinen gleichmäßigen Verlangsamungsprozeß fort, wobei sich innerhalb der Kruste wieder eine Spannung aufbaute. Und schließlich, wenn der Pulsar langsam genug rotierte, würde die Kruste erneut zerbrechen. Da Ruderman wußte, wie schnell sich der Vela-Pulsar verlangsamte, konnte er voraussagen, wie lange wir auf das nächste Ereignis warten mußten.

Das Ergebnis, das er erhielt, belief sich auf hunderttausend Jahre.

Die Schlußfolgerung daraus war, daß niemand von uns lange genug leben würde, um den nächsten Vela-Pulsar-Ausrutscher miterleben zu können. Und auch unsere Kinder würden nicht lange genug leben. Wenn er das nächste Mal eintrat, würden hunderttausend Jahre vergangen sein, und an unser Zeitalter samt seinen Sorgen und Interessen könnte sich niemand mehr erinnern.

Der Sternbebentheorie zufolge leben wir in der Zeit eines unwahrscheinlichen Zusammentreffens. Wir leben in der ersten Epoche der Geschichtsschreibung, in der der Vela-Pulsar gerutscht ist. Sollten die Menschen die nächsten 100 000 Jahre nicht überleben, dann haben wir in der *einzigen* Epoche gelebt, in der einer von den regelmäßig auftretenden Ausrutschern beobachtet worden ist. Er hatte sich weniger als ein Jahr nach der Entdeckung des Vela-Pulsars ereignet. Die Chancen, ein derartiges Ereignis zu beobachten, standen eins zu hunderttausend.

Es handelte sich um eine außergewöhnliche Situation. Ruderman und Cameron waren nicht die einzigen, die eine Theorie aufgestellt hatten. Doch Rudermans Theorie trat immer mehr in den Vordergrund. Die anderen blieben auf der Strecke. Seine Theorie schien am interessantesten und am logischsten zu sein; sie hielt stand und klang plausibel. Wenn nicht dieser eine Mangel gewesen wäre, hätte man sie ohne Frage akzeptiert. Doch die Wahrscheinlichkeitsrechnung stand dagegen – und zwar sehr eindeutig.

Es wurde schließlich eine Ansichtssache. Ruderman verbrachte seine Zeit damit, verschiedene Folgen und Erweiterungen der

Theorie herauszuarbeiten – aber er entwickelte auch eine zweite, völlig andere Erklärung für den Ausrutscher. Die anderen von uns bildeten zwei verschiedene Lager. Es gab die Anhänger der Sternbebentheorie und diejenigen, die damit nicht übereinstimmten. Die Anhänger hielten es für möglich, mit dem 100 000 : 1-Zufall zu leben; die anderen sahen sich nach einer Theorie um, die überzeugender klang. Wie es bei Glaubensfragen so oft geschieht, erhitzten sich die Gemüter. Einmal, als ein Befürworter eine Vorlesung über die Sternbebentheorie hielt, wurde ihm die provozierende Frage gestellt, ob er den Rest seines Lebens gegen die Zeit bis zum nächsten Vela-Pulsar-Ausrutscher tauschen würde. Was er daraufhin geantwortet hat, ist unbekannt.

So ging es eine ganze Zeit lang. Aber dann, im Herbst 1971, rutschte der Vela-Pulsar erneut aus.

6. Kapitel

Wie man über etwas nachdenkt

Wir machen nun einen Sprung von fünf Jahren.

In dieser Zeit bin ich mehrere Male umgezogen, habe eine Stelle als Dozent gefunden, habe gelernt, wie man unterrichtet, und habe einige Forschungsprojekte durchgeführt. Fast alle dieser Projekte hatten mit Pulsaren zu tun gehabt; die meisten von ihnen stützten sich auf die grundlegenden Ideen, die Ruderman formuliert hatte. Diesen Ideen hatte ich selbst (natürlich viele andere auch) noch einiges hinzufügen können. Außerdem war der Vela-Pulsar in diesen fünf Jahren ein drittes Mal ausgerutscht, womit das Ende der Sternbebentheorie besiegelt wurde.

Aber das wichtigste war, daß ich am Ende dieser fünf Jahre der Pulsare überdrüssig geworden war. Ich hatte mich zu lange mit ihnen beschäftigt. Für einen Wissenschaftler ist es nicht sehr klug, seine gesamten Energien in einen einzigen Forschungsbereich zu stecken. Es ist besser, von Zeit zu Zeit das Gebiet zu wechseln, damit man nicht in einen immer gleichen Trott verfällt. Es war Zeit weiterzugehen.

Aber bevor ich dies tat, mußte ich noch ein weiteres Forschungsprojekt durchführen.

Diese Arbeit bestand darin, die Langzeitentwicklung von Pulsaren zu untersuchen. Ich wollte mir das beste und das auf dem neuesten Stand befindliche Bild vom inneren Aufbau eines Neutronensterns vornehmen und ermitteln, wie es die Entwicklung eines Pulsars in einem Zeitraum von mehreren Millionen Jahren voraussagte. Es gab eine ganze Anzahl von indirekten Beobachtungsdaten darüber, Untersuchungen, bei denen Millionen Jahre alte Pulsare mit jüngeren verglichen worden waren, und ich wollte herausfinden, ob es zu einer Übereinstimmung kam, wenn man das Ergebnis aus diesen Daten den Voraussagen der Theorie gegenüberstellte.

Aber offen gesagt muß ich zugeben, daß dieses Ziel – der Vergleich von Theorie und Experiment, der bei den Wissenschaftlern angeblich so beliebt ist – nicht der Grund war, weshalb ich mit diesem Projekt begann. Die wahren Gründe lagen mehr im persönlichen Bereich. Ich entschloß mich dazu, weil ich wußte, daß ich die Arbeit durchführen konnte und daß ich sie sehr gut durchführen konnte; denn ich wußte, daß es nur wenige Leute gab, die in diesem Forschungsbereich so qualifiziert waren wie ich. Ein weiterer Beweggrund war ästhetischer Natur, denn genau dieses Projekt würde meine gesamte Forschungsarbeit über Pulsare auf natürliche Weise abrunden. Der letzte und wichtigste Grund war schließlich der, daß ich glaubte, den Sachverhalt bereits gut zu verstehen, und somit das Gefühl hatte, daß ich die Arbeiten schnell und problemlos ausführen konnte, so daß es mir schon bald möglich sein würde, das Forschungsgebiet zu wechseln.

Ich lag in *jeder* Hinsicht falsch. Die Arbeiten waren nicht schnell und problemlos auszuführen. Es ging langsam und mühsam voran, und die ganze Sache entwickelte sich schließlich zum längsten und schwierigsten Forschungsprojekt, das ich jemals unternommen hatte. Und auch den Sachverhalt, den ich darstellen wollte, verstand ich nicht richtig. Am Ende stellte sich heraus, daß ich den wesentlichsten Punkt vollkommen übersehen hatte, und ich tappte zwei Jahre lang völlig im dunkeln, weil ich einen gewaltigen Fehler gemacht hatte. Und das Projekt beschäftigte sich nicht mit den geologischen Veränderungen während der Entwicklung der Pulsare, sondern mit Ausrutschern.

Das physikalische System, dessen Verhalten ich analysieren wollte, besteht aus zwei Komponenten: aus der festen Kruste des Neutronensterns und der Supraflüssigkeit, die sich tief in seinem Innern befindet. Man kann es mit einem Glas vergleichen, das mit Wasser gefüllt ist. Der Pulsar rotiert im leeren Raum. Bei unserem Vergleich können wir dies erreichen, indem wir das Glas auf eine rotierende Drehscheibe stellen. Obwohl eine Supraflüssigkeit keine Viskosität besitzt, unterliegt sie einer schwachen »reibenden« Wechselwirkung mit der Kruste – ähnlich wie die des Wassers mit dem Glas.

Der nächste Faktor bei diesem Sachverhalt ist, daß der Pulsar allmählich langsamer wird. Es ist so, als ob wir eine Drehscheibe mit veränderlicher Drehzahl benutzen und die Rotationsgeschwindigkeit langsam bis zum Stillstand vermindern würden. Eine der

Folgen dieser Verlangsamung besteht darin, daß der Äquatorbuckel des Sterns beständig kleiner wird, aber dies war belanglos für mich. Ich war an etwas anderem interessiert: an der Wirkung auf die eingeschlossene Supraflüssigkeit.

Welche Wirkung hat die Verlangsamung des Pulsars auf die Supraflüssigkeit? Gehen wir auf das Glas, das sich auf der Drehscheibe befindet, zu und halten es plötzlich fest. Es bleibt sofort stehen, das Wasser aber nicht. Für eine Weile kann man noch seine Wirbelbewegung beobachten. Genauso zwingt der Verlangsamungsprozeß, auch wenn er langsam und beständig und nicht plötzlich abläuft, den Pulsar in einen Zustand, in dem seine Oberfläche langsamer rotiert als sein Inneres. Kilometer weit unter der Oberfläche gleitet die rätselhafte Supraflüssigkeit schwerfällig, mit einem Gewicht von über hundert Tonnen pro Kubikzentimeter, an der Kruste entlang. Sie gleitet gleichmäßig, unaufhörlich, mit einem Strömungsmuster, das sich jahrhundertelang nicht verändert. Wir beschreiben eine kosmische Entsprechung des Golfstroms.

Wie schnell fließen diese Strömungen? Wenn die Reibung zwischen der Supraflüssigkeit und der Kruste stark ist, können sie nicht sehr schnell fließen. Wenn sie schwach ist, können sie tatsächlich sehr schnell sein. Diese Reibung wird von der Temperatur des Sterns bestimmt. Ist der Pulsar heiß, so ist die Reibung stark. Die Strömungen im Innern werden dann also schwach sein. Ist der Pulsar dagegen kalt, so ist die Reibung schwach, und die Strömungen sind stark.

Dies ist der Sachverhalt, den ich genauer untersuchen wollte. Ein Pulsar entsteht in der Feuersbrunst einer Supernova-Explosion. Im Laufe der Zeit – tausend Jahre, Millionen Jahre – kühlt er langsam ab. Und während dieser Zeit verändert sich allmählich das Wesen der Strömungen tief in seinem Innern. Sie werden stärker. Diese allmähliche Neuordnung, deren Vollendung viele geologische Perioden erforderte, war es, die ich erforschen wollte.

Und ein letzter Faktor, der einbezogen werden muß. Aus unserer allgemeinen Erfahrung wissen wir, daß Reibung Hitze erzeugt. Im Winter reiben wir unsere Hände aneinander, damit sie warm werden. Wenn wir auf das Bremspedal eines Autos treten, werden die Bremsbeläge heiß. Wenn die Strömungen in der Supraflüssigkeit gegen die Kruste eines Neutronensterns reiben, erhitzen sie diese auf die gleiche Weise.

Der erste Schritt bei der genauen Untersuchung dieses Sachverhalts bestand darin, ihn präziser darzustellen. Diese allgemeinen physikalischen Grundprinzipien waren jedem klar, doch ich wollte herausfinden, was sie im einzelnen beinhalteten. In der verbalen Beschreibung verborgen war der Schlüssel zum Verständnis eines bedeutungsvollen physikalischen Phänomens – aber um dieses Verständnis zu erlangen, mußte ich ein besonderes Verfahren anwenden.

Es geht um die Anwendung der mathematischen Physik. Man beginnt mit einer Reihe allgemeiner physikalischer Grundprinzipien – beispielsweise den eben aufgeführten – und schreibt jedes einzelne Prinzip als Gleichung auf. Dann löst man diese Gleichungen. Ich schrieb eine Gleichung auf, die mathematisch ausdrückte, daß die Stärke der inneren Strömungen von der Stärke der Reibungskraft zwischen ihnen und der Kruste abhing. Eine andere besagt, daß diese Reibungskraft von der Temperatur abhing. Eine dritte beschrieb, auf welche Weise die Temperatur wiederum von der Reibung beeinflußt wurde. Ich erhielt schließlich eine ansehnliche Sammlung von Gleichungen, von denen jede einzelne sehr lang und kompliziert war. Ich brauchte schon einige Seiten, nur um sie einfach aufzuschreiben.

In gewissem Sinne hatte ich damit überhaupt noch nichts erreicht. In diesen Gleichungen befand sich nur das, was die oben gelieferte rein verbale Beschreibung bereits enthielt. Der Unterschied lag darin, daß ich nun eine sehr präzise Darstellung des Sachverhalts vor mir hatte. Ich hatte eine *physikalische* Frage in eine *mathematische* übersetzt; von nun an konnte ich die Physik vergessen.

Jede meiner Gleichungen war keine Lösung eines Problems. Jede einzelne von ihnen war selbst ein Problem. Die Gleichung stellte eine Frage, und die Antwort auf diese Frage war die Lösung, die ich brauchte. Der letzte Schritt bestand nun also darin, daß ich die Lösungen der Gleichungen herausfinden mußte.

Aber ich schaffte es nicht.

Um aufzuzeigen, welchen Schwierigkeiten ich gegenüberstand, ist es hilfreich, wenn wir uns einige Gleichungen und deren Lösungen genauer ansehen. Die einfache Gleichung

$$2x = 8$$

fragt nach einer Zahl, die, wenn sie verdoppelt wird, 8 ergibt. Das ist einfach. Wir sagen, daß die Lösung $x = 4$ ist. Aber andere Gleichungen sind schwieriger. Betrachten wir die folgende:

$$x^2 + 2x = 8$$

Bei dieser Gleichung ist nicht so klar, was zu tun ist. Eine Möglichkeit ist natürlich, zu raten: sich einfach eine Zahl auszudenken, sie zu verdoppeln, ihr Quadrat dazuzuzählen und dann zu überprüfen, ob man 8 erhält. Wenn wir Erfolg haben, schön und gut – aber meistens raten wir nicht richtig. Weitaus besser wäre es, ein Verfahren zu finden, mit dessen Hilfe man zur Lösung gelangen könnte. Auf diese Weise haben wir die erste Gleichung gelöst, obwohl das Verfahren so einfach ist, daß wir es wohl weitgehend unbewußt angewandt haben: Wir haben 8 durch 2 geteilt. Vor einigen Jahrhunderten haben Mathematiker eine Regel entwickelt, mit der man die zweite Gleichung lösen kann. Die Anwendung dieser Regel zeigt, daß es zwei verschiedene Lösungen gibt: 2 und -4.

Aber diese Lösungsformel funktioniert nur bei quadratischen Gleichungen. Sie ist keine Hilfe bei dem dritten Beispiel,

$$x = \cos x,$$

das fragt, ob es eine Zahl gibt, die genauso groß ist wie ihr Cosinus. Diese Gleichung ist um einiges schwieriger als die ersten beiden. Hier muß man schon sehr viel Glück haben, um die richtige Lösung zu raten; es ist so gut wie unmöglich. Wie schon bei den anderen beiden Beispielen brauchen wir irgendeine Methode, um zur Lösung zu kommen. Doch bisher hat es niemand geschafft, eine zu finden. Mathematiker haben es Generationen lang versucht, aber niemandem ist es gelungen. Die dritte Gleichung stellt eine Frage, auf die niemand eine Antwort weiß.

Genau dies ist das Problem, dem ich nun gegenüberstand. Meine Gleichungen waren noch weitaus komplizierter als irgendeines dieser Beispiele, und für keine einzige von ihnen gab es ein Verfahren, mit dessen Hilfe man zur Lösung kommen konnte. Vor einigen Jahrzehnten wäre ich bei einer derartigen, ausweglos scheinenden Situation gezwungen gewesen, verzweifelt aufzugeben. Aber heutzutage sieht die Sache schon anders aus.

Ich wandte mich einem Computer zu.

Die Gleichung

$$x = \cos x$$

kann nach den Methoden der klassischen Mathematik nicht gelöst werden. Aber sie kann mit Hilfe eines Computers gelöst werden. Im Grunde ist die Lösung sehr einfach, und nach einer eintägigen Instruktion könnte ein Student ein Programm schreiben, um das zu erreichen, was Generationen von Mathematikern nicht geschafft haben.

Aber der Computer kann mit diesem Programm niemals die *genaue* Lösung finden. Er kann sich ihr nur nähern. Zum Beispiel ist die Zahl $x = 0{,}99°$ etwas kleiner als ihr Cosinus, $x = 0{,}9999°$ dagegen viel größer. Wenn wir keine exakte Antwort brauchen, können wir hier aufhören und sagen, daß die Lösung nahe bei 0,99 liegt. Aber wir müssen uns immer im klaren darüber sein, daß wir das Problem nicht vollständig gelöst haben. Dies ist eine Eigenschaft der Computer, der man nicht aus dem Wege gehen kann: Sie können Gleichungen, bei denen die klassische Mathematik nicht mehr weiterhelfen kann, zwar lösen – aber niemals exakt.

Ich sah mich also einer Reihe von unlösbaren Gleichungen gegenüber und machte mich daran, ein Computerprogramm zu schreiben, um eine ungefähre Lösung zu bekommen. Es stellte sich heraus, daß es sich um eine sehr schwierige Aufgabe handelte. Die Gleichungen waren kompliziert, also auch das Verfahren, das für ihre annähernde Lösung erforderlich war. Ich schrieb und schrieb. Die Entwicklung des Programms, die Erstellung einer logischen Abfolge von Arbeitsschritten war knifflig, und es war sehr leicht, dabei Fehler zu machen. Der Computer wurde angewiesen, eine vorgegebene Reihe von Instruktionen so oft zu durchlaufen, wie es vorher festgelegt worden war. Manchmal war eine untergeordnete Schleife vorgegeben, die wiederum aus Instruktionen bestand, nach denen bestimmte Sachen getan, bzw. nicht getan werden mußten; ob sie durchlaufen werden mußte, hing von den Ergebnissen des Hauptumlaufs ab. An einer Stelle gab es eine Schleife innerhalb einer Schleife innerhalb einer Schleife innerhalb einer Schleife. Es tauchten Instruktionen auf, die folgendermaßen lauteten: »Wenn das und das der Fall ist und dies und dies nicht, aber wenn es beim letzten Mal, als du es versuchst hast, der Fall gewesen ist und wenn du diese Prüfung vorher eine gerade Anzahl von Malen durchgeführt hast, dann macht das und das.«

Nachdem ich mehrere Monate lang geschrieben hatte, war es an der Zeit, die Karten zu erstellen. Der Computer »las« nicht das geschriebene Wort, sondern Lochkarten, die auf Fortran, einer Programmiersprache, abgefaßt waren. Für jede Anweisung mußte ich eine Lochkarte stanzen. Das Programm bestand aus ungefähr 2 000 Anweisungen, und die Lochkarten füllten eine ganze Kiste. Eine schwere Last, die ich mit mir herumschleppen mußte. Ich gab die Lochkarten in den Computer ein. Das Programm funktionierte.

Programmierer wissen, daß sie sich, wenn ein neues, kompliziertes Programm gleich beim ersten Versuch funktioniert, in ernsten Schwierigkeiten befinden. Es bedeutet nämlich, daß der Fehler so subtil ist, daß sie ihn nicht einmal bemerken. Selbst bei der Erstellung eines kurzen Programms gibt es so viele Möglichkeiten, einen Fehler zu machen, daß man fast immer noch eine Überarbeitung vornehmen muß. Mein Programm, das um einiges länger war, beinhaltete noch viel mehr Fehlermöglichkeiten. Ich starrte mürrisch auf die Ansammlung von Lochkarten.

Ich begann, das Programm auf alle erdenklichen Arten zu testen. Ich strapazierte es, damit es seine Schwächen preisgab. Ich befragte den Computer nach massereichen und nach massearmen Sternen, ich befragte ihn nach Sternen, die bei ihrer Entstehung außerordentlich heiß, und nach Sternen, die bei ihrer Entstehung verhältnismäßig kalt waren. Ich ließ ihn annehmen, daß es keine Strömungen in der Supraflüssigkeit gab – nicht weil ich die Antwort wissen wollte, sondern weil ich in diesem besonderen Fall ein Gespür für die Antwort entwickelt hatte. Bei einer weiteren Prüfung gab der Computer schließlich an, daß die Temperatur des Pulsars unter dem absoluten Nullpunkt lag. Ich hatte einen Fehler gefunden.

Ich spürte den Fehler auf und behob ihn. Nun hatte ich das Programm so weit »verbessert«, daß es überhaupt nicht mehr lief. Ich gab die Lochkarten in den Computer ein, und er druckte sofort eine Fehlermeldung aus – zum Beispiel »Programm hat versucht durch Null zu dividieren« oder »Versuch, die Quadratwurzel aus einer negativen Zahl zu ziehen«. Ich hatte einen *Bug* vor mir. *Bug* ist ein Ausdruck, der zum Fachjargon gehört und einen kleinen Programmierfehler bezeichnet, der harmlos zu sein scheint, aber katastrophale Auswirkungen hat, so daß ein Programm Fehler in der Art, wie sie eben beschrieben worden sind, hervorbringt. Das Schlimmste an einem *Bug* ist, daß man ihn vor Augen haben kann, ohne ihn zu bemerken. Ein *Bug* kann beispielsweise ein falsch gesetztes Komma sein oder ein Komma, das vergessen worden ist. Ein *Bug* kann ein Stanz- oder Tippfehler sein, wie zum Beispiel »23322« statt »22322«, und obwohl es für Menschen immer wieder sehr schwer ist, derartige Fehler zu entdecken, reagiert der Computer jedesmal darauf. Aber wenn der *Bug* dann gefunden und korrigiert worden ist, zeigt sich fast immer, daß der Computer die ganze Zeit über richtig gearbeitet hat. Den Fehler hat der Programmierer gemacht.

Mein Programm bestand aus 25 mit Fortran-Befehlen vollgeschriebenen Seiten. Irgendwo in diesem Wust befand sich mein *Bug*. Ich beschäftigte mich unaufhörlich mit dem Programm, untersuchte es genau. Ich gab einige Tests ein: Anweisungen, die den Computer dazu brachten, eine Mitteilung auszudrucken, die besagte, daß er an der heiklen Stelle angekommen ist. Wenn ich nun das Programm ablaufen ließ, druckte er einige dieser Mitteilungen aus, bis er dann stehenblieb. Auf diese Weise konnte ich die Region des Programms, in der sich mein *Bug* befand, bestimmen. Ich nahm die in Frage kommenden Anweisungen genauestens unter die Lupe. Meine Augen begannen zu schmerzen.

Schließlich fand ich den *Bug* und korrigierte ihn. Nun funktioniert das Programm . . . aber nicht lange. Nun blieb es an einer anderen Stelle stecken. Ich hatte den ersten *Bug* behoben, nur um dann geradewegs auf den nächsten zu stoßen.

Wochen vergingen und wurden zu Monaten. Es war nun Sommer geworden, und ich versprach mir selbst, daß ich im Herbst fertig sein würde. Im Grunde hatte ich ja vorgehabt, dieses Projekt innerhalb kurzer Zeit abzuschließen. Allmählich bekam ich das Gefühl, in eine Falle geraten zu sein. Die Monate vergingen. Ich fand den Fehler. Ich fand viele Fehler. Der Sommer ging zu Ende, und ich war weit davon entfernt, mein Projekt abzuschließen.

Moderne Computer werden von einem Terminal aus bedient: Bestehend aus einem Bildschirm und einer Tastatur, befindet er sich bequemerweise im eigenen Büro – oder im eigenen Wohnzimmer. Es ist eine angenehme Art zu arbeiten. Aber damals war es noch anders. Dieser Computer las Lochkarten, und alle Personen, die ihn benutzten, drängten sich in einem Raum zusammen. Wir gaben unser Programm in einen Lochkartenleser ein, und die Ergebnisse wurden von einem Schnelldrucker ausgegeben. Das Lesegerät verschlang die Lochkarten mit einer enormen Geschwindigkeit, wobei es einen entsetzlichen Lärm machte. Der Drucker warf in Sekundenschnelle eine Seite nach der anderen aus. In dem Raum befanden sich auch die Geräte für die Stanzung der Lochkarten. Die Programmierer tippten und tippten, die Maschinen rasselten und hämmerten. Es lärmte unaufhörlich. Leute saßen und standen herum – Erstsemester in geflickten Jeans, ältere Studenten mit ihren Kindern. In dem Raum herrschte ein großes Durcheinander. Der eigentliche Computer war jedoch nirgendwo zu sehen: er befand sich in irgendeinem anderen Raum.

Jeder kennt die Bitterkeit einer mühseligen Arbeit, die kein Ende zu nehmen scheint. Kaum etwas ist undankbarer als die Schinderei, die nötig ist, um ein umfangreiches Programm zum Laufen zu bringen. Unterdessen hatte jemand ein seltsames, neues Phänomen beobachtet, das mit Galaxien zu tun hatte. Sehr interessant . . . aber ich war an mein Programm gefesselt. Es war äußerst beschwerlich, damit umzugehen. Wenn ich nur eine leichte Veränderung vornahm, hatte es sehr weitreichende Auswirkungen. Das Programm glich einem Kartenhaus: Wenn man eine Karte herausnahm, fiel das ganze Gebilde zusammen. Ich wurde ärgerlich. Ich mußte Vorlesungen halten und an Ausschußsitzungen teilnehmen. Studenten wollten mich sprechen. Die Frühjahrsferien begannen, aber ich arbeitete weiter. Im folgenden Sommer hatte irgend jemand anders das neue Phänomen, das bei Galaxien beobachtet worden war, erklärt und erntete großen Ruhm. Ich irrte unterdessen in einem Labyrinth umher, das aus Fortran-Befehlen bestand. Jeder bejubelte den Start eines Satelliten, der Röntgenstrahlen im Weltraum untersuchen sollte. Nur ich nicht: ich hatte meine Arbeit und haßte jede Minute davon. Ein Jahr war nun vergangen, und ich wurde mit einem weiteren *Bug* konfrontiert.

Es handelte sich um den seltsamsten *Bug*, den ich jemals gesehen habe. Inzwischen hatte ich das Programm so weit verbessert, daß es eine Zeitlang scheinbar einwandfrei lief. Es druckte die Temperatur aus, die Rotationsgeschwindigkeit und das Ausmaß der Strömungen im Innern des Sterns. Und das nicht nur einmal, sondern immer wieder, für die einzelnen aufeinanderfolgenden Entwicklungsstadien des Pulsars. Die Ergebnisse, die ich erhielt, schienen mir sinnvoll zu sein. Laut Computer wurde der Stern gleichmäßig langsamer, kühlte gleichmäßig ab, und die Strömungen in seinem Innern wurden gleichmäßig stärker. Es war alles genauso, wie ich es erwartet hatte.

Doch nur am Anfang. Das Programm lief für eine Weile einwandfrei, dann spielte es wieder verrückt, die Ergebnisse ergaben keinen Sinn mehr. Plötzlich und ohne die geringste Warnung würde sich der Abkühlungsprozeß bei dem Pulsar umkehren. Der Stern würde wieder heißer werden und gleichzeitig anfangen, ungestüm zu rotieren. Der Computer erzählte mir, daß sich innerhalb des Sterns eine enorme Hitze entwickelte, als ob tief im Innern eine Bombe explodiert wäre. Und gleichzeitig mit der Auslösung der Bombe würde der Pulsar plötzlich seine Rotationsgeschwindigkeit erhöhen.

Äußerst merkwürdig. Es war wieder Sommer, und ich brauchte keine Vorlesungen zu halten, so daß ich die ganze Zeit daran arbeiten konnte, den *Bug* aufzuspüren. Aber ich konnte ihn einfach nicht finden. Ich versuchte es mit jedem Test, den ich kannte. Das Programm bestand sie alle. Ich ließ den Computer jeden einzelnen Hilfsschritt, den er bei seinen Operationen unternahm, ausdrucken. Schließlich landeten fünfundsiebzig ausgedruckte Seiten auf meinem Schreibtisch; jede davon war mit einer Unmenge von Zahlen vollgeschrieben. Ich blickte den Stapel kurz an und fuhr, in einer schweren Depression versunken, frühzeitig nach Hause. Am nächsten Morgen begab ich mich schweren Herzens wieder an meinen Arbeitsplatz und machte mich an die Aufgabe, Ordnung in diese verwirrende, scheinbar unendliche Zahlenflut zu bringen. Ich ging alles durch und suchte nach dem *Bug*. Aber ich entdeckte keinen.

Es gab gar keinen Bug.

Ich weiß nicht, wann ich das zum ersten Mal bemerkte. Ich weiß aber noch, daß ich keinen plötzlichen Gedankenblitz hatte. Den ganzen Sommer lang mühte ich mich ab und erkannte nach und nach, daß das, was der Computer sagte, richtig war. Was er damit nun genau aussagte, war mir zunächst nicht klar. Zuerst verstand ich es nur in der Programmsprache – im Sinne der Abfolge von Arbeitsschritten, die der Computer meinen Anweisungen nach ausführen sollte. Allmählich erweiterte ich mein Verständnis. Allmählich fing ich an, nicht in der Programmsprache zu denken, sondern mathematisch; ich befaßte mich mit den Gleichungen, die der Computer lösen sollte. Und schließlich ließ ich auch die Mathematik hinter mir und betrachtete das physikalische System, das die Gleichungen beschrieben. Ich brauchte Monate für die Erkenntnis, daß der Computer mir die Wahrheit sagte.

Ich hatte eine neuartige Bombe entdeckt.

Es handelte sich um eine Bombe, die nur tief im Innern eines Pulsars wirksam werden konnte. Sie löste sich selbst aus, ohne die geringste Warnung. Wenn sie explodierte, setzte sie eine enorme Hitze frei. Und sie sorgte dafür, daß sich die Kruste des Sterns schneller drehte. *Sie verursachte den Pulsar-Ausrutscher.*

Das Funktionsprinzip dieser Bombe hatte ich schon zwei Jahre vorher, als ich mit dem Forschungsprojekt begann, vor mir liegen gehabt. Aber ich hatte es nicht erkannt. Es ist in der Beschreibung dieses Projekts, die ich bereits gegeben habe, enthalten. Wären Sie, der Leser, auf Draht gewesen, so hätten sie es beim Lesen der Beschreibung schon erkennen können.

Das Prinzip setzt sich aus zwei Teilen zusammen: (1) Je heißer ein Pulsar ist, desto stärker ist die Reibung zwischen seiner Kruste und den Strömungen der Supraflüssigkeit in seinem Innern; (2) je stärker die Reibung ist, desto mehr Hitze wird erzeugt. Diese beiden Sachverhalte hängen voneinander ab. Sie verstärken sich gegenseitig. Es handelt sich um eine Rückkopplungsschleife. In der Fachsprache wird so etwas *Instabilität* genannt.

Nehmen wir an, daß der Pulsar durch irgendeine äußere Ursache leicht erhitzt wird. Ein Teil eines Meteors könnte zum Beispiel auf ihn aufschlagen und dadurch etwas Hitze freisetzen. Oder durch eine leichte Schwankung in der Magnetosphäre könnte ein Blitz entstehen, der wiederum eine Erwärmung der Pulsaroberfläche herbeiführt. Welche Auswirkungen hat diese geringfügige, zusätzliche Erhitzung? Laut Aussage (1) bewirkt sie, daß die Kruste etwas stärker gegen die Strömungen im Innern reibt. Aber laut Aussage (2) wird der Stern dadurch wieder etwas mehr erhitzt. Nun tritt Aussage (1) zum zweiten Mal in den Vordergrund, und die Reibung wird noch stärker. Dann ist wieder Aussage (2) dran, die Hitze wird intensiver. So geht es immer weiter, der Prozeß verstärkt sich, wächst lawinenartig an . . . Schließlich verselbständigt er sich und ist nicht mehr aufzuhalten. Diese geringfügige Erwärmung am Anfang hat eine katastrophale Erhitzung des Sterns ausgelöst.

Auf diese Art funktioniert die Bombe. Der Ausrutscher stellt im Vergleich dazu nur eine Nebenwirkung dar. Der Ausrutscher ist das Zeichen dafür, daß die Bombe explodiert ist. Die Strömungen der Supraflüssigkeit rotieren schneller als die Kruste. Je heißer der Stern ist, desto stärker reiben sie gegen die Kruste. Sie bewirken die Beschleunigung des Neutronensterns. Es wird ihnen durch die anfängliche Erhitzung ermöglicht. Die Strömungen sind es also, die den Ausrutscher verursachen.

Alles geht auf die anfängliche, von außen kommende Erhitzung zurück. Doch wodurch wurde die Erhitzung verursacht? Hat der Meteor oder Blitz letzten Endes den Ausrutscher verursacht? Ein Beispiel einer zweiten Art von Instabilität wird diese Frage beantworten. Betrachten wir das Problem, einen Bleistift auf seiner Spitze zu balancieren. Der Bleistift ist instabil: in dem Augenblick, in dem er losgelassen wird, kippt er um. Natürlich, durch einen außergewöhnlichen Zufall könnte es sein, daß der Bleistift vollkommen im Gleichgewicht bleibt und nicht umfällt. Aber in der Praxis passiert es nicht. Der geringste Vorfall reicht aus, um ihn aus seiner Balance zu bringen. Ein verschwindend kleiner Luftzug, eine unmerkliche Erschütterung des Untergrunds bringt ihn zum Umkippen. Im Grunde brauchen wir nicht zu fragen, was das Gleichgewicht des Bleistifts gestört hat: Jeder Einfluß, egal wie banal oder geringfügig er ist, reicht aus, um ihn aus der Balance zu bringen. Nicht die anfängliche Störung ist entscheidend, sondern die einfache Tatsache, daß eine Instabilität existiert.

Der Ausrutscher hätte durch alles mögliche verursacht werden können.

So hat es sich also abgespielt; die seltsamen und rätselhaften Ausrutscher der Pulsare hatten mich dazu gebracht, mich in den Forschungsbereich der Neutronensterne zu begeben, in dem ich dann jahrelang arbeitete, wundervolle Dinge kennenlernte – einige waren weniger wundervoll – und schließlich durch Zufall blindlings wie ein Schlafwandler über eine Erklärung stolperte.

Kann man aus dieser Geschichte irgendeine Lehre ziehen? Kann ich, wenn ich zurückblicke, irgendeine Methode erkennen, mit deren Hilfe ich noch weitere Entdeckungen machen kann?

Ich denke nicht. Die Geschichte ist, um irgendeine Lehre daraus zu ziehen, zu kompliziert, sie enthält zu viele überraschende Windungen und Wendungen, Zufälle und außergewöhnliche Umstände. Es war eben so, wie es gewesen ist.

Die Wissenschaftler sind die skeptischsten Leute, die es gibt. Wie die Dinge heute stehen, glauben die meisten Forscher in diesem Bereich, daß die richtige Erklärung für die Pulsar-Ausrutscher in einer anderen Richtung zu suchen ist, daß meine Erklärung also nicht zutrifft. Ich persönlich bin mir da nicht so sicher. Zur Debatte steht die wirkliche Natur der wechselwirkenden Reibung zwischen der Supraflüssigkeit und der Kruste und ob sie tatsächlich so empfindlich auf die Temperaturänderung des Sterns reagiert. Ist dies nicht der Fall, so gilt die Rückkopplungsschleife, die ich beschrieben habe, nicht, und die Theorie fällt zusammen. Supraflüssigkeiten geben uns Rätsel auf; heutzutage wissen wir noch sehr wenig über ihre Eigenschaften. Es gibt bestimmte Versuche, die man durchführen könnte, um eine Antwort auf unsere Frage zu erhalten, aber ob diese Antwort dann richtig ist, kann man dann auch nicht mit Sicherheit sagen. Es gibt theoretische Berechnungen, die vielleicht weiterhelfen könnten, aber auch diese sind sehr kompliziert und stecken voller Ungewißheiten.

Ich weiß nicht, ob die Theorie richtig ist. Ich weiß nicht, ob es sich um eine gute Theorie handelt, die in ihren wesentlichen Punkten korrekt ist, oder ob es sich aber einfach um ein Hirngespinst handelt, das für die ganze Sache belanglos ist. Ich kann nicht sagen, ob es sinnvoll gewesen ist, jahrelang an diesem Projekt zu arbeiten, und ob die Aufgabe der Mühe wert gewesen ist. Und ich glaube, daß ich es niemals genau wissen werde.

Ich muß zugeben, daß es Augenblicke gibt, in denen mich der Gedanke, daß ich recht haben könnte, irgendwie erschreckt. Es gibt Zeiten, in denen ich absolut nicht glauben kann, daß ich es geschafft haben könnte, das Wesen dieses Rätsels ergründet zu haben. Wie kann denn jemand, dem es schwerfällt, sein Bankkonto nicht immer zu überziehen, behaupten, die Geheimnisse der Pulsare zu kennen?

Für diese Forschungsarbeit war ein Computer erforderlich. Sie hätte ohne ihn nicht durchgeführt werden können. Und dies trifft ebenfalls auf andere Forschungsprojekte zu. Innerhalb einiger Jahrzehnte sind diese Geräte für die fortschreitende Entwicklung der Wissenschaft unentbehrlich geworden. Jeder weiß, daß das Raumfahrtprogramm ohne die Entwicklung von neuen, außergewöhnlich starken Raketentriebwerken niemals möglich gewesen wäre. Aber auch ohne Computer hätte man es nicht verwirklichen können. Kein Mensch und auch keine Gruppe von Menschen hätte die komplexe Abfolge von Vorgängen, die erforderlich ist, um eine Rakete zu starten, kontrollieren können. Kein Mensch könnte eine Raumsonde auf ihrem Weg zum Saturn begleiten und nach der Ankunft dort ihre Forschungsarbeiten kontrollieren. Computer können es.

Sie sind natürlich auch im täglichen Leben überall zu finden. Computer reservieren Flüge. Sie halten unsere Bankkonten auf dem laufenden und erstellen Telefonrechnungen. Der Arzt nimmt eine Blutprobe, und das Ergebnis des Labortests kommt in Form eines Computerausdrucks zurück.

Viele Menschen sind über den weitverbreiteten Einsatz von Computern beunruhigt. Ich nicht – denn schließlich arbeite ich andauernd an diesen Geräten. Aber bei der wachsenden Verbreitung der Computer besteht eine Gefahr, die mir Sorgen bereitet. Sie entsteht durch ein Mißverständnis, das diese Geräte in der Öffentlichkeit hervorgerufen haben. Ich glaube, daß Computer gefährlich sind, weil sie die Illusion vermitteln, daß sie unfehlbar sind. Natürlich, es handelt sich um die vollkommensten Maschinen, die jemals konstruiert worden sind. Sie machen so gut wie keine Fehler. Ein Computer kann 31,835521 mit 14739,447 in einer zehnmillionstel Sekunde multiplizieren und jedesmal die richtige Lösung finden. Er kann innerhalb von einer Minute eine Milliarde Zahlen addieren. Wo liegt also der Haken?

Bei den Programmierern gibt es eine sehr geläufige Redensart: »Wenn Mist reinkommt, kommt Mist raus.« Damit meinen sie, daß nicht die Exaktheit des Computers entscheidend ist. Bei meinem Forschungsprojekt hat der Computer einwandfrei funktioniert. Meine Geschichte ist voll von all den falschen Ansätzen, Fehlern und Verwirrungen, denen die fehlbaren Menschen zum Opfer fallen können. Und am Ende hat die Perfektion der Maschine nur dazu geführt, eine Theorie aufzustellen – eine Hoffnung, eine Idee.

Nein – es ist nicht der Computer gewesen, der mein Problem gelöst hat. Es war eine andere Maschine: der kleine Klumpen grauer Materie, der sich in meinem Schädel befindet. Die Wissenschaftler sind bis vor kurzem jahrhundertelang sehr gut ohne Computer zurechtgekommen, und wenn alle Computer auf der Erde plötzlich verschwinden würden, so hätte ich nicht den geringsten Zweifel darüber, daß die Wissenschaft weiterhin florieren würde. Der Computer ist nur ein Hilfsmittel. Im Grunde ist jeder Bericht darüber, wie eine Entdeckung gemacht worden ist, die Wiederholung der gleichen Geschichte: der Geschichte von der Arbeitsweise eines kreativen Geistes.

Die Arbeitsweise des Geistes ist natürlich äußerst rätselhaft und entzieht sich unserem Verständnis; sie entzieht sich besonders dem Verständnis desjenigen Geistes, der denkt. Das Denken ist nicht gerade aufsehenerregend. Es ist tatsächlich so, daß ich Schwierigkeiten habe, zu entscheiden, wann ich gedacht habe und wann nicht. Ich bin überaus erstaunt gewesen, als ich festgestellt habe, wie oft mir in Momenten, in denen ich mich scheinbar mit etwas anderem beschäftigt habe, die Lösung eines Problems eingefallen war.

Vor vielen Jahren wurde ich mit einem ungewöhnlich unangenehmen *Bug* konfrontiert. Ich hatte mehr als eine Woche damit zugebracht, ihn zu finden. Am Ende hatte ich das ganze Programm fast auswendig gelernt, doch ich hatte nicht das Gefühl, daß ich der Entdeckung des *Bugs* irgendwie nähergekommen war. Schließlich hatte ich Erfolg – während ich schlief. Ich wurde von einem Alptraum aufgeweckt. Mit ausgetrocknetem Mund und klopfendem Herzen lag ich im Bett; und als ich so dalag, bemerkte ich, daß ich den Fehler in dem Programm entdeckt hatte. Ich fand den Fehler nicht in diesem Augenblick – ich bemerkte nur, daß ich ihn bereits gefunden hatte.

Ein weiteres Beispiel: Ich stand unter der Dusche, als mir eine Erklärung für irgendeinen Sachverhalt einfiel. Ich hatte nicht über Pulsare nachgedacht. Ich hatte an überhaupt nichts gedacht – ich stand nur entspannt da und genoß das heiße Wasser, als mir heimlich, still und leise der Gedanke kam, daß die und die Beobachtung soundso erklärt werden könnte. Ein anderes Mal kam mir beim Rasenmähen eine entscheidende Idee. Manchmal fallen einem die Ideen erst nach stundenlangem, anstrengendem Nachdenken ein; in anderen Fällen kommen sie plötzlich von selbst. Und jedesmal hatte ich das gleiche seltsame Gefühl gehabt, daß nicht *ich* auf die Idee gekommen war, sondern daß die Idee, durch irgendeine äußere Kraft vollständig entwickelt, schließlich in mein Bewußtsein geflossen ist. Es ist so, als ob sich die wirkliche Aktivität des Geistes vollkommen außerhalb unseres Willenbereiches befindet, daß die Ideen in der Dunkelheit geformt werden und sich nur zeigen, wenn es ihnen gefällt.

Obwohl das kreative Denken für die Tätigkeit als Wissenschaftler von entscheidender Bedeutung ist, wird es einem in der Schule nicht beigebracht. Dort belegte ich zwar Kurse in vielen verschiedenen Fächern – in Physik, in Mathematik –, aber niemals belegte ich einen in Kreativität. Sie kann auch nicht gelehrt werden. Glücklicherweise ist es auch nicht nötig. Das kreative Denken ist eine Eigenschaft des Menschen; jeder, ob er nun Wissenschaftler ist oder nicht, denkt die ganze Zeit über kreativ. Unaufhörlich, größtenteils außerhalb unseres Bewußtseins und jenseits unserer Kontrolle plätschert unser Geist spielerisch dahin, vergleicht Ideen, entwickelt Ideen und verwirft Ideen. Ab und zu sprudelt etwas an die Oberfläche. Dann entfaltet sich die Kreativität.

Albert Einstein hat einmal geschrieben, daß das Unverständlichste am Universum ist, daß man es verstehen kann. Lange Zeit wußte ich nicht, was er damit meinte, aber nun glaube ich, es verstanden zu haben. Denn was war denn der Gegenstand meiner Forschung? Ich habe keinen einzigen Pulsar untersucht. Einmal bin ich auf der Suche nach einem Pulsar zu einem Radioteleskop gefahren, aber alles, was ich dort zu Gesicht bekam, war das Teleskop. Ich habe auch noch nie ein Neutron oder ein Elektron gesehen.

Aber all dies hat mich nicht daran gehindert, ein Programm zur Erforschung dieser Objekte erfolgreich durchzuführen. Wie habe ich das geschafft? Indem ich dachte. Und Denken heißt wiederum, nach innen zu gehen, in sich selbst hineinzusehen. Kein einziges Mal habe ich bei meiner Arbeit etwas anderes betrachtet als ein Buch, einen Computerausdruck oder ein Blatt Papier, das mit Zeichen bedeckt war, die ich selbst geschrieben hatte. *Die auf Beobachtung basierende Astronomie mag die Erforschung von Teleskopen sein, die theoretische Arbeit ist dagegen die Erforschung des Inhalts des eigenen Geistes.*

Mein Denken vollzieht sich auf englisch – aber kein Pulsar hat jemals etwas von Englisch gehört. Ich habe Gleichungen gelöst – Neutronensterne tun so etwas nicht. Ich bin zur Schule gegangen und habe Physik gelernt – die Natur brauchte dies niemals zu tun. Die Natur ist einfach da.

Die elementaren Gesetze der Logik, die Sprache und die Mathematik: das sind die Bestandteile der Forschung; und es handelt sich dabei um ausgesprochen menschliche Dinge. Sie sind Erfindungen des Menschen. Wie ist es möglich, daß uns durch ihre Anwendung gültige Tatsachen über irgendwelche weit entfernte Dinge im Universum verraten werden? Hier ist etwas: ein Gehirn. In seinem Innern fließen elektrische Ströme, und chemische Reaktionen finden dort statt. Es besteht aus Protoplasma, Proteinen und DNS. Dort ist noch etwas: tausend Lichtjahre entfernt, mit einem Durchmesser von sechzehn Kilometern, glühend heiß, wild rotierend und extrem dicht. Irgendwie kann die handelnde Struktur des ersten Objekts dazu gebracht werden, die Struktur des zweiten zu spiegeln, sie nachzuvollziehen. Dies ist die magische Kraft des kreativen Denkens: das mächtigste Werkzeug, das die Menschheit jemals entdeckt hat.

II. Teil

Schwarze Löcher

7. Kapitel

Feuer und Eis

Ein warmer, sonniger Tag im Frühsommer; im Laufe des Vormittags füllen sich die Strände an der kalifornischen Küste. Eine Frau liegt auf einem Badetuch und sonnt sich. Eingelullt von der Wärme, ist sie kurz davor, einzuschlafen. Ein Kofferradio, das neben ihr steht, murmelt ihr etwas ins Ohr. Kinder laufen schreiend den Strand entlang. Das Donnern der Brandung dringt kaum in ihr Bewußtsein.

Aber nun, durch ein leichtes vertrautes Brennen auf den Schultern aufgestört, richtet sie sich auf und sucht automatisch nach dem Sonnenöl. Als sie sich damit einreibt und sich umsieht, muß sie ihre Augen zusammenkneifen, so hell ist das Sonnenlicht geworden. In der Nähe ist ein spontanes Volleyballspiel nach allgemeiner Zustimmung unterbrochen worden, und die Spieler haben sich in den Schatten der Strandschirme oder in die erfrischende Brandung zurückgezogen. An einer anderen Stelle hat ein Pärchen seine Sachen zusammengepackt und geht auf den Wagen zu. Zum Schutz gegen einen Sonnenbrand legt die Frau ein Handtuch über ihre Beine.

Als sie sich erneut umsieht, bemerkt sie, daß sich das Glitzern des Sonnenlichts auf den Wellen verändert hat. Es ist schärfer geworden als gewöhnlich: mehr ins Blaue gehend, durchdringender. Ihre Augen fangen an, weh zu tun, als sie länger hinsieht. Sie streckt ihren Arm aus, und der Schatten auf dem Sand bildet einen sehr starken Kontrast. Seltsamerweise sind ihr die Farben ihrer Strandtasche nicht mehr vertraut, und auch die Farben der Häuser an der Küste sehen merkwürdig aus. Selbst das Grün der Hecken hat sich verändert. Die gewohnte Färbung durch das Sonnenlicht hat sich allmählich in ein grelles, elektrisierendes Blau verwandelt.

Sie steht auf, rennt zum Meer und taucht ins Wasser. Über ihr scheint die Sonne, die nun etwas kleiner ist, als sie eigentlich sein sollte.

Jetzt ist die erste halbe Stunde vergangen, und der Strand liegt verlassen da. Die wenigen Leute, die noch zurückgeblieben sind, bereiten sich nervös auf den Sprint vor, um die schützenden Autos zu erreichen. Die Sonnenstrahlen sind unerträglich heiß geworden; ein blendendes, blaues Licht.

Einige hundert Kilometer weiter östlich, in Arizona, fährt eine Familie, die gerade Urlaub macht, auf ihrem Weg zum Grand Canyon durch die Mojavewüste. Auf der weiten Wüstenebene gibt es keinen Schatten, und die Familienangehörigen fühlen sich so, als ob sie sich auf einer riesigen, glühend heißen Bratpfanne befinden, aus der es kein Entrinnen mehr gibt. Der Vater am Steuer ist, ohne etwas davon zu sagen, unruhig geworden, denn obwohl er eine Sonnenbrille trägt, kann er kaum etwas erkennen. Nervös zwinkert er mit den Augen, bedeckt mit einer Hand erst das eine, dann das andere und versucht die ganze Zeit über angestrengt den Wagen auf der Straße zu halten. Seine Frau auf dem Beifahrersitz hat ihre Augen geschlossen; die Kinder auf dem Rücksitz sind still und bewegen sich kaum. In dem gleißenden Licht bemerkt er das schmerzhafte Brennen auf seinem Arm zunächst nicht. Er lehnt seinen Ellbogen aus dem Fenster hinaus, so daß er den Sonnenstrahlen ausgesetzt ist. Mit einem plötzlichen Murren nimmt er seinen Arm ins Innere des Wagens zurück. Sie fahren an einem Schild vorbei, und langsam wird ihm bewußt, was es bedeutete: »Kingman – 30 Kilometer.«

Kingman . . . Er weiß, daß man dort Schatten finden kann, und er tritt das Gaspedal weiter durch. Mit quietschenden Reifen geht er in die Kurve und hofft, daß die Reifen nicht platzen in dieser Hitze, die selbst für diese Wüstengegend in der Mitte des Sommers sehr stark ist, und er hofft auch, daß der Kühler nicht überkocht. Ist das dort vorne ein Lastwagen, der sich ihnen nähert? Für einen Moment schließt er seine Augen und öffnet sie wieder, um besser sehen zu können. Ja! Obwohl es ihm nicht bewußt wird, hat er nun Kopfschmerzen, und die Kinder weinen. Mit einem Rad kommt er von der Straße ab. Er bringt den Wagen mit einem plötzlichen Ruck wieder in die Fahrspur. Der Lastwagen fährt donnernd vorbei, und er macht kurz die Augen zu. Die nächste Kurve übersieht er.

Eine Stunde nachdem die Sonne begonnen hat, in sich zusammenzustürzen, ist sie auf die Hälfte ihrer vorherigen Größe geschrumpft. Ihr Kollaps vollzieht sich gleichmäßig und langsam. Das von ihr ausgesandte Licht ist nun so intensiv, daß es zur Blindheit führt, und nach einigen Minuten ist es noch heller geworden. Die sterbende Sonne verursacht kein gewaltiges Donnern oder Brausen, das auf der Erde zu hören ist. Der allmähliche Zusammenbruch, den sie erleidet, geht in äußerster Ruhe vor sich. Die Blumen wiegen sich noch in den Gärten, Bäche fließen noch murmelnd dahin, und der sanfte Wind weht noch immer. Nur das gleißende Sonnenlicht hat sich verändert. Eine Frau kommt aus einem New Yorker U-Bahn-Schacht heraus, blickt schockiert nach oben und eilt überstürzt in das nächste Bürogebäude hinein. Ein Mann hinter ihr bleibt unschlüssig stehen und kehrt dann in den U-Bahn-Schacht zurück. Autofahrer parken ihre Wagen am Straßenrand, blicken sich ängstlich um und rennen plötzlich los, um einen Schutz zu suchen.

Auf einer ruhigen Straße eines Vororts steht ein Junge in dem erbarmungslosen Sonnenlicht und kneift, vollkommen gelähmt, fest die Augen zu. Auf seiner Haut spürt er ein schmerzhaftes Brennen. In seiner Panik öffnet er für einen Moment seine Augen, erblickt einen Busch in seiner Nähe und kriecht unter ihn, um in seinem Schatten Schutz zu finden. Zehn Minuten später ist es selbst dort unerträglich heiß. Der Junge fängt an, unkontrolliert zu schreien. Nicht weit entfernt, in einem Haus, steht ein Mann in seinem Wohnzimmer und hört die fürchterlichen Schreie. Seine Kehle ist trocken, sein Herz schlägt laut vor Entsetzen. Er kann es einfach nicht über sich bringen, das sichere Haus zu verlassen, um den Jungen zu retten. Die Jalousien sind heruntergelassen, doch selbst an ihren Seiten dringt das Sonnenlicht in den Raum hinein: bedrohlich, erbarmungslos. Das Geschrei von draußen hat aufgehört. Mit einem plötzlichen Fauchen geht das Dach des Hauses in Flammen auf.

Auf der ganzen sonnenbeschienenen Seite der Erde sterben die Leute, die draußen überrascht worden sind, langsam an fürchterlichen Verbrennungen. Diejenigen, die sich in den Häusern befinden, kommen um, als sich die Gebäude entzünden. Nun fangen die Wälder an zu brennen. Vögel fallen taumelnd vom Himmel. Neunzig Minuten nach dem Beginn ihres Zusammenbruchs ist die Sonne zu einem feurigen Lichtpunkt am Himmel zusammengeschrumpft. Seen, Flüsse und Meere kochen und fangen an zu verdunsten.

Dampfwolken vermischen sich mit dem beißenden Rauch der brennenden Städte und verbergen die endgültige Zerstörung. Durch den erstickenden Dunstschleier hindurch strömen die verheerenden Strahlen der Sonne. Mit einem letzten, überwältigenden Flackern leuchtet sie noch einmal auf. In diesen letzten Augenblicken beginnt sich die Oberfläche der Erde zu verflüssigen; das Gestein schmilzt und fängt an zu fließen.

In London ist die Sonne eine Stunde vorher untergegangen, aber nun wird der westliche Himmel durch ein neues, furchteinflößendes Licht kurz erhellt. Gleich darauf nähert sich ein Sturm, bestehend aus überhitzter Luft und Dampf: die Atmosphäre der Erde strömt von der sonnenbeschienenen zur sonnenabgewandten Seite. Der Sturm ist weitaus stärker als ein Hurrikan, glühend heiß, erstreckt sich auf einer Breite von einigen tausend Kilometern und umspannt schließlich den ganzen Erdball; er läßt Gebäude umstürzen und fegt die Düsenflugzeuge vom Himmel. Ein einzelner starker Ausbruch von Gravitationsstrahlung, ein letzter Gravitationsschrei von der Sonne, erschüttert das ganze Gefüge der Erde. Die Planeten schwanken kurz auf ihren Umlaufbahnen.

Und dann folgt Dunkelheit.

Die Sonne ist gestorben. In einem einzigen Augenblick, in einer zehntausendstel Sekunde, ist ihre furchterregende Helligkeit ausgelöscht worden. Und nun, als sich Rauch und Dampf am Himmel allmählich auflösen, werden die Sterne sichtbar und scheinen auf eine beispiellos trostlose Landschaft. Wo es einstmals riesige Felder, Wälder und Seen gegeben hat, zeigt sich nun eine versengte Einöde, die genauso kahl ist wie die Oberfläche des Mondes. Kein Busch und kein Baum ist mehr zu sehen. Blühende Wiesen sind zu rauhen Ebenen verbrannt worden, Wälder zu Aschehaufen. Die Erde hat eine harte, lavaähnliche Konsistenz angenommen. Ganze Städte sind vernichtet worden, und jedes Holzhaus in Nord- und Südamerika ist verschwunden, ohne eine Spur zu hinterlassen. Die massigen Wolkenkratzer in New York sind in Schlackehaufen verwandelt worden. Die Freiheitsstatue ist zu einem unförmigen Metallklumpen zusammengeschmolzen. Wolken aus Asche fliegen im Wind und setzen sich auf die Überreste ab. Und wo sich einst der stattliche Mississippi befunden hat, findet man nur noch eine trokkene Auswaschung, die sich zwischen toten Bergen hindurchwindet.

Dies alles hat sich im Verlauf von zwei Stunden abgespielt.

In einer Wohnung in Tokio schläft ein Mann, durch die riesige Masse der Erde vor der Sonne geschützt. Vorübergehend wird sein Schlaf durch eine leichte Erschütterung gestört, die durch den Ausbruch der Gravitationsstrahlung hervorgerufen wird, dann schläft er wieder. Stunden später fängt er an, sich unruhig hin- und herzubewegen. Schließlich richtet er sich in seinem Bett auf und sieht sich um. Draußen ist es immer noch stockdunkel. Sterne scheinen durch das Fenster. Der Mann legt sich wieder hin und schließt seine Augen, kann aber unerklärlicherweise nicht einschlafen. Nach und nach dringt eine eigenartige und ständig bohrende Tatsache in sein Bewußtsein: Obwohl es mitten in der Nacht ist, fahren draußen auf der Straße ungewöhnlich viele Autos.

Nun ist er hellwach, zieht sich einen Bademantel über und geht in die Küche. Er macht das Licht an und blickt auf die Uhr. Es ist neun Uhr morgens.

Zunächst ist er ungläubig und nimmt einfach an, daß seine Uhr falsch geht, aber dann wird er aufmerksam auf die aufgeregten Stimmen, die von der Straße her kommen und in denen eine unterschwellige Panik mitklingt; nun wird ihm klar, daß tatsächlich irgend etwas passiert ist. Er schaltet das Radio ein und fängt an, sich anzuziehen, doch als er die Nachrichten hört, hält er erstaunt inne. Ungewöhnlich starke Unwetter in Osteuropa und in Polynesien ... der gesamte Nachrichtenverkehr mit Nordamerika unerklärlicherweise zusammengebrochen ... der Flug der Japan Airlines von London seit Stunden überfällig ... und immer wieder die unbegreifliche, aber unbestreitbare Tatsache, daß die Sonne nicht aufgegangen ist. Was ihn in leichte Panik versetzt, ist nicht die draußen herrschende Dunkelheit, und es sind auch nicht die Nachrichten, die der Sprecher mitteilt, sondern *wie* der Sprecher die Meldungen vorliest: aus seiner Stimme ist immer deutlicher das reine Entsetzen herauszuhören.

Der Mann zieht sich schnell zu Ende an und geht auf die Straße. Und erst dort, als er von der entsetzten Menschenmenge mitgerissen und immer wieder angerempelt wird, beginnt er, das ungeheuerliche Geschehen in seiner ganzen Tragweite zu erfassen. Irgendwo stößt jemand einen gellenden Schrei aus.

Die Nacht in Moskau ist kalt gewesen, aber die Sonne, die die Kälte vertreiben könnte, geht nicht auf. Eine Frau, die mit einem weniger einflußreichen Staatsbeamten verheiratet ist, Mutter von drei Kindern, schließt die Fenster ihrer Wohnung und holt einen Pullover aus der Kommode. Ihre Kinder sind in der Schule (obwohl Gott allein weiß, was die Lehrer ihnen sagen werden, denkt sie), und da sie ein praktischer Mensch ist, entschließt sie sich dazu, die Speisekammer vorsichtshalber aufzufüllen. Sie unterdrückt ihre zunehmende Furcht und kämpft sich durch die verängstigten Menschenmengen hindurch zum Laden. Die Warteschlangen davor sind noch länger als sonst, in den Regalen ist noch weniger zu finden als gewöhnlich, aber sie schafft es, den größten Teil von dem, was sie braucht, zu bekommen. Der Ladenbesitzer wird von aufgeregt schreienden Kunden belagert, und als sie ihn schließlich erreicht, fordert er den doppelten Preis für die Ware. Ungewöhnlicherweise bezahlt sie, ohne etwas dagegen zu sagen, und macht sich auf den langen Fußweg nach Hause. Körperlich und nervlich erschöpft, erreicht sie ihre Wohnung; die bedrückende Dunkelheit hinterläßt allmählich ihre Spuren bei ihr. Sie setzt sich hin und steckt sich mit zitternden Händen eine Zigarette an. Draußen ballen sich Wolken zusammen. Es fängt an zu regnen, ein kalter Regen.

Krawalle in Singapur . . . von Panik erfaßte Menschenmengen in Bombay . . . ein kurzzeitiger Stromausfall in Jerusalem. Und darüber beschreiben die unerschütterlichen Sterne langsam ihre Bahnen. Es wird »Mittag«. Die Sonne ist immer noch nicht zu sehen. Es wird »Abend«; nun ist der erste »Tag« vergangen. Die eine Seite des Erdballs ist vollkommen zerstört. Auf der anderen Seite gehen Nichtbegreifen und Schockerlebnisse allmählich in Panik über. Zunächst belasten die endlose Dunkelheit und das Unfaßbare des Geschehens die Psyche. Zunächst bemerkt niemand die zunehmende Kälte.

Wenige Wochen später fängt es in Ägypten an zu schneien. Die Palmwedel werden von eisigen Sturmböen hin und her gepeitscht. Die Schneedecke wächst an; nicht nur um einige Zentimeter, sondern Meter um Meter: die unermeßlichen Wassermengen der Meere, die durch die Hitze der verendenden Sonne verdampft worden sind, kehren nun in der Form eines letzten, langen Schneefalls auf die Erde zurück. Alexandria wird durch den ersten Schneesturm in seiner Geschichte lahmgelegt. Die Sphinx starrt mit unergründlichen Augen auf die Schneeverwehungen. Der Nil friert zu. Es wird »Mitternacht«. Es wird »Mittag«. Die Kälte nimmt zu.

In den heißeren Ländern am Äquator sind ganze Bevölkerungen infolge der ungewohnten Kälte fast sofort ausgelöscht worden. In den rauheren Gebieten, wo es in jedem Haus eine Heizmöglichkeit gibt, überleben die Menschen etwas länger. Zwanzig Grad minus in Genf. Heizöltransporter werden überfallen. Supermärkte werden von plündernden Menschenmengen heimgesucht. Fünfzig Grad minus. Wasserrohre frieren ein und brechen auseinander. Das Sternbild Orion scheint auf die Erde herunter, glitzert in der unerbittlichen Kälte. Der Verkehr ist durch riesige Schneewehen gänzlich zum Erliegen gekommen, und die Nahrungsversorgung ist zusammengebrochen. Plötzlich ist die Stadt in Dunkel gehüllt, da auch die Stromversorgung wegen des außergewöhnlich hohen Bedarfs für Licht und Heizung zusammengebrochen ist. Mit übermenschlicher Anstrengung gelingt es dem technischen Personal, die Energieversorgung wiederherzustellen. Eine Woche später fällt der Strom erneut aus – diesmal für immer.

In einer Wohnung in Peking, in der sich ein Kamin befindet, drängen sich zwanzig Leute zusammen. Nach und nach verbrennen sie die Holzmöbel in dem lodernden Feuer. Aber schon bald ist alles verbraucht, und eine Person wagt sich mutig in die gegenüberliegende, verlassene Wohnung, um noch mehr Brennmaterial zu holen. Die Leute drängen sich um das Feuer und starren mit ängstlichen Augen in die wärmenden Flammen. Draußen ist die Schneedecke so hoch geworden, daß die Tür blockiert ist. Sie sind in der Wohnung eingeschlossen. Nicht weit davon entfernt hat ein Gebäude Feuer gefangen; Ansammlungen von Menschen bilden sich dort. Bald fängt das Gebäude daneben ebenfalls Feuer, dann das nächste. Wärme! Immer mehr Menschen kämpfen sich durch die hohen Schneeverwehungen, um sich an den Flammen zu wärmen.

Hundert Grad minus. Nun herrscht in den Städten Europas, Asiens und Afrikas Grabesstille. Nur hier und dort, isoliert, von finsterer Wildnis umgeben, haben es kleine Gruppen von Menschen geschafft zu überleben. Keine von ihnen weiß von der Existenz anderer Gruppen. In jeder Gruppe glauben die Leute, daß sie die letzten Überlebenden des Menschengeschlechts sind.

Zweihundert Grad minus. Es gibt kein menschliches Leben mehr.

Bis in die Tiefe der wenigen verbliebenen Meere dringt die Kälte zunächst nicht ein, und das ausbleibende Sonnenlicht ist nichts

Fremdartiges für die Fische, da sie an die immerwährende Dunkelheit gewöhnt sind. Aber schließlich bildet sich auch auf den Meeren eine Eisschicht. Vom Weltall aus gesehen, schwach von den Sternen beleuchtet, weist die Erde nun keine besonderen Formen mehr auf: eine einheitliche Kugel, gänzlich umhüllt von einer dicken Schneedecke. Die vertrauten Umrisse der Kontinente sind verschwunden, die Meere sind vereist. Schließlich gefriert weit unterhalb der Oberfläche, ohne daß es jemand sieht, der letzte Wassertropfen, und der letzte Fisch stirbt. Es gibt kein Leben mehr auf dem Planeten Erde.

Nun beginnt sich die Atmosphäre zu verflüssigen. Ein neuer Regen fällt, ein Regen, der aus flüssiger Luft besteht. Für kurze Zeit bildet er eisige, sprudelnde Bäche und sammelt sich in klaren Seen. Dann gefrieren auch diese. Der Wind wird immer schwächer und hört schließlich ganz auf. Er ist erstarrt und existiert nicht mehr. Das Vakuum des interstellaren Raums dringt bis zur Oberfläche der Erde vor und umschließt sie ganz.

Alles kommt zum Stillstand.

Bevor die Sonne verschwunden ist, hat sie die Planeten des Sonnensystems durch ihre Anziehungskraft dazu gezwungen, sich auf Umlaufbahnen um sie herum zu bewegen. Diese Planeten befinden sich noch immer auf ihren Umlaufbahnen, doch nun kreisen sie um ein Schwarzes Loch herum. Die obige Schilderung ist eine mehr oder weniger genaue Beschreibung von dem Lauf der Dinge, der sich ereignen würde, wenn die Sonne ihrer Schwerkraft plötzlich nichts mehr entgegensetzen könnte und somit in sich selbst zusammenstürzt. Wenn ein Gas komprimiert wird, erhitzt es sich; dies können wir zum Beispiel beobachten, wenn wir einen Fahrradreifen aufpumpen: die Luftpumpe wird heiß. Das gleiche würde also mit den Gasen, die die Sonne umschließen, geschehen. Und die übermäßige Hitze, die durch den Kollaps hervorgerufen werden würde, hätte vernichtende Auswirkungen auf die Erde. Aber nach dem, was wir wissen, steht uns ein derartiges Schicksal nicht bevor. Die Sonne wird ein friedlicheres Ende finden. Aber andere Sterne können einen derartigen Kollaps erleiden. Und viele sind bereits in sich zusammengestürzt.

Doch das soeben Geschilderte war nur der Anfang, lediglich die einleitende Phase eines Zusammenbruchs. In der Endphase hat sich etwas ganz anderes ereignet, etwas, das im ganzen Bereich der Physik und der Astronomie einzigartig ist. Die Sonne hat sich in ein Schwarzes Loch verwandelt.

Im Gegensatz zu einem Neutronenstern, der sich mit einer heftigen, gewitterartigen Aktivität umgibt, ist ein Schwarzes Loch von Schweigen umgeben. Es ist vollkommen still und tatsächlich unsichtbar. Nähern wir uns bis auf einige hundert Kilometer dem Schwarzen Loch, das einstmals die Sonne gewesen ist. Der helle Sonnenschein ist verschwunden, ebenso der Sonnenwind und die Korona. Auf den ersten Blick ist dort überhaupt nichts zu sehen. Vielleicht sieht man nichts, aber man kann viel spüren, denn dort herrscht eine starke Anziehung, ein Sog. Es ist so, als ob das Nichts eine Kraft ausüben könnte.

Die weitentfernten Sternbilder haben sich seltsam verändert. Vor uns befindet sich eine Himmelsregion in der Form eines Geldstücks, in der kein einziger Stern zu sehen ist, umgeben von einem verzerrten Bild des uns vertrauten Sternenhimmels. Das Schwarze Loch bewegt sich seitwärts. Wenn eine schwarze *Kugel* – ein Stein – vorbeiziehen würde, dann könnte man eine Silhouette sehen, die sich vor dem Hintergrund der Sterne entlangbewegt. Aber dies hier ist anders. Diese Silhouette verdeckt die Dinge nicht einfach: Sie verdrängt sie aus einer kreisförmigen Region des Himmels. Wenn sich die leere Scheibe einem Stern nähert, gleitet dieser langsam nach oben aus ihrem Weg. Nachdem die Silhouette vorbeigezogen ist, bewegt er sich wieder nach unten. Ein anderer Stern, der sich unterhalb der sich vorwärtsbewegenden Scheibe befindet, gleitet nach unten und geht ihr somit ebenfalls aus dem Weg. Schließlich liegt ein Stern direkt auf dem Weg, und nun geschieht etwas, was noch spektakulärer ist – der Stern verwandelt sich in einen hellen Lichtkreis, der das Loch umgibt, und verbindet sich dann, als die Silhouette vorbeigezogen ist, auf der anderen Seite zu einem sternartigen Punkt. Ein Schwarzes Loch ist eine Gravitationslinse, und der Himmel in seinem Einflußbereich wird in Bewegung versetzt.

Ziehen wir uns nun vor der starken Anziehung des Schwarzen Lochs zurück und begeben uns wieder in vertrautere Regionen des Weltalls. Als wir uns in der Nähe des Schwarzen Lochs aufgehalten haben, ist etwas Seltsames geschehen. Der Rest des Universums ist etwas mehr gealtert als wir. Wir haben zehn Minuten mit der Untersuchung der Gravitationslinse zugebracht, und weiter außerhalb sind inzwischen zehn Minuten und eine Sekunde vergangen. Das Schwarze Loch hat uns etwas schneller als normal in die Zukunft befördert. Ein Schwarzes Loch ist eine *Zeitmaschine*.

Im alltäglichen Leben bewegt sich jeder von uns beständig und unvermeidlich in die Zukunft, jeder mit der gleichen Geschwindigkeit. Dies scheint, egal was wir tun, uneingeschränkt und überall gültig zu sein. Wir nehmen alle an, und die Erfahrung bestätigt es, daß, wenn an einem Ort zehn Minuten vergangen sind, auch an jedem anderen Ort zehn Minuten vergangen sind. Wenn es in Hamburg acht Uhr abends ist, dann mag es in Los Angeles elf Uhr vormittags sein, doch wir verstehen dies als eine Eigenheit, die durch die Tatsache hervorgerufen wird, daß die Erde rund ist. Es handelt sich nicht um eine grundsätzliche Eigenschaft der Zeit. Ausschlaggebend ist die *verstrichene* Zeit. Wenn ich mit Ihnen von Hamburg aus telefoniere und Sie sich in Los Angeles befinden, ist uns völlig klar, daß die Zeit in gleichem Maße vergeht.

Das Schwarze Loch macht dies alles zunichte. Wenn ich mich in die Nähe eines Schwarzen Lochs begeben und sich jemand weiter weg befinden würde, dann könnte ich beobachten, daß diese Person unnatürlich schnell atmet. Mir würde es so vorkommen, als ob ihre Bewegungen, ihr Sprechen und ihr Herzschlag viel zu hastig sind. Diese Person würde dagegen behaupten, daß ich mich im Zeitlupentempo bewege. Aber es sind nicht die Uhren und nicht unsere Körper, die irgendwie in Mitleidenschaft gezogen worden sind, sondern der Ablauf der Zeit selbst.

Nähern wir uns dem Schwarzen Loch noch mehr. Nun füllt es einen beträchtlichen Teil des Himmels aus. Noch immer ist nichts zu sehen. Der Begriff »Schwarzes Loch« ist eigentlich nicht ganz richtig, da er auf etwas Schwarzes hindeutet, das beobachtet werden kann. Eine pechschwarz angemalte Wand kann man noch immer sehen, ein Schwarzes Loch aber nicht. Es sieht genauso aus wie leerer Raum. Richtet man den Strahl einer Taschenlampe darauf, offenbart sich nichts. Auch auf einem Radarschirm ist es nicht zu sehen. Wäre nicht die starke Anziehung und die drastische Verzerrung der fernen Sternbilder, so würde es nicht den geringsten Hinweis auf die Existenz des Schwarzen Lochs geben. Man hat nicht das Gefühl, daß die Zeit langsamer verstreicht. Wir warten zehn Minuten und entfernen uns dann wieder. Außerhalb sind elf Minuten vergangen.

Wir wagen uns nun ganz nah an das Loch heran. Einen Kilometer unter uns befindet sich ein unermeßlicher Boden, der unsichtbar ist. Dort unten ist es genauso schwarz wie in einer Höhle. Die Sterne über uns leuchten in einem grellen Blauton, und unser Körper ist seltsam verzerrt. Alle zehn Minuten vergehen dort oben zwanzig Minuten. Die Gravitationskraft ist nun übermäßig stark, und je weiter wir uns hinuntersenken, desto stärker wird sie. Wir gehen tiefer, bis der unsichtbare Rand nur noch einen halben Meter entfernt ist. Alle zehn Minuten verfliegen über uns siebzehn Stunden. Die leistungsstärksten Raketentriebwerke, die die NASA jemals gebaut hat, wären hier unten nicht in der Lage, eine Erbse auch nur etwas anzuheben. Wir gehen noch etwas tiefer – fünfzig Zentimeter tiefer...

Die Sonne befindet sich nun nicht weit unter uns, und sie stürzt nach innen, fällt auf sich selbst. Vor Jahrhunderten war sie verschwunden, wodurch sie bewirkt hatte, daß die Erde erstarrte, und die ganze Zeit über war sie fast mit Lichtgeschwindigkeit in sich zusammengefallen, und die ganze Zeit über war sie nicht einen einzigen Zentimeter weit nach innen gefallen. Wir fallen nun auch, hilflos, aber unter uns stürzt die Sonne ebenfalls nach unten. In dem Bruchteil einer Sekunde ist sie in einem Punkt zusammengestürzt, der sich einen Kilometer unter uns befindet. Diesem Punkt rasen wir unweigerlich entgegen. Über uns fallen andere Dinge in das Loch hinein und regnen auf uns herunter – Planeten, Sterne. Der riesige Andromeda-Nebel drängt sich hinein. Nun ist alles in Bewegung. Alles fällt. Wenn wir um Hilfe schreien, fällt der Schrei nach unten und nach innen. Wenn man einen sehr starken Radiowellenpuls nach oben aussendet, fällt er herunter. Wenn man einen Lichtstrahl direkt nach oben richtet, fällt er direkt nach unten. Nichts kann einem Schwarzen Loch entkommen. Doch bevor wir über diese Dinge nachdenken können, sind wir in das Zentrum des Schwarzen Lochs gefallen. Überwältigende, zermalmende Kräfte übernehmen die Herrschaft und bringen unser Dasein zum Verschwinden.

8. Kapitel

Newton, Einstein und Schwarzschild

Ein Schwarzes Loch entsteht durch einen totalen Gravitationskollaps; das Gravitationsfeld eines Objekts gerät dann in einen einzigartigen Zustand. Dieses Objekt könnte alles sein – ein Stern, ein Planet. Das Objekt selbst ist nicht von Bedeutung. Was zählt, ist der einzigartige Zustand, der im Gravitationsfeld des Objekts herrscht. Dieser einzigartige Zustand hüllt sich um das Objekt, von dem er geschaffen worden ist, und macht es völlig unsichtbar. Er krümmt die Bahnen der Lichtstrahlen. Er verzerrt das Bild der ihn umgebenden Himmelsregion. Er verzerrt die Struktur von Raum und Zeit. Und schließlich wirkt er auf das Objekt zurück und setzt seiner Existenz ein Ende. Diese Zerstörung spielt sich hinter einem undurchdringlichen Schleier ab. Vor unseren Augen findet ein erhabenes Schauspiel statt – das Drama des endgültigen Schicksals der Materie. Aber wir können es niemals sehen.

Es ist einfacher zu erklären, was ein Schwarzes Loch nicht ist, als zu erklären, was es ist. Es ist nämlich kein Loch. »Ein Loch im Raum« ist ein Ausdruck, der gelegentlich – sogar von Wissenschaftlern, die es eigentlich besser wissen sollten – benutzt wird, um es zu beschreiben. Aber es handelt sich hierbei nicht gerade um eine geglückte Beschreibung. Noch härter ausgedrückt. Sie ergibt keinen Sinn. Ein Loch ist eine Stelle, an der sich keine Materie befindet; Raum ist eine Ansammlung von Stellen, an denen sich keine Materie befindet. Der Ausdruck ergibt also genausowenig Sinn wie die Worte »ein Raum im Raum«.

Um einer derart seltsamen und unmöglich erscheinenden Sache verstandesmäßig näherzukommen, ist es am besten, von einer vertrauten Grundlage aus loszugehen. Kehren wir zu dem zurück, was wir schon einmal gemacht haben – zu dem imaginären Experiment, das wir im 5. Kapitel durchgeführt haben. Bei diesem Experiment ist ein würfelförmiger Felsblock immer dichter zusammengepreßt worden, wobei wir daran interessiert waren, bei diesem Prozeß die verschiedenen Veränderungen seiner inneren Beschaffenheit zu beobachten. Aber nun stellen wir uns vor, etwas Größeres zusammenzudrücken, nämlich die Sonne.

Wenn wir dies tun, wiederholen wir nur den katastrophalen Kollaps der Sonne, der im vorigen Kapitel beschrieben worden ist. Der Unterschied besteht jetzt darin, daß wir die Sonne langsam zusammendrücken, so daß genug Zeit bleibt, um die eintretenden Veränderungen eingehender zu betrachten. Wenn die Sonne zusammengepreßt wird, macht sie genau die gleichen Veränderungen durch, wie sie im 5. Kapitel beschrieben worden sind: Sie verwandelt sich von einem Festkörper in eine Supraflüssigkeit und dann in ein Gemisch, das aus Elementarteilchen besteht. Aber obwohl all dies geschieht, liegt der entscheidende Punkt woanders. Der entscheidende Punkt ist die Schwerkraft auf der Oberfläche der Sonne.

Die Sonne ist sehr massereich und die Schwerkraft, die sie ausübt, sehr groß – viel größer als die der Erde. Wenn sich ein 75 Kilogramm schwerer Mensch auf die Oberfläche der Sonne stellen würde, dann würde er dort zwei Tonnen wiegen. Und wenn wir nun die Sonne zusammenpressen, würde sein Gewicht noch größer werden. Beim Zusammendrücken der Sonne wird die gleiche Masse in ein immer kleiner werdendes Gebiet gepfercht, wobei die Schwerkraft immer mehr zunimmt. Je kleiner die Sonne wird, desto mehr wiegt der 75 Kilogramm schwere Mensch, der auf ihrer Oberfläche steht.

Außerdem ist noch die *Fluchtgeschwindigkeit* von der Sonne sehr wichtig. Es handelt sich um die Geschwindigkeit, die einem Körper verliehen werden muß, damit er in den Weltraum hinaus davonfliegt. Die Fluchtgeschwindigkeit von der Erde beträgt 11,2 Kilometer pro Sekunde. Wenn man einen Stein hochwirft und er diese Geschwindigkeit nicht erreicht, so fällt er zur Erde zurück. Wenn man ihn mit einer höheren Geschwindigkeit als 11,2 Kilometer pro Sekunde nach oben befördert, indem man ihn beispielsweise mit einer Rakete abschießt, so wird der Stein zu den Sternen geschleudert.

Die Fluchtgewindigkeit von der Sonne ist natürlich viel größer. Sie beträgt 617 Kilometer pro Sekunde, und wenn die Sonne zusammengedrückt wird, erhöht sie sich noch mehr. Ist die Sonne auf die Hälfte ihrer jetzigen Größe zusammengeschrumpft, so vergrößert sich das Gewicht des 75 Kilogramm schweren Menschen auf acht Tonnen und die Fluchtgeschwindigkeit auf 880 Kilometer pro Sekunde. Bei einem Zehntel ihrer jetzigen Größe wiegt der Mensch 200 Tonnen, und die Fluchtgeschwindigkeit ist auf den Wert von mehr als 1 600 Kilometer pro Sekunde angestiegen. Wenn die Sonne auf die Größe der Erde zusammengepreßt wird, dann beträgt das Gewicht des Menschen auf dieser gewaltig konzentrierten Materie 25 000 Tonnen, die Fluchtgeschwindigkeit 6 400 Kilometer pro Sekunde. Der Verdichtungsprozeß geht weiter. Die Sonne wird nun so sehr zusammengequetscht, daß sie nur noch einen Radius von 2,8 Kilometern hat. Nun ist die Schwerkraft so unvorstellbar groß, daß die Fluchtgeschwindigkeit 299 792,5 Kilometer pro Sekunde beträgt.

299 792,5 Kilometer pro Sekunde ... das ist die *Lichtgeschwindigkeit.*

Im Jahre 1905 erhielt Albert Einstein mit 26 Jahren seinen Doktortitel von der Universität Zürich. Im gleichen Jahr veröffentlichte er drei Abhandlungen in der deutschen Zeitschrift *Annalen der Physik.* Jede einzelne dieser Abhandlungen gilt als ein Markstein dieser Wissenschaft. In der ersten entwickelte er eine Theorie über die Brownsche Molekularbewegung: Diese Theorie lieferte die endgültige, entscheidende Bestätigung der atomaren Beschaffenheit der Materie. In der zweiten entwickelte er eine Theorie über den lichtelektrischen Effekt (Photoeffekt), die schließlich eine Grundlage für die Erschaffung der Quantenmechanik wurde. Und in der dritten Abhandlung stellte Einstein die *Spezielle Relativitätstheorie* vor.

Im darauffolgenden Jahrzehnt erweiterte Einstein seine Gedanken hinsichtlich der Speziellen Relativität. Das Ergebnis war die im Jahre 1916 veröffentlichte *Allgemeine Relativitätstheorie.* Somit war die Relativitätstheorie vervollständigt, und bis heute gilt sie als eine der bedeutendsten Schöpfungen der Menschheit.

Das Kennzeichen einer schlechten Theorie ist, daß sie ständig abgewandelt und überarbeitet werden muß, damit sie sich mit den neuen Entdeckungen und Erkenntnissen in Einklang befindet. Mit anderen Theorien, wie der über die Relativität, ist es genau umgekehrt: die neuen Entdeckungen stimmen mit ihnen überein, und zwar in einer Weise, die die Urheber der Theorien unmöglich haben voraussehen können. Es stellt sich mit der Zeit heraus, daß die

Theorien weitaus zutreffender sind, als deren Urheber angenommen haben. 1905 hatte Einstein vorausgesagt, daß die Zeit für einen Körper, der in Bewegung ist, langsamer vergeht als für einen, der sich im Ruhezustand befindet. Als er diese Voraussage gemacht hatte, gab es nicht die geringste Möglichkeit, sie in der Praxis anhand eines Versuchs nachzuprüfen. Erst mehrere Jahrzehnte später tat sich diese Möglichkeit auf, und Einsteins Voraussage konnte bestätigt werden. In dem Versuch, der schließlich durchgeführt wurde, untersuchte man den Zerfall eines unbeständigen Elementarteilchens, das sich in Bewegung befand, aber im Jahre 1905 hatte Einstein von diesem Teilchen noch nie etwas gehört. Weder er, noch irgendeiner von den anderen Physikern seiner Zeit, hatten die leiseste Ahnung von der Existenz dieses Teilchens. Einsteins Theorie befand sich so sehr im Einklang mit der Wirklichkeit, daß sie mit Entdeckungen, die Jahrzehnte später gemacht wurden, genau übereinstimmte.

Die Spezielle Relativitätstheorie hat auch vorausgesagt, daß die Masse eines Körpers in Bewegung größer ist als im Ruhezustand. Heutzutage gilt dies als Binsenwahrheit für die Techniker, die riesige Teilchenbeschleuniger entwickeln, aber im Jahre 1905 lag die Konstruktion derartiger Beschleuniger noch in weiter Ferne. Sie waren unvorstellbar. Ebenso unvorstellbar waren damals die Galaxien, aber als man sie schließlich entdeckte, wurde die gewaltige, eindrucksvolle Ausdehnung des Universums offenbart. Sie war von Einstein vorausgesagt worden.

All dies vollbrachte Einstein ohne große finanzielle Unterstützung, ohne eine Unzahl von Assistenten und ohne Teleskope und Computer. Er schaffte es alles allein, wobei er lediglich die Kraft seines Geistes benutzte. Er stützte sich nicht auf die neuesten Daten und befaßte sich nicht mit den neuesten Erkenntnissen, die in den Fachzeitschriften zu finden waren. Statt dessen zog er sich in seine eigene Gedankenwelt zurück und stellte Überlegungen über das Universum an. Allein aus dem Denken heraus, unabhängig von aller Erfahrung, entwickelte er seine Theorien und sorgte für ihre innere Widerspruchsfreiheit.

Wenn wir von Schwarzen Löchern reden, dann sprechen wir eigentlich über die *Gravitation*. Aber was ist Gravitation? Die Gravitation bewirkt, daß alle Gegenstände auf der Erde bleiben. In diesem

Augenblick steht alles aufrecht. Sechs Stunden später wird die Erde ein Viertel ihrer täglichen Umdrehung ausgeführt haben, und alles wird sich in einer Seitenlage befinden. Der Sessel, der Tisch, das Glas Wasser auf dem Tisch: alles wird sich in der Schräglage befinden. Und das aus dem Hahn tropfende Wasser wird waagerecht genau in das Waschbecken fallen. Nach weiteren sechs Stunden steht alles auf dem Kopf. Und alle Gegenstände werden nach oben fallen. Dieses Wunder bringt die Gravitation zustande.

Isaac Newton war es, der das neuzeitliche Konzept der Gravitation ersann; für ihn war sie eine *Kraft.* Gegenstände fallen, weil zwischen ihnen und der Erde eine Anziehung besteht. Unser Planet übt auf den Tropfen, der am Wasserhahn hängt, eine Kraft aus: der Tropfen löst sich und eilt der Erde entgegen. Auch der Mond ist nicht frei von dieser Kraft; deshalb kreist er um die Erde.

Aber das Schwarze Loch hat in Newtons Weltbild keinen Platz. Es geht über Newtons Ideen hinaus. Das Schwarze Loch ist eine Folge von Einsteins Allgemeiner Relativitätstheorie. Sie ist ebenfalls eine Theorie über die Gravitation, aber sie hat eine völlig andere Auffassung von der Gravitation als Newton. Für Einstein ist die Gravitation keine Kraft, sondern eine *Verformung der Struktur von Raum und Zeit,* und ihre Auswirkungen sind weitaus subtiler, als Newton sich hat vorstellen können. Einstein brauchte zehn Jahre, um diese Theorie zu entwickeln; und selbst heute noch gehört sie zu den faszinierendsten und schwierigsten Theorien im gesamten Bereich der Physik.

Wie es mit jeder anderen physikalischen Theorie auch ist, wird der Inhalt der Allgemeinen Relativitätstheorie in einer Reihe von Gleichungen zusammengefaßt – den Feldgleichungen. Diese Gleichungen beschreiben das Gravitationsfeld, das von jedem Körper hervorgebracht wird, aber wie es mit allen Gleichungen ist, stellen sie weniger eine Antwort dar als vielmehr ein Problem, das gelöst werden muß. Und dies ist wiederum keine einfache Aufgabe. Von der rein mathematischen Schwierigkeit her gesehen, gehören Einsteins Gleichungen zu den unzugänglichsten und kompliziertesten Gleichungen, die es im Bereich der Physik gibt. Sie sind äußerst abschreckend und nahezu unverständlich. Es handelt sich nicht nur um eine, sondern um sechzehn einzelne Gleichungen, die gelöst werden müssen; jede von ihnen ist eine nichtlineare partielle Differentialgleichung für sechzehn einzelne, unbekannte Funktionen.

Diese Funktionen zu interpretieren, ist wiederum eine sehr schwierige Aufgabe, und selbst wenn die Gleichungen alle gelöst worden sind, ist es noch ein weiter Weg bis zum endgültigen Verständnis. Selbst heute, mehr als ein halbes Jahrhundert nachdem Einstein seine Gleichungen aufgestellt hat, wissen wir sehr wenig über ihre Lösungen, ein eigener Zweig der Physik beschäftigt sich mit dem Studium dieses Problems. Die meisten Wissenschaftler, die in diesem Bereich arbeiten, sind mathematisch überaus begabt und denken auf derart abstrakte Weise, daß selbst ihre Kollegen, die in anderen Bereichen der Physik arbeiten, große Schwierigkeiten haben, ihnen gedanklich zu folgen.

Die erste Person, die zu einer genauen Lösung dieser Gleichungen kam, war nicht Einstein, der es in seiner Abhandlung über die Allgemeine Relativitätstheorie zwar versucht hatte, aber nicht sehr weit gekommen war; er gab sich dann mit einer annähernden Lösung zufrieden. Der deutsche Astronom Karl Schwarzschild ist es gewesen, der als erster die exakte Lösung der Feldgleichungen erhielt, und es ist bemerkenswert, wie er dazu gekommen ist. Schwarzschild fand diese Lösung nämlich nicht in einem bücherstarrenden Studierzimmer. Er fand sie, während er sich im Krieg befand.

Beim Ausbruch des Ersten Weltkriegs war Karl Schwarzschild vierzig Jahre alt und wurde zu den hervorragendsten Astronomen Deutschlands gezählt. Hinter ihm lag eine eindrucksvolle Liste wissenschaftlicher Leistungen, und er hatte nun ein Alter erreicht, in dem man im allgemeinen etwas zur Ruhe kommt. Doch seine patriotischen Ideale drängten ihn dazu, sich freiwillig zur Armee zu melden. Zuerst diente er in Belgien, dann in Frankreich, schließlich wurde er an die Ostfront versetzt. Während er in Rußland war, bekam er Blasenausschlag, eine seltene, schmerzhafte und unheilbare Krankheit. Trotz der schweren Belastungen durch den Krieg und die Krankheit setzte Schwarzschild seine wissenschaftlichen Forschungen fort. Er arbeitete die Lösung der Feldgleichungen aus. Zwei Monate später verschlechterte sich sein Krankheitsbild so sehr, daß er zurück nach Deutschland gebracht wurde. Nach zwei weiteren Monaten starb er.

Schwarzschilds Bericht über die Lösung der Gleichungen wurde in der Ausgabe der *Abhandlungen der Königlich Preußischen Akademie der Wissenschaften* von 1916 veröffentlicht. Er trägt den Titel

»Über das Gravitationsfeld eines Massenpunktes nach der Einsteinschen Theorie.«

Schwarzschild scheint mit seiner Lösung der Einsteinschen Gleichungen zufrieden gewesen zu sein. In seiner Abhandlung schrieb er: »Es ist immer wieder angenehm, exakte Lösungen für Probleme zu haben«; und etwas später bemerkte er, daß die Lösung »Einsteins Werk einen noch reineren Glanz verleiht«. Aber es gibt kein Anzeichen dafür, daß er seiner Lösung größere Bedeutung beigemessen hat. Abgesehen von seiner Überzeugung, daß er eine schwierige Arbeit erfolgreich ausgeführt hat, deutet in seiner Abhandlung nichts darauf hin. Und tatsächlich, Schwarzschilds Abhandlung ist bemerkenswert kurz – sie besteht aus nur wenigen Seiten –, und sie befaßt sich fast ausschließlich mit dem mathematischen Aspekt. Sie zeigt auf, wie er Einsteins Gleichungen gelöst hat, und das ist es dann auch. Nirgendwo in der Abhandlung findet sich die geringste Andeutung darauf, daß es sich um eine außerordentlich bedeutungsvolle Sache handelt. Und es gab auch keinen Hinweis darauf, daß Einstein oder jemand anders die enorme Tragweite erkannten. Als Schwarzschilds Abhandlung veröffentlicht wurde, erregte sie kein großes Aufsehen. Die Wissenschaftler nahmen sie einfach zur Kenntnis und gingen weiter ihrer Arbeit nach.

Daß sich dies so abspielen konnte, ist ein Zeichen für die Kompliziertheit und Unüberschaubarkeit der Allgemeinen Relativitätstheorie. In den meisten Wissenschaftszweigen ist es schließlich so, daß man den schwierigsten Teil der Arbeit hinter sich hat, wenn man erst einmal zur genauen Lösung eines Problems gekommen ist. Doch in diesem Fall hatte die Arbeit damit erst richtig angefangen. Schwarzschild brauchte einige Monate, bis er die Lösung gefunden hatte. Und wir haben ein halbes Jahrhundert gebraucht, bis wir deren Bedeutsamkeit voll und ganz erkannt haben. Mathematisch gesehen sieht die Schwarzschildlösung bemerkenswert einfach aus, und es ist nicht schwierig, sie aufzuschreiben. Doch hinter dieser scheinbaren Einfachheit verbirgt sich eine außergewöhnliche Fülle. Außerdem ist die Lösung sehr schwer verständlich. Sie weist eine Reihe von Besonderheiten auf, die eindeutig unmöglich zu sein scheinen – krankhaft sozusagen. Diese krankhaften Besonderheiten kamen den Physikern so merkwürdig vor, daß sie nicht wußten, was sie damit anfangen sollten. 1960 gab es noch immer heftige Diskussionen darüber, wie man mit ihnen verfahren sollte. Eine Auffassung lief darauf hinaus, die Schwierigkeiten einfach nicht zu beachten. Ein weitverbreitetes, anerkanntes Lehrbuch der Allgemeinen Relativität, das 1965 herausgegeben worden ist, geht auf diese Weise vor. Darin werden diese Besonderheiten kaum erwähnt. Eine andere Auffassung war es, sie ernster zu nehmen, was zur Behauptung führte, daß sie die ganze Schwarzschildlösung in Frage stellten. Eine Zeitlang war selbst Einstein dieser Auffassung, und er veröffentlichte einen Artikel, in dem er aufzuzeigen versuchte, daß die Lösung niemals mit der Wirklichkeit übereinstimmen könnte. Wie es sich dann herausstellte, hatte er sich geirrt.

Erst vor kurzem hat sich der Schleier gelüftet, und die wahrhaft revolutionäre Natur der Schwarzschildlösung wurde enthüllt. Man erkannte nun, daß es sich bei diesen krankhaften Besonderheiten nicht um bloße Ärgernisse handelte, sondern daß sie von grundlegender Bedeutung waren. Erst jetzt verstehen wir die wahre Natur der Schwarzschildlösung. Sie beschreibt das Schwarze Loch.

Schwarzschild hatte nicht nach irgendeiner Lösung der Einsteinschen Gleichungen gesucht. Er wollte eine bestimmte Frage beantwortet haben. Er wollte das *Gravitationsfeld außerhalb eines kugelförmigen Körpers* untersuchen. Die Schwarzschildlösung war die Antwort, die er gesucht hatte.

Die Erde ist nahezu kugelförmig, also kann man die Schwarzschildlösung auf sie anwenden. Das gleiche gilt für die Sonne. Doch keiner dieser beiden Himmelskörper ist ein Schwarzes Loch. Ihre Gravitationsfelder sind recht unscheinbar und weisen nicht das bizarre Verhalten auf, das für Schwarze Löcher charakteristisch ist. Und doch stehen Schwarze Löcher und derartige vertraute Körper wie die Erde und die Sonne auf bedeutsame Weise in Beziehung zueinander. Um was für eine Beziehung handelt es sich?

Das Bindeglied ist die *Verdichtung*. Jedes Objekt kann in ein Schwarzes Loch verwandelt werden, indem es einfach zusammengepreßt wird. Deshalb haben wir in Gedanken den Versuch, die Sonne immer weiter zusammenzudrücken, durchgeführt. In jedem Stadium dieses Vorgangs wurde das Gravitationsfeld der Sonne von der Schwarzschildlösung bestimmt. Als die Sonne verhältnismäßig groß war, wies das Feld keine Besonderheiten auf, doch als sie auf einen Radius von 2,8 Kilometern zusammengepreßt worden war, hatte sich eine dramatische Verwandlung vollzogen: Die Sonne war zu einem Schwarzen Loch geworden.

Dieser kritische Radius von 2,8 Kilometern ist von entscheidender Bedeutung. Er ist so bedeutungsvoll, daß man ihm einen Namen gegeben hat: Es ist der *Schwarzschildradius der Sonne.* Dabei handelt es sich um den Radius, auf den die Sonne zusammengedrückt werden muß, damit die Fluchtgeschwindigkeit von ihrer Oberfläche der Lichtgeschwindigkeit gleichkommt.

Ebenso wie bei der Sonne, sprechen die Wissenschaftler, die sich mit der Relativitätstheorie auseinandersetzen, auch bei jedem anderen Objekt von einem Schwarzschildradius. Der Schwarzschildradius der Erde ist kleiner als ein Zentimeter, der unserer Galaxie 0,03 Lichtjahre groß. Die Wissenschaftler gehen noch weiter und sprechen von der *Schwarzschildoberfläche* eines Objekts. Damit ist die Oberfläche einer imaginären Kugel gemeint, deren Radius genau dem Schwarzschildradius des betreffenden Objekts entspricht. Die Schwarzschildkugel der Erde, die einen Durchmesser von etwas mehr als 1,5 Zentimeter hat, befindet sich tief im Innern des Planeten (Zeichnung 26).

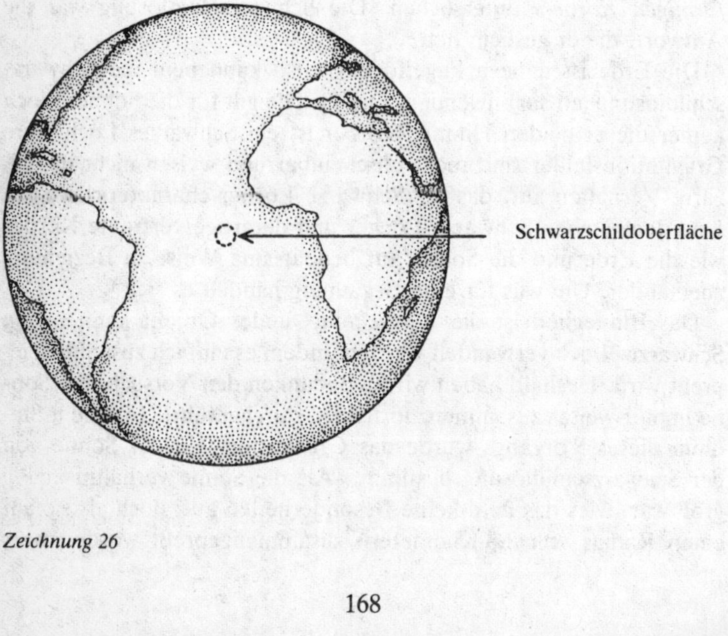

Zeichnung 26

Bei dieser Schwarzschildkugel handelt es sich nur um ein Modell. Wenn wir einen Tunnel durch die Erde graben und einen Punkt erreichen würden, der weniger als ein Zentimeter vom Zentrum unseres Planeten entfernt ist, so würden wir dort natürlich nichts Ungewöhnliches vorfinden, und zwar deshalb, weil die Erde viel größer als ihr Schwarzschildradius ist. Ebenso verhält es sich mit der Sonne und mit jedem anderen Stern, den man am Himmel sehen kann. Sich ein Objekt vorzustellen, das so sehr zusammengepreßt ist, daß es sich innerhalb seiner Schwarzschildoberfläche befindet, ist tatsächlich recht schwierig. Andererseits sind die Pulsare fast so klein. Es hindert uns sicherlich nichts daran, einen so zu betrachten, wie es die Zeichnung 27 aufzeigt.

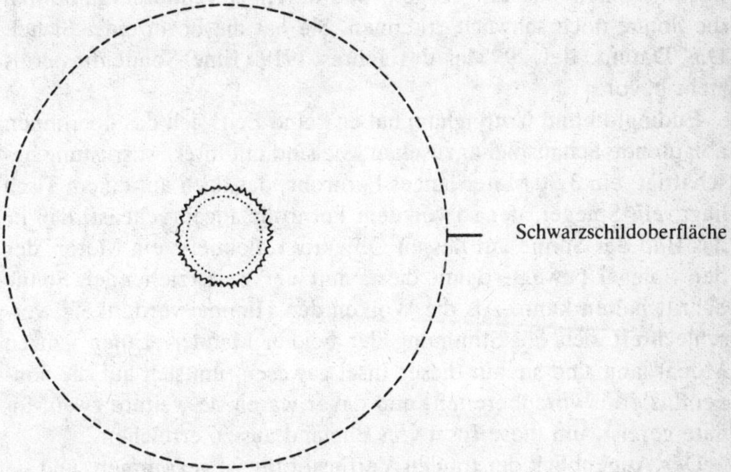

Zeichnung 27

In diesem Fall befindet sich die Schwarzschildoberfläche außerhalb des Objekts. Aber im Gegensatz zu dem vorausgegangenen Beispiel kommt ihr in diesem Fall eine entscheidende Bedeutung zu: sie ist ein Schwarzes Loch.

9. Kapitel

Licht

Schauplatz ist die Guineainsel Principe, ein kleines Stück Land, das vom Atlantischen Ozean umspült wird. Wenige Kilometer südlich davon befindet sich der Äquator, etwas weiter im Osten die Küste Afrikas. Es ist sehr heiß, und auch die Luftfeuchtigkeit ist sehr hoch. Wolken sind aufgezogen, und durch sie hindurch kann man die Sonne noch schwach erkennen. Sie hat die Form einer Sichel. Das Datum: der 29. Mai des Jahres 1919. Eine Sonnenfinsternis steht bevor.

Eddington und Cottingham haben keine Zeit, sich das über ihnen ablaufende Schauspiel anzusehen. Sie sind mit ihrer Ausrüstung beschäftigt: ein 3,30 Meter langes Fernrohr, das flach auf einem Tisch liegt; ein Spiegel, der so vor dem Fernrohr angebracht ist, daß er das Bild der Sonne auf dessen Objektiv reflektiert; ein Motor, der den Spiegel bewegt, damit dieser mit der weiterziehenden Sonne Schritt halten kann. Als die Wolken den Himmel verdunkeln, verschlechtert sich die Stimmung der beiden Männer. Einen ganzen Monat lang sind sie auf dieser Insel gewesen, um sich auf die Sonnenfinsternis vorzubereiten, und davor waren sie weitere zwei Monate gereist, um diese Insel von England aus zu erreichen.

Der Augenblick der totalen Verfinsterung ist gekommen, und sie beginnen mit ihrer Arbeit. Sie wird schweigend durchgeführt, so sorgfältig und exakt wie möglich. Die Wissenschaftler haben ihre Bewegungen vorher immer wieder geprobt, ebenso wie ein Balletttänzer einen besonderen Übungsteil einstudiert hätte. Einer von ihnen steckt in rascher Folge sechzehn Fotoplatten in das Fernrohr, während der andere diese Platten verschieden lange belichtet – die kürzeste Belichtungszeit beträgt zwei Sekunden, die längste zwanzig Sekunden. Das einzige Geräusch ist das gleichmäßige Ticken eines Metronoms, das die 302 Sekunden – die Dauer der Sonnenfinsternis – zählt. Über den Köpfen der beiden Wissenschaftler, durch die

Wolken hindurch schwach sichtbar, zeigt sich der unirdische, silberne Glanz der Sonnenkorona. Hoch darüber wölbt sich eine gewaltige Protuberanz, ein Gasausbruch, der sich von der Sonne aus 160 000 Kilometer weit ausdehnt. Die beiden bemerken nichts davon. Nicht ein einziges Mal blicken sie zum Himmel hinauf. Erst einige Tage später, wenn die Platten entwickelt sind, werden sie bemerken, was ihnen entgangen ist.

Zwei Stunden früher und Tausende von Kilometern entfernt, hat bereits das gleiche Schauspiel stattgefunden, diesmal in der Kleinstadt Sobral im Nordosten von Brasilien. Auch dort, in der gleichen gespenstisch anmutenden Eile, wurden mehrere Fotografien von der Sonnenfinsternis gemacht; und auch dort werden die Fotografien entwickelt und aufs genaueste untersucht. Aber die Astronomen sind gar nicht so sehr an dem Bild der verfinsterten Sonne interessiert. Auch die prächtige Protuberanz interessiert sie nicht so sehr. Sie suchen auf ihren Fotografien nach Sternen – Sternen, deren Licht in der Nähe der Sonne vorbeigezogen ist. Sie beabsichtigen, die Positionen der Sterne zu messen – mit einer Genauigkeit von 0,0017 Zentimetern.

Sie wiegen das Licht.

Die 1919 unternommenen Forschungsreisen zur Beobachtung der Sonnenfinsternis sollten eine Voraussage der Allgemeinen Relativitätstheorie prüfen. Dieser Theorie zufolge wirkt die Gravitation auf das Licht. Einstein behauptete, daß das Licht fällt.

Heutzutage mag diese Aussage vielleicht nicht überraschen, doch im Jahre 1919 war sie geradezu revolutionär. Sie stand im Widerspruch zu allem, was man – im Bereich der Wissenschaft ebenso wie in der breiten Öffentlichkeit – über das Licht wußte. Denn aus der alltäglichen Erfahrung wußte man, daß nur Materie etwas wog. *Gegenstände* besaßen ein Gewicht: materielle Objekte, die man anfassen konnte. Doch Licht galt nicht als Gegenstand. Licht war nicht stofflich und nicht faßbar: ein schwacher Schein am Horizont. Wie konnte ein Schimmer herunterfallen?

Diese verständige Sichtweise stimmte mit den Aussagen der Wissenschaft von 1919 vollkommen überein. Materie setzte sich aus Atomen zusammen; Licht war eine Welle im Äther. Der Gedanke, daß derartige Wellen von der Erde angezogen werden könnten, lag völlig außerhalb des damaligen Wissenschaftssystems. Der Äther selbst mochte vielleicht angezogen werden – aber die Behauptung, daß auch die Wellen darin angezogen wurden, war genauso dumm wie die Aussage, daß die Wellen auf der Mitte eines Teiches von einem am Ufer wachsenden Busch angezogen wurden. Es war einfach unvorstellbar. Nichts von alldem, was man in der Physik in den vergangenen zweihundert Jahren über das Licht gelernt hatte, gab auch nur den geringsten Hinweis darauf, daß es so sein könnte. Wenn Einstein recht hätte, würde es bedeuten, daß man an einem wissenschaftlichen Gefüge, mit dessen Aufbau man seit zwei Jahrhunderten beschäftigt war, eine kritische Veränderung vornehmen mußte.

Wie kann es sein, daß die Gravitation auf Licht wirkt? Einsteins berühmte Gleichung $E = m c^2$ scheint darauf eine Antwort zu geben. Dieser Gleichung zufolge ist jeder Masse *(m)* eine Energie *(E)* zugeordnet, die so groß ist wie die m-fach quadrierte Lichtgeschwindigkeit *(c)*. Diese Energie ist die schreckliche Gewalt der Wasserstoffbombe. Aber die umgekehrte Deutung ist auch möglich: Jeder Energie E ist eine Masse zugeordnet, die so groß ist wie E dividiert durch c^2.

Demzufolge führt reines, nicht stoffliches Licht Masse mit. Die Nachttischlampe sendet nicht nur Strahlen aus – sie sendet auch irgend etwas aus, das ein Gewicht hat. Dieses Gewicht ist äußerst klein. Wenn die Lampe ein Jahr lang ununterbrochen brennen würde, dann hätte sie lediglich drei hunderttausendstel Gramm in der Form von Lichtwellen abgegeben. Aber auch wenn die Masse des Lichts unscheinbar ist, laut Einstein existiert sie – und jede Masse, egal wie klein sie ist, muß hinunterfallen.

Unglücklicherweise stimmt dieser Erklärungsversuch nicht mit der Wirklichkeit überein. Er klingt zwar sinnvoll, ist aber ganz einfach falsch. Und zwar weicht er genau um den Faktor zwei ab, denn es stellt sich heraus, daß Licht doppelt so schnell fällt, wie wir unserem Gedankengang zufolge vorausgesagt haben. Es ist nicht so einfach, dieses Phänomen wirklich zu verstehen, und es fordert eine genaue Analyse der Natur von Raum und Zeit. Wir werden im 11. Kapitel darauf zurückkommen.

Auf jeden Fall ist es nicht schwer zu verstehen, was Einstein vorausgesagt hat. Wenn wir einen Ball geradeaus nach vorne werfen, dann fliegt er zunächst auch geradeaus – aber nicht lange. Die Schwerkraft lenkt seine Flugbahn nach unten ab, und bald fällt er auf die Erde. Das gleiche gilt für eine Gewehrkugel – und, der Relativitätstheorie zufolge, für den Lichtstrahl einer Taschenlampe. Einstein hatte vorausgesagt, daß von der Erdoberfläche aus in waagerechter Richtung abgestrahltes Licht um 0,00015 Bogensekunden – um 1/24 000 000 Grad – abgelenkt wird.

Der Ablenkungswinkel ist derart klein, daß ein Versuch zur Überprüfung der Voraussage im Jahre 1919 undurchführbar gewesen ist. Und heutzutage ist es immer noch unmöglich, ihn durchzuführen. Die Vorgehensweise bei diesem Versuch ist sehr einfach: Man leuchtet mit einer Taschenlampe auf eine Wand und mißt nach, ob sich der Lichtfleck darauf leicht unterhalb der erwarteten Stelle befindet. Aber da die Krümmung des Lichts durch die Schwerkraft auf der Erde so schwach ist, kann die Präzision, die bei diesem Versuch erforderlich ist, bei weitem nicht erreicht werden.

Da die Schwerkraft auf der Sonne viel stärker ist als auf der Erde, hatte Einstein dort einen größeren Ablenkungswinkel vorausgesagt. Ein Versuch zur Überprüfung dieser Voraussage wäre schon eher möglich. Und obwohl wir nicht zur Sonne fliegen können, um den Versuch dort durchzuführen, bietet sich eine andere Möglichkeit an. Wir untersuchen nicht einen Lichtstrahl, der von der Sonnenoberfläche aus abgegeben wird, sondern einen, der an der Sonne *vorbei*-geht, wie es Zeichnung 28 aufzeigt. Der Lichtstrahl streift

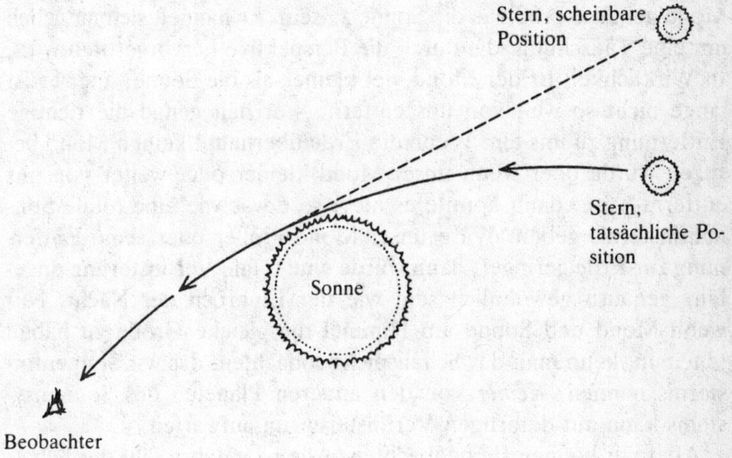

Zeichnung 28

die Sonnenoberfläche. Wo kommt dieser Strahl her? Er stammt von einem weit entfernten Stern. Die Schwerkraft auf der Sonne ist so stark, daß der Ablenkungswinkel dieses Lichtstrahls recht groß ist: fast zwei Bogensekunden groß.

Die Ablenkung bewirkt, daß sich die Position des Sterns scheinbar verschiebt. Für den Beobachter ist der Stern weiter von der Sonne entfernt. Eine Folge der Krümmung des Lichts durch die Gravitation ist also, daß sich der Stern so verhält, als ob er von der Sonne abgestoßen worden wäre – und zwar genau um den Ablenkungswinkel des Lichtstrahls. Eine Fotografie von Sternen, die sich in der Nähe der Sonne befinden, zeigt, daß diese scheinbar genau um diesen Winkel von ihren tatsächlichen Positionen nach außen gewandert sind.

So lautet Einsteins Voraussage – und diese Voraussage kann im Gegensatz zur vorhergehenden überprüft werden. Ein Winkel von zwei Bogensekunden mag uns winzig klein erscheinen, doch für Astronomen ist er nicht klein. Die Astronomen sind es gewohnt, mit derartigen Winkeln zu tun zu haben. Der Versuch kann scheinbar ohne Schwierigkeiten durchgeführt werden.

Aber einen Haken hat die Sache natürlich doch. Bei Tageslicht kann man die Sterne nicht sehen.

Zu Einsteins Glück – und zu unserem Glück – gibt es einen Ausweg. Durch einen wirklich bemerkenswerten Zufall scheint der Mond genauso groß wie die Sonne zu sein. Es handelt sich natürlich um eine Täuschung, die durch die Perspektive hervorgerufen wird. In Wirklichkeit ist der Mond viel kleiner als die Sonne, aber er ist lange nicht so weit von uns entfernt – er hält genau die richtige Entfernung zu uns ein. Wenn die Erde überhaupt keinen Mond besitzen würde oder wenn unser Mond kleiner oder weiter von uns entfernt wäre, dann könnte es nicht so etwas wie eine totale Sonnenfinsternis geben. Wäre unser Mond größer oder seine Entfernung zur Erde geringer, dann würde eine totale Verfinsterung ungefähr genauso gewöhnlich sein wie der Einbruch der Nacht. Nur wenn Mond und Sonne am Himmel die gleiche Größe zu haben scheinen, kann man das Schauspiel beobachten, das wir Sonnenfinsternis nennen. *Keiner* von den anderen Planeten des Sonnensystems kann mit derartigen Verfinsterungen aufwarten.

Aber wir können sie beobachten. Alle paar Jahre fällt der Schatten des Mondes irgendwo auf unseren Planeten. Von dort aus können wir dann Zeuge eines der außergewöhnlichsten kosmischen Schauspiele sein, die es gibt. Das grelle Sonnenlicht ist dann ausgelöscht. Es wird Nacht. Die Korona der Sonne, die immer leuchtet, aber fast niemals zu sehen ist, lodert nun auf magische Weise. Und wenn man besonderes Glück hat, kann man auch noch eine gewaltige Protuberanz beobachten, die einer schwebenden, bewegungslosen kosmischen Flamme gleicht. Dieser Anblick reicht aus, um den abgebrühtesten Astronomen Tränen in die Augen zu treiben.

Und die Sterne werden sichtbar.

Vielleicht ist es besser, nun Sir Arthur Eddington zu Wort kommen zu lassen, einen der bedeutendsten Astronomen seiner Zeit, der die beiden Forschungsreisen zur Beobachtung der Sonnenfinsternis geleitet hat:

»Die Krümmung wirkt sich auf Sterne aus, die man in der Nähe der Sonne sieht; demzufolge besteht die einzige Möglichkeit, dies zu beobachten, während einer totalen Sonnenfinsternis, wenn der Mond das blendende Licht abschirmt. Und selbst dann kommt noch viel Licht von der Sonnenkorona, die sich weit nach außen erstreckt. Somit ist es erforderlich, sich sehr helle Sterne in der Nähe der Sonne vorzunehmen, die in dem Schein der Korona sichtbar bleiben. Des weiteren können die Verschiebungen dieser Sterne nur im Vergleich zu anderen Sternen gemessen werden, die möglichst weiter von der Sonne entfernt sein müssen und somit weniger verschoben sind; wir benötigen daher eine ausreichende Zahl mehr außerhalb gelegener heller Sterne, die dann als Bezugspunkte dienen.

In einem abergläubischen Zeitalter würde ein Naturforscher, der einen wichtigen Versuch durchführen will, einen Astrologen konsultieren, um einen günstigen Moment für das Experiment in Erfahrung zu bringen. Mit einer überzeugenderen Begründung würde heute ein Astronom, der die Sterne konsultiert hat, ankündigen, daß der günstigste Tag des Jahres, um Licht zu wiegen, der 29. Mai ist. Der Grund ist der, daß die Sonne auf ihrer jährlichen Reise um die Ekliptik Sternfelder verschiedener Dichte passiert und sich am 29. Mai inmitten einer recht außergewöhnlichen Ansammlung von hellen Sternen – einem Teil der Hyaden – befindet, dem bei weitem geeignetsten Sternfeld, dem sie begegnet. Wenn dieses Problem nun zu einer anderen Zeit zur Debatte gestellt worden wäre, hätte man möglicherweise einige tausend Jahre auf eine totale Sonnenfinsternis an diesem günstigen Tag warten müssen. Aber durch einen sonderbaren glücklichen Zufall war es so, daß sich am 29. Mai 1919 eine Sonnenfinsternis ereignet hatte.«

Im großen und ganzen verändern sich die Sterne nicht, und somit haben die Astronomen normalerweise genug Zeit, um ihre Beobachtungen durchzuführen. Falls die Geräte diese Nacht nicht richtig funktionieren sollten, kann man es nächste Nacht eben noch einmal versuchen. Mit dieser Beobachtung war es jedoch anders gewesen. Sonnenfinsternisse sind selten, die Zeitabstände zwischen ihnen recht groß, und wenn sie sich ereignen, dann sind sie äußerst kurz – höchstens einige Minuten lang. Innerhalb dieser wenigen Minuten muß die ganze Beobachtung ausgeführt werden; sollte sie mißlingen, gibt es keine Möglichkeit, den Fehlschlag wettzumachen, dann kann man nur auf die nächste Sonnenfinsternis warten. Und wie Eddington noch betont hat, sind nicht einmal alle Sonnenfinsternisse geeignet, um Licht zu wiegen. Wenn irgend etwas mißglückt wäre, hätte man bis zur nächsten Gelegenheit volle neunzehn Jahre warten müssen. Die erforderliche Genauigkeit ist so groß gewesen, daß die geringsten Fehler alles hätten verderben können – wie es mit einigen Daten, die man in Sobral erhalten hatte, tatsächlich geschehen ist. Es hat Astronomen gegeben, die bei der Beobachtung einer Sonnenfinsternis vor Aufregung und Anspannung gegen ihre Apparaturen gestoßen sind und sie zum Umkippen gebracht haben. Und schließlich hätte auch schon eine starke Bewölkung den ganzen Versuch zum Scheitern bringen können.

Deshalb startete man nicht nur eine, sondern zwei Expeditionen, und jede wurde mit äußerster Sorgfalt vorbereitet. Es ist der bedeutende und einflußreiche britische Astronom Sir Frank Dyson gewesen, der zwei Jahre vorher erkannt hatte, daß diese Sonnenfinsternis eine seltene Gelegenheit bot, die Allgemeine Relativitätstheorie zu überprüfen, und ihm ist es auch zum großen Teil zu verdanken, daß die Forschungsreisen erfolgreich durchgeführt worden sind. Außerdem sorgte Dyson dafür, daß Eddington ausgewählt wurde, um diese Expedition zu leiten.

Dies war alles andere als ein normaler Vorgang: Der Erste Weltkrieg erreichte seinen Höhepunkt – und Eddington war Quäker. Er war ein tief religiöser Mensch, und er sah sich im Falle einer Einbe-

Bild 1: Der Crabnebel

Bild 2: Das Pulsar-Observatorium am Quabbin-Stausee

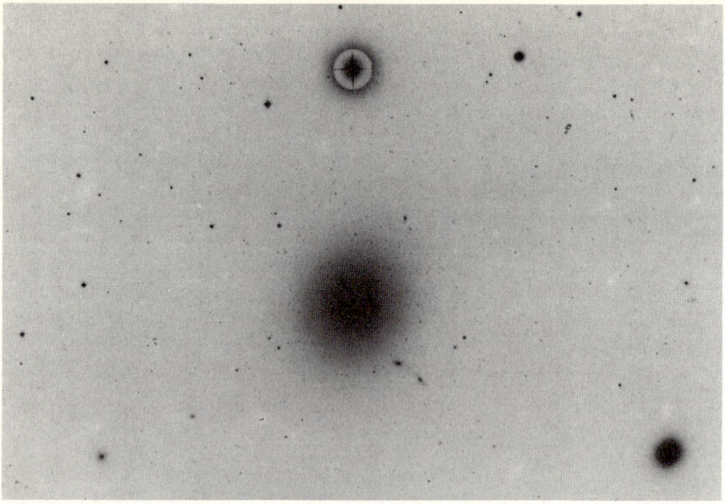

Bild 3: Negativ-Abzug einer Fotografie der Galaxie Messier 87

Bild 4: Der Andromedanebel; eine Galaxie, die unserer sehr ähnlich ist

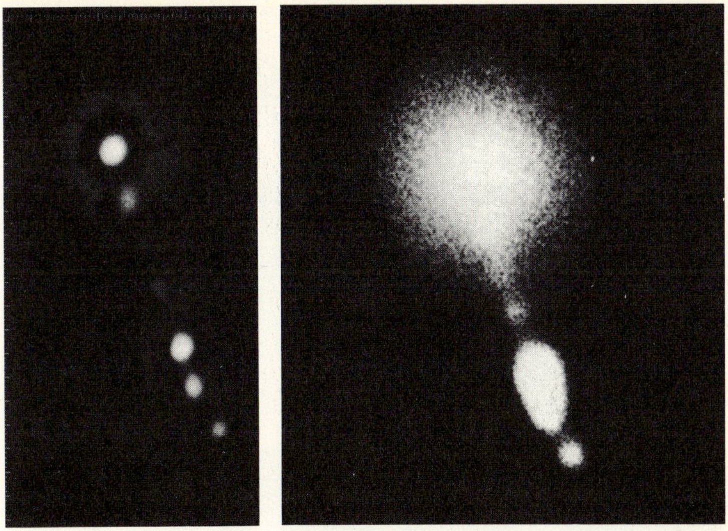

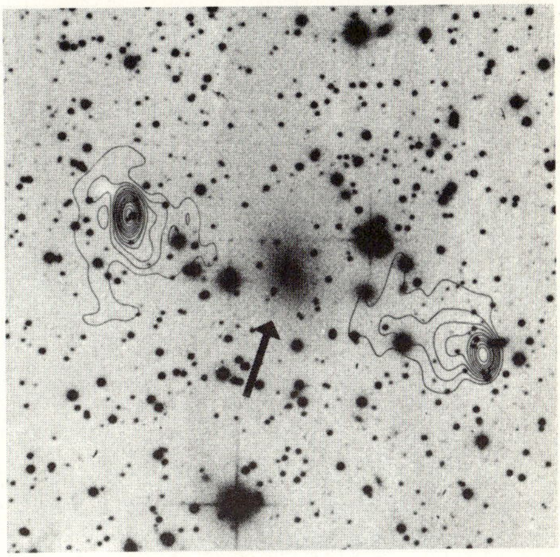

Bild 5 links: Fotografie der Galaxie M 87; rechts: detaillierte Darstellung des Jets von M 87, erhalten durch Verarbeitung mehrerer Fotografien mittels eines Computers
Bild 6: Die Galaxie Cygnus A (siehe Pfeil) mit ihren beiden Radioquellen (Negativ-Abzug)

Bild 7: Der Quasar 3 C 48
Bild 8: Der in der Raketenspitze verstaute Satellit Uhuru kurz vor dem Start

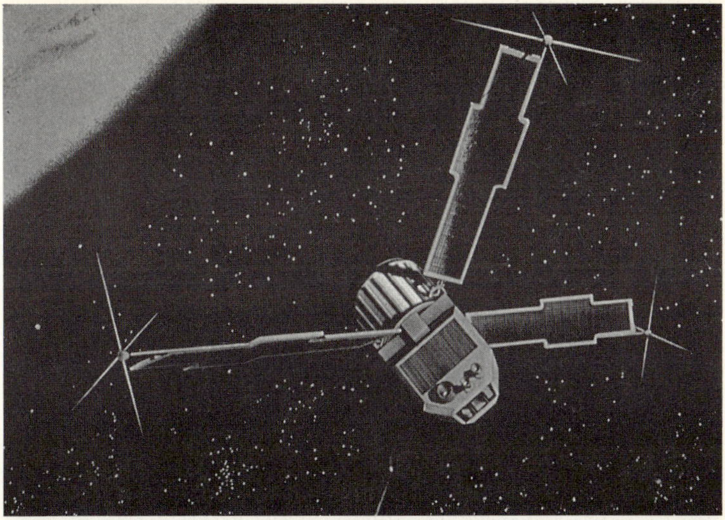

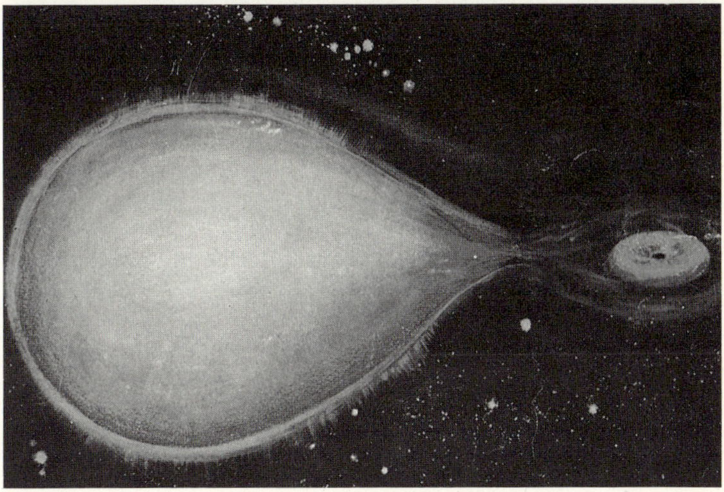

Bild 9: Darstellung des auf seiner Umlaufbahn befindlichen Satelliten Uhuru
Bild 10: Darstellung eines Neutronensterns, der einen gewöhnlichen Stern umkreist

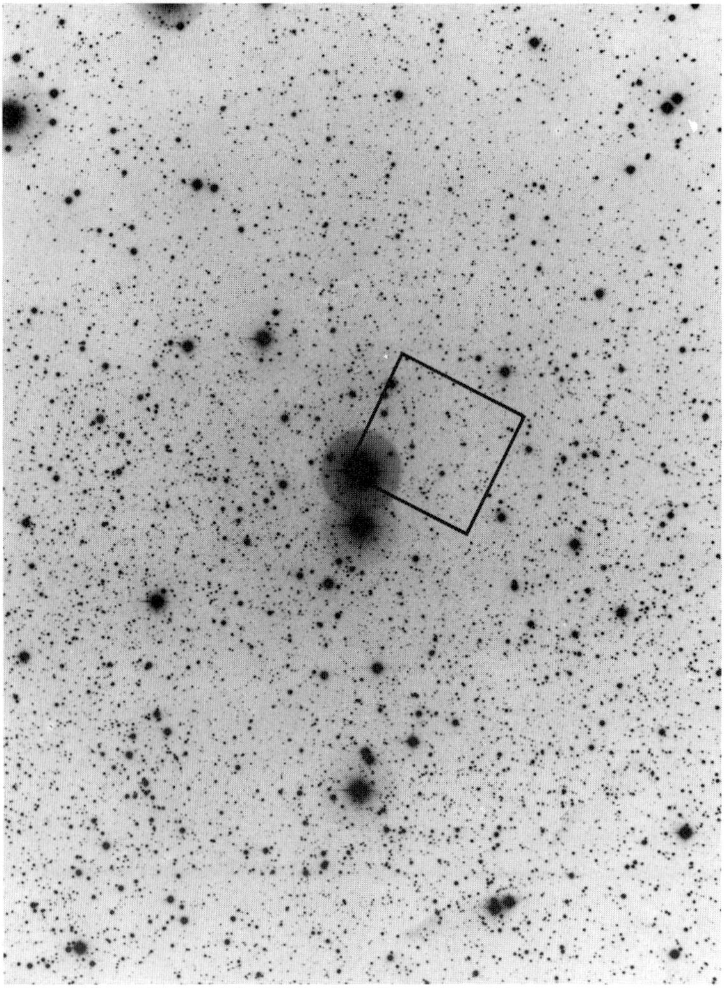

Bild 11: Die Röntgenquelle Cygnus X-1 befindet sich irgendwo innerhalb des eingezeichneten Kastens

Bild 12: S. Jocelyn Bell Burnell

Bild 13: G. Richard Huguenin

Bild 14: Harvey Tananbaum

Bild 15: Riccardo Giacconi

Bild 16: Subrahmanyan Chandrasekhar

Bild 17: Stephen Hawking

rufung dazu gezwungen, aus Gewissensgründen den Kriegsdienst zu verweigern. Heutzutage werden Kriegsdienstverweigerer oftmals aufgrund ihrer hohen Moral bewundert, doch 1917 wurden sie als Aussätzige behandelt. Die patriotische Stimmung war damals so leidenschaftlich, daß viele von Eddingtons Kollegen in Cambridge befürchteten, ihre Universität würde in Ungnade fallen, wenn er seine Erklärung bekanntgab. Deshalb setzte man alles in Gang, um dies zu verhindern. Man schickte Gesuche an das Innenministerium, in denen man darum bat, von Eddingtons Einberufung abzusehen, da es im nationalen Interesse lag, einen derart hervorragenden Wissenschaftler im Heimatland zu behalten. Das Innenministerium ging darauf ein, und eine Zeitlang schien es so, als ob der Versuch glükken würde.

Schließlich war es Eddington selbst, der die ganze Sache über den Haufen warf. Das Innenministerium sandte ihm ein Zurückstellungsformular zu. Er hätte es nur zu unterschreiben und zurückzuschicken brauchen. Doch zu diesem Zeitpunkt wurden Freunde von ihm in Internierungslagern festgehalten, weil sie die gleiche Überzeugung zum Ausdruck gebracht hatten, der er sich auch verpflichtet fühlte. Eddington kam zu dem Schluß, daß er es sich nicht erlauben konnte, dieser Sache durch einen schäbigen Vorwand aus dem Weg zu gehen. Daher schickte er das Formular ohne Unterschrift zurück, fügte aber die Bemerkung hinzu, daß er, wenn man ihn nicht zurückstellte, sowieso den Status als Kriegsdienstverweigerer beanspruchen würde.

Diese kurze Notiz löste einen Aufruhr aus. Dem Gesetz nach hatte das Innenministerium nun keine andere Wahl mehr, als ihn in ein Internierungslager zu schicken. Viele von Eddingtons Kollegen in Cambridge waren nun nicht mehr besorgt, sondern wütend auf ihn. Sie glaubten, daß er eine moralisierende Haltung einnehmen wollte und dadurch eine ernste Krise heraufbeschworen hatte. Eddington zeigte dagegen keine Furcht vor der Aussicht, eingesperrt zu werden, und war erstaunt über die Verärgerung seiner Kollegen. Er lebte einfach gemäß seinen Grundsätzen.

In dieser mißlichen Situation griff der Astronom Frank Dyson mit einem rettenden Vorschlag ein. Er brachte vor, daß Eddington unter der ausdrücklichen Bedingung, die Expeditionen zur Beobachtung der Sonnenfinsternis von 1919 vorzubereiten und zu leiten, zurückgestellt werden sollte. Es war ein kluger Kompromiß, dem alle

Beteiligten zustimmen konnten. Und so ergab es sich, daß Sir Arthur Eddington der erste Mensch war, der die Allgemeine Relativitätstheorie mit Hilfe eines Versuchs überprüfen sollte.

Es mag heutzutage schwierig sein, sich den ausgeprägten Haß gegen Deutschland, der durch den Krieg entstanden war, vorzustellen. In den USA bestand das weitverbreitete Verbot, in den Schulen Deutsch zu unterrichten. In England änderte die königliche Familie ihren Namen um – sie nannte sich nicht mehr Haus Hannover, sondern Haus Windsor. Viele britische Wissenschaftler waren auf dem Schlachtfeld umgekommen, was natürlich zur Folge hatte, daß in den Universitäten eine starke antideutsche Stimmung herrschte. Man überlegte sogar, ob die Wissenschaftler überhaupt irgendwie mit ihren deutschen Kollegen zusammenarbeiten dürften, und das nicht nur während des Krieges, sondern auch noch lange Zeit danach. Die Relativitätstheorie, das Produkt eines deutschen Physikers, war von dieser Einstellung nicht ausgenommen. Die Relativitätstheorie gehörte zur Wissenschaft des Feindes.

Dazu kam, daß Einsteins Theorien in England zu dieser Zeit noch größtenteils unbekannt waren. Die 1905 veröffentlichte Spezielle Relativitätstheorie war bereits über den Kanal gedrungen; mit der Allgemeinen Theorie, die während des Krieges erschienen war, sah es dagegen anders aus. Insbesondere Einsteins Voraussage, daß durch die Sonne das Licht von den Sternen abgelenkt wird, war kaum bekannt. Die wissenschaftliche Kommunikation zwischen den beiden Ländern war in den letzten Kriegsjahren fast vollständig zum Erliegen gekommen. Deutsche und britische Wissenschaftler hatten aufgehört, sich Briefe zu schreiben. Die Abonnements der Fachzeitschriften aus dem Lande des militärischen Gegners waren alle abbestellt worden. In Holland, das neutral war, erhielt man die Zeitschriften dagegen weiterhin, und ein holländischer Astronom schickte Eddington regelmäßig Kopien von Einsteins Abhandlungen zu. Auf diese Weise drangen Einsteins Forschungsarbeiten allmählich nach England. Bei Eddingtons Kopien von Einsteins Abhandlungen handelte es sich tatsächlich um die *einzigen*, die den Briten in dieser Zeit zugänglich gewesen sind, und so ist es auch hauptsächlich Eddington zu verdanken, daß sich die britischen Wissenschaftler mit der Relativitätstheorie auseinandersetzten. Auch Dyson, der mit Eddington befreundet war, hörte durch ihn zum ersten Mal von der Ablenkung des Lichts durch die Sonne.

Alles in allem ist es der britischen Wissenschaft hoch anzurechnen, daß die Sonnenfinsternis-Expeditionen von 1919 überhaupt zustande gekommen sind. Sie wurden in einer Zeit geplant, in der man alles Deutsche zutiefst verachtete und in der man Einsteins Werk weitgehend ignorierte. Die Forschungsreisen wurden auch erst im letzten Augenblick vorbereitet. Während des Krieges war es nicht möglich, die erforderlichen Geräte herzustellen. Erst als im November 1918 der Waffenstillstand unterzeichnet worden war, konnten die Instrumentenbauer mit ihrer Arbeit beginnen. Sie wurde in aller Eile vollendet, und drei Monate später liefen die Expeditionen aus. Eddington und E. T. Cottingham reisten nach Principe, zwei andere Wissenschaftler nach Sobral.

Es gab drei Möglichkeiten. Die eine war, daß die Beobachtungen überhaupt keine Positionsverschiebungen der betreffenden Sterne offenbarten, was dann bedeuten würde, daß das Licht nicht von der Gravitation beeinflußt wird. Es könnte sich aber auch eine »halbe Ablenkung« ergeben, wie wir sie in diesem Kapitel bereits beschrieben haben. Der dritte Fall wäre, daß sich eine volle Ablenkung von zwei Bogensekunden zeigt, wie sie von der Allgemeinen Relativitätstheorie vorausgesagt wird. »Ich erinnere mich noch daran, wie Dyson all dies meinem Kollegen Cottingham erklärte«, schrieb Eddington später, »der die Ansicht gewann, daß, je größer das Ergebnis ausfiel, es um so eindrucksvoller wäre. ›Was bedeutet es, wenn die Ablenkung doppelt so groß sein wird als erwartet?‹ ›Dann‹, antwortete Dyson, ›wird Eddington wahnsinnig werden, und du mußt allein zurückkehren.‹«

Eddington und Cottingham befanden sich zwei Monate auf See und einen weiteren Monat auf der Insel Principe, um dort ihre Vorbereitungen abzuschließen. Am Tage der Sonnenfinsternis war es bewölkt, und viele ihrer Fotografien waren aufgrund der Wolkenbildung unbrauchbar. Aber auf einigen Fotos konnte man die Sterne trotzdem erkennen. Das beste davon zeigte fünf Sterne, und die beiden Wissenschaftler begannen sofort mit ihren Messungen. »Drei Tage nach der Sonnenfinsternis, als die letzten Berechnungen ausgeführt wurden, wußte ich, daß Einsteins Theorie den Test bestanden hatte«, schrieb Eddington. »Cottingham brauchte nicht allein zurückzufahren.«

Erst Monate später erhielt man eine weitere Bestätigung. Vier Fotoplatten, die in der Hitze nicht entwickelt werden konnten, wurden unentwickelt mit nach England gebracht. Eine von ihnen zeigte recht deutlich die Bilder von Sternen, und beim Nachmessen wurde die von der Allgemeinen Relativitätstheorie vorausgesagte Ablenkung erneut bestätigt. Die beiden Wissenschaftler in Sobral blieben nach der Sonnenfinsternis für zwei weitere Monate in Brasilien, um von dem Sternfeld, das die Sonne nun wieder verlassen hatte, weitere Fotografien zu machen, die dann zum Vergleich herangezogen werden sollten. Als sie schließlich zurückkehrten, stellte sich heraus, daß von ihren Fotografien der Sachverhalt am deutlichsten abzuleiten war – sie hatten während der Sonnenfinsternis gutes Wetter gehabt. Diese Fotografien erbrachten schließlich den endgültigen Beweis.

Die Beobachtung der Krümmung des Sternenlichts infolge der Gravitation erregte großes Aufsehen in der Öffentlichkeit. Selten hat die Presse einer wissenschaftlichen Entdeckung so viel Aufmerksamkeit geschenkt. Die Voraussage eines deutschen Physikers war von britischen Astronomen durch eine Expedition in ferne Länder bewiesen worden. In einer Welt, die an den Folgen des verheerendsten Krieges litt, der in der ganzen Geschichte bis dahin geführt worden war, fand diese Unternehmung großen Anklang. Es wirkte sich auch günstig aus, daß Einstein Pazifist war und sich oftmals unter hohem persönlichen Risiko gegen den Krieg ausgesprochen hatte. Aber am wichtigsten war vor allem die weitverbreitete Erkenntnis in der Öffentlichkeit, daß Einstein diese Voraussage auf der Grundlage einer wirklich revolutionären Beweisführung getroffen hatte. Man wußte, daß er die allgemeingültigen, fest verwurzelten Vorstellungen von Raum und Zeit ins Wanken brachte. Vor dem Jahre 1919 war er bei den Physikern sehr angesehen, nach 1919 war er in der ganzen Welt berühmt.

Auf jeden Fall scheint er über das Ereignis erfreut gewesen zu sein, wie man aus einer Postkarte, die er im Herbst 1919 geschrieben hatte, schließen kann:

> Liebe Mutter!
>
> Gute Neuigkeiten heute. H. A. Lorentz hat mir telegraphiert, daß durch britische Expeditionen tatsächlich die Ablenkung des Lichts in der Nähe der Sonne bewiesen worden ist . . .

Verlassen wir nun die Lichtkrümmung durch die Sonne und wenden uns der entsprechenden Krümmung durrch Schwarze Löcher zu.

Der durch die Sonne hervorgerufene Ablenkungswinkel ist klein, weil die Schwerkraft auf der Sonne astronomischen Maßstäben nach schwach ist. Das Gravitationsfeld des Schwarzen Lochs ist dagegen weitaus stärker und verursacht Wirkungen, die äußerst imposant sind. Wir wollen diese Wirkungen nun mit Hilfe einer Taschenlampe erforschen. Wir lassen die Taschenlampe über dem Loch schweben und verfolgen die Bahn ihres Lichtstrahls.

Zunächst lassen wir sie hoch über dem Loch schweben, wie es in Zeichnung 29 dargestellt ist. Bei derart großen Entfernungen ist das Gravitationsfeld sehr schwach und die Krümmung gering: es ist nichts Ungewöhnliches zu entdecken. Aber nun senken wir die Taschenlampe etwas (Zeichnung 30). Das Gravitationsfeld des Lochs wirkt nun intensiver: die Bahn des Lichtstrahls weist eine stärkere Krümmung auf. Diese Beobachtung liegt jenseits unserer alltäglichen Erfahrung. Wenn wir in einer derartigen Umgebung leben würden, dann kämen wir uns vor wie in dem Spiegelkabinett eines

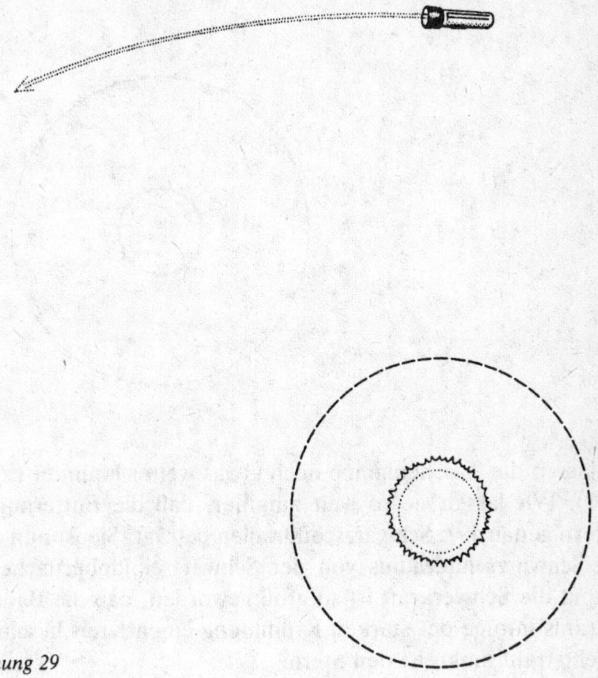

Zeichnung 29

Jahrmarkts. Gegenstände, die scheinbar direkt vor uns liegen, würden sich in Wirklichkeit darunter befinden. Gegenstände, die sich genau vor uns befinden, sehen wir oberhalb davon. Wenn ein Auto direkt auf einen Beobachter zufahren würde, dann würde es so scheinen, als ob es hoch über seinem Kopf schwebte – und der Beobachter würde nicht das Kühlerschutzgitter des Autos sehen, sondern das Verdeck. Die außergewöhnlich starke Schwerkraft des darunter befindlichen Sterns verzerrt die Ausbreitung des Lichts so drastisch, daß ein Beobachter zu der Annahme kommen könnte, er würde sich mitten in einer Linse befinden. Und er hätte recht damit.

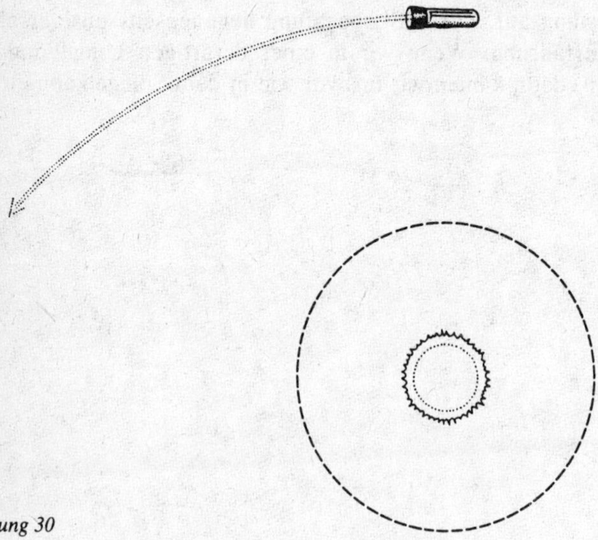

Zeichnung 30

Wir lassen die Taschenlampe noch etwas weiter hinunter (Zeichnung 31). Wir lassen sie so weit hinunter, daß die Entfernung zu dem Stern genau 1 ½ Schwarzschildradien beträgt. Sie ist nun einen halben Schwarzschildradius von der Schwarzschildoberfläche entfernt, und die Schwerkraft ist so groß geworden, daß die Bahn des Lichtstrahls infolge der starken Krümmung einen Kreis beschreibt. Der Lichtstrahl umkreist den Stern.

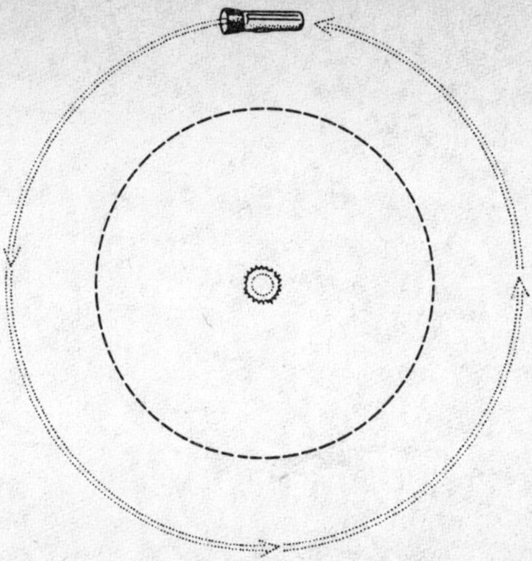

Zeichnung 31

Das Leben in einer derartigen Umgebung würde wirklich bemerkenswerte Anblicke bieten. Ein Beobachter könnte seinen eigenen Hinterkopf direkt vor sich schweben sehen. Er wäre umringt von Bildern seines Kopfes, jedes von einem anderen Blickwinkel aus gesehen. Von dieser Position aus können wir die Taschenlampe auch nach oben richten (Zeichnung 32). In diesem Fall verläuft der Lichtstrahl spiralenförmig nach außen, bis er schließlich Regionen erreicht, in denen die Schwerkraft so schwach ist, daß er sich annähernd geradlinig fortbewegt. Wenn wir die Taschenlampe nach unten richten (Zeichnung 33), verläuft der Strahl spiralenförmig nach innen, bis er schließlich auf den Stern fällt. Dieses Licht ist von der Gravitation eingefangen worden.

Je mehr sich die Taschenlampe dem Stern nähert, desto größere Mengen von ihrem Licht werden eingefangen. Und wenn sie auf die Schwarzschildoberfläche hinabgelassen wird, dann werden *all* ihre Strahlen angesaugt und verschlungen. Selbst wenn wir nun die Taschenlampe nach oben richten, ist die Gravitation so stark, daß die Lichtstrahlen zum Stern hingezogen werden. Das gleiche gilt (Zeichnung 34), wenn sich die Taschenlampe unterhalb der Schwarzschildoberfläche befindet. Keinem Lichtstrahl, der innerhalb dieser Region ausgesendet wird, ist es möglich zu entkommen. Das Licht fällt wie ein Stein nach unten.

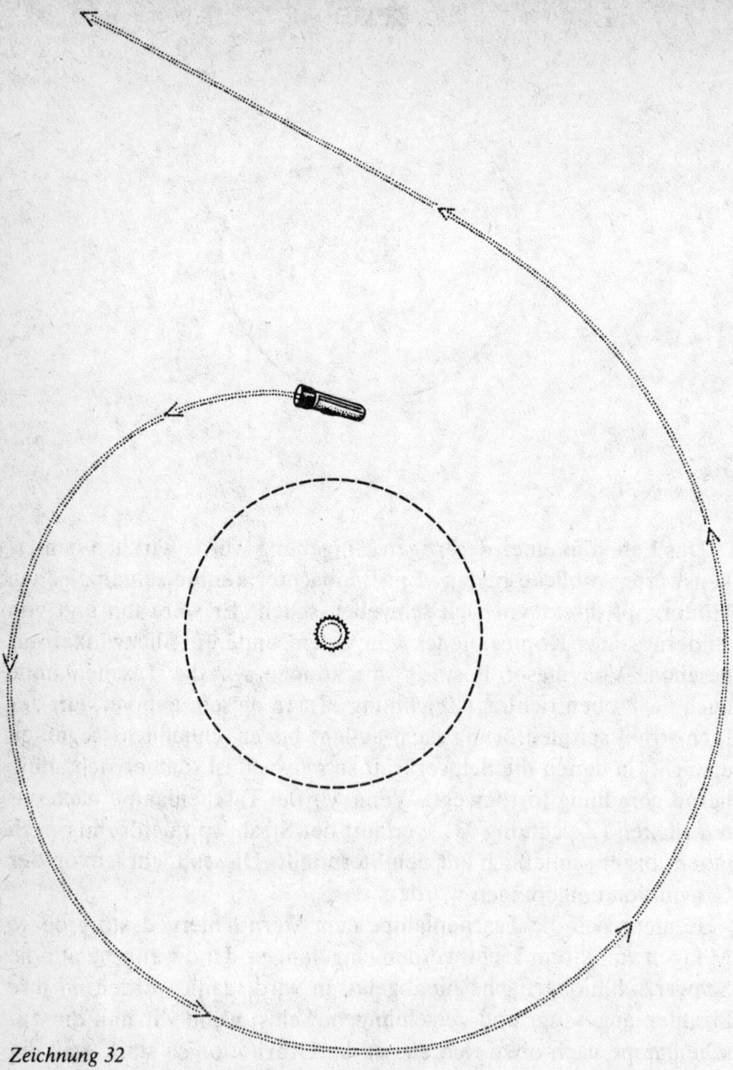

Zeichnung 32

Nun führen wir einen anderen Versuch durch. Wir lassen diesmal keine Taschenlampe, sondern eine Glühbirne hinunter, immer näher an die Schwarzschildoberfläche heran. Wir schweben mit einer riesigen Kabeltrommel im Raum. Am Ende des Kabels leuchtet die

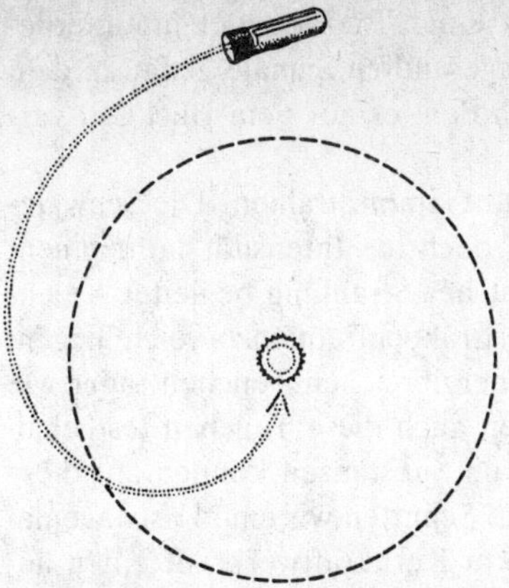

Zeichnung 33

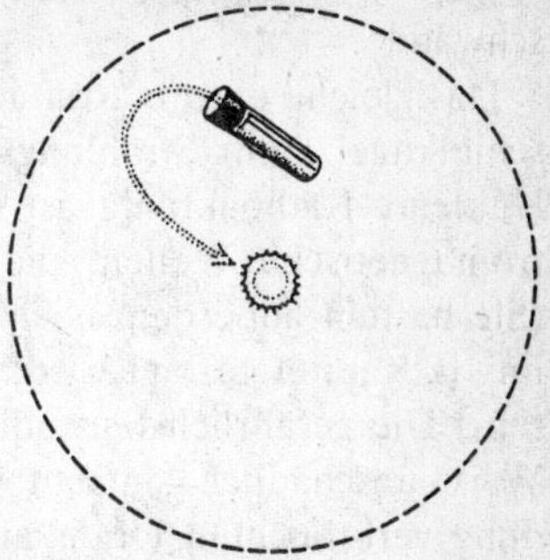

Zeichnung 34

Glühbirne, die nun unterhalb von uns über dem Stern baumelt. Wir rollen das Kabel weiter ab und *betrachten* die Glühbirne.

Während die Birne nach unten gleitet, fängt das von ihr ausgestrahlte Licht an, ungewöhnlich schwach zu werden. Es scheint so, als ob der Strom in dem Kabel allmählich versiegen würde. Dies ist aber nicht der Fall. In Wirklichkeit leuchtet die Glühbirne so hell wie immer – doch beim Hinunterlassen erreicht uns immer weniger von ihrem Licht. Das Licht wird auf den Stern hinuntergezogen. Je mehr sich die Glühbirne der Schwarzschildoberfläche nähert, desto dunkler wird sie; und als sie diese Oberfläche erreicht, ist sie vollkommen dunkel geworden. Die Glühbirne ist nicht mehr zu sehen.

Ein Objekt, das sich innerhalb der Schwarzschildoberfläche befindet, ist nicht sichtbar. Egal wie hell die Birne leuchtet, ihr Licht kann uns niemals erreichen. Dieses Phänomen beschränkt sich nicht nur auf Glühbirnen, es gilt für alle Objekte. Werfen wir einen Ziegelstein auf den Stern zu. Wir sehen den Stein infolge des Lichts, das er reflektiert, doch wenn er die magische Oberfläche passiert hat, wird das ganze Licht von uns weg nach unten gezogen. Der Ziegelstein verschwindet in dem Moment, in dem er die Schwarzschildoberfläche passiert.

Nicht nur Licht wird auf diese Weise in Mitleidenschaft gezogen. Radiosignale sind, ebenso wie das Licht, Wellen, die sich im elektromagnetischen Feld ausbreiten, und sie werden ebenfalls von der

Schwerkraft angezogen. Wenn wir einen Radiosender hinunterließen, dann würden die von ihm ausgesandten Signale genau in dem Augenblick scheinbar versiegen, in dem er aus dem Blickfeld verschwände.

Das gleiche gilt für Röntgen- und Gammastrahlen. Die Schwarzschildkugel kann Strahlungsflüsse höchster Intensität aufnehmen. Nukleare Radioaktivität ist von solcher Strahlung begleitet – elektromagnetische Wellen, die im Ultrahochfrequenzbereich liegen. (Sie besteht außerdem noch aus energiereichen Teilchen, aber wie im 10. Kapitel gezeigt wird, werden auch diese Teilchen festgehalten.) Die gefährlichsten radioaktiven Substanzen können auf diese Weise unschädlich gemacht werden. Schütten wir eine Lastwagenladung verbrauchten Urans aus einem Kernkraftwerk auf einen äußerst stark komprimierten Stern und halten dann einen Geigerzähler in die Nähe seiner Schwarzschildoberfläche. Nur wenige Zentimeter davon entfernt befinden sich einige Tonnen tödliches Uran, doch der Geigerzähler bleibt ruhig.

Wie steht es nun mit dem Stern selbst? All diese Wirkungen werden durch sein Gravitationsfeld hervorgerufen, doch der Stern selbst ist nicht zu sehen. Ebenso wie das Licht der Glühbirne nach unten gezogen wird, Radiowellen und Gammastrahlen aufgenommen werden, ist auch das Licht des Sterns von der Schwerkraft eingefangen worden und wird festgehalten. Die Anziehung ist so stark, daß es niemals über die Oberfläche des Sterns hinauskommt. *Ein Objekt, das kleiner ist als sein Schwarzschildradius, ist nicht sichtbar.* Auch auf einem Radarschirm kann man es nicht sehen. Das Radar funktioniert dadurch, daß ausgesandte Radiosignale von Gegenständen abprallen: der zurückkehrende Echoimpuls wird aufgenommen und übermittelt die Gegenwart des reflektierenden Objekts. Aber dieser Stern verschluckt die Radiosignale.

Die Undurchdringlichkeit der Schwarzschildoberfläche hat die Physiker dazu gebracht, diese Grenze auch als *Ereignishorizont* zu bezeichnen. Es handelt sich hierbei um eine treffende Beschreibung. Dinge, die sich jenseits des Horizonts befinden, existieren immer noch, sind aber nicht mehr sichtbar. Der Unterschied besteht darin, daß dieser Horizont absolut ist. Auf der Erde weicht der Horizont zurück, wenn wir auf ihn zugehen, doch der Ereignishorizont verschiebt sich nicht. Wenn sich ein Objekt jenseits von ihm befindet, ist es für immer unsichtbar geworden.

Der Ereignishorizont bildet die Oberfläche des Schwarzen Lochs. Ein Schwarzes Loch ist eine Region, die sich innerhalb eines bestimmten kritischen Entfernungsbereichs eines außergewöhnlich stark komprimierten Sterns befindet. Je mehr man sich mit der Untersuchung dieser Region befaßt, desto mehr verschwindet der Stern, der die Ungewöhnlichkeiten dieser Region hervorgerufen hat, in den Hintergrund, und desto mehr nimmt das Loch selbst – bloße, nicht stoffliche Leere: eine Ansammlung von Raum – eine fast materielle Existenz an. Es ist kugelförmig und besitzt eine genau bestimmbare Größe: Sein Radius entspricht dem Schwarzschildradius des in ihm befindlichen Sterns. Das Loch ist schwarz; es sendet kein Licht aus und reflektiert es auch nicht. Es hat eine Masse: nämlich die Masse des Sterns, durch den es erschaffen worden ist. Und es weist noch eine Anzahl weiterer seltsamer Eigenschaften auf.

Wir schließen dieses Kapitel mit der kurzen Betrachtung eines bemerkenswerten Zufalls ab. All diese Erkenntnisse lassen sich von Karl Schwarzschilds Lösung der Einsteinschen Feldgleichungen ableiten. Und der Name »Schwarzschild« hat eine Bedeutung. Handelt es sich bei dem Ereignishorizont nicht um einen »schwarzen Schild«, der verbirgt, was sich hinter ihm befindet?

Schwarzschilds Name beschreibt also genau das, was er entdeckt hat.

10. Kapitel

Kraft

Wie wirkt sich das Gravitationsfeld des Schwarzen Lochs aus? Mit welcher Kraft zieht es Gegenstände an? Auf der Erde beantworten wir derartige Fragen jeden Tag. Wir tun es, indem wir Gegenstände anheben. Jedesmal, wenn ich einen Koffer hochhebe, habe ich die Kraft, mit der die Erde den Koffer anzieht, gemessen – oder zumindest gespürt. Machen wir das gleiche mit dem Schwarzen Loch. Wir lassen irgendeinen Gegenstand, der an einem Seil befestigt ist, über dem Loch schweben und messen die Kraft, die auf das Seil wirkt.

Wir kehren also wieder zu dem Versuch zurück, eine Glühbirne langsam in das Schwarze Loch hinabzulassen. Im 9. Kapitel fragten wir danach, wie die Glühbirne aussah. Nun stellen wir die Frage, wieviel sie wiegt. Newton sagt uns – und Einstein stimmt damit überein –, daß diese Anziehung immer stärker wird, wenn sich die Glühbirne dem Ausgangspunkt des Gravitationsfeldes nähert. Wir beginnen unseren Versuch 16 000 Kilometer von dem Schwarzen Loch entfernt.

Da das Schwarze Loch eine sehr große Masse hat, ist die Anziehung sehr stark. Selbst hier wiegt die Birne bereits 1 500 Kilogramm. Nun rollen wir das Seil ab. Wenn die Birne bis auf eine Höhe von 6 000 Kilometern über dem unsichtbaren Stern hinabgelassen wird, ist die Anziehung so stark, daß die Birne 10 000 Kilogramm wiegt. Bei einer Höhe von 150 Kilometern beträgt das Gewicht der Glühbirne sage und schreibe 17 000 Tonnen. Ab jetzt fängt sie an, schwächer zu leuchten. Je näher sie an den Rand des Schwarzen Lochs herankommt, desto dunkler wird sie – und desto mehr wiegt sie. Ihr Gewicht nimmt in einem unvorstellbaren Ausmaß zu. In dem Augenblick, in dem die Glühbirne die Schwarzschildoberfläche berührt, geschehen schließlich zwei Dinge. Die Glühbirne wird so dunkel, daß sie nicht mehr zu sehen ist – und die Kraft, die auf das Seil wirkt, wird *unendlich* groß.

Das Seil reißt, und die Glühbirne fällt in das Schwarze Loch.

Innerhalb eines Schwarzen Lochs ist die Gravitation überwältigend. Nichts kann ihr widerstehen. Ein Objekt, das sich jenseits des Ereignishorizonts befindet, wiegt nicht eine Million Tonnen oder etwa hundert Milliarden Tonnen; sein Gewicht ist nicht mehr mit Zahlen auszudrücken, und keine entgegenwirkende Kraft, egal wie groß sie ist, kann es aufhalten. Wenn irgend etwas den Rand des Schwarzen Lochs erreicht hat, ist sein Schicksal besiegelt: es stürzt ungestüm hinunter, fällt unaufhaltsam mit Lichtgeschwindigkeit nach unten und kracht innerhalb eines Sekundenbruchteils auf die Oberfläche des Sterns. Wenn wir versuchen, das Objekt mit einem Seil hochzuziehen, um seinen Sturz aufzuhalten, wird das Seil weggerissen und verschwindet ebenfalls in dem Loch. Wir befinden uns an Bord einer Rakete und begeben uns in das Loch. In dem Versuch zu entkommen zünden wir die Triebwerke. Doch egal wie leistungsstark sie sind, die Beschleunigung reicht nicht aus. Die Rakete fällt hinunter.

Die Gravitation innerhalb eines Schwarzen Lochs ist ganz anders geartet als die Gravitation, die außerhalb des Lochs herrscht. Unter normalen Umständen ist die Schwerkraft natürlich von großer Bedeutung, doch man kann mit ihr klarkommen. Es handelt sich um ein Problem, das gelöst werden kann. Unsere Beine können uns tragen; Gebäude können errichtet werden. Aber unterhalb der Schwarzschildoberfläche ist all dies überhaupt nicht mehr möglich. Jenseits dieser Oberfläche ist niemand mehr in der Lage zu stehen. Gebäude würden zusammenfallen. Selbst das Licht würde hinunterfallen. Im Schwarzen Loch gehört das Fallen zum Alltag.

Alles fällt nach unten, und der Sturz dauert eine bestimmte Zeitspanne lang. Der Sturz hält so lange an, bis das fallende Objekt auf den Stern unter ihm auftrifft. Wie lange dies dauert, hängt von der Größe des Lochs ab, die wiederum von der Masse des Schwarzen Lochs abhängt. Wenn der Stern, der das Loch verursacht, die gleiche Masse wie die Sonne hat, so ist seine Schwarzschildkugel recht klein – sie hat einen Radius von 2,8 Kilometern –, und die Objekte fallen nur 1/100 000 Sekunde lang, bis sie zerschmettert werden. Aber wahrscheinlich gibt es auch größere Schwarze Löcher. Wenn irgendwo im Universum eine ganze Galaxie bis auf ihren Schwarzschildradius zusammengepreßt worden wäre, würde das daraus entstandene Schwarze Loch einen Durchmesser von mehreren Milliarden Kilometern haben. Objekte, die den Ereignishorizont passierten, würden einen unaufhaltsamen Sturz vollführen, der zehn Tage anhielte. Es ist sogar vorstellbar, daß es noch größere Löcher gibt – Löcher, die so massenreich sind und so unermeßlich groß, daß die Gegenstände dort drinnen jahrhundertelang hinunterfallen. Könnte in einer derartigen Umgebung Leben in irgendeiner Form möglich sein? Vielleicht, und wenn es so wäre, dann würde es sich in der Tat um eine merkwürdige Lebensweise handeln. Der Leser wird möglicherweise seine Freude daran haben, Mutmaßungen darüber anzustellen, wie diese Welt aussehen würde: die Welt des universalen Falls.

Das Schwarze Loch verschlingt alles, was sich in seiner Nähe befindet. Stellen wir uns vor, daß ein derartiges Loch mit einem Durchmesser von 30 Zentimetern ins Zimmer gelangt ist und nun vor mir schwebt. Ein Loch in dieser Größe würde durch einen Himmelskörper hervorgerufen werden, der eine weitaus geringere Masse als die Sonne hat, aber vor der Komprimierung noch immer recht groß gewesen ist: Das Loch besitzt eine Masse, die 18mal so groß ist wie die der Erde. Ich kann es nicht sehen. Ich kann nur eine 30 Zentimeter große, tiefschwarze Scheibe erkennen, die sich gegen die Wand im Hintergrund abhebt; um diese Silhouette herum zeigt sich ein drastisch verzerrtes Bild der Wand.

In meiner Hand halte ich eine Meßlatte, die ein Meter lang ist. Ich gehe etwas nach vorne und berühre mit ihrer Spitze das Loch. Die Meßlatte wird aus meiner Hand gerissen und verschwindet spurlos. Das Loch hat einen Durchmesser von 30 Zentimetern, die Meßlatte ist dagegen ein Meter lang . . . und sie befindet sich nun in dem Schwarzen Loch. Sie ist zusammengedrückt worden, damit sie dort hineinpaßt.

Ich schiebe ein Sofa auf die schwebende Dunkelheit zu. Es wird wie ein Blatt Papier zusammengeknüllt, angesogen und ist dann nicht mehr zu sehen. Neben mir liegt ein übelriechender Abfallhaufen – Apfelsinenschalen, Kaffeesatz usw. Hinein damit. Selbst der Gestank wird verschlungen.

Ich werfe eine Handgranate in das Loch hinein. Kein Explosionsgeräusch ist zu hören; kein tödlicher Granatsplitterhagel geht auf mich nieder. Das Loch bebt nicht einmal, als die Granate darin verschwindet. Es hat die Explosion ohne weitere Anzeichen einfach aufgenommen. Wenn ich eine Wasserstoffbombe hineingeworfen hätte, wäre sie ebenso spurlos darin verschwunden.

Bei dieser Situation gibt es einen weiteren wesentlichen Faktor. Was für eine Kraft übt dieses Loch auf mich aus? Ich war bestrebt, ihm nicht zu nahe zu kommen. Ich wollte nicht auf einen unsichtbaren Planeten aufschlagen, der 18mal so massereich ist wie die Erde, also hatte ich es vermieden, den Rand des Schwarzen Lochs zu berühren. Doch es übt eine Anziehungskraft auf mich aus; zwar ist die Anziehung nicht unendlich stark, aber sie ist außergewöhnlich groß. Wie groß ist sie?

Es stellt sich heraus, daß diese Anziehungskraft etwa 100 000 000 000 000 Newton groß ist.

Ich werde katastrophalerweise mit einem Ruck hochgerissen und stürze unaufhaltsam in das Loch hinein. Verzweifelt versuche ich mich noch an einer Türklinke festzuhalten, doch der Sog ist zu stark, so daß sie mir entgleitet. Der Tisch neben mir wird ebenfalls von der Anziehung erfaßt. Die Tür ist aus den Angeln gerissen worden und stürzt einen Moment später hinterher. Ein beständiges Grollen und ein ohrenbetäubender, schriller Laut ist aus der Richtung des Fensters zu hören, dann strömt die ganze Luft, die Atmosphäre der Erde, einem Sturzbach gleich ins Zimmer und wird ungestüm nach innen gesogen. Die Luft, die das Loch umgibt, wird weißglühend, da sie durch die Reibung und die Verdichtung stark erhitzt wird. Die Decke zerbröckelt und fällt auf mich herunter. Die Wände des Zimmers stürzen ein. Der Fußboden steigt splitternd nach oben und fliegt zerkleinert auf das Loch zu. Der Baum, der vor dem Fenster stand, biegt sich wie ein Zweig und wird dann entwurzelt. Er wird heftig zur Seite gerissen und kollidiert mit Ziegelsteinen und Holzstücken; alles bahnt sich seinen Weg in die Vergessenheit.

Das Schwarze Loch schwebt über der Ostküste der Vereinigten Staaten. Im Westen, fünftausend Kilometer weit entfernt, überschwemmt der Pazifik die kalifornische Küste. Er wird ebenfalls von dem Loch angezogen, erhebt sich und bildet die größte Flutwelle, die es jemals gegeben hat. Los Angeles versinkt im Wasser, als das Meer ostwärts strömt – nicht nur ein Teil von ihm, nicht nur eine Welle, sondern die gesamten Wassermassen des Pazifischen Ozeans. Das Wasser wird während seines waagerechten Sturzes beschleunigt; innerhalb von Sekunden donnert es mit einer Geschwindigkeit von hundertfünfzig Stundenkilometern vorwärts. Los Angeles ist zerstört worden – aber nicht nur durch die unvorstellbare Flutwelle. Jede Person auf der Straße ist mit einer Kraft von mehreren hundert Newton ostwärts gezogen worden. Wolkenkratzer kippen zur Seite. Der Boden unter ihnen – Steine, Sand, Kies und das ganze Gefüge der Erde – wird losgerissen und fliegt auf das Loch zu.

Der gesamte Planet Erde wird von dem Schwarzen Loch verschlungen. Er wird zerkleinert, zusammengepreßt, zu einem aus Trümmern bestehenden Klumpen verdichtet und schließlich zum Verschwinden gebracht. Die Erde fällt jedoch nicht auf einmal in das Loch hinein. Der Zerstörungsprozeß nimmt eine gewisse Zeit in Anspruch. Eine Lawine aus Felsbrocken trifft mit einer ähnlichen Lawine, die aus einer etwas anderen Richtung kommt, zusammen. Es entsteht ein kosmischer Verkehrsstau. Dieser Stau verzögert die Ereignisse, kann sie jedoch nicht aufhalten. Eine Ansammlung von Trümmern umgibt das Loch. Tief im Innern dieser Schuttkugel wird ein dreißig Zentimeter großes Maul von einem grellen Licht umgeben: das Gestein ist infolge der extremen Verdichtung, der es ausgesetzt war, überhitzt und verdampft worden. Auf der Oberfläche der Schuttkugel sind unermeßliche Geysire und weißglühende Gasexplosionen zu beobachten, die aus dem tiefsten Innern hervorschießen. Die Trümmeransammlung schrumpft zusammen. Jetzt hat sie einen Durchmesser von einem Kilometer, nun einen von einem Meter, dann ist sie verschwunden. Die Erde ist von einem dreißig Zentimeter großen Nichts vernichtet worden.

Am Ende bleibt nur das Loch zurück. Und es zittert nicht einmal. Nur eine kleine Veränderung hat stattgefunden. Da das Loch eine recht große Masse verschluckt hat, ist es etwas schwerer geworden. Der Schwarzschildradius ist somit etwas größer geworden. Das Maul wächst, wenn es Masse verschlingt.

Materie, die auf ein Schwarzes Loch trifft, fällt dort unweigerlich hinein; bei diesem Vorgang wird eine große Menge an Energie freigesetzt. Ebenso wie ein zusammenstürzendes Gebäude ein gewaltiges Getöse von sich gibt, hat auch der Sturz von Materie in ein Schwarzes Loch ein charakteristisches Kennzeichen: Es entsteht ein heftiger Strahlungsausbruch – Licht-, Radio- und Röntgenstrahlen –, der durch die enorme Erhitzung, die die Materie bei dem

Verdichtungsprozeß durchmacht, verursacht wird. Wenn die Materie den Ereignishorizont überschritten hat, kann ihre Strahlung nicht mehr festgestellt werden – doch sie strahlt bereits, lange bevor sie diesen Punkt erreicht hat. Selbst wenn die fallende Materie sich noch einige tausend Kilometer weit von dem Schwarzen Loch entfernt befindet, ist sie schon so sehr zusammengedrückt und so sehr von anderen Materieteilen herumgestoßen worden, daß sie außergewöhnlich stark strahlt. Und bei dieser Emission handelt es sich um etwas, das empfangen werden kann.

Wir haben derartige Emissionen festgestellt. Der Nachthimmel mag vielleicht den Eindruck von einer friedlichen Ruhe erwecken, doch je genauer die Astronomen das Universum beobachtet haben, desto deutlicher bildete sich die Erkenntnis heraus, daß es sich um eine Region handelt, die von Gewalt geprägt ist. Ständig spielen sich dort Katastrophen ab. Deuten diese Katastrophen auf Schwarze Löcher hin?

Der Crabnebel bildet die erste Eintragung in dem Katalog, in dem Charles Messier die von ihm beobachteten diffusen Nebel aufgelistet hatte. Bild 3 zeigt einen weiteren Nebel – im Katalog erhielt er die Nummer 87. Der Messier 87, M 87, wie dieser Nebel genannt wird, befindet sich im Sternbild Jungfrau und kann im Frühling und im Sommer am Himmel leicht entdeckt werden. Mit Hilfe eines kleinen Fernrohrs kann man den sanften Lichtschein sehen, den er aussendet. Im Gegensatz zum Crabnebel ist er keine Wolke. Es handelt sich um eine Galaxie – um einen gewaltigen Sternhaufen, der sich sehr weit von uns entfernt im Weltall befindet. Die Erde bildet einen Teil einer derartigen Galaxie, des Milchstraßensystems, doch dieses unterscheidet sich in einigen Punkten von M 87. Bild 4 zeigt, welchen Anblick *unsere* Galaxie von einem Millionen von Lichtjahren entfernten Standort aus bieten würde. Aus einer solchen Entfernung könnten wir die Sonne überhaupt nicht mehr sehen – ein verschwindend kleines Pünktchen, das irgendwo in dem riesigen Haufen verlorengegangen ist. Unsere Galaxie weist eine Scheibenform auf und ist mit gewundenen Spiralarmen durchsetzt.

M 87 weist dagegen keine Spiralarme auf und ist nicht scheibenförmig, sondern hat die Form einer Kugel. Auf Bild 3 ist noch eine kugelförmige Wolke zu sehen, die M 87 umgibt und sich scheinbar aus verschwommenen Tüpfelchen zusammensetzt. Man kann Hunderte davon entdecken. Und es handelt sich dabei nicht um Sterne, sondern wiederum um weitere Sternhaufen. Bei einer stärkeren Vergrößerung offenbart sich, daß jeder davon ebenfalls kugelförmig ist – Miniaturausgaben der gewaltigen Galaxie, die sie umschwärmen. Sie werden als Kugelhaufen eingestuft, und jeder davon besteht aus bis zu 100 000 Sternen. Die Ausmaße von M 87 sind so riesig, daß diese Kugelhaufen dagegen nur wie kleine Tupfer wirken.

Galaxien in der Art von M 87 sind nicht ungewöhnlich – man kennt Millionen davon –, und so erregte diese eine keine besondere Aufmerksamkeit. Aber seit kurzem hat sich dies geändert. Nach und nach, durch eine Reihe von Entdeckungen, wandelte sich die Auffassung, daß es sich bei M 87 nur um einen gewöhnlichen Sternhaufen handelt. Zunächst stellte man eine Radioemission fest, die von dieser Galaxie stammte. Im Gegensatz zu der Pulsarstrahlung ist diese Emission beständig, sie verändert sich nicht – aber sie ist weitaus stärker. Verglichen mit der überwältigenden Radiostrahlung, die M 87 aussendet, ist die Intensität der Emission eines Pulsars recht schwach.

Auf Bild 3 sieht es so aus, als ob das Innere von M 87 aus einer Unzahl von sehr dicht beieinanderliegenden Sternen besteht, die ein gleichmäßig helles Lichtfeld bilden. Doch dies ist eine Täuschung. Sie entsteht dadurch, daß die Fotografie überbelichtet worden ist, denn diese sollte die äußere Umgebung der Galaxie und die umliegenden Kugelhaufen deutlicher hervorheben. Bild 5 zeigt das Ergebnis bei einer kürzeren Belichtungszeit. Hier sind die Kugelhaufen und die weitere Umgebung von M 87 kaum zu erkennen, aber man kann das Innere der Galaxie besser erforschen. Die dichte, eng beieinanderliegende Ansammlung von Sternen, die sich im Zentrum befindet, ist auf diesem Foto deutlich zu sehen. Und man kann noch etwas anderes erkennen – etwas, das durch die Überbelichtung von Bild 3 zum Verschwinden gebracht worden ist.

Es geht um den Strahl, den Materiejet, der sich bis aus dem Zentrum der Galaxie hinaus erstreckt. Es handelt sich um ein bemerkenswertes Objekt. Zunächst einmal ist es genau gerade – und gerade Linien findet man in der Natur nicht oft. Zum zweiten ist der Materiejet von M 87 ebenfalls die Quelle einer starken Radiostrahlung. Und schließlich setzt er sich noch aus Knoten zusammen.

Auf dem Nebenbild zu Bild 5 – einer deutlicheren Darstellung, die dadurch entstanden ist, daß mehrere Fotografien in einen Computer eingegeben worden sind – sind die Knoten noch besser zu sehen. Der Materiejet von M 87 bildet keine ununterbrochene Linie: es handelt sich um eine Reihe von Verdichtungen. Entsprechend dasselbe gilt für die Radioemission, die vom Materiejet ausgeht. Und schließlich offenbart das Bild noch etwas anderes von großer Bedeutung, was man vielleicht schon geahnt hat, dessen man sich jedoch nicht sicher sein konnte: Der Materiejet erstreckt sich bis *in* das Zentrum der Galaxie hinein.

Dieses Zentrum – der *Kern* von M 87 – sendet sowohl Radiowellen als auch Röntgenstrahlen aus. Aber seine bedeutendste Eigenschaft wurde nicht von Radio- oder Röntgenastronomen entdeckt, sondern indem einfach die Sterne gezählt wurden. Diese Arbeit hat eine Gruppe von vier Astronomen des California Institute of Technology ausgeführt – Peter Young, James Westphal, Jerome Kristian und Christopher Wilson – unter Mitwirkung von Frederick Landauer vom Jet Propulsion Laboratory. Dieses Projekt nahm mehr als zwei Jahre in Anspruch, wobei ein Großteil der Zeit für den Bau einer der empfindlichsten »Kameras«, die jemals konstruiert worden sind, aufgewendet wurde: das SIT-Detektorsystem. SIT ist eine Fernsehaufnahmeröhre, die mit einem Siliziumhalbleiter als Verstärker arbeitet. Diese Kamera ist mit dem Okular eines Teleskops gekoppelt. Sie ersetzt die herkömmliche Fotoplatte, und mit ihr erzielt man weitaus bessere Ergebnisse. Eine Schwierigkeit besteht nur darin, daß sie nicht ein Foto erstellt, sondern ein kompliziertes Datenlabyrinth, das nur von einem Computer analysiert werden kann. Aber wenn diese Analyse erst einmal durchgeführt worden ist, kann ein Bild zusammengesetzt werden, das eine bessere Auflösung aufweist als jedes andere Bild, das man auf herkömmlichem Wege erhält.

Young und seine Kollegen richteten ihr Gerät auf M 87. Ihr Bildschirm war in eine große Anzahl winziger Bildelemente aufgeteilt: auf jeder Seite befanden sich 256 davon. Die Daten, die sie erhielten, bestanden aus einer Reihe von Zahlen – 256mal 256 Zahlen, von denen jede die gesamte Lichtmenge jeweils eines bestimmten Bildelementes repräsentierte. Als die Wissenschaftler diese Zahlen graphisch darstellten, kamen sie zu einem überraschenden Ergebnis. Sie hatten eine Linie dieser winzigen Bildelemente gewählt, die direkt durch das auf dem Schirm gezeigte Bild von M 87 verlief, wobei sie sorgsam darauf bedacht gewesen waren, daß die Linie genau durch das Zentrum der Galaxie ging. Zeichnung 35 zeigt ein Diagramm, das aus diesem Versuch gewonnen wurde.

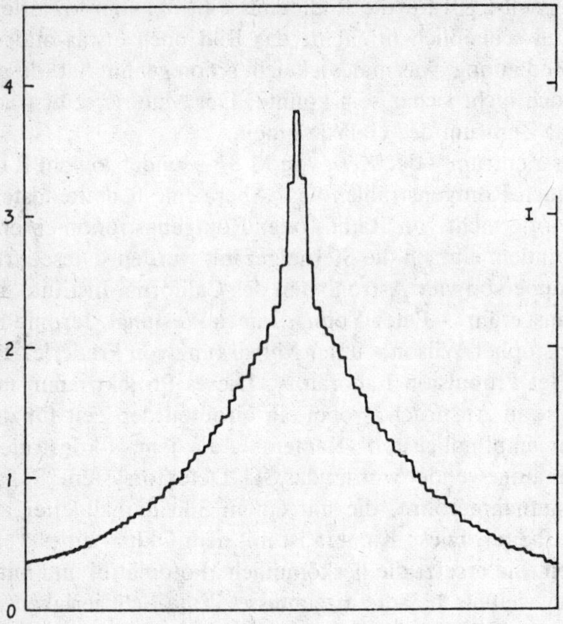

Zeichnung 35

In Richtung des Zentrums ist eine starke Lichtkonzentration zu beobachten. Dieses Licht stammt von Sternen, und das Diagramm zeigt, daß sie im Kern von M 87 enger beieinanderliegen als in den Außenbezirken. Diese Zusammenballung von Sternen ist eigentlich nichts Neues: sie ist bei allen Galaxien zu beobachten. Es ist der Grad der Zusammenballung, der hier von besonderer Bedeutung ist: der Kern von M 87 enthält *zu viele* Sterne.

Die Astronomen überzeugten sich von dieser Tatsache, indem sie eine zweite Galaxie untersuchten, eine, die mit dem phantasielosen Namen NGC 4636 bedacht worden war. Man hatte nach einem Objekt gesucht, das M 87 so ähnlich wie möglich sein sollte. Und NGC 4636 war ebenfalls kugelförmig, wies keine Spiralarme auf und war ungefähr ebenso weit von uns entfernt wie M 87. Das

Ergebnis, das die Wissenschaftler erhielten, zeigt die Zeichnung 36. Dieses Diagramm macht ebenfalls eine Zunahme der Lichtstärke in Richtung des Zentrums deutlich, doch die Zunahme ist an keinem Punkt so aufsehenerregend wie beim ersten Schaubild. Insbesondere die »Spitze« des Lichts im Kern von M 87 fehlt bei NGC 4636. Diese zentral gelegene Spitze ist das Ungewöhnliche und Bedeutungsvolle von M 87. *Keine andere* Galaxie weist sie auf.

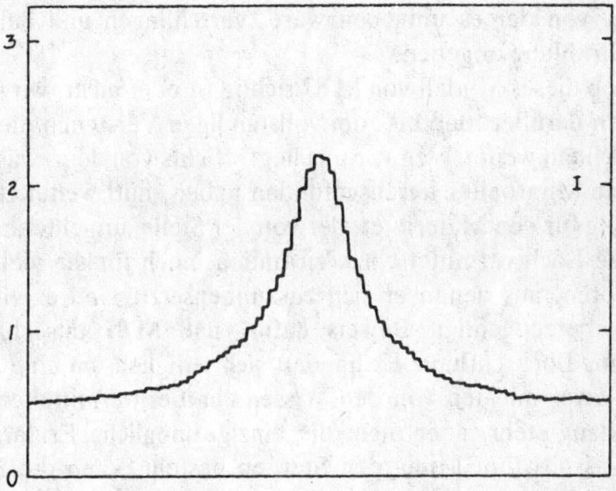

Zeichnung 36

Welche Ursachen kann eine derart große Zusammenballung von Sternen im Zentrum der Galaxie haben? Irgend etwas muß sie dort festhalten. Irgendeine enorm starke Materiekonzentration muß sie auf sich ziehen. Auf der anderen Seite ist diese Konzentration selbst in den von SIT ermittelten Daten nicht auszumachen. Diese Daten zeigen nur das Licht von Sternen; von einem weiteren riesigen Klumpen im Zentrum lassen sie nichts erkennen. Was für ein Klumpen dies auch immer sein mag, er kann nicht sehr viel Licht aussenden.

Vielleicht sendet er überhaupt kein Licht aus. Vielleicht handelt es sich um ein Schwarzes Loch.

Das Wissen über die Verteilung der Sterne im Kern von M 87 ermöglichte es den Wissenschaftlern, die Masse und die Größe des zentral gelegenen Objekts zu berechnen. Sie kamen zu dem Ergebnis, daß seine Masse *fünf milliardenmal so groß* ist wie die der Sonne und sein Durchmesser weniger als 600 Lichtjahre beträgt – möglicherweise ist er auch noch viel kleiner. Könnte dieses Objekt ein gigantisches Schwarzes Loch sein? Diese Interpretation ihres Ergebnisses ist sicherlich möglich. Und sie stimmt auch mit anderen Besonderheiten, die die Galaxie aufweist, überein. Die intensive Radio- und Röntgenstrahlung, die von ihrem Kern ausgeht, wäre damit ebenfalls zu erklären, denn das Loch würde unaufhörlich die Materie, von der es umgeben wäre, verschlingen und dabei eine starke Strahlung abgeben.

Egal ob dieses Modell von M 87 richtig ist oder nicht, wir sind uns im klaren darüber, daß bis zum vollständigen Verstehen dieser Galaxie noch ein weiter Weg vor uns liegt. Nichts von dem, was Young und seine Mitarbeiter herausgefunden haben, hilft weiter, um eine Erklärung für den Materiejet, der von der Stelle ausgeht, an der das Schwarze Loch vermutet wird, zu finden, noch für die vielen kleinen Knoten, aus denen er sich zusammensetzt. Und es gibt auch keinen überzeugenden Beweis dafür, daß M 87 tatsächlich ein Schwarzes Loch enthält. Es handelt sich lediglich um eine Annahme, die zwar mit den von den Wissenschaftlern ermittelten Daten im Einklang steht, aber nicht die einzige mögliche Erklärung ist. *Alles,* was aus fünf Milliarden Sternen besteht, kann die Entdekkung der Astronomen erklären, vorausgesetzt, daß dieses Etwas eine Ausdehnung von weniger als 600 Lichtjahren hat und nur ein schwaches Licht aussendet. Es mag sich herausstellen, daß es sich bei dem im Zentrum befindlichen Objekt um nichts anderes handelt als um 5 000 000 000 ungewöhnlich schwach leuchtende Sterne, die in den erforderlichen, begrenzten Raum zusammengedrängt worden sind. Und ein Durchmesser von 600 Lichtjahren ist in der Tat unvorstellbar groß.

Um wirklich zu verstehen, was Young und seine Mitarbeiter herausgefunden haben, müssen wir ihre Beobachtung wiederholen, und zwar mit einem Gerät, das noch empfindlicher ist. Wenn es sich ergibt, daß die Sternkonzentration im Kern von M 87 noch aufsehenerregender ist, als man bisher festgestellt hat, so wäre es ein Beweis für die Erklärung durch ein Schwarzes Loch. Andere Interpretationen, die nicht auf ein Schwarzes Loch hinauslaufen, sagen bei dieser Zusammenballung von Sternen eine relativ schwache

Spitze voraus und würden bei einer derartigen Entdeckung auf der Strecke bleiben.

Das Problem ist nun, daß die Wissenschaftler ihre Arbeit zu gut gemacht haben. Sie hätten ihre Aufgabe nicht besser erfüllen können. Mit den genauesten Teleskopen und den dazugehörigen Geräten, die uns heute zur Verfügung stehen, ist es nicht möglich, ihre Arbeit zu verbessern. Derzeit gibt es nur eine Aussicht darauf, eine Erklärung für den beschriebenen Sachverhalt zu finden: den Einsatz eines *Weltraumteleskops.* Es wird sich um ein starkes Teleskop handeln, das in eine Umlaufbahn um die Erde gebracht und von einer Raumfähre aus, dem Space Shuttle, gewartet werden soll. Wenn es in Betrieb ist, wird es das leistungsfähigste Teleskop der ganzen Welt sein. Es wird unser Bild vom Universum von Grund auf verändern. Unter anderem ist es ideal dafür geeignet, festzustellen, ob sich im Zentrum von M 87 ein gigantisches Schwarzes Loch befindet.

Zur Zeit ist geplant, das Weltraumteleskop Ende der 80er Jahre in die Umlaufbahn zu bringen, aber angesichts der finanziellen Schwierigkeiten, denen sich die NASA gegenübersieht, ist es schwer zu sagen, ob der Termin eingehalten werden kann.

Wir werden einfach warten müssen, bis das Teleskop in Betrieb genommen wird.

Der verschwommene Fleck in der Mitte von Bild 6 ist Cygnus A, eine lichtschwache, unregelmäßige Galaxie, die sich im Sternbild Schwan befindet. Abgesehen von ihrer Form erregt diese Galaxie von ihrem äußeren Erscheinungsbild her keine besondere Aufmerksamkeit. Dennoch handelt es sich um eine der stärksten Radioquellen, die man kennt.

Die starken Radiosignale stammen aber nicht direkt von der sichtbaren Galaxie. Sie kommen von zwei sehr weit davon entfernten Regionen, die sich beiderseits der Galaxie befinden. Die Radiostrahlen aussendenden Regionen liegen auf einer Achse mit der Galaxie, und beide haben eine viel größere Ausdehnung als die Galaxie selbst. Auf dem Bild 6 sind auch die beobachteten Radioemissionen eingezeichnet.

Das Sonderbarste an diesen riesengroßen Gebieten ist vielleicht, daß sie recht leer zu sein scheinen. Ein detailliertes Absuchen der Fotografien (wie zum Beispiel Bild 6) nach sichtbaren Objekten ist vergebens gewesen. Offensichtlich kann ein Spiegelteleskop in diesen Gebieten nichts aufzeigen, was sich von anderen leeren Regionen zwischen den Galaxien unterscheidet. Man muß ein Radioteleskop benutzen, um zu beweisen, daß diese Gebiete nicht leer sind.

Die beiden Regionen sind mit Elektronen angefüllt und enthalten ein Magnetfeld – die magnetischen Feldlinien bilden ein verstricktes Durcheinander, winden sich hierhin und dorthin und erstrecken sich auf einer Länge von einigen Millionen Lichtjahren; die Elektronen, die eine enorme Energie in sich tragen, bewegen sich mit unvorstellbarer Geschwindigkeit inmitten dieses Durcheinanders, werden davon festgehalten und beschreiben komplizierte Bahnen entlang der magnetischen Kraftlinien. Ebenso wie bei den Pulsaren und dem Crabnebel ist es diese Kombination von dahinrasenden Elektronen und einem Magnetfeld, die die Radiostrahlung verursacht. Diese Wolken sind derart groß und die Elektronen derart energiereich, daß die Radioemission stärker ist als die sichtbare Lichtemission, die von all den Milliarden Sternen von Cygnus A zusammen abgegeben wird.

Man muß den Eindruck gewinnen, daß diese Elektronenwolken aus Cygnus A herausgeschleudert worden sind. Beide sind gleich weit von der Galaxie entfernt. Zwei schwache Radiostrahlungsbrücken, die sich von den Wolken bis auf die Galaxie zu erstrecken, sind auf Bild 6 deutlich zu erkennen, und es mag sein, daß leistungsfähigere Radioteleskope aufzeigen werden, daß sich diese Brücken bis zu der sichtbaren Galaxie erstrecken. Die Galaxie selbst weist eine unregelmäßige Form auf. Man kann sich fragen, ob sich dort irgendwann in den letzten Millionen Jahren nicht irgendeine verheerende Katastrophe ereignet hat.

Viele Galaxien haben eine irreguläre Form, und die meisten weisen keine Zeichen einer Explosion auf. Aber Cygnus A hat noch eine andere Besonderheit. Vor kurzem durchgeführte Untersuchungen mit einer enorm hohen Auflösung haben eine weitere Radioemission offenbart, die von einem einzelnen Punkt ausgeht, der sich im Kern der Galaxie befindet. Das Bemerkenswerteste dabei ist, daß dieser Punkt genau auf halbem Wege zwischen den beiden Elektronenwolken liegt.

Der Sachverhalt ähnelt überraschenderweise demjenigen, den man bei M 87 festgestellt hat. Bei allen Verschiedenheiten gibt es bei Cygnus A und M 87 zwei grundlegende Übereinstimmungen:

Beide Galaxien weisen ausgedehnte, nicht klar abgegrenzte Regionen auf, von denen Radiostrahlung ausgeht; und beide enthalten einen Knoten, ein scharfes, punktartiges Aktivitätszentrum in ihrem Kern. Aus dieser Analogie könnte man schließen, daß sich in der Galaxie Cygnus A ebenfalls ein riesiges Schwarzes Loch befindet.

Selbst ohne Beachtung dieser Analogie sind viele Wissenschaftler zu dieser Annahme geführt worden. Die Elektronenwolken müssen irgendwoher gekommen sein, und wenn sie durch eine Explosion entstanden sind, dann muß diese unvorstellbar stark gewesen sein. Eine gezündete Wasserstoffbombe würde im Vergleich dazu äußerst unscheinbar wirken. Selbst eine Supernova-Explosion würde dagegen fast zu einer Belanglosigkeit werden. Diese Millionen Jahre alte Explosion muß so gewaltig gewesen sein, daß man sie mit Worten nicht mehr beschreiben kann. Sie kann von unserem Verstand kaum noch erfaßt werden. Viele Forscher in diesem Bereich kamen zwangsläufig zu dem Schluß, daß nur eine Erklärung, die darauf hinausläuft, daß sich im Kern von Cygnus A ein Schwarzes Loch befindet, eine Möglichkeit bietet, die Eigenschaften dieser Galaxie zu begründen.

Bild 7 wendet sich einem weiteren Schauplatz einer gewaltsamen Aktivität zu. Der Pfeil auf dem Bild scheint auf einen Stern zu deuten. Doch es handelt sich nicht um einen Stern, sondern um den Quasar 3 C 48. Dieser winzige Lichtpunkt befindet sich 150millionenmal weiter von uns entfernt als der Stern, den man auf diesem Foto neben ihm erkennen kann. Quasare sind die am weitesten von uns entfernten Himmelskörper, die wir kennen; sie liegen so außerordentlich weit weg von uns, daß ihr Licht Milliarden Jahre gebraucht hat, um zu uns zu gelangen. Die schwachen Lichtschimmer der Quasare, die am weitesten von uns entfernt sind, wurden vor unvorstellbar langer Zeit ausgesandt, zu einer Zeit, als es auf unserem Planeten noch kein Leben gab. Bild 7 ist eine Momentaufnahme des Universums, als es noch jung war.

Der einzige Grund, daß man derart weit entfernte Objekte entdecken kann, ist der, daß sie außergewöhnlich hell sind. Der Quasar, der wie ein Stern aussieht, leuchtet tausendmilliardenmal heller als ein Stern: einhundertmal heller als eine ganze Galaxie. Er ist das mächtigste Objekt im Universum. Der Wissenschaft ist nichts anderes bekannt, das an die Emissionsintensität der Quasare heranreichen kann.

Dennoch sind sie nach astronomischen Maßstäben sehr klein. Ein typischer Quasar besitzt ungefähr ein Millionstel der Größe einer Galaxie. Dieser enorme Verdichtungsgrad bildet eines ihrer auffallendsten Merkmale, was einen sofort an Schwarze Löcher denken läßt. Schwarze Löcher rufen derartige konzentrierte, kompakte Strahlungsausbrüche hervor, wenn sie Materie verschlingen.

Bei den Quasaren ist ein weiteres wesentliches Merkmal zu beobachten, das mit dieser Interpretation in Übereinstimmung gebracht werden kann. Es geht um ihre Unbeständigkeit. Im Gegensatz zu den Radiogalaxien leuchten Quasare nicht ununterbrochen mit der gleichen Intensität. Sie erleiden Flares, Explosionen: gewaltige, katastrophale Ausbrüche, die dazu führen können, daß sich die bereits enorm hohe Emissionsrate innerhalb eines Monats verdoppelt. Alles deutet darauf hin, daß Quasare einer langen Kette von verheerenden Katastrophen unterworfen sind. Sie verhalten sich im Grunde genau so, als ob sie aus Schwarzen Löchern bestehen würden, in die blindlings Sterne hineinfallen. Jeder Sturz hätte genau einen derartigen Ausbruch zur Folge, der auch zu beobachten ist.

Von den unermeßlich weit entfernten Regionen des Universums kehren wir nun in unsere eigene Galaxie zurück – zu dem Milchstraßensystem, in dem wir leben. Der Himmel über uns zeigt keine Spuren gigantischer Explosionen. Von täglichen, schrecklichen Detonationen ist nichts zu spüren. Und dennoch haben vor kurzem gemachte Entdeckungen offenbart, daß der Kern unserer Galaxie Schauplatz ungestümer Aktivitäten ist. Die gewundenen Spiralarme erstrecken sich bis in diese Region hinein – aber von dort aus dehnen sie sich aus; sie rasen mit hoher Geschwindigkeit nach außen. Man hat einen Ring, der aus interstellaren Molekülen besteht, entdeckt, eine ringförmige Emissionswolke, die anscheinend aus dem Zentrum herausgestoßen worden ist und sich mit einer Geschwindigkeit von 400 000 Stundenkilometern ausdehnt. Außerhalb dieses Rings befindet sich eine ionisierte Wolke, die rotiert und sich dabei gleichzeitig nach außen bewegt. Dort hat man eine winzige Stelle entdeckt, die Radio-, Röntgen- und Infrarotstrahlen aussendet. Alles in allem ist die vom Zentrum der Galaxie ausgehende Emission ungefähr genauso stark wie die von hundert Millionen Sonnen.

Bewegen sich die verschiedenen Strukturen im Innern der Galaxie so schnell nach außen, weil sie herausgesprengt worden sind? Hat es eine weit in der Vergangenheit zurückliegende Explosion in der Milchstraße gegeben? Zunächst einmal muß gesagt werden, daß man unsere Galaxie nicht den Radiogalaxien zuordnen kann, denn es gibt kein einziges Zeichen von der Existenz dieser riesigen Elektronenwolken. Und auch die von ihrem Kern ausgehende Strahlung ist lange nicht so stark wie die der Radiogalaxien.

Außerdem gibt es auf der Erde keinen Hinweis darauf, daß eine derartige Explosion jemals stattgefunden hat. Sie hätte sich vor ungefähr einer Million Jahren ereignet. Aus dieser Periode gibt es umfangreiche Fossilienfunde, die ein umfassendes Bild dieser Zeit liefern, aber nichts Ungewöhnliches aufzeigen. Weitverbreitete Vernichtungen von irgendwelchen Lebewesen haben sich in dieser Periode nicht ereignet. (Die Dinosaurier starben nicht vor einer Million Jahren, sondern vor siebzig Millionen Jahren aus.) Versteinertes Meeresplankton ist vielleicht der beste Indikator für frühere Mutationen, den die Geologen gefunden haben, und es zeigt keinen plötzlichen Sprung, den man infolge der kosmischen Strahlungsflüsse, die bei einer derartigen Explosion freigesetzt werden, erwartet hätte. Auch eine umwälzende Veränderung des Klimas hatte sich nicht ereignet. Die Periode vor ungefähr einer Million Jahren deckt sich mit dem Höhepunkt der Eiszeit, in der sich die Gletscher weit bis nach Europa und Nordamerika hinein erstreckt haben. Aber die Eiszeit ist noch nicht vorbei – gegenwärtig erleben wir nur eine Ruhepause, die nicht lange anhalten wird. Außerdem haben sich die Gletscher nicht nur einmal in südlicher Richtung ausgedehnt, sondern viermal; es ist somit sehr schwer zu erklären, wie eine einzige Explosion dies alles herbeigeführt haben soll.

Alles in allem ist der Beweis also nicht gerade überzeugend. Wenn es eine Explosion im Kern unserer Galaxie gegeben hat, muß sie verhältnismäßig schwach gewesen sein, so daß sie auf der Erde oder in dem Gesamtbild der Galaxie keine bleibenden Spuren hinterlassen hat. Somit fehlt uns also immer noch eine Erklärung für die Aktivität im Kern unserer Galaxie. Man kann nicht über die Tatsache hinwegsehen, daß dieser Kern ein Ort ist, von dem starke Strahlungen und verschiedene expandierende Strukturen ausgehen. Irgend etwas verursacht diese Aktivität, und es kann sein, daß es sich bei diesem Etwas um ein riesiges Schwarzes Loch handelt. Finster, unsichtbar und mit der millionenfachen Masse eines Sterns befindet sich das Loch möglicherweise im Herzen unserer Galaxie.

Radiogalaxien, Quasare, unsere Milchstraße ... überall, wo wir hinsehen, entdecken wir Anzeichen, die möglicherweise auf Schwarze Löcher hinweisen. Und wenn diese tatsächlich existieren sollten, so ist es naheliegend, eine in der Tat sehr interessante Vermutung anzustellen.

Denn was ist eigentlich eine Galaxie? Eine Galaxie ist eine Ansammlung von Sternen, ein Sternsystem. Jahrzehntelang haben die Astronomen angenommen, daß sie nichts anderes ist. Aber vielleicht hat man sich geirrt. Vielleicht ist eine Galaxie *ein Sternsystem, das ein Schwarzes Loch umgibt.* Vielleicht befindet sich im Zentrum *jeder* Galaxie ein gigantisches Loch.

Es kann sogar sein, daß dem Schwarzen Loch die größte Bedeutung zukommt. Es kann sein, daß seine Dunkelheit bis jetzt seine Existenz verborgen gehalten hat und daß wir dazu verleitet worden sind, die Bedeutung der Sterne aufgrund ihrer Helligkeit überzubewerten. Möglicherweise liegt die wirkliche Bedeutung der vielen Milliarden Sterne, die eine Galaxie bilden, darin, daß sie Markierungen sind, die angeben, *wo* sich ein Schwarzes Loch befindet.

Dieser Auffassung nach unterscheiden sich Radiogalaxien und Quasare gar nicht mehr so sehr von unserer eigenen Galaxie. Alle enthalten ein ungefähr gleich großes Schwarzes Loch, nur der Aktivitätsgrad ist unterschiedlich. In gewöhnlichen Galaxien wie unserer eigenen sind die Löcher mehr oder weniger ruhig – wahrscheinlich, weil es in ihrer Umgebung verhältnismäßig wenig Materie gibt, die sie verschlucken können. In Radiogalaxien und Quasaren befinden sich in der Nähe des Lochs dagegen große Ansammlungen von Materie, was zur Folge hat, daß es extrem starke Effekte verursacht. Es ist sogar möglich, daß jede Galaxie regelmäßig solch ungestüme Stadien durchläuft und daß eine derartige Aktivität Teil ihrer normalen Entwicklung ist. Wenn das stimmt, dann würden irgendwelche Formen von Leben im Universum noch ungewöhnlicher sein, als wir angenommen haben, denn jedesmal, wenn eine Galaxie eine derartige Katastrophe durchmacht, würden alle Lebewesen, die es dort gibt, dabei umkommen. Die Galaxien würden sich regelmäßig vom Leben, das sich dort entwickelt hat, befreien, ebenso wie Wälder immer wieder durch Waldbrände gelichtet werden.

Wenn dies also der Fall ist, dann hätten die Astronomen eine Antwort auf eine bohrende Frage. Es geht um die Frage nach der *Entstehung der Galaxien.* Die Galaxien sind tatsächlich immer rätselhafte Objekte gewesen, und niemandem ist es bisher gelungen, eine Erklärung für ihre Entstehung zu finden. Im allgemeinen vertritt man die Theorie, daß das Universum durch einen Urknall entstanden ist und daß bei dieser Explosion eine vollkommen homogene Wolke hervorgebracht worden ist. Man nimmt an, daß sich in diesem expandierenden Urstoff Verdichtungen gebildet haben, enorme Zusammenballungen, die die milliardenfache Masse eines Sterns besaßen. Am Anfang hatten sie kaum eine unabhängige Existenz; es handelte sich lediglich um Gaswolken, die etwas dichter waren als ihre nähere Umgebung. Doch im Laufe der Zeit sind sie durch die Gravitation, so vermutet man, zusammengezogen worden, so daß sie dann deutlichere Einheiten bildeten. Schließlich entstanden aus diesen ursprünglichen Verdichtungen unzählige kleinere Verdichtungen, von denen jede so massereich wie ein Stern war. Und diese winzigen Klumpen schrumpften dann weiter zu Sternen zusammen.

So stellt man sich die Entstehung der Galaxien vor; eine wirklich eindrucksvolle Theorie. Das Unangenehme dabei ist nur, daß es bisher noch niemandem gelungen ist, diese Theorie so zu vervollkommnen, daß sie wirklich überzeugend ist. Die Schwierigkeit liegt darin, daß sich das Universum vom Zeitpunkt des Urknalls an *zu schnell* ausdehnt. Es bewegt sich so schnell nach außen, daß es die Verdichtungen, die sich bilden, wieder auseinanderzieht. Die Ausdehnung des Universums wirkt der durch die Gravitation verursachten Verdichtung entgegen; und anstatt sich zu unabhängigen, deutlich erkennbaren Einheiten zusammenzuziehen, werden die Urgalaxien auseinandergerissen. Sie haben also überhaupt keine Möglichkeit, sich zu bilden.

Aber wenn die Galaxien tatsächlich riesige Schwarze Löcher in sich bergen, kann dieses Problem gelöst werden. In diesem Fall ist es dann die extrem starke Anziehungskraft des Lochs, die die Verdichtung der Urwolke herbeiführt – diese Kraft ist so groß, daß sie gegen die Wirkungen, die durch die Expansion des Universums hervorgerufen werden, angehen kann. Wir stellen uns vor, daß durch den Urknall ein Schwarm von Schwarzen Löchern inmitten einer homogenen Gaswolke nach außen geschleudert wird. In der Umgebung von jedem Loch verdichtet sich das Gas und bildet schließlich eine Galaxie. Die Entstehung der Galaxien wird also durch die Schwarzen Löcher verursacht.

Vielleicht. Viele stimmen mit dieser Theorie nicht überein. Viele Astronomen glauben nicht, daß sich im Kern unserer Galaxie ein Schwarzes Loch befindet. Und sie bezweifeln auch, daß es in Radiogalaxien oder in Quasaren Schwarze Löcher gibt.

Diese Astronomen weisen darauf hin, daß das Beweismaterial für die Existenz eines Lochs sehr dürftig ist. Das vielversprechendste Beispiel ist die Galaxie M 87, aber wir müssen wohl auf den Einsatz des Weltraumteleskops warten, bis dieser Fall endgültig geklärt werden kann. Was unser Milchstraßensystem anbetrifft, ist die Situation sehr ungewiß und wird es wahrscheinlich auch noch eine ganze Zeit lang bleiben. Radiogalaxien wie Cygnus A und Quasare wie 3 C 48 sind so weit von uns entfernt, daß keine Hoffnung besteht, das Loch jemals direkt beobachten zu können. Bei diesen Objekten bleibt uns nur die Möglichkeit, auf indirekte Hinweise zu achten – auf Anzeichen von Explosionen und auf ungewöhnliche im Kern stattfindende Aktivitäten. Aber wer kann mit Sicherheit sagen, daß dies alles durch ein Schwarzes Loch verursacht wird?

Es sind viele andere Erklärungsmöglichkeiten gegeben worden. Bei einer Reihe von Erklärungen geht man davon aus, daß es im Universum kleine, extrem dichte Sternhaufen gibt. Die Sterne können so eng beieinanderliegen, daß ab und zu welche zusammenstoßen. Die Kollisionen würden so verheerend sein, daß beide Sterne dabei vollkommen vernichtet würden – es würde also genau eine Explosion in der Art stattfinden, wie man sie bei den Quasaren beobachtet hat. Andere Erklärungen gehen davon aus, daß es gigantische rotierende Wolken gibt, die millionenmal so massereich sind wie die Sonne: Superpulsare.

Wir sprechen hier von Orten, die so weit von uns entfernt sind, und von Objekten, die so riesig, ungewöhnlich und fremdartig sind, daß unsere Unwissenheit sehr groß ist. Sie ist im Grunde genommen *zu* groß, und wir verlieren uns im Reich der Spekulation. Für jede aufgestellte Theorie gibt es eine andere Theorie, die ihr widerspricht. Für jede Entdeckung gibt es eine ganze Reihe von möglichen Erklärungen. Ich selbst stimme mit den Skeptikern überein: Meiner Ansicht nach hat es noch niemand geschafft, einen unbestreitbaren Beweis für die Existenz auch nur eines einzigen riesigen Schwarzen Lochs zu erbringen.

Bei den kleineren Löchern, die eine Masse haben, die genauso groß ist wie die eines Sterns, sieht die Sache etwas anders aus. Darauf wird im 14. Kapitel näher eingegangen.

Die Anziehungskraft eines Schwarzen Lochs geht von einem *Etwas* aus – von einem Objekt. Sie geht nicht von dem Loch selbst aus; das Loch ist nur eine *Folge* dieser Anziehung, ein Bereich, in dem Dunkelheit herrscht, die durch die Wirkung der Anziehung auf das Licht entstanden ist. Bisher galt unsere Aufmerksamkeit dem Loch; wenden wir uns nun dem Objekt zu, das ein Schwarzes Loch entstehen läßt. Um was für ein Objekt könnte es sich handeln?

Mit dieser Frage, die so harmlos zu sein scheint, begeben wir uns in unerforschte Gefilde. Wir stehen nun vor einem der größten Rätsel der modernen Wissenschaft. Und was noch hinzukommt: Die Physik steht vor einer Krise. Es ist nicht übertrieben, wenn man behauptet, daß die Antwort auf diese Frage die Lösung eines der ältesten Rätsel beinhaltet: des *Rätsels der elementaren Beschaffenheit der Materie.* Denn der Schwarzschild-Lösung zufolge kann das Objekt, die Ursache des Schwarzen Lochs, überhaupt nicht existieren. Es ist so stark zusammengedrückt worden, daß es sich im Zustand des *Nichtseins* befindet.

Das Objekt ist infolge der Gravitation in den Zustand des Nichtseins gelangt – infolge der gewaltigen, unwiderstehlichen Anziehungskraft, die auf alles wirkt, was in den Einflußbereich eines Schwarzen Lochs gerät. Innerhalb eines Lochs fällt alles unwiderruflich nach unten. Ebenso der Stern, der das Loch entstehen läßt. Er fällt nach innen auf sich selbst.

Jeder Stern am Himmel befindet sich in einem Zustand der Verdichtung, der durch die Schwerkraft hervorgerufen wird. Die Sonne ist dieser Kraft genau jetzt ausgesetzt. Jedes Teilchen in ihr übt eine Anziehung auf jedes andere Teilchen aus. Die Anziehungskraft eines Atoms auf ein anderes ist zwar sehr klein, aber es gibt so viele Atome, daß die Gesamtkraft sehr groß ist. Diese unzähligen Teilchen erzeugen durch ihre gegenseitige Anziehung eine gewaltige, nach innen gerichtete Kompressionskraft.

Unter normalen Umständen wird diese Kraft von einer anderen abgefangen – von dem Druck, der im Zentrum des Sterns herrscht.

Der Kern des Sterns ist so heiß, der dort herrschende Druck so groß, daß dieser ausreicht, um der Schwerkraft entgegenzuwirken. Der Stern schwebt also im Gleichgewicht der Kräfte: die Schwerkraft drückt ihn zusammen, der Druck bewirkt seine Ausdehnung.

Aber der Gravitation in einem Schwarzen Loch kann nichts widerstehen. Der Stern im Schwarzen Loch – der Stern, der das Schwarze Loch entstehen läßt – ist einer gewaltigen Kompressionskraft ausgesetzt. Der Druck in seinem Innern reicht niemals aus, um dieser Kraft zu widerstehen: egal wie heiß der Stern ist, egal wie enorm hoch der Druck ist, die Gravitation setzt sich durch. Der Stern bricht zusammen wie ein Wolkenkratzer, dessen Statik nicht mehr stimmt, nur mit dem Unterschied, daß seine Einzelteile nicht *nach unten,* sondern *nach innen* fallen. Der Stern implodiert, und zwar mit Lichtgeschwindigkeit.

Bei diesem Kollaps durchrast die Materie immer höhere Grade der Kompaktheit. Selbst wenn der Stern noch größer ist als sein Schwarzschildradius, ist er dichter als ein Atom. Die Atome, aus denen er besteht, überschneiden sich. Die Folge davon ist, daß sie sich in ihre Bestandteile auflösen. Der Stern setzt sich nun nicht mehr aus Atomen, sondern aus Elektronen und Atomkernen zusammen. Er bricht nach innen zusammen. Innerhalb eines Sekundenbruchteils hat er die Ausmaße eines Pulsars erreicht – er ist zum Pulsar geworden. Die Atomkerne werden zusammengepreßt. Sie berühren sich. Ein gewaltiger Druck entwickelt sich, als sie versuchen, der Verdichtung zu widerstehen und ihre Struktur beizubehalten. Aber obwohl dieser Druck enorm groß ist, reicht er nicht aus. Die Schwerkraft ist überwältigend, und die Kerne werden zusammengequetscht. Nun lösen diese sich in ihre Bestandteile auf, in Protonen und Neutronen. Der Kollaps geht weiter. Innerhalb eines Sekundenbruchteils ist der Stern so weit zusammengeschrumpft, daß er kleiner als ein Pulsar ist. Er ist zu einem Objekt geworden, für das wir keinen Namen haben – ein Objekt, das noch niemand von uns gesehen hat. Dann werden die Protonen und die Neutronen gegeneinandergedrückt. Die Elementarteilchen lösen sich auf.

Ein derartiger Vorgang ereignet sich auch im Zentrum eines Neutronensterns, und es mag sein, daß der Stoff, aus dem der Stern nun besteht, beim fortschreitenden Verdichtungsprozeß ebenfalls so stark zusammengequetscht wird, daß Quarks entstehen. Aber es gibt einen Unterschied. Der Unterschied ist der, daß dieser Stern noch weiter in sich zusammenstürzt. Im Verlaufe seines Kollapses hat er einen Verdichtungsgrad erreicht, der so extrem ist, daß man ihn kaum irgendwo sonst im Universum antrifft – aber es geht noch weiter. Der Stern schrumpft weiter zusammen, stürzt unaufhaltsam mit Lichtgeschwindigkeit nach innen, und innerhalb eines Sekundenbruchteils werden auch die Quarks zusammengequetscht.

Nun hat sich der Kollaps in einen Bereich begeben, der sich jenseits der Kenntnisse der modernen Physik befindet und somit über unser Verständnis hinausgeht. Die Teilchenphysiker haben nicht die geringste Vorstellung davon, woraus sich die Quarks zusammensetzen. Sehr wahrscheinlich bestehen sie jedoch aus *irgend etwas;* und was auch immer dieses irgend Etwas sein mag, die Quarks zerfallen in diese Teilchen. Der Stern besteht nun aus Elementarteilchen, über deren Existenz wir keine Kenntnisse haben. Und der Kollaps setzt sich fort.

Wo führt das hin? Wie lange kann Materie auf diese Weise zusammengedrückt werden, in immer wieder neue Stadien, die jeweils immer wieder eine völlig andere Struktur aufweisen? Wie sieht der endgültige Endzustand dieses Zusammenbruchs aus?

Es gibt keinen endgültigen Endzustand, und das geht aus der Allgemeinen Relativitätstheorie sehr deutlich hervor. Genau an diesem Punkt gerät die Physik in ihre Krise. Es ist eine Sache, wenn der Kollaps ein oder zwei Schritte über unser gegenwärtiges Verständnis hinausgeht – wenn er die nächsten Stufen der Elementarteilchenstruktur erreicht; aber es ist eine völlig andere Sache, wenn er den ganzen Weg beschreitet, bis hin zu einer *unendlichen Verdichtung*. Und genau dorthin führt der Kollaps tatsächlich. Er mündet in einen endgültigen Zustand, in dem der Stern nicht einen Durchmesser von einem Kilometer hat und nicht einen von einem Zentimeter, in einen Zustand, in dem er nicht einmal so groß ist wie ein Elektron, sondern *einen Durchmesser hat, der gleich Null ist.* Der Stern erreicht diesen Zustand notwendigerweise und unumgänglich, und das innerhalb eines Sekundenbruchteils.

Der in sich zusammenstürzende Stern besteht aus Materie, doch während des Kollapses wird die Natur der Materie in Frage gestellt. Was ist eigentlich eine Substanz? Was ist »Stoff«? Es ist nicht einfach, auf diese Fragen eine Antwort zu finden. Jeder weiß, was Materie ist, doch wenn wir sie zu erklären versuchen, kann es sein, daß unsere Gewißheit dahinschwindet. Materie weist, zumindest eine Zeitlang, eine gewisse Festigkeit auf. Wenn ich im Dunkeln gegen eine Wand laufe, dann bin ich auf Materie gestoßen. Sie leistet mir Widerstand – sie verletzt mich. Wenn ich einen Ziegelstein auf meinen Fuß fallen lasse, dann spüre ich eine weitere Eigenschaft der Materie: ihr Gewicht. Wenn ich eine große Truhe in einer mit Möbeln vollgestopften Dachstube woanders hinstellen will, wird mir noch eine dritte Eigenschaft bewußt: Materie nimmt Raum ein. Und schließlich ist Materie etwas, das man sehen kann.

Aber diese Eigenschaften der Materie können nicht als allgemeingültig bezeichnet werden. Auch Luft ist Materie, doch Luft weist keine Festigkeit auf: noch nie ist jemand gegen ein Stück Luft geprallt. Was das Gewicht angeht: Weit draußen im Weltall herrscht Schwerelosigkeit. Dort haben die Gegenstände kein Gewicht. Und viele Dinge kann man nicht sehen – Atome zum Beispiel.

Können wir unser Denken weiterentwickeln? Gibt es irgendwelche Eigenschaften der Materie, die wirklich grundlegend sind und bei allen Objekten beobachtet werden können?

Luft kann zwar nicht gegen irgendwelche Dinge prallen, aber Luft kann Dinge umherstoßen. Man spürt es deutlich, wenn man gegen einen Sturm ankämpfen muß. Ein Tornado – reine, nicht stoffliche Luft – kann tatsächlich Gebäude in die Höhe schleudern. Wie ist diese gewaltige Kraft zu erklären? Unterzieht man diesen Sachverhalt einer genauen Analyse, so stellt sich heraus, daß die Kraft durch die *Trägheit* der Materie zu erklären ist. Sich bewegende Luft – also Wind – besitzt, ebenso wie ein fahrendes Auto, eine Trägheit; und alles, was sich dieser Bewegung entgegenstellt, wird, wenn die Bewegung schnell genug ist, weggestoßen. Dabei besteht kein Unterschied, ob das in Bewegung befindliche Objekt fest, flüssig oder gasförmig ist: solange es sich bewegt, ist eine Kraft nötig, um es abzubremsen, und es kann aufgrund seiner Bewegung auf andere Dinge Kräfte ausüben.

Die Physiker bestimmen die Größe der Trägheit eines Körpers durch seine *Masse.* Masse ist nicht das gleiche wie Gewicht. Ein Astronaut, der sich im Weltraum befindet, hat zwar kein Gewicht mehr, doch er hat noch immer die gleiche Masse wie auf der Erde. Auch auf dem Mond, auf dem er nur noch ein Sechstel seines Normalgewichts wiegt, ist seine Masse unverändert. Sie ändert sich nie: Masse ist eine der grundlegenden Eigenschaften der Materie.

Eine weitere grundlegende Eigenschaft ist die Ausdehnung. Dinge nehmen Raum ein. *Alle* Dinge nehmen Raum ein. Ein Koffer kann nicht eine unendliche Anzahl von Gegenständen enthalten. Dies gilt in unserem Alltag; und es gilt ebenso im Bereich der Physik. Egal wie winzig der Gegenstand ist, den wir betrachten, er hat immer noch eine bestimmte Größe. Selbst die Elementarteilchen sind nicht unendlich klein. Das Elektron, das kleinste bekannte Teilchen, hat einen Durchmesser von ungefähr $1/4\,000\,000\,000\,000$ Zentimeter, und obwohl seine Größe gleich Null zu sein scheint, ist dies nicht der Fall. Es gibt eine fest bestimmbare, begrenzte Anzahl von Elektronen, die man in einen Koffer verstauen kann.

Masse und Größe: dies sind die grundlegenden Eigenschaften der Materie. Viele Physiker würden Materie tatsächlich als etwas definieren, das eine Trägheit und eine Ausdehnung besitzt. Doch im Schwarzen Loch wird eine dieser beiden Eigenschaften ausgelöscht.

Wie ist Materie beschaffen, die keine Größe hat? Wie würde sie aussehen, wenn man sie sehen könnte? Ich halte einen Löffel in meiner Hand. Er besteht aus Metall, Plastik, Holz – woraus auch immer: er besteht aus einer *Substanz*. Ich spanne ihn in einen Schraubstock ein und drücke ihn zusammen. Nun ist der Löffel unförmig geworden: er ist kein Löffel mehr. Doch die Materie, aus der er bestanden hat, ist immer noch da. Ich lege ihn in einen Hochofen und schmelze ihn ein. Ich lasse ihn verdampfen und blase das Gas fort. Die Materie, die reine, ursprüngliche Substanz, aus der dieser Löffel bestand, verbleibt bei all diesen Umwandlungen. Doch was geschieht, wenn ich den Löffel so sehr zusammenquetsche, bis er überhaupt keine Größe mehr hat? Existiert die Materie dann immer noch?

Auf diese Frage weiß niemand eine Antwort. Niemand von uns kann sich so etwas vorstellen. Auch die Physik kann hier nicht weiterhelfen. Keine durch die Wissenschaft erworbene Erkenntnis gibt einen Hinweis darauf, was geschieht, wenn der Gravitationskollaps so weit fortgeschritten ist, daß er sein endgültiges Ende erreicht.

Ich kann sagen, wie etwas aussieht, das keine Größe hat. Es sieht aus wie ein Schwarzes Loch.

Die Physiker haben einen Begriff geprägt für das Etwas, das sich im Zentrum des Schwarzen Lochs befindet. Sie nennen es *Singularität.*

Eine Singularität ist ein Punkt, an dem eine Theorie durcheinandergerät. Die mathematische Funktion $1/x$ hat eine Singularität, wenn x gleich 0 ist. Eins geteilt durch null ist nicht einfach unendlich – es ist singulär. In der Mathematik darf man nicht durch null teilen: es handelt sich um eine unerlaubte Operation. Aber genau dies beinhaltet die Schwarzschild-Lösung. Zwangsläufig implodiert alles, was zu klein wird, wodurch plötzlich eine Singularität entsteht; alles, was sich zu sehr nähert, wird ebenfalls hineingezogen. Und in dieser Singularität geht alles zugrunde. Im Zentrum des Schwarzen Lochs bricht die Physik zusammen.

Niemand weiß, was man mit der Singularität machen soll. Wir brauchen nicht nur eine Theorie über die innere Beschaffenheit der Quarks. Wir müssen wissen, ob Materie eine Größe haben muß – ob Ausdehnung eine ebenso grundlegende Eigenschaft der Materie ist wie die Masse. Aber wir müssen notwendigerweise noch weiter kommen, denn selbst die Allgemeine Relativitätstheorie erreicht bei der Singularität ihre Grenzen. Die gleiche Theorie, die die Existenz der Singularität voraussagt, bricht bei ihrer Betrachtung zusammen. Die Allgemeine Relativitätstheorie zerstört sich selbst.

Was wir brauchen, ist eine größere Abwandlung der Allgemeinen Relativitätstheorie. Einsteins Arbeit muß dringend überarbeitet werden. Die meisten Physiker glauben, daß eine Vereinigung der Relativitätstheorie mit der Quantenmechanik den Weg zu einer Lösung dieser aufgeworfenen Rätsel weisen wird. Aber diese Vereinigung entzieht sich uns hartnäckig. Niemandem ist es bisher gelungen, sie zusammenzubringen. Nach jahrzehntelangen Bemühungen handelt es sich bei der Relativitätstheorie und der Quantentheorie, den beiden bedeutendsten Schöpfungen des zwanzigsten Jahrhunderts im Bereich der Physik, noch immer um zwei voneinander getrennte Gedankengerüste. Und solange sie nicht miteinander verbunden worden sind, wird die Singularität bestehenbleiben.

11. Kapitel

Raumzeit-Geometrie

In den beiden vorangegangenen Kapiteln wurde eine Glühbirne langsam in ein Schwarzes Loch gesenkt. Nun lassen wir etwas anderes hinunter: eine Küche! Ein ganzes Zimmer baumelt am Ende eines Seils. In diesem Zimmer steht ein Mann. Ich werde ihn mit Hilfe eines Fernglases genau beobachten.

Die Szenerie vor meinen Augen ist ungewöhnlich düster. Auch der Farbton ist fremdartig. Das Zimmer wird durch normales elektrisches Licht erhellt, doch die Lampen scheinen nicht richtig zu funktionieren. Sie leuchten nicht in einem hellen, freundlichen Gelb, sondern haben eine trübe, rote Färbung. In diesem bedrükkenden, rötlichen Licht geht der Mann zum Spülbecken. In seiner Hand hält er einen Kochtopf.

Der Mann geht sehr langsam. Jeder Schritt nimmt viel Zeit in Anspruch. Endlich kommt er am Spülbecken an. Mit einer trägen Bewegung stellt er das Wasser an, das schließlich mit einer kläglichen Langsamkeit aus dem Hahn kommt. Es schießt nicht hervor – es kriecht heraus. Das Wasser fließt so zäh wie Sirup.

Alles, was ich sehe, gleicht einem Film, der in Zeitlupe abgespielt wird. Es dauert viel zu lange, bis der Kochtopf vollgelaufen ist. Der Mann braucht zu lange, um den Topf zum Herd zu bringen. Es scheint eine Ewigkeit vergangen zu sein, als das Wasser endlich anfängt zu kochen.

Der Mann will sich ein Ei kochen! Das Ei wird langsam, sehr bedächtig ins Wasser gesenkt. Die Eieruhr wird gestellt. Aber irgend etwas scheint mit ihr nicht in Ordnung zu sein, denn sie geht zu langsam. Nachdem fünf Minuten vergangen sind, ist sie nur um eine Minute vorgerückt. Unbekümmert sitzt der Mann am Tisch und liest eine Zeitung. Er ist offensichtlich ein langsamer Leser. Jede Seite studiert er eingehend. Zehn Minuten vergehen, fünfzehn Minuten. Der Mann rührt sich kaum.

Endlich klingelt die Eieruhr. Der Mann holt das Ei aus dem Wasser und schlägt es auf. Es handelt sich um ein gelungenes Drei-Minuten-Ei.

Man wird leicht zu der Annahme verleitet, daß diese seltsamen Vorgänge durch die enorme Schwerkraft, die in der Nähe des Schwarzen Lochs herrscht, verursacht werden. Der Mann mußte doch schließlich gegen eine sehr starke Anziehungskraft ankämpfen, als er durch die Küche lief. Diese Kraft muß seine Bewegungen verlangsamt haben. Und die Eieruhr ist eine mechanische Vorrichtung, besteht aus Hebeln und Federn. Ist sie durch die Schwerkraft beeinflußt worden, so daß sie viel langsamer ging?

Eine kleine Überlegung zeigt deutlich, daß dies nicht der Fall sein kann. Die verlangsamte Funktionsweise der Eieruhr wäre auf diese Art vielleicht noch zu erklären, aber sicherlich nicht das ungewöhnliche Verhalten des Eis. Eine reine, einfache Kraft, egal wie groß sie ist, kann die zahllosen chemischen Reaktionen, die sich beim Kochen des Eis ereignen, nicht verzögern. Und wie kann die Schwerkraft das Wasser so langsam fließen lassen? Wie kann sie denn die Farbe des Lichts verändern?

Es sind nicht die Vorgänge, die verlangsamt werden. Es ist die *Zeit selbst.* Der Mann schlich überhaupt nicht durch die Küche. Er ist genauso schnell gegangen wie immer. Das Wasser strömte ebenso munter aus dem Hahn hervor wie gewöhnlich, und das Ei kochte mit der normalen Geschwindigkeit. Jeder einzelne dieser Vorgänge lief also in der *gewohnten Zeit* ab – und wir müssen uns weniger mit den eigentlichen Vorgängen als vielmehr mit diesem Zeitablauf befassen. In der Nähe eines Schwarzen Lochs vergeht die Zeit langsamer. Je stärker das Gravitationsfeld ist, desto mehr wird der Ablauf der Zeit verzögert.

Somit erklärt sich auch der rötliche Farbton des Lichts, das den Schauplatz beleuchtet hat. Die physiologische Wahrnehmung einer Farbe wird durch eine Lichtwelle einer bestimmten Frequenz hervorgerufen: je niedriger die Frequenz ist, desto roter wird das Licht wahrgenommen. Eine Frequenz ist eine bestimmte Schwingungszahl pro Sekunde. Und wenn diese Schwingungen verlangsamt werden, nehmen wir einen roteren Farbton wahr.

Solange ich mich fest an einem Ort befinde und meine Aufmerksamkeit auf meine unmittelbare Umgebung beschränke, ist nichts

Ungewöhnliches zu beobachten. Ich glaube dann, daß die Zeit in der gewohnten Schnelligkeit vergeht. Dieser Eindruck bleibt bestehen, egal wie dicht ich mich am Loch befinde. Ich kann dies nachprüfen, indem ich an dem Seil hinunterklettere, um zu dem Mann in die Küche zu gelangen. Wenn ich dort angekommen bin, ist alles Seltsame, das ich aus der Ferne beobachtet hatte, verschwunden. Wenn ich in dem Zimmer stehe, kann ich an den ablaufenden Vorgängen nichts Ungewöhnliches mehr bemerken. Alles wiegt natürlich sehr viel mehr, und die Bahnen der Lichtstrahlen sind gekrümmt, doch die Zeit wird sicherlich nicht in Mitleidenschaft gezogen. Die Uhren zeigen in einer Sekunde genau eine Sekunde an, und ein weichgekochtes Ei braucht genau drei Minuten, bis es fertig ist.

Es braucht drei von *meinen* Minuten. Aber diese unterscheiden sich von den Minuten, die an einem anderen Ort vergehen. Wenn ich meine Aufmerksamkeit von meiner unmittelbaren Umgebung abwende und irgendwelche Vorgänge, die sich sehr weit von mir entfernt ereignen, beobachte, läuft die Zeit asynchron ab. Wenn ich nach unten blicke und Vorgänge betrachte, die sich dichter am Schwarzen Loch ereignen, so kommt es mir so vor, als ob sie mit der gleichen, übertriebenen Langsamkeit abliefen, die ich vorhin schon wahrgenommen hatte. Wenn ich nach *oben* blicke, also von dem Loch weg, kann ich genau das Gegenteil beobachten. Ich sehe, wie die Vorgänge viel zu schnell ablaufen. Die Leute hoch über meinem Kopf rasen wie verrückt umher. Sie scheinen sich unablässig in Eile zu befinden. Ein Mann fällt innerhalb von Sekunden einen Baum. Ein anderer wirft hastig ein Ei in einen Topf mit kochendem Wasser und holt es sogleich wieder heraus. Er schlägt ein Drei-Minuten-Ei auf und verschlingt es im nächsten Moment. Alles, was sich dort oben abspielt, wird von einem fremdartigen, blendenden Licht überflutet, dessen Farbe kein sanftes Gelb ist, sondern ein grelles, elektrisierendes Blau.

Je weiter ich mich dem Ereignishorizont nähere, desto schneller scheinen die Dinge dort oben abzulaufen. Ich kann mich so weit hinunterlassen, daß die Jahrhunderte über mir innerhalb eines Augenblicks vergehen. Ich kann ruhig in meinem Sessel sitzen und nach oben auf den zukünftigen Werdegang unserer Welt blicken. Imperien bilden sich und verschwinden wieder. Die Vereinigten Staaten von Amerika spielen im Auf und Ab des Weltgeschehens nur noch eine unbedeutende Nebenrolle. Kontinente treiben so schnell auseinander, daß ich mit bloßem Auge sehen kann, wie sie sich bewegen. Der Himalaja wird abgetragen, bis er nur noch aus sanften Hügeln besteht, und in Kansas wird eine neue Gebirgskette aufgeworfen.

Diesem Prozeß sind keine Grenzen gesetzt. Als ich den Bruchteil eines Millimeters über dem Ereignishorizont des Schwarzen Lochs schwebe, kann ich sehen, wie sich die gesamte Galaxie langsam dreht. Ich kann selbst die Ausdehnung des Universums beobachten. Und als ich mich so weit hinunterlasse, daß ich mich *jenseits* des Ereignishorizonts befinde, saust über mir der vollständige zukünftige Werdegang des Kosmos vorüber. Er ist genau in dem Moment, in dem ich mich ins Loch begebe, abgeschlossen – genau in dem Augenblick, in dem ich die Kontrolle verliere und tödlich nach unten in die Singularität abstürze.

Eine Person, die sich weit über mir befände und die Aufgabe bekommen hätte, mich zu beobachten, würde sehen, wie ich immer langsamer werde, bis ich schließlich auf meinem Weg zum Loch so gut wie zum Stillstand komme. Diese Person würde, bevor ich auch nur einen Atemzug getan habe, an Altersschwäche sterben. Ihr Sohn könnte die Aufgabe, mich zu beobachten, übernehmen. Es könnte eine Stiftung gegründet werden, um sicherzustellen, daß die zukünftigen Generationen die Beobachtung unbegrenzt weiterführen. Die Beobachter würden sehen, wie ich mich dem Loch immer mehr nähere, immer langsamer werde und wie das Licht immer roter und schwächer wird. Aber aus ihrer Perspektive würde ich den Ereignishorizont *niemals* passieren. Die Sonne würde ausbrennen und erlöschen, die Menschen würden aussterben ... nur ein Überlebender würde übrigbleiben: in die Falle geraten, eingefroren, neben dem Loch in der Zeit gefangen.

Bisher habe ich viel zu ungezwungen über Schwarze Löcher geredet. Ich bin nicht sachlich genug gewesen. Ein Schwarzes Loch entsteht, wenn ein Stern in sich zusammenstürzt und dabei kleiner wird als sein Schwarzschildradius. Doch ist so etwas überhaupt möglich? Und wie lange dauert dieser Kollaps?

Was wir aus der Relativitätstheorie vor allem lernen können, ist, daß wir sehr achtsam sein müssen, wenn wir über derartige Dinge sprechen. Wir müssen eindeutig festlegen, wo wir uns befinden, wenn wir die Frage stellen. Fangen wir also damit an, daß ich *auf der Oberfläche des in sich zusammenstürzenden Sterns* stehe. Ich werde mich zusammen mit dem Stern hinunter in die Vergessenheit begeben.

Bei diesem Bezugsrahmen vollzieht sich der Kollaps sehr schnell. Der Stern braucht ungefähr zwei Stunden, um von seiner vorherigen Größe so weit zusammenzuschrumpfen, daß er fast seinen Schwarzschildradius erreicht hat. Von meinem Standpunkt aus nimmt die Überschreitung dieser kritischen Grenze nicht einmal eine Sekunde in Anspruch. Jetzt hat sich das Schwarze Loch gebildet, und ich befinde mich in seinem Innern. Ebenso der Stern unter mir. Zusammen stürzen wir augenblicklich in die Singularität.

Nun ändern wir den Bezugsrahmen. Wir befinden uns *auf der Erde* und beobachten den in sich zusammenbrechenden Stern. Von diesem Standpunkt aus ist alles anders; der Kollaps geht immer weiter, er nimmt kein Ende.

Anfangs gibt es keinen Unterschied zwischen dem, was man sieht, und dem, was ich auf dem Stern erlebt habe, denn die auf seiner Oberfläche herrschende Schwerkraft ist noch zu schwach, um den Zeitablauf zu verlangsamen. Dies gilt für die ersten beiden Stunden des Zusammenbruchs. Doch als sich der Stern seiner Schwarzschildoberfläche nähert, setzt die sonderbare Verzögerung des Zeitablaufs, die Zeitdilatation, ein. Der Kollaps vollzieht sich nun scheinbar immer langsamer. Und bald scheint der Stern zu zögern und dicht über seiner Schwarzschildoberfläche zu verharren. Von matter roter Farbe, verschwommen und düster kriecht er endlos nach innen . . . er hat sich in ein gespenstisches Wesen verwandelt.

Aber er ist nicht zu einem Schwarzen Loch geworden. Und es wird auch niemals geschehen.

Sowjetische Wissenschaftler haben für ein derartiges endlos in sich zusammenstürzendes Gebilde einen Begriff geprägt. Sie nennen es einen *»eingefrorenen* Stern«. Es handelt sich also um einen Stern, der in seiner Bewegung erstarrt ist. Und das Beeindruckende an diesen gefrorenen Sternen ist, daß sie *existieren.*

Schwarze Löcher existieren dagegen nicht. Für ihre Entstehung ist nicht genug Zeit vorhanden.

In einem *anderen* Sinne existieren Schwarze Löcher jedoch tatsächlich. *Man kann eins entstehen lassen, indem man auf einen ge-*

frorenen Stern springt. Wenn ich auf einen endlos in sich zusammenstürzenden Stern falle, wird der von mir empfundene Zeitablauf ausgedehnt, so daß er dem des Sterns angeglichen wird. Der Stern hellt sich auf und setzt seinen schnellen Zusammenbruch wieder fort. Ich falle auf den Stern, dieser wird kleiner als sein Schwarzschildradius, und wir beide stürzen in ein Schwarzes Loch.

Solange wir auf der Erde bleiben und mit Teleskopen nach diesen Objekten suchen, werden wir von derartigen Doppeldeutigkeiten verschont bleiben. Wir halten nach gefrorenen Sternen Ausschau. Obwohl sich solch ein Stern prinzipiell von einem Schwarzen Loch unterscheidet, gibt es in der Praxis keinen Unterschied zwischen diesen beiden Objekten. Das Licht, das ein gefrorener Stern abgibt, wird infolge der Gravitation so stark nach unten gesogen, daß es so gut wie unmöglich ist, ihn zu entdecken. Mit dem bloßen Auge könnte man ihn nicht einmal aus einer Entfernung von hundert Metern sehen. Die Beschreibung von der Begegnung mit einem »Schwarzen Loch« im 7. Kapitel gibt ein genaues Bild davon, wie ein gefrorener Stern aussehen würde. Aus diesem Grunde sind die beiden Begriffe – »Schwarzes Loch« und »gefrorener Stern« – für die Wissenschaftler so gut wie austauschbar. Alles, was ich hier über Schwarze Löcher geschrieben habe, trifft ebenso auf gefrorene Sterne zu. Nur wenn es uns irgendwie gelingen würde, das von dem endlos in sich zusammenbrechenden Stern ausgesandte Photon pro Jahrhundert festzustellen, wären wir in der Lage, ihn von einem Schwarzen Loch zu unterscheiden.

Die Gravitation beeinträchtigt nicht nur den Zeitablauf. Sie verändert auch die Natur des Raums. Und die Art und Weise, mit der sich die Relativitätstheorie mit diesen Dingen auseinandersetzt, ist die *vereinheitlichte Sprache der Raumzeit.*

Beginnen wir zur Veranschaulichung dieses Sachverhalts mit einem einfachen Beispiel: mit einer Autofahrt direkt nach Norden, die eine Stunde dauert. Auf einer Landkarte würde man diese Fahrt in Form einer geraden Linie, die genau von Süden nach Norden verläuft, darstellen. Aber es gibt noch eine andere Möglichkeit der Darstellung – eine, die eine Wiedergabe der für die Fahrt erforderlichen Zeit mit einschließt. Erstellen wir also ein Diagramm, das die zurückgelegte Strecke mit der dabei verstrichenen Zeit miteinander in Beziehung setzt, wie es auf Zeichnung 37 dargestellt ist.

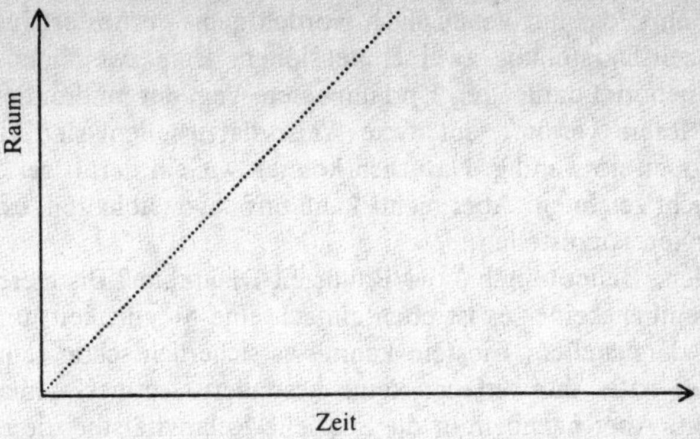

Zeichnung 37

Dies ist die einfachste Form eines *Raumzeit-Diagramms.* An diesem Schaubild ist zweifellos nichts Sonderbares zu bemerken. Aber ebenso zweifellos ist, daß es mehr Informationen enthält als die erste Darstellungsmöglichkeit. Nehmen wir zum Beispiel an, daß der Fahrer eine Pause eingelegt hat, während er unterwegs gewesen ist. Die auf der Landkarte eingezeichnete Route kann diese Pause nicht wiedergeben, aber in dem Raumzeit-Diagramm ist sie als Knick in der Linie dargestellt (Zeichnung 38).

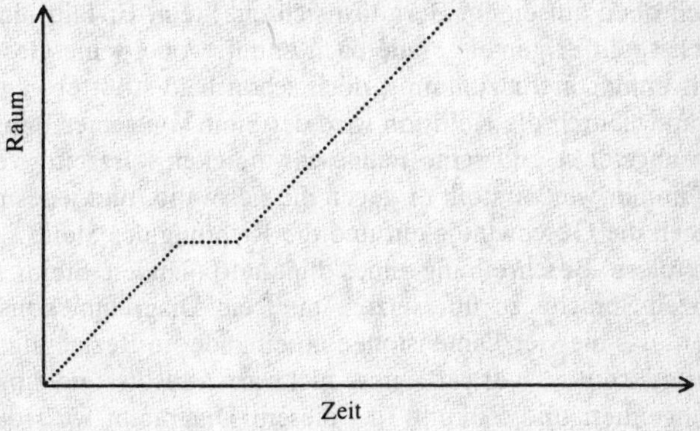

Zeichnung 38

Das Raumzeit-Diagramm fügt der Darstellung eines Vorgangs eine weitere Dimension zu: die Zeit. Eine eindimensionale Autofahrt –

eine Fahrt, die nur genau nach Norden geht – erfordert für seine Raumzeit-Darstellung zwei Dimensionen. Eine zweidimensionale Fahrt benötigt dafür drei. Und um einen Weg, der im dreidimensionalen Raum verläuft, auf diese Weise darzustellen, sind vier Dimensionen notwendig. Natürlich können wir ein derartiges Schaubild nicht zeichnen. Aber nichts kann uns davon abhalten, es uns in Gedanken vorzustellen.

Welche Bedeutung hat das Raumzeit-Diagramm? Bis hierher hat es eigentlich keine, es ist eben einfach eine Möglichkeit, um Vorgänge darzustellen. Einstein kannte es sicherlich schon sehr früh, doch er hatte ihm anfangs keine besondere Aufmerksamkeit geschenkt. Aber nachdem er die Spezielle Relativitätstheorie entwikkelt hatte, sah er es mit anderen Augen. Die Raumzeit gewann für ihn mehr und mehr an Bedeutung, und er betrachtete sie nicht mehr nur als eine bloße, praktische Darstellungsmethode. Schließlich kam er zu der Ansicht, daß sie *real* war, so real wie Tische und Stühle. Einstein kam zu der Überzeugung, daß die Arena, in der sich physikalische Vorgänge ereigneten, nicht von Raum und Zeit gebildet wurde, sondern von der Raumzeit. Die Welt, in der wir lebten, war vierdimensional, und die Allgemeine Relativitätstheorie, mit deren Entwicklung er gerade beschäftigt war, ist in dieses Begriffssystem eingebettet. Und die geeignete Sprache, um sich mit Schwarzen Löchern zu befassen, ist die der Raumzeit.

Hoch oben auf einem Berg löst sich ein Stein. Er fällt hinunter. Zunächst fällt er genau gerade nach unten, wobei seine Geschwindigkeit immer mehr zunimmt, doch schon bald stößt er gegen die Felswand. Durch die Kollision wird der Stein von seiner Bahn nach außen abgelenkt und seine Fallgeschwindigkeit kurzzeitig verlangsamt. Immer wieder stößt er gegen die Felswand, und jedesmal ändern sich die Geschwindigkeit und die Richtung des Steins.

Um diese Beschreibung eines hinunterfallenden Steins in die Raumzeit-Sprache zu übersetzen, muß ein Diagramm konstruiert werden, das die vier Dimensionen miteinander in Beziehung setzt – hoch und runter, vorwärts und rückwärts, rechts und links und Vergangenheit und Zukunft. In diesem Diagramm wird der Fall durch eine vierdimensionale Röhre repräsentiert, deren »Dicke« dem dreidimensionalen Volumen des Steins entspricht. Die Röhre dreht und wendet sich, schlängelt sich durchs Diagramm. Ihre hauptsächliche Richtung, in die sie sich bewegt, geht von »oben«

nach »unten« an einer Raumachse entlang und von »Anfang« nach »Ende« an der Zeitachse entlang, aber immer wieder beschreibt die Röhre scharfe Biegungen in die beiden anderen Richtungen des Raums, jeder Knick stellt eine Kollision des Steins mit der Felswand dar.

Die Raumzeit-Darstellung der gesamten materiellen Welt würde ein derart kompliziertes Diagramm sein, daß man es sich kaum vorstellen kann. Es ist mit unzähligen Röhren verschiedener Dicke angefüllt – die dickeren stehen für größere Objekte wie beispielsweise Autos, die dünneren für kleinere Objekte wie zum Beispiel einzelne Moleküle. Sie sind alle auf sehr komplizierte Weise miteinander verstrickt. Ein Röhrenbündel, das parallel zur Zeitachse verläuft, repräsentiert Autos, die bei Rotlicht vor einer Ampel warten. An dem Punkt im Diagramm, an dem die Ampel auf Grün schaltet, ändern sie ihre Richtung und laufen etwas auseinander, da sich die Autos voneinander entfernen. Ein Verkehrsunfall wird durch das Kreuzen zweier Röhren dargestellt; eine Geburt durch die Abzweigung einer kleineren von einer größeren. Und all diese unzähligen Röhren umhüllen wie Kletterpflanzen eine sehr große Röhre, die für die Bewegung des Planeten Erde steht. Es handelt sich um ein sonderbar statisches Bild der Welt. In dieser vierdimensionalen Welt der Raumzeit *passiert* überhaupt nichts. Die gesamte Vergangenheit und die gesamte Zukunft werden zugleich zur Schau gestellt. *Das Universum ist einfach da.*

Unter all den Gesetzen der Physik ist das der Trägheit sicherlich eines der unkompliziertesten. Es besagt, daß Körper ihren Bewegungszustand nicht ändern wollen. Genauer ausgedrückt, besagt es, daß eine Kraft erforderlich ist, um diese Änderung herbeizuführen. Wenn auf einen Körper keine Kräfte wirken, dann behält er seinen Bewegungszustand für immer bei. Wenn er sich anfangs in Ruhelage befunden hat, dann bleibt er in Ruhelage; wenn er sich anfangs in Bewegung befunden hat, dann bewegt er sich immer weiter mit der gleichen Geschwindigkeit in die gleiche Richtung.

In diesem Fall ist das Raumzeit-Diagramm der Bewegung sehr einfach. Die Röhre, die den Weg, den der Körper zurücklegt, darstellt, bildet eine Gerade. Wenn wir wollen, kann dies sogar als Naturgesetz bezeichnet werden. Das Trägheitsprinzip kann also in die Sprache der Vierdimensionalität übersetzt werden: *Im Raum-*

zeit-Diagramm bildet ein Körper, auf den keine Kräfte wirken, eine Gerade.

Soviel zur Bewegung, wenn keine Kräfte präsent sind. Nun betrachten wir einen Körper, der sich im Einflußbereich eines Gravitationsfeldes befindet. Um das Beispiel noch anschaulicher zu gestalten, nehmen wir das Gravitationsfeld der Sonne; der sich bewegende Körper ist die Erde. Die Erde umkreist die Sonne.

Nun zeichnen wir das Raumzeit-Diagramm dieser Bewegung. Wenn die Bewegung entlang der Zeitachse um ein Jahr vorgerückt ist, hat die Bewegung an der Raumachse einen Kreis beschrieben. So gleicht das Diagramm einem Korkenzieher, wie Zeichnung 39 zeigt.

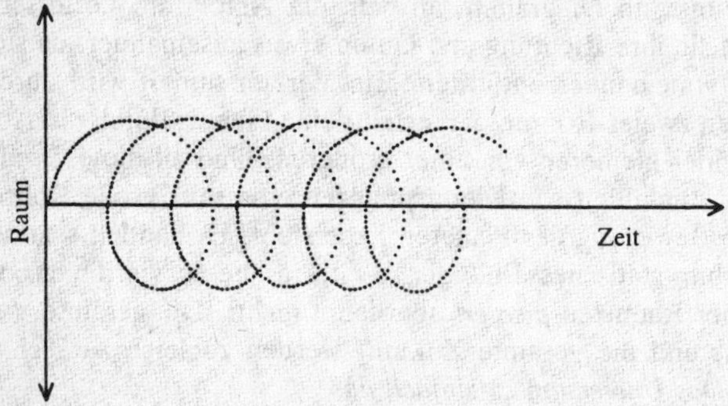

Zeichnung 39

Hierbei handelt es sich offensichtlich nicht um eine Gerade – zumindest sieht es nicht so aus. Aber wir haben uns getäuscht. So seltsam es auch klingen mag, diese Spirale verläuft im Grunde genommen genau geradlinig. Einstein zufolge ist die Gravitation überhaupt keine Kraft – sie ist eine Verformung der Raumzeit-Struktur. Dieser Auffassung nach gibt es keine Kräfte, die auf die Erde wirken, wenn sie die Sonne umkreist; die Erde bewegt sich genau so, wie sie sich dem Trägheitsgesetz nach bewegen muß: nämlich geradlinig. Aber diese Linie gehört zu einer neuen Geometrie.

Wie ist so etwas möglich? Wie kann denn die Geometrie verformt werden? Wir sind gewohnt, geometrische Darstellungen als starr und unveränderlich anzusehen. Und darüber hinaus nehmen wir auch an, daß sie ein Abbild der *Wirklichkeit* sind. Wer würde denn schon bezweifeln, daß eine Gerade immer weiter verlängert werden kann, also unendlich ist, oder daß sich Parallelen niemals schneiden? Diese Vorstellungen sind so fest in unseren Köpfen verwurzelt, daß der Gedanke, sie könnten falsch sein, an Verrücktheit zu grenzen scheint.

Aber trotzdem ist es wert, einmal zu fragen, warum wir uns eigentlich so sicher sind. Wodurch erhalten wir die ausgeprägte Gewißheit, daß Euklid recht hatte? Hat irgend jemand einmal nachgeprüft, ob die Euklidische Geometrie tatsächlich mit der Wirklichkeit übereinstimmt?

Eine von Euklids bekanntesten Behauptungen ist, daß der Umfang eines Kreises genauso groß ist wie der mit π multiplizierte Durchmesser dieses Kreises. Um nachzuprüfen, ob diese Aussage stimmt, muß man in der Praxis einen Kreis konstruieren und seine Ausmaße nachmessen. Nach der folgenden Methode werden wir unser Vorhaben ausführen können. Ein Kreis ist definiert als die Menge aller Punkte, die gleich weit von einem gegebenen Punkt entfernt sind. An der Stelle des gegebenen Punktes – des Mittelpunktes des Kreises – schlage ich einen Pfahl in den Boden. Als Radius des Kreises nehme ich ein Seil. Das eine Ende des Seils befestige ich an dem Pfahl, das andere lege ich um meine Taille. Dann gehe ich im Kreis, wobei ich mich etwas nach hinten lehne, damit das Seil straff bleibt (Zeichnung 40).

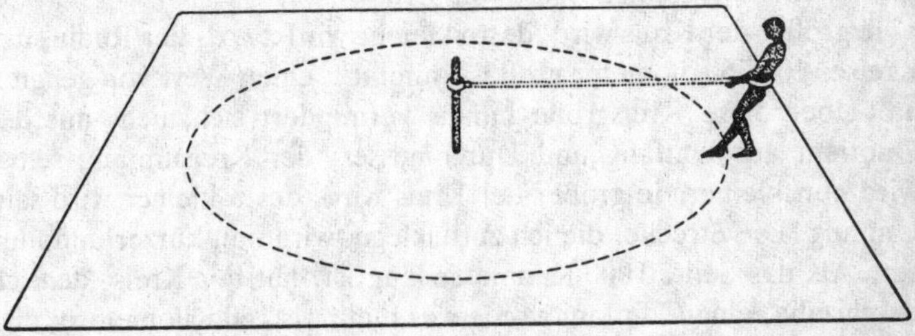

Zeichnung 40

Nun messe ich die Strecke, die ich zurückgelegt habe, und teile sie durch die doppelte Länge des Seils. Wenn das Seil bei der Ausführung meines Versuchs 3 Meter lang ist, stelle ich fest, daß der Kreisumfang etwas größer als 18 Meter ist. Der Wert von π beträgt dann also etwas mehr als 3. Der ermittelte Wert ist somit fast richtig, aber nicht genau genug. Ich muß noch einmal exakter nachmessen. Bei der zweiten Messung benutze ich ein feineres Meßinstrument. Ich erhalte für π den Wert 3,14159; je genauer ich messe, desto mehr Dezimalstellen kann ich hinzufügen.

Das Ergebnis stimmt mit den Voraussagen der theoretischen Mathematik genau überein. Euklid hat einen bedeutsamen Sieg errungen. Aber Augenblick – noch bin ich nicht fertig. Euklid behauptet, daß *alle* Kreise diesen gleichen Quotienten aus Umfang und Durchmesser aufweisen, egal wie groß oder wie klein sie sind. Überprüfen wir diese Aussage. Konstruieren wir einen größeren Kreis.

Ich rolle das Seil weiter ab, bis es 160 Kilometer lang ist. Dann gehe ich, wie vorhin, im Kreis, der enorm groß ist. Die Strecke, die ich nach einer mühsamen Wanderung zum Ausgangspunkt zurückgelegt habe, ist 1 005,203 Kilometer lang. Aber nun bekomme ich ein überraschendes Ergebnis. π hat nicht den Wert 3,14159, sondern den Wert 3,14126.

Irgend etwas ist schiefgegangen. Ist mir beim Abmessen ein Fehler unterlaufen? Doch egal wie sorgfältig ich meinen Versuch auch wiederhole, ich komme immer zum gleichen Ergebnis. Anscheinend gibt es erst einmal keine andere Möglichkeit als weiterzumachen. Ich rolle das Seil also noch weiter ab, bis es 1 600 Kilometer lang ist. Mein Kreis hat nun einen Durchmesser von 3 200 Kilometern, der Umfang dieses Kreises ist mehr als 9 600 Kilometer groß. Für π erhalte ich einen Wert von 3,10876.

Je größer der Kreis wird, desto kleiner wird π. Als der Radius des Kreises 10 176 Kilometer groß ist, nimmt π einen Wert von genau 2 an. Über diese Kreisgröße hinaus vermindert sich nicht nur der Quotient aus Umfang und Durchmesser: der Kreisumfang selbst wird nun kleiner. Je größer der Kreis wird, desto kleiner wird sein Umfang. Die Strecke, die ich zurücklege, wird nun kürzer und kürzer. Als das Seil 20 000 Kilometer lang ist, hat der Kreis, den ich beschreibe, einen Umfang von etwas mehr als 160 Kilometern; und als der Radius schließlich 20 038 Kilometer groß ist, hat der Kreisumfang den Wert Null erreicht. Wenn man die Maße dieses riesigen Kreises nimmt, erhält man für π nicht den Wert 3,14159, sondern 0, 00000.

Wie sollen wir nun mit diesem sonderbaren Sachverhalt umgehen? Wie können wir es uns verständlich machen, daß der Wert von π immer kleiner wird? Wir können es, indem wir uns vergegenwärtigen, daß die Kreise *auf der Oberfläche der Erde* konstruiert worden sind. Und die Erde ist rund.

Zeichnen wir ein Bild von dem Versuch, den ich durchgeführt habe. Für einen kleinen Kreis reicht Zeichnung 40 aus, auf der nichts Ungewöhnliches zu bemerken ist. Doch bei einem größeren Kreis kommt ein weiteres Element hinzu – ein Element, das auf diesem Bild noch nicht berücksichtigt zu werden brauchte. Es ist die Krümmung der Erdoberfläche. Und ich habe dann große Kreise konstruiert, wie es auf Zeichnung 41 dargestellt ist.

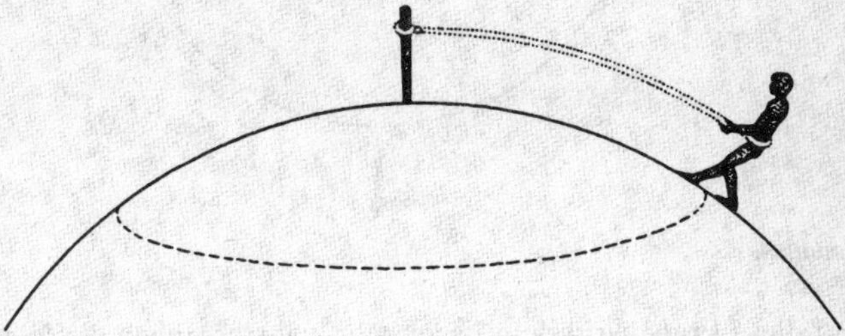

Zeichnung 41

Und eine derartige Sachlage hatte Euklid nicht berücksichtigt.

Gegen Ende des Versuchs spannte sich das Seil, das den Radius des Kreises bestimmte, weit an der Krümmung der Erde entlang. Schließlich wurde das Seil so lang, daß es sich über ein Viertel des Erdumfangs erstreckte – und von dort an konnte man sonderbare Dinge beobachten. Denn von diesem Punkt an schrumpft der Kreis tatsächlich wieder zusammen, wenn das Seil weiter abgerollt wird. Und dann, wenn das Seil genau die Länge des halben Erdumfangs hat, ist der Kreis ganz verschwunden (Zeichnung 42).

Die Verlockung ist groß, daraus zu folgern, daß Euklid trotzdem recht hat. Aber untersuchen wir den Sachverhalt etwas genauer. Warum fühlen wir uns erleichtert? Stimmt es denn, daß es sich bei der gekrümmten Bahn, die vom Seil gekennzeichnet wird, nicht um den wirklichen Radius des Kreises handelt?

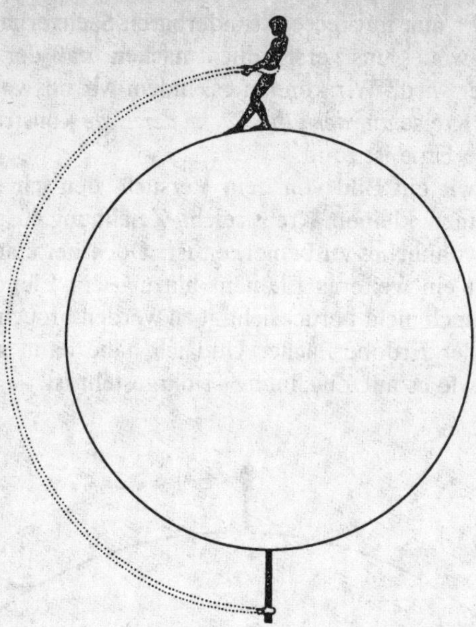

Zeichnung 42

Auf diese Frage wird dem Leser sehr wahrscheinlich die folgende Antwort in den Sinn kommen: »Ich erkenne voll und ganz, daß du dich bei dem imaginären Versuch etwas nach hinten gelehnt hast und daß dies unter normalen Umständen ausreichen würde, um zu garantieren, daß das Seil straff gespannt ist. Doch unglücklicherweise reichte es in diesem Fall nicht aus. Da der Radius eines Kreises geradlinig verlaufen muß, weist dieser Versuch einen Fehler auf.«

Ich bin natürlich sofort dazu geneigt, diese Antwort zu akzeptieren, doch eine bohrende Frage bleibt noch immer. Was versteht man unter Geradlinigkeit? Und wie kann man feststellen, ob eine Linie genau gerade verläuft?

Es ist nicht sehr einfach, sich mit diesen Fragen zu beschäftigen. Was verstehen wir denn überhaupt unter einer Geraden? Wenden wir uns Euklid zu. Sagt er eigentlich wirklich genau, was er meint, wenn er von einer Geraden sagt: *»Eine Gerade ist eine Linie, die durch zwei ihrer Punkte genau festgelegt ist?«*

Umgangssprachlich ausgedrückt heißt dies, daß eine Gerade keinen einzigen Knick hat. Sie weist keine Biegungen auf. Aber die

Mathematiker unserer Zeit haben festgestellt, daß diese Definition sehr schwer zu akzeptieren ist. Es ist nämlich nicht so einfach, exakt auszudrücken, was man unter einer Biegung versteht. Deshalb neigen heutzutage viele Mathematiker dazu, die Geradlinigkeit etwas anders zu definieren: *Eine Gerade ist der kürzeste Weg zwischen zwei Punkten.*

In einigen Fällen treffen beide Aussagen zu. Wenn wir uns mit Geraden beschäftigen, die auf einem ebenen Blatt Papier aufgezeichnet sind, stellen wir fest, daß jede von ihnen *beide* Definitionen erfüllt. Doch wenn wir auf die Oberfläche einer Kugel Geraden zeichnen, erfüllen diese nur *eine* der beiden Definitionen; was die Oberfläche der Erde anbetrifft, so gibt es dort keine einzige Gerade, die Euklids Definition der Geradlinigkeit erfüllt. Auf einer gekrümmten Oberfläche sind alle Linien gebogen.

Dagegen kann sicherlich eine Linie gezogen werden, die die neuere Definition der Geradlinigkeit erfüllt. Diese Linie ist ein großer Kreis: die Schnittlinie der Erdoberfläche mit einer Ebene, die durch den Erdmittelpunkt geht. Der Äquator ist ein großer Kreis und ebenso jeder Meridian. Bei dem vorangegangenen Versuch folgte das Seil einem dieser Meridiane – das Seil, das zwischen dem geographischen Pol und mir gespannt war. Es kennzeichnete die Gerade, die diese beiden Punkte miteinander verband – ich bewirkte dies, indem ich das Seil straff gespannt hielt.

Der neueren Definition der Geradlinigkeit nach *entsprach* das Seil demzufolge *tatsächlich* dem wirklichen Radius des Kreises. Der Versuch war also doch korrekt gewesen. Auf der Oberfläche der Erde ist die Geometrie nämlich nichteuklidisch.

Für all dies gibt es einen Begriff. Der Begriff heißt *»gekrümmter Raum«*, und er besagt, daß eine nichteuklidische Geometrie entwickelt worden ist, einfach indem man den problematischen Sachverhalt neu definiert hat. Euklid bezog sich auf geometrische Figuren, die auf einer ebenen Fläche gezeichnet waren. Wenn wir uns damit zufriedengeben, schön und gut: wir werden mit seinen Ergebnissen einverstanden sein. Doch es kann auch sein, daß wir diese ebene Fläche etwas krümmen wollen; und wenn wir dann irgendwelche geometrische Figuren darauf zeichnen, brauchen wir uns nicht zu wundern, wenn wir zu ganz anderen Ergebnissen kommen. Die nichteuklidischen Geometrien, die sich auf den gekrümmten Raum beziehen, stimmen mit der euklidischen Geometrie nämlich deshalb nicht überein, weil sie sich im Grunde genommen mit *etwas ganz anderem* befassen.

Doch was ist, wenn wir den Bezugsrahmen nicht ändern wollen? Was ist, wenn wir uns mit Euklid einverstanden erklären und uns daran halten, Linien auf eine ebene Fläche zu zeichnen? Ist es dann *immer noch* möglich, daß sich seine Geometrie irrt? Diese Frage ist weitaus inhaltsschwerer als jede andere, die man im Rahmen der Geometrien, die sich auf den gekrümmten Raum beziehen, stellen kann. Es handelt sich um die Frage, ob die Geometrie des »ebenen« Raums – des wirklichen Raums – möglicherweise nichteuklidisch sein könnte.

Als erstes muß bemerkt werden, daß bisher noch niemals Abweichungen von den euklidischen Voraussagen beobachtet worden sind. Konkrete Versuche in der Art des soeben beschriebenen sind durchgeführt worden, wobei jedoch keine Abweichungen festgestellt werden konnten. Aber damit ist noch nichts bewiesen, denn es ist möglich, daß diese Abweichungen sehr klein sind. Begibt man sich auf die theoretische Ebene, so ist vollkommen klar, daß man bei einem Angriff auf Euklids Werk eine schwache Stelle in seiner Beweisführung finden muß. Diese schwache Stelle kann man sicherlich nicht in seinen Beweisen selbst aufspüren, denn diese könnte man geradezu als Vorbilder der Korrektheit bezeichnen. Betrachten wir also den Unterbau seiner Theorie – die Definitionen, Axiome und Postulate, die er übernommen hat. Das Beeindruckende dabei ist, daß Euklid überhaupt keinen Versuch unternommen hat, ihre Gültigkeit zu beweisen. Für ihn war es nicht erforderlich; für ihn war es selbstverständlich, daß sie gültig sind. Und auf diese unbewiesenen Annahmen gründet sich seine ganze Geometrie. Sie bilden den einzigen schwachen Punkt seiner Theorie.

Eine der ersten dieser Annahmen schien fragwürdig zu sein. Und zwar das sogenannte *Parallelenaxiom,* das besagt, daß, wenn es eine Gerade gibt und einen Punkt, der sich nicht auf dieser Geraden befindet, man durch diesen Punkt nur eine einzige Gerade zeichnen kann, die parallel zur gegebenen Geraden verläuft.

Es ist vollkommen klar, daß es sich um eine Behauptung handelt, die man in der Praxis niemals überprüfen kann. Egal wie lang die Geraden gezeichnet werden, sie können immer noch etwas verlängert werden. Es ist natürlich möglich, Papier zusammenzukleben, so daß wir einen hundert Kilometer langen Streifen erhalten, und darauf die Geraden aufzeichnen. Wenn sie sich schneiden, haben wir bewiesen, daß sie nicht parallel verlaufen – aber wenn sie sich nicht schneiden, so haben wir immer noch nicht bewiesen, daß sie parallel verlaufen. Denn vielleicht schneiden sie sich nach weiteren hundert Kilometern – oder nach 100 000 000 Kilometern.

Diese vom Parallelenaxiom vorausgesagte »Endlos-Natur« war es, die den Mathematikern nach Euklid Kopfschmerzen bereitete. Sie waren von der Richtigkeit dieses Axioms nicht ganz überzeugt. Wer konnte schon sagen, was unendlich weit weg geschieht? Also versuchten die Mathematiker, die Gültigkeit des Axioms zu beweisen. Sie versuchten, es von den anderen Definitionen, Axiomen und Postulaten der euklidischen Geometrie abzuleiten. Diese Bemühung nahm Jahrhunderte in Anspruch und blieb dennoch ohne Erfolg. Man fand zwar viele angebliche Beweise, aber es stellte sich dann heraus, daß jeder von ihnen irgendeinen Fehler enthielt. Je mehr Zeit verging, desto schwieriger schien die Aufgabe zu werden. Schließlich wurde sie zu einem der berühmten ungelösten Rätsel der Mathematik.

Im 19. Jahrhundert war die Sachlage dann so widersprüchlich geworden, daß man es mit einem völlig anderen Ansatz versuchte, und es ist nicht übertrieben, wenn man sagt, daß dieser Ansatz einen bedeutenden Wendepunkt in der Geschichte der Mathematik kennzeichnet. In den dreißiger Jahren des 19. Jahrhunderts veröffentlichten der ungarische Mathematiker Johann Bolyai und der russische Mathematiker Nikolaj Lobatschewskij das Ergebnis einer ungewöhnlichen Unternehmung. Sie hatten beschlossen, die wiederholten Fehler, die beim Versuch, das Parallelenaxiom zu beweisen, gemacht worden waren, ernst zu nehmen. Weiterhin hatten sie beschlossen, die Annahme zu vertreten, daß das Axiom eigentlich falsch sein könnte. Sie ersetzten es durch ein anderes: durch das Axiom, daß durch einen Punkt *eine unendliche Anzahl von verschiedenen Geraden,* die parallel zu einer gegebenen Geraden verlaufen, gezogen werden können. Und dann untersuchten sie, welche Lehrsätze davon abgeleitet werden konnten.

Im Jahre 1854 erweiterte der deutsche Mathematiker Bernhard Riemann ihre Idee in die entgegengesetzte Richtung. Er entwickelte eine Geometrie, die sich auf das Axiom gründet, daß *keine einzige* Gerade parallel zu einer gegebenen Gerade gezogen werden kann. Die Ergebnisse dieser beiden einander ausschließenden Geometrien kommen einem fremdartig vor. In der Riemannschen Geometrie können mit nur zwei Geraden geschlossene Figuren gezeichnet werden. In beiden Geometrien ergibt die Summe der Innenwinkel eines Dreiecks nicht 180 Grad; und der Umfang eines Kreises ist nicht gleich dem Produkt aus π und dem Durchmesser des Kreises.

Wie verhält man sich nun angesichts einer derartigen Sachlage? Wie können denn drei völlig verschiedene Geometrien Seite an Seite existieren? Man ist versucht, die euklidische Geometrie als die grundlegendere von den dreien zu betrachten und die beiden anderen als Varianten einzustufen, die untergeordnet sind. Aber sie sind nicht untergeordnet. Jede einzelne dieser drei Theorien ist ebenso exakt, ebenso vollkommen und ebenso korrekt wie die anderen beiden. Im gesamten Bereich der Mathematik existiert nichts, was uns mitteilen könnte, welche dieser drei Geometrien als die richtige anerkannt werden sollte.

Aber die meisten Menschen sind nun einmal keine Mathematiker. Die meisten Menschen wollen wissen, ob sich Parallelen schneiden – wirkliche, materielle Linien; lange, geradlinige Objekte, die man berühren kann. Besonders Albert Einstein wollte es wissen.

Einstein hatte die bedeutungsvolle Einsicht, daß es sich hierbei überhaupt nicht um eine Frage für die Mathematiker handelt. Es ist eine Frage für die Physiker. Was uns die Mathematik gezeigt hat, ist, daß mehrere grundverschiedene Geometrien folgerichtig sein können. Welche davon nun für die Wirklichkeit gilt, ist die Sache der Natur. Wir können es nicht entscheiden. Wenn wir es herausfinden wollen, müssen wir die Natur fragen, und zwar indem wir die üblichen Methoden der Wissenschaft anwenden: Beobachtung und die Entwicklung einer Theorie. Einstein stellte eine Theorie auf.

Die Allgemeine Relativitätstheorie ist eine Theorie der physikalischen Geometrie. Es handelt sich nicht um eine Geometrie der ebenen, zweidimensionalen Fläche und auch nicht um eine des dreidimensionalen Raums. Es ist eine *Geometrie der gesamten vierdimensionalen Welt der Raumzeit.* Einstein kam zu dem Schluß, daß es die *Materie* ist, die diese Geometrie bestimmt. Weit entfernt von materiellen Objekten ist die Geometrie euklidisch, doch je mehr man sich einem Objekt nähert, desto mehr wird sie verzerrt. Kleine Objekte verformen sie nur etwas; massereiche Körper verzerren sie dagegen sehr stark.

Genau in diesem Moment befinden wir uns alle in unmittelbarer Nähe eines großen, massereichen Körpers. Dieser Körper ist die Erde. Die Raumzeit-Geometrie in unserer Umgebung ist folglich nichteuklidisch. Doch obwohl die Erde massereich zu sein scheint, ist dies nicht der Fall – nicht nach den Maßstäben, mit denen die Relativitätstheorie zu tun hat. Und tatsächlich, die Geometrie in unserer Umgebung weicht nur sehr leicht von der euklidischen ab, weshalb es auch in keinem einzigen Versuch gelungen war, den Unterschied festzustellen. Diese Versuche überprüfen jedoch nur die Geometrie eines Teils des Raumzeit-Kontinuums – nämlich den dreidimensionalen Teil. Um das gesamte Kontinuum zu untersuchen, müssen wir beobachten, wie sich Objekte im Laufe der Zeit durch den Raum bewegen. Und dabei kann man die Verformung der Geometrie tatsächlich sehr leicht feststellen.

Wir nennen sie Gravitation.

Gravitation ist eine Krümmung der Raumzeit-Geometrie. Und *nicht mehr.* Sie ist keine Kraft. Sie ist keine Anziehung. Es mag sein, daß wir gewohnt sind, dies zu glauben, und vielleicht sind wir sogar in der Lage, uns selbst davon zu überzeugen, daß wir ihre Kraft spüren können. Aber all dies ist eine Täuschung. Jedesmal wenn ich stolpere und hinfalle, reagiere ich in keiner Weise auf eine Anziehungskraft. Ich vollführe vielmehr einen geometrischen Akt.

Einstein formulierte eine präzise, mathematische Darlegung seines Prinzips, daß die Geometrie durch die Materie verformt wird. Bei dieser Darlegung handelt es sich um seine Feldgleichungen. Wenn man diese Gleichungen löst, stößt man auf die Geometrie. Genau das hatte Karl Schwarzschild getan. Seine Lösung ist das Schwarze Loch.

Die Geometrie eines Schwarzen Lochs ist nichteuklidisch; sie entspricht auch nicht der Bolyais, Lobatschewskijs oder der Riemanns. Es handelt sich um eine völlig andere Geometrie – eine, die noch niemals jemand in Betracht gezogen hatte, bis Schwarzschild sie entdeckte.

Die vielen sonderbaren Effekte, die durch das Loch hervorgerufen werden, sind allesamt Folgen dieser Geometrie; und diese Auswirkungen kann man nur vom geometrischen Standpunkt aus richtig verstehen. Betrachten wir zum Beispiel den unaufhaltsamen Fall, der jedes Objekt, das in das Loch gerät, erwartet. Im 10. Kapitel führten wir dies auf eine unendlich große Anziehungskraft jenseits des Ereignishorizonts zurück. Doch eine derartige Erklärung geht von unpassenden Vorstellungen aus: von der Auffassung, daß Raum und Zeit isoliert voneinander existieren, und von der Auffassung der Gravitation als einer Kraft. In der Raumzeit-Sprache der Relativitätstheorie wird dieser Sachverhalt anders erklärt: Jenseits des Ereignishorizonts ist die Geometrie derartig stark gekrümmt, daß dort nicht einmal ein Weg *existiert,* dem das Objekt folgen könnte, um wieder nach draußen zu gelangen. Jede Richtung, die es einschlagen kann, führt direkt hinunter in die Singularität.

Eine derartige Situation ist vom euklidischen Standpunkt aus unvorstellbar. Aber sie ist nicht mehr unvorstellbar, wenn wir sie vom Standpunkt einer anderen Geometrie aus betrachten. Ein Vergleich wird es uns verständlicher machen. Ich stehe auf der Oberfläche der Erde, und zwar genau am Nordpol; dann laufe ich los. In welche Richtung gehe ich?

Eine kurze Überlegun läßt uns zu dem Schluß kommen, daß ich mich, egal welche Richtung ich nehme, südwärts bewege. Wenn ich immer genau geradeaus weitergehe, werde ich schließlich am Südpol ankommen. Gerade Linien auf der Erde – große Kreise – verlaufen vom Nordpol aus nach außen, sie trennen sich also, treffen aber dennoch in einem weit entfernten Punkt wieder zusammen – genauso zwangsläufig wie hinunterfallende Objekte in einem Schwarzen Loch auf die Singularität auftreffen. Unweigerlich streben sie diesem Ziel zu, nicht aufgrund einer Kraft, sondern aus rein geometrischen Gründen.

Wie verhält es sich nun mit der Krümmung der Lichtstrahlen durch die Schwerkraft? Im 9. Kapitel versuchten wir dies durch Anwendung eines Tricks zu verstehen. Der Trick bestand darin, dem Licht Masse zuzuschreiben und diese Masse herunterfallen zu lassen. Unglücklicherweise ist der Versuch erfolglos gewesen, denn er hatte nur den halben Wert der wirklich beobachteten Krümmung der Lichtstrahlen vorausgesagt. Nur mit der geometrischen Sprache der Relativitätstheorie kann man zum richtigen Verständnis dieser Erscheinung gelangen. Warum werden Lichtstrahlen durch die Schwerkraft gekrümmt? Sie werden überhaupt nicht gekrümmt.

Auch in diesem Fall ist ein Verleich mit der sphärischen Geometrie der Erde sehr hilfreich. Betrachten wir eine Reise mit dem Flugzeug, die von New York nach Rom geht. Rom liegt genau östlich von New York, und man sollte denken, daß das Flugzeug nur genau geradeaus nach Osten zu fliegen braucht, um dorthin zu gelangen. Doch die Fluggesellschaften gehen anders vor. Sie sorgen dafür, daß ihre Flugzeuge einen großen Bogen beschreiben: Er verläuft in nordöstlicher Richtung an der Küste Nordamerikas entlang, über den Atlantik hinweg und dann, über Europa, in südöstlicher Richtung. Wie Zeichnung 43 zeigt, scheint die Flugbahn gekrümmt zu sein.

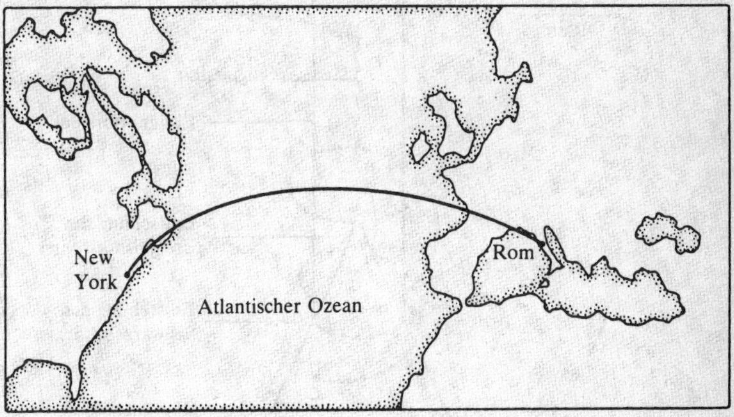

Zeichnung 43

Sie ist natürlich nicht gekrümmt. Die Fluggesellschaften nehmen den kürzesten Weg, der möglich ist. Sie nehmen eine Kreisroute, und wenn diese Route gekrümmt zu sein scheint, dann bedeutet es nur, daß wir die falsche Landkarte benutzt haben. Die Krümmung wird erst durch die Karte eingeführt. Und tatsächlich ist diese Verformung auf fast jeder Weltkarte leicht zu erkennen. Die Antarktis scheint zum Beispiel ein langer, dünner Landstreifen zu sein, und der geographische Südpol, ein bloßer mathematischer Punkt, ist zu einer Linie geworden. Kein Wunder also, daß die Kreisroute gekrümmt ist. Und ebenso verhält es sich mit den gekrümmten Bahnen der Lichtstrahlen und mit der sich windenden, korkenzieherartigen Bahn, die die Erde in der Raumzeit beschreibt, wenn sie sich um die Sonne bewegt. Ihre Krümmung ist eine Täuschung.

Wenn es sich um eine falsche Landkarte handelt, warum nehmen wir dann nicht eine richtige? Das Problem ist, daß es nicht möglich ist, und zwar aus dem einfachen Grunde, weil Landkarten *eben* sind. Wenn wir versuchen, die nichteuklidische Geometrie der Erd-

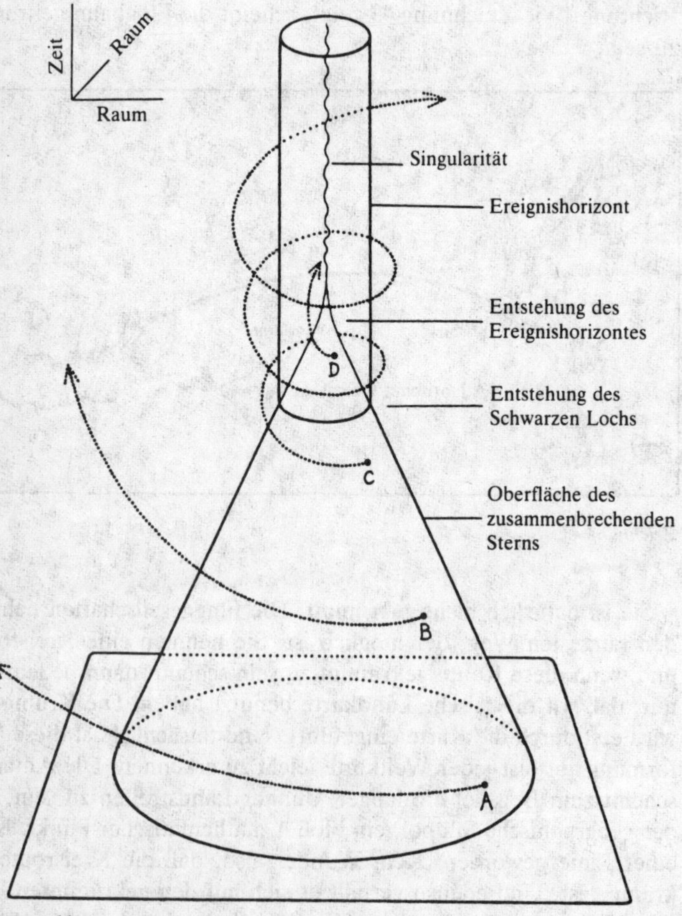

Zeichnung 44

oberfläche in die euklidische Geometrie eines bedruckten Blattes Papier zu übertragen, werden wir dazu gezwungen, Verzerrungen einzuführen. Und in ähnlicher Weise gibt es keine Möglichkeit, die Schwarzschild-Geometrie des Schwarzen Lochs auf einem zweidimensionalen Bild exakt darzustellen.

Aber Karten sind trotz allem sehr praktisch. Man kann viele verschiedene Darstellungen der Geometrie eines Schwarzen Lochs entwerfen, und solange man sich ihrer eingeschränkten Gültigkeit bewußt ist, können sie eine wertvolle Hilfe sein. Ebenso wie es viele verschiedene Landkarten von der Erde gibt – Mercatorprojektionen, kegelige Projektionen –, so gibt es viele verschiedene Darstellungen der Schwarzen Löcher. Zeichnung 44 zeigt eine davon.

Dargestellt ist ein Raumzeit-Diagramm von der Oberfläche eines in sich zusammenbrechenden Sterns. Ein Augenblick des Kollapses – eine Momentaufnahme – wird durch einen horizontal verlaufenden Schnitt durch das Diagramm sichtbar. Die Schnittlinie durch den Kegel, der den Stern verkörpert, bildet einen Kreis, der die Oberfläche des Sterns in diesem Moment kennzeichnet – die weitere Dimension, die diesen Kreis in eine Kugel verwandelt, müssen wir in unserer Vorstellung hinzufügen. Mit der Zeit wird der Stern immer kleiner, und schließlich bricht er so weit zusammen, daß er kleiner wird als sein Schwarzschildradius. In diesem Augenblick bildet sich der Ereignishorizont. Jenseits dieser Grenze stürzt der Stern weiter in sich zusammen, und kurz darauf verwandelt er sich in eine Singularität, die ewig fortdauert.

Auf Zeichnung 44 sind auch noch die Bahnen von Lichtstrahlen dargestellt. Der Strahl A wurde von der Sternoberfläche aus abgegeben, als der Stern noch recht groß war. Er verläuft fast geradlinig, was besagt, daß die Schwerkraft in diesem Stadium so schwach gewesen ist, daß die Geometrie fast euklidisch war. Der Strahl B, der ausgesandt wurde, als der Stern schon kleiner geworden war, weist eine stärkere Krümmung auf. Kommen wir zum Lichtstrahl C: Er wurde ausgesandt, kurz bevor der Stern seinen Schwarzschildradius angenommen hatte. In diesem Stadium unterscheidet sich die Geometrie so sehr von der euklidischen, daß der Strahl zweimal den Stern umkreist und dann in die Unendlichkeit entflieht. Der Strahl D wurde schließlich abgegeben, nachdem sich das Schwarze Loch gebildet hatte. Dieser Lichtstrahl ist gefangen und fällt auf die Singularität.

Derartige Diagramme sind sehr nützlich, um bestimmte Aspekte der Physik der Schwarzen Löcher zu analysieren. Aber sie können immer nur einen Ausschnitt wiedergeben. Zeichnung 45 ist ein weiterer Darstellungsversuch. Auf diesem Schaubild wird die *Krümmung* der Raumzeit in der Umgebung des Lochs verdeutlicht. Je ebener die auf Zeichnung 45 gezeigte Oberfläche ist, desto mehr nähert sich die Geometrie dort der euklidischen Geometrie. Weit vom Loch entfernt ist die Oberfläche eben, die Geometrie also euklidisch, doch je mehr man sich dem Loch nähert, desto stärker wird die Krümmung. Die schattierte, graue Kappe am Ende des Schachts verkörpert den Stern.

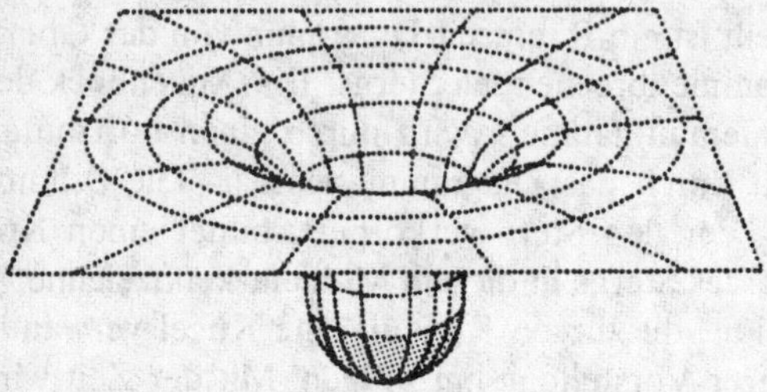

Zeichnung 45

Im Gegensatz zu Zeichnung 44, die die gesamte Entwicklung des Sternkollapses aufzeigt, stellt Zeichnung 45 die Geometrie in einem bestimmten Augenblick dar. Die weiteren Stadien des Zusammenbruchs können ebenfalls zeichnerisch veranschaulicht werden. Der Stern wird kleiner, die Krümmung der Raumzeit stärker (Zeichnung 46).

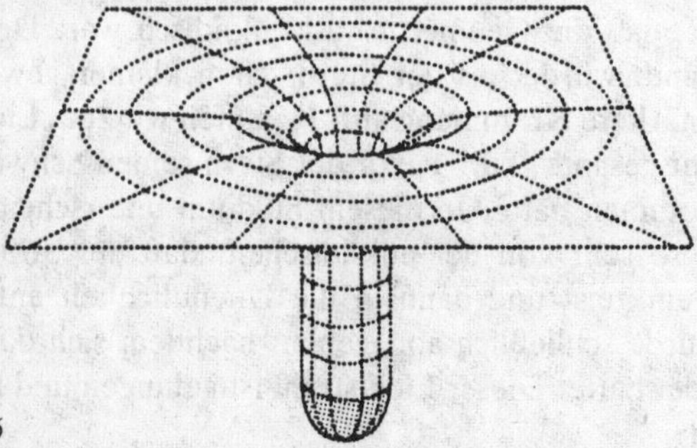

Zeichnung 46

Schließlich verschwindet der Stern ganz aus dem Diagramm, was aus Zeichnung 47 zu entnehmen ist. Der Stern ist derart stark zermalmt worden, daß er in eine Singularität übergegangen ist.

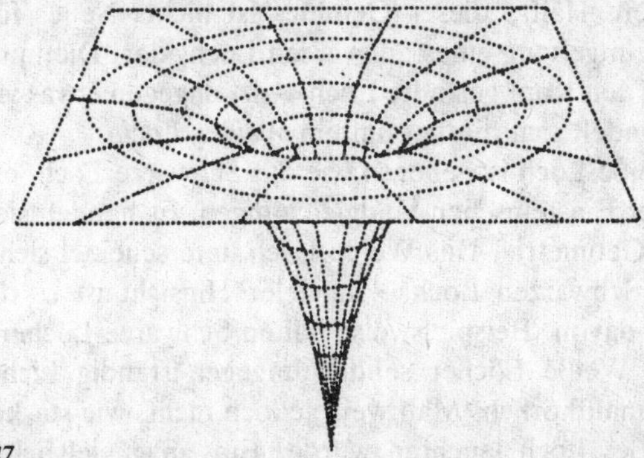

Zeichnung 47

Was bleibt, ist nur noch die Krümmung der Raumzeit.

Der Nutzen dieser »Landkarten« liegt darin, daß sie neue Wege bei der Betrachtung der Dinge erschließen können – und der Nutzen *davon* liegt wiederum darin, daß diese neuen Betrachtungsweisen zu neuen Ideen führen können. Die oben dargestellten Gebilde weisen auf eine neue Geometrie hin. Und sie regen zum Experimentieren an. Nehmen wir zwei von diesen Diagrammen. Drehen

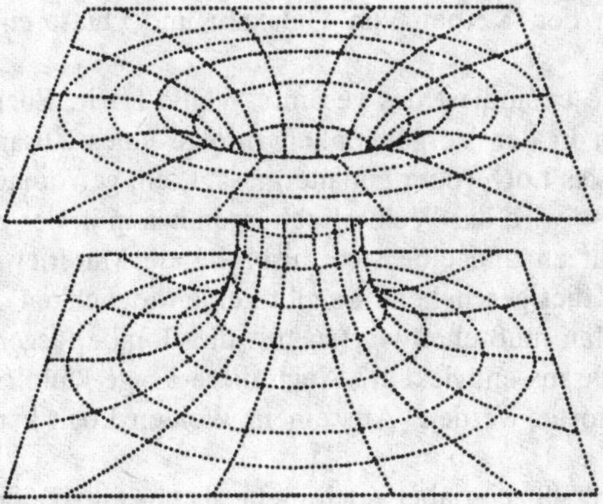

Zeichnung 48

wir das eine davon mit der Oberseite nach unten. Dann schneiden wir die schattierten, grauen Regionen, durch die die Sterne dargestellt werden, ab und verbinden die beiden Röhren fest miteinander. Wir erhalten das Gebilde, das auf Zeichnung 48 zu sehen ist.

Die obere Hälfte dieses Gebildes ist nichts Neues für uns; sie stellt die Umgebung eines Schwarzen Lochs dar. Die untere Hälfte – das »auf den Kopf gestellte Loch« – ist dagegen etwas völlig anderes. Es handelt sich hierbei um ein *Weißes Loch*.

Das Weiße Loch ist, ebenso wie das Schwarze Loch, eine exakte Lösung der Einsteinschen Feldgleichungen. Es handelt sich um eine mögliche Geometrie. Das Weiße Loch unterscheidet sich aber sehr von dem Schwarzen Loch – in vieler Hinsicht ist es das genaue Gegenteil davon. Beispielsweise halten Schwarze Löcher das Licht gefangen, Weiße Löcher senden dagegen ständig Licht aus. Sie leuchten unaufhörlich. Man weiß jedoch nicht, wie stark ein derartiges Weißes Loch leuchten würde. Eins mag vielleicht außergewöhnlich grell sein, ein anderes so düster, daß es kaum zu sehen ist. Nehmen wir ein weiteres Beispiel: Aus einem Schwarzen Loch kann nichts mehr herauskommen, und entsprechend kann in ein Weißes Loch nichts hineinkommen. Aber irgendwelche Dinge, die sich bereits dort drinnen befinden, können leicht ausgestoßen werden. Ab und zu fliegt irgend etwas heraus. Weiße Löcher speien ständig Materie und Energie aus; sie sind unerschöpfliche Quellen, aus denen neugeschaffene Materie in das Universum hinausgeschleudert wird. Sie können die Ursache für viele der rätselhaften Emissionen sein, die man in den Kernen von Galaxien und Quasaren beobachtet hat.

Am Ende explodiert das gesamte Weiße Loch. Ebenso wie sich irgendwann in der Vergangenheit infolge eines Zusammenbruchs ein Schwarzes Loch (oder genauer gesagt, ein gefrorener Stern) gebildet hat, so wird das Weiße Loch irgendwann in der Zukunft auseinanderplatzen und eine sich ausbreitende Materiewolke bilden. Wann wird dies geschehen? Es gibt keine Möglichkeit, dies vorauszusagen. Man muß eben warten, bis die Bombe losgeht. Und was wird sich daraus entwickeln? Auch diese Frage kann nicht im voraus beantwortet werden. Aus einem Weißen Loch kann sich alles entwickeln.

Zeichnung 48 zeigt aber noch mehr als nur ein Weißes Loch. Sie zeigt ein Schwarzes und ein Weißes Loch, die zusammengesetzt ein neuartiges Gebilde ergeben. Bei diesem Gebilde handelt es sich um ein *Wurmloch:* um eine Brücke, die zwei euklidische Geometrien miteinander verbindet. Befindet man sich auf der oberen Fläche sehr weit vom Wurmloch entfernt, so ist man auch sehr weit von einem Schwarzen Loch entfernt. Befindet man sich auf der Grundfläche sehr weit vom Wurmloch entfernt, so ist man auch von einem Weißen Loch sehr weit entfernt. Zwischen diesen beiden Löchern verläuft eine Brücke – und die Existenz dieser Brücke scheint darauf hinzuweisen, daß man von einem Loch zum andern reisen kann. Das Schaubild läßt darauf schließen, daß es vielleicht möglich ist, in ein Schwarzes Loch zu springen, von dort aus in ein Weißes Loch zu gelangen und dann *irgendwo anders* wieder herauszukommen.

Die Allgemeine Relativitätstheorie gibt nirgendwo einen Hinweis darauf, wo wir bei einer derartigen Reise wieder auftauchen würden. Die Stelle, an der sich der Ausgang des Weißen Lochs befindet, ist möglicherweise Milliarden Lichtjahre von dem Schwarzen Loch entfernt, in das wir hineingesprungen sind. Das Wurmloch dient vielleicht als Tunnel, der sehr weit voneinander entfernte Regionen des Universums miteinander verbindet. Wenn dies stimmt, dann würde es eine beträchtliche Abkürzung bieten: einen Weg, auf dem man unermeßlich weit entfernte Sterne erreichen kann, ohne den ganzen dazwischen liegenden Raum durchqueren zu müssen. Es kann aber auch sein, daß ein Wurmloch zwei völlig voneinander getrennte Geometrien verbindet. Es kann sich um einen Berührungspunkt von zwei verschiedenen Universen handeln – zwei Welträumen, jeder mit seinen eigenen Sternen, Galaxien und Planeten, nebeneinander existierend, jedoch vollkommen voneinander getrennt, abgesehen von diesem einen sonderbaren Verbindungsstück.

Das Weiße Loch und das Wurmloch sind für die Forschung auf dem Gebiet der Relativitätstheorie äußerste Grenzbereiche. Wie die Dinge heute stehen, ist ihre Existenz umstritten. Sie sind Gegenstand heftiger Debatten und intensiver Forschung. Ist es möglich, daß es sie wirklich gibt? Die meisten Wissenschaftler sind sich nicht sicher.

Ein Großteil der Diskussion um das Weiße Loch wird verständlicher, wenn wir wiederum auf seine offensichtlich bestehende Beziehung zum Schwarzen Loch eingehen. In vieler Hinsicht ist ein Weißes Loch das *genaue Gegenteil* eines Schwarzen Lochs. Diese Gegensätzlichkeit ist in der Tat sehr ausgeprägt: ein Weißes Loch ist ein *die Zeit umkehrendes* Schwarzes Loch.

Was ist eine Zeitumkehrung? Anhand eines Beispiels kann dieser Begriff verständlich gemacht werden. Das Beispiel ist ein Film von einem Teich, der sich auf einer Wiese befindet.

Zu Beginn des Films kann man leichte Wellen auf der Oberfläche des Teiches sehen. Diese Wellen sind genau kreisförmig und bewegen sich vom Ufer aus nach innen auf die Mitte des Teiches zu. Sie werden stärker. Seerosen in der Nähe des Ufers fangen an, hin und her zu schwanken, und bewirken damit, daß die Wellen noch höher werden. Genau in der Mitte des Teiches fängt das Wasser an, sich zu heben und zu senken. Die Wellen, die vollkommene Kreise bilden und genau auf diesen Punkt zulaufen, verstärken diese Bewegung noch mehr. Nun ist an dieser Stelle unter der Oberfläche ein Brodeln zu bemerken. Ein Wasserstrahl schießt nach oben. Durch die Kraft des Strahls wird eine Eichel senkrecht in die Höhe geschleudert. Als sie durch die Wasseroberfläche bricht, stößt sie derart gegen das konvergierende Wellenmuster, daß es sich auflöst und die Wasserfläche im nächsten Moment ruhig daliegt. Die Eichel saust nach oben, während ein Vogel auftaucht, der rückwärts über den Teich hinwegfliegt und sie mit dem Schnabel auffängt.

Bei dem Film handelte es sich natürlich um einen Scherz. Irgend jemand hatte einen Vogel gefilmt, der eine Eichel in einen Teich fallen ließ, und diesen Film dann rückwärts abgespielt. Der rückwärts laufende Film zeigte also die Zeitumkehrung des ursprünglichen Vorgangs. Ebenso handelt es sich bei jeder Tätigkeit eines Weißen Lochs um die Zeitumkehrung der entsprechenden Tätigkeit eines Schwarzen Lochs.

Aber so seltsam es auch klingen mag, was der rückwärts abgelaufene Film gezeigt hat, ist *den Naturgesetzen nach möglich.* Er stellte etwas dar, das sich in der Wirklichkeit tatsächlich ereignen könnte. Eine derartige Folge von Vorgängen könnte man folgendermaßen herbeiführen. Zunächst einmal setzen wir am Ufer des Teiches winzige Schaufelräder ins Wasser. Auf ein Zeichen hin fangen diese Schaufelräder an, im Einklang miteinander die Oberfläche aufzuwühlen. Sie erzeugen Wellen, die sich nach innen, auf die Teichmitte zu, bewegen, und sind so exakt ausgerichtet, daß sich die entstehenden Wellen genau in einem Punkt treffen. Wir erhöhen die

Stromzufuhr: die Wellen werden stärker. Nun tauchen wir ins Wasser und bilden in der Mitte des Teiches gleich unter der Oberfläche winzige Strudel. Dann lassen wir einen Wasserstrahl entstehen. Der Strahl nimmt die Eichel mit und wirft sie senkrecht in die Luft. Wir steigen nach oben und verändern die Muskulatur des Vogels so, daß er rückwärts fliegen kann.

Diese Prozedur verstößt gegen kein Naturgesetz. Sie kann durchgeführt werden, was natürlich noch nicht bedeutet, daß sie leicht vollzogen werden kann: es würde tatsächlich so gut wie unmöglich sein, sie in der Praxis auszuführen. Letzten Endes müßte die Bewegung jedes einzelnen der Atome, aus denen sich der Teich zusammensetzt, beeinflußt werden. Und das ist der Grund, weshalb derartige Szenen in der Natur nicht auftreten. Es ist sehr schwierig, sie zu arrangieren.

Viele Wissenschaftler glauben, daß es das Weiße Loch aus dem gleichen Grunde nicht geben kann. Die Existenz des Weißen Lochs ist möglich, doch es müßte arrangiert werden, und man kann sich kaum vorstellen, wie das Arrangement zustande kommen sollte. Irgend etwas müßte Materie in die Singularität drängen und die notwendige Geometrie schaffen. Irgend etwas müßte die Singularität so gestalten, daß ab und zu Materie ausgestoßen wird. Außerdem müßte irgend etwas bestimmen, wieviel Licht die Singularität abgibt, und festlegen, wann schließlich die Explosion stattfinden wird. Viele Wissenschaftler glauben, daß die Gestaltung derartiger Arrangements unmöglich ist.

Auf der anderen Seite ist es aber die *Singularität,* die auf diese Weise beeinflußt werden muß – und Singularitäten gehorchen ihren eigenen Gesetzen. Sie gehorchen nicht den bekannten Gesetzen der Physik. Es handelt sich bei ihnen in der Tat um Orte, an denen unsere Physik zusammenbricht. Wer weiß? Vielleicht ist eine Singularität ein Ort, an dem die Natur genau die Arrangements gestaltet, die wir für so überaus fremdartig halten. Erst wenn die Physik die Singularität mit einbeziehen kann, werden wir Genaueres wissen. Erst dann werden wir wissen, ob es Weiße Löcher geben kann.

Wie steht es mit einer Reise durch das Wurmloch? Wenn es sich herausstellen würde, daß Weiße Löcher existieren, könnte man das Wurmloch dann als Abkürzung zu irgendwelchen Sternen benutzen? Zunächst muß einmal bemerkt werden, daß es sich nicht unbedingt um ein sehr schnelles Beförderungsmittel handelt. Wenn ich in ein Schwarzes Loch springen wollte, um durch ein Wurmloch zu reisen, würde ich, was das ferne Universum angeht, ewig brauchen, um in das Loch zu gelangen, und erst wenn unendlich viel Zeit vergangen ist, würde ich auf der anderen Seite wieder herauskommen. Egal wie weit mein Ankunftsort entfernt ist, ich wäre dort viel schneller angekommen, wenn ich zu Fuß gegangen wäre. Ich selbst hätte natürlich den Eindruck, daß die Reise sehr kurz ist – aber ich würde in eine Welt gelangen, die sich unendlich weit in der Zukunft befindet.

Es gibt ein weiteres Problem. Diagramme, die dazu bestimmt sind, die Geometrie der Raumzeit aufzuzeigen, stellen deren Struktur nur in einem Moment dar. Aber mit dem Fortschreiten der Zeit

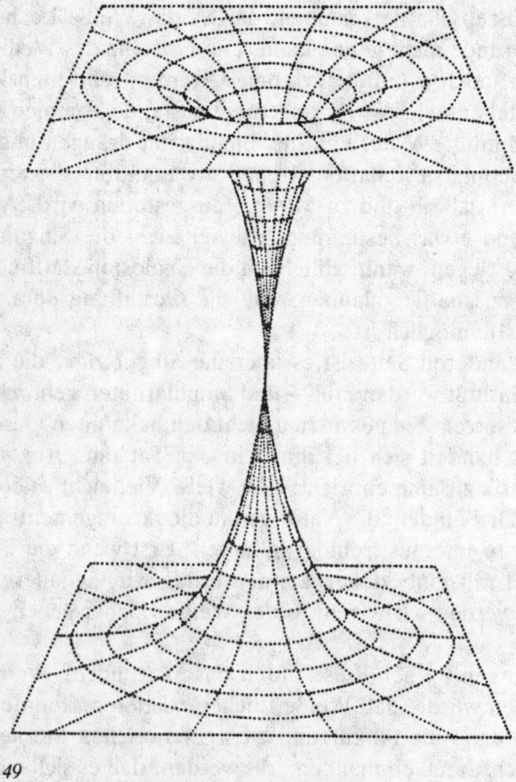

Zeichnung 49

entfaltet sich die Geometrie. In dem Fall eines Schwarzen Lochs bricht der Stern, der das Loch entstehen läßt, in sich zusammen und erreicht kurz darauf die Singularität. Ein Wurmloch erfährt ein ähnliches Schicksal. Anfangs mag es sehr groß sein, doch es verengt sich dann sehr schnell. Innerhalb kürzester Zeit wird es vollkommen zusammengedrückt. Der Tunnel wird abgekniffen, was Zeichnung 49 darstellt.

Daraus folgt, daß ein Wurmloch nur kurzzeitig existiert. Der Verbindungsweg, den es zwischen zwei Regionen schafft, ist nur für eine Weile passierbar. Um hindurchzugelangen, muß man sehr schnell reisen, andernfalls wird man mit eingeklemmt und von der Singularität verschlungen. Autofahrer bremsen ab, wenn sie sich einer gefährlichen Wegstrecke nähern. Reisende, die ein anderes Universum erreichen wollen, müssen ihre Geschwindigkeit erhöhen.

Unglücklicherweise ist es nun so, daß man sich *schneller als ein Lichtstrahl* fortbewegen muß, um ein Wurmloch sicher zu passieren – und der Relativitätstheorie zufolge ist das unmöglich. Im Rahmen der Einsteinschen Theorie kann sich weder ein Körper noch eine Welle so schnell fortbewegen. Die Astronauten an Bord eines Raumschiffs, Lichtstrahlen, Radiowellen ... alles wird bei dem Kollaps erfaßt und in die Singularität befördert. Der Tunnel kann nicht benutzt werden.

Bei einer genaueren Betrachtung der Relativitätstheorie erhalten wir einen Hinweis auf eine mögliche Ausnahme dieser Schlußfolgerung. Die Theorie behauptet eigentlich nicht, daß sich nichts schneller als das Licht fortbewegen kann. Sie behauptet vielmehr, daß sich nichts so sehr beschleunigen kann, daß es schneller wird als das Licht. Sie begrenzt also die Geschwindigkeit, die ein Objekt, das sich anfangs langsam fortbewegt, erreichen kann. Diese Grenze entsteht, weil mit der Erhöhung der Geschwindigkeit eines Objekts auch dessen Masse größer wird. Das bedeutet also, daß es immer schwieriger wird, das Objekt weiter zu beschleunigen; wenn es die Lichtgeschwindigkeit erreicht hat, ist seine Masse unendlich groß, und keine Kraft, egal wie groß sie auch ist, wäre in der Lage, es weiter zu beschleunigen.

Aber wie steht es nun mit einem Objekt, das sich bereits *schneller als das Licht* fortbewegt? In diesem Fall muß man die Behauptungen der Relativitätstheorie genau umkehren. Es wird also immer schwieriger, die Geschwindigkeit eines derartigen Objekts zu ändern, wenn es *langsamer* wird. Und wenn es sich schließlich nur etwas schneller als ein Lichtstrahl fortbewegt, ist es so gut wie unmöglich, seine Geschwindigkeit zu beeinflussen. Ein derartiges Objekt wäre dazu verdammt, ewig weiterzureisen, ständig durch den Raum zu rasen, und zwar mit Geschwindigkeiten, die höher sind als die des Lichts. Und einem derartigen Objekt wäre es leicht möglich, ein Wurmloch zu passieren.

Diese hypothetischen Objekte hat man *Tachyonen* genannt (von *tachys,* dem griechischen Wort für »schnell«). Es ist sehr schwer zu sagen, ob diese Teilchen tatsächlich existieren können. In keinem Versuch hat man es bisher geschafft, eines davon nachzuweisen. Außerdem sind ihre vorausgesagten Eigenschaften dermaßen ungewöhnlich, daß man versucht ist, zu behaupten, sie könnten nicht real sein. Wenn Tachyonen beispielsweise mehr Energie ausstrahlen, erhöht sich ihre Geschwindigkeit. Normalerweise verlieren die Objekte Energie und kommen schließlich zum Stillstand. Tachyonen verlieren Energie und werden schneller. Ein Tachyon hat eine Masse, deren Wert imaginär ist – die Quadratwurzel aus einer negativen Zahl. Und schließlich zerstört das Tachyon jede Möglichkeit, Vorgänge zeitlich eindeutig festzulegen. Unserer Erfahrung nach ist es immer möglich, zu erkennen, ob sich ein bestimmter Vorgang *vor* oder *nach* einem anderen ereignet hat. Dies gilt auch für die gewöhnliche Physik. Aber wenn das Tachyon tatsächlich existiert, ist eine derartige Unterscheidung nicht mehr möglich. Wenn man ein Gewehr bauen könnte, das Kugeln abschießt, die schneller als das Licht sind, so würden die grundlegendsten Auffassungen von der Zeit durcheinandergebracht werden. Man könnte mich mit einem derartigen Gewehr erschießen – und ein Beobachter würde behaupten, daß mein lebloser Körper auferstanden ist und eine Kugel ausgestoßen hat, die schneller als das Licht genau in die Gewehrmündung flog und dort dann steckenblieb.

Die Erforschung der Schwarzen Löcher ist weit über Schwarzschilds ursprüngliche Entdeckung hinausgegangen und bewegt sich heutzutage in abstrakten, spekulativen Bereichen. Die Wissenschaftler untersuchen die mathematischen Eigenschaften neuer Geometrien, und die Ergebnisse, die sie bekanntgeben, hören sich für das ungeschulte Ohr sicherlich recht absonderlich an. Die Eigenschaften, die beispielsweise *rotierende* Schwarze Löcher aufweisen, lassen die *einfachen* Schwarzen Löcher regelrecht verblassen. Wenn ein Reisender immer wieder in ein rotierendes Wurmloch eintauchen würde, könnte er von einem Universum in ein anderes gelangen, dann in ein drittes und in ein viertes und immer weiter, ohne Ende. Und wenn er den richtigen Weg wählt, könnte er zeitlich gesehen rückwärts reisen. Er könnte seine eigene Geburt beobachten. Er könnte sich, kurz bevor er das rotierende Wurmloch betritt, erschießen – was bedeuten würde, daß er das Wurmloch niemals betreten und sich auch nicht erschossen hat ...

Philosophische Fragen zur Natur von Ursache und Wirkung im Bereich der Physik treten in den Vordergrund, wenn man darüber diskutiert, ob derartige Geometrien ernst genommen werden sollten. Und wenn man dem Loch eine elektrische Ladung hinzufügt, werden seine Eigenschaften noch fremdartiger.

Aber das vielleicht Ungewöhnlichste dabei ist, daß all diese Überlegungen einer Theorie entspringen, die vor so langer Zeit entwickelt worden ist. Das Zeitalter, in dem Albert Einstein die Relativitätstheorie aufgestellt hat, liegt nun schon weit hinter uns, und nur noch wenige ihrer Belange sind heute noch lebendig. Aber dieses Werk, diese wunderbare Konstruktion, fasziniert und erstaunt uns noch immer. Nirgendwo sonst im gesamten Bereich der Physik erfuhr die Allgemeine Relativitätstheorie eine derart vollkommene Entfaltung wie bei der Erforschung der Schwarzen Löcher. Nirgendwo sonst ist ihre Brillanz so klar. Die Kraft dieser Theorie, ihr unerschöpflicher Reichtum, hält uns immer noch im Bann.

III.

Das Schicksal des Alls

12. Kapitel

Die Chandrasekhar-Grenze

Die Gravitation ist die wichtigste physikalische Kraft im Bereich der Astronomie. Sie beherrscht alles. Neutronensterne und Schwarze Löcher sind Beispiele dafür, was sie bewirken kann, Beispiele, die zeigen, was geschieht, wenn sich die Schwerkraft durchsetzen kann.

Aber die Schwerkraft kann sich nicht immer durchsetzen. Sie wirkt auf gewöhnliche Sterne wie beispielsweise die Sonne, aber diese sind in der Lage, die Schwerkraft in Schach zu halten. Sie widerstehen ihrer Verdichtung und behalten ihre Ausdehnung, ihre große, diffuse Struktur, bei. Im Gegensatz zu den Pulsaren und den Schwarzen Löchern können diese Sterne das erreichen, und zwar weil sie sehr heiß sind. Aufgrund ihrer hohen Temperatur entwikkeln sie einen enormen Druck in ihrem Innern, einen Druck, der groß genug ist, um der Schwerkraft entgegenzuwirken.

Aber warum sind die Sterne so heiß? Ein heißer Ziegelstein, den man der absoluten Temperatur des Raums aussetzte, würde schnell abkühlen; die Sonne dagegen hat ihre hohe Temperatur nun schon mehr als vier Milliarden Jahre lang gehalten. Der Unterschied besteht darin, daß ein Stern ein brennender Ofen ist. Er *selbst* ist der Brennstoff – nuklearer Brennstoff. Die hohe Temperatur der Sonne wird aufgrund der Energie beibehalten, die bei der Umwandlung von Wasserstoff in Helium freigesetzt wird: es handelt sich also um eine in Schranken gehaltene Wasserstoffbombe.

Kein Brennstoffvorrat ist unbegrenzt. Die Sonne wird schließlich wie jeder andere Stern auch irgendwann einmal erlöschen. Ein gewöhnlicher Ofen kühlt einfach ab, wenn seine Energievorräte erschöpft sind, doch für die Sterne ist der Brennstoff lebensnotwendig. Wenn er aufgebraucht ist, bedeutet es, daß ihre weitere Existenz in höchstem Maße gefährdet ist. In dieses Stadium wird die Sonne in sechs Milliarden Jahren kommen – ein beruhigender Zeitraum. Andere Sterne sind ihrem Ende dagegen schon viel näher. Viele haben es bereits erreicht. Was geschieht dann? Was passiert mit einem Stern, der seine letzten nuklearen Energiereserven aufgebraucht hat?

Er wird zusammenschrumpfen. Wenn ein Stern beginnt, kälter zu werden, dann fällt sein innerer Druck, und wenn dies geschieht, gewinnt die Schwerkraft die Überhand. Milliarden Jahre lang haben sich die beiden Kräfte im Gleichgewicht befunden; aber nun gibt es nichts mehr, was der Gravitation entgegenwirken könnte. Der Stern schrumpft – vielleicht so weit, bis er zu einem Pulsar oder einem Schwarzen Loch geworden ist. *Pulsare und Schwarze Löcher entstehen aus dem gleichen Objekt. Sie entstehen, wenn ein Stern seinen nuklearen Brennstoff aufgebraucht hat.*

Der endgültige Kollaps ist unvermeidlich. Jeder Stern am Himmel wird ihn irgendwann einmal erleiden. Über seinen genauen Ablauf wissen wir jedoch nicht sehr viel. Es gibt viele Möglichkeiten eines Zusammenbruchs. Der Stern schrumpft vielleicht sehr langsam zusammen und erreicht erst nach Millionen von Jahren seinen endgültigen Zustand. So wird es sich wahrscheinlich mit der Sonne und ihr ähnlichen Sternen abspielen. Eine zweite Möglichkeit ist im 7. Kapitel beschrieben worden: die katastrophale Implosion zu einem Schwarzen Loch. Um den Sachverhalt lebendiger darzustellen, wurde bei der Beschreibung die Sonne als Ausgangspunkt genommen, doch die Wahrscheinlichkeit, daß ihr dieses Schicksal tatsächlich widerfährt, ist äußerst gering. Aber andere Sterne werden einen derartigen Kollaps erleiden. Eine dritte Möglichkeit ist die Implosion und die gleichzeitige Explosion, die im 1. Kapitel beschrieben worden ist: Aus dem Kern eines Sterns entsteht ein Neutronenstern, während die äußeren Schichten explodieren und eine Supernova bilden.

Wir wissen nicht genau, warum in manchen Fällen ein Neutronenstern und in anderen ein Schwarzes Loch entsteht. Die Schwierigkeit besteht darin, daß der Ablauf des Kollapses enorm kompliziert ist. Es handelt sich um ein gewaltiges, vertracktes Ereignis. Die physikalischen Grundprinzipien sind alle bekannt, ebenso die Techniken, die man braucht, um Computer zur Erforschung der Folgen dieser Prinzipien einzusetzen. Aber die heute zur Verfügung stehenden Computer sind entweder nicht groß genug oder nicht schnell genug, um mit diesem Problem fertig zu werden. Wir brauchen dafür ein Gerät, das noch leistungsfähiger ist. Wenn die nächste Computergeneration entwickelt worden ist, werden wir dem Verständnis dieser Dinge wahrscheinlich um einiges näher kommen.

Viele Wissenschaftler betrachten das Stadium, in dem ein Stern ständig leuchtet, oftmals als seine Lebenszeit und den Zeitpunkt, an dem seine nuklearen Brennstoffvorräte aufgebraucht sind, als seinen Tod. Diese Metapher halte ich nicht für sehr treffend; denn ein Leichnam ist normalerweise nicht so aktiv und voller Überraschungen wie ein Pulsar oder ein Schwarzes Loch. Meiner Ansicht nach ist es zutreffender, Begriffe wie Auferstehung oder Tod und Verwandlung zu verwenden. Ich sehe den Kollaps als eine Art Metamorphose an. Eine Ansammlung von Materie verbringt Milliarden Jahre damit, als ein Stern zu leuchten. Wenn diese Phase seiner Existenz durchlaufen ist, macht der Stern eine Verwandlung durch. Etwas Neues und Faszinierendes entsteht.

Neu und faszinierend, aber auch sonderbar – unbeschreiblich. Wenn man sich mit Pulsaren und Schwarzen Löchern befaßt, kann es schnell passieren, daß man in Zweifel verfällt. Man kann sich schwerlich vorstellen, daß es sie wirklich geben könnte. Auch die Wissenschaftler sind nicht frei von dieser Reaktion. Egal wie weit einen die Versuche und die Gesetze der Physik gebracht haben, es ist schwierig, den nächsten Schritt zu machen. Man sieht sich unwillkürlich nach einem Ausweg um, sucht nach einer Möglichkeit, den Gravitationskollaps aufzuhalten.

Es gibt eine Möglichkeit: den *Entartungsdruck*.

Der Entartungsdruck ist ein quantenmechanisches Phänomen. Er geht aus Heisenbergs Unbestimmtheitsprinzip, auch Unschärferelation genannt, hervor. Dieses Prinzip sagt aus, daß es unmöglich ist, genau zu wissen, wo sich ein Teilchen befindet und wie schnell es sich bewegt. Die klassische Physik – die Physik des 19. Jahrhunderts – hatte aufgezeigt, daß beim Erreichen der absoluten Temperatur jedes Teilchen eines Gases stillstehen und folglich keinen Druck ausüben würde. Aber laut Heisenberg kann man eigentlich niemals behaupten, daß sich eine Ansammlung von Teilchen genau im Ruhezustand befindet. Es bleibt immer eine Unbestimmtheit bestehen, eine Restbewegung bleibt immer zurück, auch wenn die Bewegung, die auf die Temperatur zurückzuführen ist, erstarrt ist. Den

Druck, der durch diese Restbewegung verursacht wird, bezeichnet man als Entartungsdruck.

Das Bedeutsame an dem Entartungsdruck ist, daß es keine Möglichkeit gibt, ihn verschwinden zu lassen. Senkt man die Temperatur eines Sterns, so wird sein Entartungsdruck damit nicht kleiner. Selbst beim Erreichen der absoluten Temperatur bleibt dieser bestehen. Und wenn dieser Druck ausreicht, um der Schwerkraft entgegenzuwirken, so wird der Stern für immer einen Gleichgewichtszustand beibehalten. Er wird keinen Kollaps erleiden und sich nicht in einen Pulsar oder in ein Schwarzes Loch verwandeln. Seine neue Gestalt ist dauerhaft: Brennstoff reicht nur für einen gewissen Zeitraum aus, der Entartungsdruck bleibt dagegen für immer bestehen.

Es gibt einen Sterntyp, der es geschafft hat, diesen Gleichgewichtszustand zu erreichen: der Weiße Zwerg. Weiße Zwerge sind Sterne, die alle nuklearen Energiereserven aufgebraucht haben und zusammengeschrumpft sind – langsam und stetig – bis zu dem Punkt, an dem der Entartungsdruck die Schwerkraft ausgleicht. Von da an sind sie vor einem katastrophalen Kollaps sicher. Sie zeigen also eine Möglichkeit, den Zusammenbruch zu verhindern, auf.

Doch diese Möglichkeit bietet sich nicht jedem Stern. Einige können einer verheerenden Implosion nicht entrinnen und müssen sich in einen Neutronenstern oder in ein Schwarzes Loch verwandeln. Die Wissenschaftler widersetzten sich jahrelang dieser Erkenntnis. Der Mann, der sie regelrecht darauf stoßen mußte, war Subrahmanyan Chandrasekhar.

Chandrasekhar wurde 1910 in der Stadt Lahore geboren, die heute zu Pakistan gehört – zufällig genau in dem Jahr, in dem der erste Weiße Zwerg entdeckt worden ist. Als er acht Jahre alt war, zog seine Familie in den Süden Indiens, nach Madras. Bereits in seiner Kindheit nahm die Wissenschaft einen bedeutenden Platz in seinem Leben ein. Sein Onkel war der indische Physiker Raman, der 1930 für seine Entdeckung des Raman-Effekts den Nobelpreis erhielt. »Dies machte einen großen Eindruck auf mich«, erinnerte sich Chandrasekhar in einem Interview, das von Spencer Weart vom American Institute of Physics geführt worden ist. »Die Atmosphäre der Wissenschaft war zu Hause immer spürbar. Aber ich würde sagen, daß mein wirklich ernsthaftes Interesse an den Dingen, mit denen ich mich dann später befaßte, erst geweckt wurde, als ich das College besuchte.«

Er war ein ungewöhnlicher Schüler. In Mathematik und Physik erbrachte er hervorragende Leistungen. Er las alles, was er in die Hände bekam. »Ich las Arnold Sommerfelds Buch *Atombau und Spektrallinien* und Arthur Comptons Werk *Röntgenstrahlen und Elektronen.«* Das war damals, in der wunderbaren, berauschenden Zeit, als die Quantenmechanik geschaffen wurde: Tausende von Kilometern entfernt, in Europa, formulierte Heisenberg seine Unschärferelation, Bohr seine Theorie über den Aufbau der Atome und Schrödinger seine Wellenmechanik. In Indien war kaum etwas davon zu hören. Aber Chandrasekhar war aufmerksam. Schon bald wußte er über die neue Physik mehr als seine Lehrer – und alles brachte er sich selbst bei. »Über die Quantenmechanik habe ich in der Schule nichts gelernt«, bemerkte er. »Ich habe sie durch Sommerfelds Werk kennengelernt; dieses Buch ist leicht zu lesen, und damit kann man sich die Dinge selbst beibringen . . . ein wunderbares Buch, und jeder, der sich für die Wissenschaft interessiert, kann es gut lesen, jeden einzelnen Schritt nachvollziehen und alles verstehen. Ebenso verhält es sich mit Comptons Buch.

Sommerfeld kam 1928 nach Indien, und ich ging zu ihm hin und unterhielt mich mit ihm. Für einen Collegeschüler war es natürlich äußerst verwegen, einfach auf diesen bedeutenden Mann zuzugehen und mit ihm zu reden. Aber ich hatte sein Buch gelesen und hielt es für den Inbegriff der Physik. Ich suchte ihn also auf und erzählte ihm stolz, daß ich sein Buch *Atombau und Spektrallinien* gelesen hatte. Er teilte mir sogleich mit, daß sich die Physik seit seinem Buch beträchtlich verändert hatte. Er erzählte mir von Schrödingers Wellenmechanik. Es war das erste Mal, daß ich etwas davon hörte.«

Sommerfeld gab dem begeisterten Collegeschüler Kopien von seinen Aufsätzen über die neue Quantentheorie. Chandrasekhar arbeitete sie durch. Und er las noch andere Abhandlungen. Er schrieb selbst einige Artikel und veröffentlichte als Collegeschüler zwei wissenschaftliche Arbeiten, die seine Lehrer jedoch nicht verstehen konnten.

»Auf dem College wurde ein Wettbewerb veranstaltet. Es ging darum, einen Aufsatz über die Quantentheorie zu schreiben, was für mich sehr einfach war, weil ich die Bücher von Sommerfeld und Compton mit großer Begeisterung durchgearbeitet hatte.« Chandrasekhar gewann den Wettbewerb; der erste Preis war ein Buch. »Man fragte mich, ob ich ein bestimmtes Buch haben wollte. Und ich sagte, ich würde gerne Eddingtons Buch *Der innere Aufbau der Sterne* haben, da ich es in der Bibliothek gesehen hatte. Es war natürlich in einer wunderbaren Sprache geschrieben, und die ersten Kapitel sind sehr leicht zu lesen, selbst für jemanden, dessen Kenntnisse so unzureichend waren wie meine. Es handelte sich um ein Buch, mit dem ich gut beginnen konnte; es war nicht schwer, es durchzuarbeiten.« Und somit lernte er auch die neue Astronomie kennen.

1930 schloß Chandrasekhar das College ab. Aufgrund seiner Veröffentlichungen erhielt er ein staatliches Stipendium, das es ihm ermöglichte, an der Universität von Cambridge in England zu studieren. Er war nun zwanzig Jahre alt und stand kurz vor einer außerordentlichen Entdeckung.

Der Druck im Innern eines Sterns bewirkt noch mehr, als nur der Schwerkraft zu widerstehen. Er ist für einige der wichtigsten Eigenschaften des Sterns maßgebend. Der Druck bestimmt die Größe des Sterns – indem er ihn aufbläht. Er bestimmt das Ausmaß der Kernreaktionen im Innern – denn die Intensität dieser Reaktionen hängt direkt von dem inneren Druck ab. Und der Druck bestimmt die Helligkeit des Sterns – denn die Strahlungsenergie wird durch diese Reaktionen hervorgerufen.

Dieser Druck kann nicht direkt gemessen werden, denn die Bedingungen im Innern eines Sterns werden von einer weißglühenden Gasschicht verborgen gehalten, die einige hunderttausend Kilometer dick sein kann. Aber es ist möglich, den Druck zu berechnen. Dabei wendet man die Methode der mathematischen Physik an: Man ermittelt die physikalischen Prinzipien, denen der Stern unterliegt, wandelt jedes davon in eine Gleichung um und löst diese Gleichungen. Die erhaltene Lösung verrät vieles über den Stern: seine Größe und Helligkeit, den Druck, die Temperatur und das Ausmaß der Kernreaktionen in seinem Innern. Bis 1930 hatte man auf diese Weise eine ansehnliche Reihe von Informationen erhalten. Die Methodik war allgemein bekannt. Auch Chandrasekhar kannte sie – er hatte sie durch Eddingtons Buch kennengelernt.

Heutzutage würde ein indischer Student mit dem Flugzeug fliegen, um nach England zu kommen, und er würde dafür einen Tag brauchen. Chandrasekhar fuhr mit dem Schiff. Die Reise dauerte Wochen, und während er unterwegs war, stellte er sich selbst eine Aufgabe. Er entschloß sich dazu, mit Hilfe der eben geschilderten Methodik die Struktur von Weißen Zwergsternen zu analysieren. Er nahm sich vor, sich dabei auf das gerade entdeckte Phänomen des Entartungsdrucks zu konzentrieren – er wollte herausfinden, welche Auswirkungen dieser Druck auf die Sterne hatte. Die Quantenmechanik war 1930 noch brandneu, und bisher hatte sich noch niemand mit dieser Aufgabe befaßt.

Es handelte sich um eine rein mathematische Problematik. Aber sie führte zu einem außerordentlich seltsamen Ergebnis.

Noch bevor Chandrasekhar in England ankam, hatte er seine Gleichungen gelöst – teilweise jedenfalls. Denn die Lösung, die er für massearme Weiße Zwergsterne erhielt, schien offensichtlich richtig zu sein; doch für massereiche Sterne konnte er die Gleichungen nicht lösen. Und noch mehr: Er konnte beweisen, daß es in diesem Fall *keine Lösung gab.*

Eine Gleichung ohne Lösung ist eine Frage, auf die es keine Antwort gibt. Es war nicht so, daß die Gleichungen für massereiche Weiße Zwerge ungewöhnlich schwer zu lösen waren. Sie konnten überhaupt nicht gelöst werden. Die Gleichung $x = \cos x$ kann beispielsweise nur mit Hilfe eines Computers gelöst werden – aber wir wissen, daß es eine Lösung gibt. Wir wissen, daß eine Zahl existiert, die gleich ihrem Cosinus ist. Aber die Gleichung $x^2 = -4$ hat überhaupt keine Lösung. Egal welche Zahl man wählt – solange es sich um eine reelle Zahl handelt –, wenn man sie quadriert, wird man niemals –4 erhalten. Ein Computer würde mit dem Versuch, diese Gleichung zu lösen, ewig beschäftigt sein.

Wenn man mit einem unlösbaren Problem konfrontiert wird, ist es nicht sehr empfehlenswert, dickköpfig dagegen anzurennen. Es ist klüger, es gewandt zu umgehen. Als sich Chandrasekhar davon überzeugt hatte, daß seine Gleichungen unlösbar waren, änderte er die Fragestellung. Er fragte, warum sie unlösbar waren. Welcher Unterschied bestand zwischen massearmen und massereichen Weißen Zwergsternen?

Diese Aufgabe konnte er auf dem Schiff nicht mehr lösen. Seine Bemühungen, mit dieser Frage klarzukommen, nahmen in England einige Jahre in Anspruch. Die Antwort, die er schließlich ermittelte, kann mit Hilfe eines Versuchs verständlich gemacht werden. Beginnen wir mit einem massearmen Weißen Zwerg – mit einem, der sich manierlich benimmt – und vergrößern nach und nach seine Masse. Wir tun dies, indem wir ihm einfach Materie hinzufügen. Wir lassen Asteroiden und Planeten auf ihn fallen. Sie werden vom Weißen Zwerg aufgenommen und mit seiner Struktur verschmolzen. Was geschieht bei diesem Prozeß mit dem Stern?

Wenn er immer massereicher wird, findet bei dem Wechselspiel der Kräfte in seinem Innern eine leichte Veränderung statt. Die Schwerkraft wird bei jeder Hinzufügung von Materie durch den Entartungsdruck ausgeglichen, doch mit der Vergrößerung der Masse wird das Gleichgewicht immer unsicherer. Schließlich geht das *stabile* in ein *instabiles* Gleichgewicht über. Erreicht der Stern seine kritische Masse, so gleicht er einem auf der Spitze balancierenden Bleistift. Die kleinste Erschütterung würde ihn umkippen...

Und der Weiße Zwerg erleidet einen nach innen gerichteten Kollaps.

Der massereichste Weiße Zwerg, den es geben kann, hat die 1,4fache Masse der Sonne. Diesen Wert bezeichnet man als *Chandrasekhar-Grenze.* Jeder Stern, der weniger massereich ist – die Sonne zum Beispiel –, wird sich, wenn seine nuklearen Energiereserven erschöpft sind, langsam zu einem Weißen Zwerg entwickeln. Aber ein Stern, der massereicher ist, kann es nicht. Wenn sein Brennstoff verbraucht ist, mag er vielleicht versuchen, sich in einen Weißen Zwerg zu verwandeln, doch seine Struktur ist instabil. Er wird eine verheerende Implosion erleiden. Im Laufe von wenigen Sekunden verwandelt er sich dann in einen Pulsar oder in ein Schwarzes Loch. Viele der Sterne, die die am Himmel sichtbaren Konstellationen bilden, gehen diesem Schicksal entgegen. Sirius, Vega, Rigel – sie werden schließlich in sich zusammenstürzen. Zukünftige Generationen werden sie nicht als Sterne wahrnehmen, sondern als pulsende Radiostrahlungsquellen oder als Verzerrungen der Raumzeit-Struktur.

Wenn wir die Masse eines Weißen Zwergs immer mehr vergrößern und ihn somit immer näher an die Chandrasekhar-Grenze drängen, bewegen sich die einzelnen Teilchen in seinem Innern immer schneller. An der Grenze angekommen, rasen sie fast mit

Lichtgeschwindigkeit umher. Unter diesen Umständen kommt die Relativität mit ins Spiel – und diese *relativistische Entartung* ist es, die für die Instabilität verantwortlich ist. Die Unmöglichkeit der Existenz von massereichen Weißen Zwergen ergibt sich aus dem subtilen Zusammenspiel von den Gleichungen zur Sternstruktur, Einsteins Relativitätstheorie und der Unschärferelation der Quantenmechanik. Drei große Triumphe der Physik des 20. Jahrhunderts vereinigen sich, um uns die Zwangsläufigkeit des Gravitationskollapses deutlich vor Augen zu halten.

Aber im Jahre 1930 war man noch weit entfernt von diesen Erkenntnissen. Von Neutronensternen sprach noch niemand, und die Schwarzschild-Lösung war kaum bekannt. Als Chandrasekhar, in England angekommen, von Bord ging, hatte er die Ergebnisse einiger Berechnungen in seinem Koffer verstaut, und in seinem Kopf zeichneten sich die ersten feinen Schimmer einer außergewöhnlichen Erkenntnis ab. Er war zwanzig Jahre alt, kam aus einer der Kolonien und befand sich auf dem Weg in eines der geistigen Zentren der Welt.

Zunächst fühlte er sich dort sehr unwohl: »Nach England zu kommen war eine desillusionierende Erfahrung. Ich fand mich plötzlich in einer Umgebung wieder, wo es Persönlichkeiten wie Dirac und Eddington und Rutherford und Hardy gab, ganz zu schweigen von all den anderen wohlbekannten Namen; es war eine sehr eindringliche, ernüchternde Erfahrung. In Indien war ich äußerst optimistisch gewesen, aber als ich nach England kam, wurde ich ernüchtert, wenn nicht sogar gedemütigt. Ich wußte wirklich nicht, ob es in der Welt, in der ich mich wiederfand, überhaupt eine Möglichkeit für mich gab, irgend etwas zustande zu bringen.«

R. H. Fowler war einer der Wissenschaftler, dessen Abhandlungen Chandrasekhar gelesen hatte, als er noch in Indien gewesen war. »Ich erinnere mich noch genau an das erste Treffen mit Fowler, kurz nachdem ich in England angekommen war. Ich traf ihn in seiner Wohnung im Trinity College. Er hatte mich gebeten vorbeizukommen. Ich zeigte ihm das Manuskript meiner Abhandlung über die Massegrenze von Weißen Zwergen. Zu diesem Zeitpunkt verstand ich noch nicht, welche Bedeutung diese Grenze hatte, und ich wußte nicht, wohin all dies führen würde. Aber es ist schon sehr kurios, daß Fowler das Ergebnis nicht für sehr wichtig hielt.

Damals hatte Fowler kein Büro. Er traf sich mit seinen Studenten immer in der Bibliothek des alten Cavendish-Labors. Und ich stand immer vor der Bibliothek, manchmal ein bis zwei Stunden lang, in der Hoffnung, vielleicht mit Fowler sprechen zu können. Aber meistens gab es keine Gelegenheit. Irgendwie hatte ich das Gefühl, daß ich nicht dorthin gehörte. Es kam mir so vor, als ob es dort viel zu viele bedeutende Persönlichkeiten gäbe, viel zu viele Leute, die an wichtigen Dingen arbeiteten, während das, was ich tat, vergleichsweise unbedeutend war. Ich nehme an, daß ich ängstlich gewesen bin. Selbst jetzt kann ich mich noch genau daran erinnern, wie ich mich gefühlt habe, als ich dort stand und auf Fowler wartete ... In sechs Monaten konnte ich nur einmal mit ihm sprechen.«

Ebenso wie er es in Indien getan hatte, arbeitete Chandrasekhar allein. Der Unterschied bestand nur darin, daß er hier ein Ausländer war, eingeschüchtert war und sich manchmal sehr einsam fühlte. Er hatte ein eigenes Zimmer, in dem er arbeitete; andere Leute traf er nur, wenn er zu Vorlesungen oder zum Essen ging. »Ich kam mit den Leuten nicht sehr gut klar. In ihrer Gegenwart fühlte ich mich sehr unsicher, und ich zog mich völlig in mich selbst zurück. Nach zwei Jahren in Cambridge und nach all dieser Arbeit hatte ich so wenig Eindruck in meiner Umgebung hinterlassen, daß ich alles selbst beurteilen mußte. Ich stand allein da. Und ich wußte nicht, ob ich irgendwelche Fortschritte machte oder nicht.«

Als Chandrasekhar die Theorie über Weiße Zwergsterne ausarbeitete, konnte er nicht einmal sicher sein, daß die Aufgabe, die er sich selbst gestellt hatte, der Mühe wert war. Würde sie zu einer bedeutenden Erweiterung des Verständnisses führen? Der Gedanke, daß er auf eine wichtige Entdeckung gestoßen war, »kam mir mehrere Male. Aber ich sperrte mich dagegen. Denn, daß dies eine grundlegende Rolle spielen sollte ... ich wollte diese Schlußfolgerung nicht ziehen. In gewissem Sinne hatte ich zu wenig Selbstvertrauen gehabt, um eine derartige Schlußfolgerung zu ziehen, obwohl mir der Gedanke immer wieder kam.«

Zumindest mit diesem Problem stand er nicht allein da, denn mit dieser Frage muß sich jeder Wissenschaftler auseinandersetzen, und nicht nur einmal, sondern immer wieder: Führt die Forschung, die man betreibt, zu einem wichtigen Ergebnis oder nicht? Normalerweise gibt es keine andere Möglichkeit, diese Frage zu beantworten, als die Zeit, vielleicht Jahre, dafür einzusetzen, um zu einem

Ergebnis zu kommen und dann zu sehen, ob es sich gelohnt hat. Meistens ist die Entscheidung, mit einer Forschungsarbeit zu beginnen, gleichzeitig die Entscheidung, das Risiko einzugehen, Zeit zu vergeuden. Sehr viele Projekte erweisen sich einfach als Fehlschlag und müssen aufgegeben werden. Ebenso viele Projekte werden erfolgreich durchgeführt, wobei man dann jedoch feststellen muß, daß das erhaltene Ergebnis recht belanglos ist. Aber am schlimmsten ist es, wenn man jahrelang mit einer Forschungsarbeit zubringt und das Pech hat, nicht die entscheidende Frage zu stellen, die die Tür zu einer bedeutungsvollen Entdeckung öffnen würde. Forschung ist oftmals eine Sache des Zufalls, und es gibt viele ausgezeichnete Wissenschaftler, die nicht das Glück hatten, auf den plötzlichen Durchbruch zu stoßen, durch den sie dann bekannt geworden wären. Viele Nobelpreise sind im Grunde genommen für besonderes Glück verliehen worden.

Am Ende stellte es sich heraus, daß Chandrasekhar bei der Wahl seiner Aufgabe eine glückliche Hand bewiesen hatte. Doch damals wußte er es noch nicht.

»1933, nachdem ich meine Doktorarbeit fertiggestellt hatte, fragte ich Fowler, ob es für mich eine Möglichkeit gab, eine weitere Forschungsarbeit in England auszuführen. Er antwortete: ›Tja, du könntest dich für ein Stipendium am Trinity College bewerben, aber ich befürchte, daß du nicht viele Chancen hast, angenommen zu werden.‹ Ich bewarb mich trotzdem, doch ich war mir so sicher, kein Stipendium zu bekommen, daß ich alles in die Wege leitete, um Cambridge an dem Tag zu verlassen, an dem die Entscheidungen bekanntgegeben werden sollten. So machte ich auf meinem Weg zum Bahnhof am College halt, um zu sehen, welche Studenten auserwählt worden waren. Ich war überrascht, meinen Namen auf der Liste zu finden. Und ich erinnere mich noch, wie ich zu mir sagte: ›Oh, das wird mein Leben verändern.‹

Ich war plötzlich zu einem Teil von ›Cambridge‹ geworden. Ich konnte nun mit all den anderen am gleichen Tisch sitzen. Allmählich fand ich Leute, mit denen ich sprechen und diskutieren konnte; und ich fand tatsächlich einige Freunde.«

Nach einigen Jahren brachte Chandrasekhar seine Aufgabe zum Abschluß. Er kam zu der Erkenntnis, daß es keine massereichen Weißen Zwerge geben konnte. Doch es gab andere Wissenschaftler, die sich ebenso sicher waren, daß diese Sterne existierten.

Der Physiker E. A. Milne, ein Kollege und ein persönlicher Freund, schrieb ihm: »Es ist völlig klar, daß sich Materie nicht so verhalten kann, wie Du es voraussagst.« Sir Arthur Eddington machte über seine Arbeit folgende Bemerkungen. Ein Weißer Zwerg, der mehr als 1,4 Sonnenmassen hat. . . »muß anscheinend so lange Strahlung aussenden und sich zusammenziehen, bis er, wie ich annehme, nur noch einen Radius von wenigen Kilometern hat, wobei die Schwerkraft stark genug wird, um die Strahlung zurückzuhalten, und der Stern schließlich seine Ruhe finden kann . . . Ich fühlte mich zu der Schlußfolgerung gedrängt, daß dies fast eine *reductio ad absurdum* der relativistischen Entartungsformel ist. Verschiedene zufällige Ereignisse mögen eintreten, um den Stern zu retten, aber das reicht mir als Schutz nicht aus. Ich denke, daß es ein Naturgesetz geben müßte, das den Stern daran hindert, sich derart absurd zu verhalten.«

Milne kam niemals vorbei, um Chandrasekhar zu erklären, weshalb er sich so sicher war, oder ihm aufzuzeigen, wo er die falsche Richtung eingeschlagen hatte. Eddington sprach von einer Absurdität – eine Argumentationsweise, die man nicht gerade als wissenschaftlich bezeichnen kann. Eine Debatte stand in Aussicht, und es war zu erwarten, daß sie auf einer vollkommen unwissenschaftlichen Ebene ablaufen würde.

Intuition und persönliche Neigung spielen in der Wissenschaft eine wichtige Rolle. Chandrasekhar hatte einige Gleichungen gelöst. Nun mußte entschieden werden, ob sein Ergebnis plausibel war – ob es Hand und Fuß hatte. Und wenn es nicht plausibel war, dann würden die Wissenschaftler nicht seine Lösung fallenlassen. Sie würden die ganzen Gleichungen, die er gelöst hatte, fallenlassen.

Alles, was er getan hatte, gründete sich auf die Quantenmechanik und deren Unschärferelation, und die Quantenmechanik war damals noch sehr neu. Heutzutage, nachdem sie jahrzehntelang erforscht worden ist und immer wieder Bestätigungen erfahren hat, wird sie mit großem Respekt behandelt, doch in den dreißiger Jahren war sie noch kaum nachgeprüft worden. Wenn die neue Theorie zu einem unannehmbaren Ergebnis führte, so ignorierte man es einfach. Doch wie sollte man entscheiden, was annehmbar war?

Jeder qualifizierte Wissenschaftler entwickelt ein intuitives Gefühl, ein Gespür, daß ihn auf die richtige Fährte führt. Gute Wissenschaftler haben ein gutes Gespür; sie besitzen die bemerkenswerte Fähigkeit, das Richtige vom Falschen zu unterscheiden. Immer wieder lassen sie sich von diesen Intuitionen leiten. Immer wieder erklärt ein Wissenschaftler bei der Prüfung irgendeines Ergebnisses, daß er nicht »glauben« könne, daß es richtig sei – woraufhin er es dann ignoriert. Ein anderer Wissenschaftler erklärt, daß er kein »Vertrauen« zu jemandem habe, und zeigt eine Neigung, alles unberücksichtigt zu lassen, was dieser Kollege sagt. Diese Leute wittern etwas und entscheiden sich somit dafür, eine Sackgasse zu vermeiden, wodurch sie sich eine jahrelange mühselige Plackerei ersparen. Ein dritter erklärt, oftmals auf der Grundlage von völlig unzureichenden Beweisen, daß irgend etwas »richtig sein muß«, und nimmt einfach an, daß es zutreffend ist. Er hat einen fruchtbaren Forschungsbereich aufgespürt, und lange bevor ein ausreichender Beweis erbracht werden kann, hat er sich schon darauf eingelassen.

Solche Begriffe wie »Glauben«, »Vertrauen« und so weiter mögen in diesem Bereich vielleicht seltsam klingen, aber das sollte nicht so sein. Der Eindruck, daß die Wissenschaft nur von der Logik geleitet wird, geht auf einen Mangel an Verständnis für die vielen Schichten der Mehrdeutigkeit zurück, die diesen Bereich tatsächlich umgeben.

Das beste Beispiel dafür, wie die Intuition einen Wissenschaftler irreführen kann, findet man in einer Abhandlung, die der russische Physiker Landau, zwei Jahre nachdem Chandrasekhar seinen Grenzwert für die Masse eines Weißen Zwergs entdeckt hatte, geschrieben hat. In dieser Abhandlung macht Landau genau die gleiche Entdeckung, wobei offensichtlich wird, daß er Chandrasekhars frühere Arbeit nicht kannte. Doch er interpretierte sein Ergebnis völlig anders: Anstatt es ernst zu nehmen, sieht er es als einen Beweis dafür an, daß es im Bereich der Physik notwendig ist, eine neue Theorie zu entwickeln. Nachdem er dargelegt hatte, daß ein Gleichgewichtszustand nur bei kleineren Massen möglich ist, erklärte er weiter, daß es im Falle von größeren Massen »in der ganzen Quantentheorie keinen Hinweis auf irgend etwas gibt, das dieses System vor dem Zusammenstürzen in einen Punkt bewahren könnte. Da aber in der Wirklichkeit derartige Massen friedlich in der Form von Sternen existieren und nicht irgendwelche derartige Tendenzen zeigen, müssen wir die Schlußfolgerung ziehen, daß alle

Sterne, die schwerer sind (als die berechnete kritische Masse), sicherlich *Regionen besitzen, in denen die Gesetze der Quantenmechanik übertreten werden.«* (Die Hervorhebung wurde hinzugefügt.) Ebenso wie Eddington und Milne verwarf Landau das erhaltene Ergebnis. Doch in diesem Fall handelte es sich um sein eigenes Ergebnis.

Es wäre natürlich leicht, diese Irrtümer einfach abzutun, indem man annimmt, daß diejenigen, die nicht mit Chandrasekhar übereinstimmten, fachlich gesehen zweitklassig waren. Doch dies trifft in keiner Weise zu. Eddington und Landau gehören zu den bedeutendsten Wissenschaftlern unseres Jahrhunderts. Landau ist ein Nobelpreis verliehen worden, und viele meinen, daß auch Eddington einen verdient hätte. Landau hat das Neutronensternmodell entwikkelt, Eddigton hat die Relativitätstheorie in England bekanntgemacht und die Krümmung der Lichtstrahlen infolge der Schwerkraft nachgewiesen. Nein, eine Lehre aus diesem Sachverhalt zu ziehen ist weitaus schwieriger: Man kann daraus lernen, daß es in der Wissenschaft kein Grundrezept gibt, um zum Erfolg zu kommen – kein einziges. Man trifft seine Wahl und führt die notwendigen Arbeiten aus. Dann legt man sich gewissermaßen auf die Schlachtbank ... und wartet ab, was passiert.

In den dreißiger Jahren nahm Sir Arthur Eddington »eine bestimmende Position in dem Bereich der Astronomie ein«, sagte Chandrasekhar. »Ich glaube, niemand zweifelte daran, daß Eddington immer recht hatte. Im Januar 1934 fand eine Tagung statt, bei der Eddington und ich verschiedener Meinung waren. Ich hielt einen Vortrag. Danach meldete sich Eddington zu Wort und meinte: ›Die soeben vorgetragene Abhandlung ist völlig falsch.‹ Dann machte er einige Witze darüber, und am Ende der Tagung kamen alle Teilnehmer an mir vorbei und sagten zu mir: ›Schade, schade.‹ Die anderen Astronomen waren ganz einfach deshalb von der Unzulänglichkeit meiner Arbeit überzeugt, weil Eddington dieser Ansicht war.«

Der erste Weiße Zwerg war von dem amerikanischen Astronomen Henry Norris Russell entdeckt worden. »Der folgende Vorfall veranschaulicht Russels Einstellung. 1935, als die Konferenz der International Astronomical Union stattfand, war Eddington Präsident der Commission on the Internal Constitution of Stars. Russell war der Schriftführer, und er leitete die Konferenz. Eddington kam zu

Wort und kritisierte eine Stunde lang ausführlich meine Arbeit und stellte sie als Witz dar. Ich ließ Russell eine Notiz zukommen, in der ich meinen Wunsch mitteilte, auf diese Rede zu antworten. Russell schickte eine Notiz zurück, die lautete: ›Ich halte es für besser, wenn Sie nichts erwidern.‹ Und so hatte ich nicht einmal die Gelegenheit, etwas dazu zu sagen, und mußte die mitleidsvollen Blicke der Zuhörer über mich ergehen lassen.

Ich hatte (anfangs) keine vollständige Theorie über Weiße Zwerge mit den exakten Gleichungen entwickelt. Dies hat ich erst im Herbst 1934. Und in der Zeit, in der ich daran arbeitete, war ich ein Stipendiat am Trinity College, und Eddington suchte mich nach dem Essen sehr oft in meiner Wohnung auf, um zu sehen, wie ich mit meinen Berechnungen vorankam. Er war offensichtlich sehr daran interessiert. Und dann sollte ich auf einer Konferenz der Royal Astronomical Society über meine Arbeit berichten. Als ich das Programm bekam, stellte ich fest, daß Eddington nach mir einen Vortrag über relativistische Entartung halten würde. Ich bin wirklich sehr verärgert gewesen, denn Eddington war wochenlang immer wieder zu mir gekommen, und wir hatten uns über meine Arbeit unterhalten, während er dabeigewesen war, selbst eine Abhandlung zu schreiben, ohne mir jemals etwas davon zu sagen.

(Am Abend vor der Konferenz) ging ich zum Essen und traf Eddington. Ich war noch immer sehr verärgert, weil er mir nichts davon gesagt hatte. Nach dem Essen machte ich keinerlei Anstalten, mit ihm zu reden. Doch er kam auf mich zu. Und selbst an diesem Abend erzählte er mir nichts davon.

Auf der Konferenz berichtete ich dann also von meiner Arbeit. Kurz danach erhob sich Eddington und sagte: ›Ich weiß nicht, ob ich diese Konferenz lebend verlassen werde, denn der Vortrag, den Sie soeben gehört haben, seine Grundlage, ist völlig falsch.‹ Und dann fuhr er mit einigen Bemerkungen fort, die. . . Na ja! Wenn Sie den veröffentlichten Bericht über die Konferenz lesen, dann werden Sie feststellen, daß an vielen Stellen das Wort ›Gelächter‹ eingefügt worden ist.«

Gegen Ende des Jahrzehnts begann sich die Gewichtung der Meinung etwas zu verlagern. Doch Eddington wurde davon nicht beeinflußt. 1938, auf einer internationalen Konferenz, »gerieten Eddington und ich wirklich aneinander. Während der Diskussion fragte ein Astronom Eddington: ›Professor Eddington, es gibt zwei Theorien über Weiße Zwerge. Wie soll sich ein beobachtender Astronom in diesem Fall verhalten?‹ Und Eddington antwortete: ›Es gibt keine zwei Theorien.‹ Das machte mich wirklich wütend. Ich stand auf und sagte: ›Herr Eddington, wie können Sie behaupten, daß es keine zwei Theorien gibt? Sie und ich, wir haben gestern in Cambridge mit den Physikern Dirac, Peierls und Price diskutiert, und alle drei stimmten nicht Ihrer Arbeit über die Entartung zu. Und da diese drei hervorragenden Physiker die von mir aufgestellten Gleichungen und Gedanken für richtig halten, muß ein beobachtender Astronom die Schlußfolgerung ziehen, daß es zwei Theorien gibt.‹

An diesem Punkt angelangt, erhob sich Russell und sagte: ›Die Diskussion ist hiermit beendet.‹ Und das war es dann.

Die Konferenz wurde mit einem großem Empfang und einem Essen in der Stadthalle abgeschlossen. All die bedeutenden Persönlichkeiten hatten sich eingefunden. Sie hatten ihren Platz an der Tafel eingenommen, und ich saß irgendwo in einer Ecke. Am Ende der Konferenz stand ich allein da, als Eddington plötzlich neben mir auftauchte. Er sagte: ›Ich hoffe, ich habe Sie heute morgen nicht verletzt.‹

Ich fragte ihn: ›Sie haben ihre Meinung nicht geändert, oder?‹

›Nein‹, antwortete Eddington.

›Weshalb machen Sie sich dann Sorgen?‹

Eddington sah mich nur an und ging dann davon. Dies war mein letztes Gespräch mit ihm.

Wenn ich an diese Zeiten zurückdenke, bin ich in vieler Hinsicht erstaunt darüber, daß ich nicht auf der Strecke geblieben bin«, fuhr Chandrasekhar fort. Damals war er Mitte zwanzig, und Eddington galt als eine bestimmende Autorität. »1938 kam ich schließlich zu der Einsicht, daß es nicht gut war, die ganze Zeit zu kämpfen und zu behaupten, daß ich recht hatte und die anderen alle nicht. Ich wollte ein Buch schreiben. Ich wollte meine Ansichten ausführlich darlegen. Und dann wollte ich mich anderen Dingen zuwenden.«

All dies geschah vor langer Zeit, und die Geschichte hat schließlich gezeigt, daß Chandrasekhar recht hatte. Heute gilt *er* als bedeutende Autorität im Bereich der Wissenschaft, und als er 1983 den Nobelpreis erhielt, hatte er schon fast einen legendären Status erlangt. Er hatte sein Vorhaben ausgeführt und ein Buch geschrieben, in dem er seine Ansichten über den Sternaufbau zusammenfaßte. Dieses Buch übte in den ganzen folgenden Jahren einen entscheidenden Einfluß auf die Entwicklung dieses Wissenschaftszweiges aus. Nach der Veröffentlichung zog er sich zurück und wandte seine Aufmerksamkeit der Stellardynamik zu. Nach drei Jahren veröffentlichte er ein Buch darüber, und so arbeitete er weiter, bewegte sich von einem Forschungsthema zum nächsten und schloß jedes mit einem Buch ab, das dann derart umfassend und exakt war, daß es in dem jeweiligen Gebiet geradezu als klassisch angesehen werden kann. Nur wenige Wissenschaftler haben in so vielen verschiedenen Bereichen gearbeitet wie er, und nur wenige haben dann jeden Bereich derart stark beeinflußt.

Chandrasekhar gehört zu den großen, vorantreibenden Kräften der Astrophysik; außerdem hat er eindrucksvoll über den kulturellen Wert der Wissenschaft geschrieben und gesprochen. »Es gehörte (als ich ein College-Schüler gewesen bin) zum Patriotismus, herauszufinden und daran zu arbeiten, was die Inder zustande bringen konnten, das mit Respekt von der Welt aufgenommen werden mußte. Besondere Leistungen im Bereich der Wissenschaft boten zum Beispiel eine Möglichkeit, um zu zeigen, wozu die Inder in der Lage waren. Patriotismus ist ein Wort, das man heutzutage nicht gerne benutzt; aber Patriotismus, wie er im Indien der zwanziger Jahre verstanden wurde, drückte sich in dem allgemeinen Wunsch aus, zu zeigen, daß die Inder etwas zustande bringen konnten, das die Welt anerkennen mußte. Mich wissenschaftlich weiterzubilden, zu zeigen, was man im Bereich der Wissenschaften leisten konnte, ist einer meiner Antriebe gewesen.«

Aber als er älter wurde, änderte sich seine Einstellung; die Ehrfurcht nahm nun einen bedeutenden Platz ein. »Warum ist es so, daß sich das, was der menschliche Geist als schön begreift, in der Natur manifestiert? Nehmen wir die Ellipsen und die Kegelschnitte, mit denen sich Apollonius von Perge befaßt hat. Mit welcher Begeisterung er darüber geschrieben hat! Diese unglaublichen Eigenschaften dieser Kurven! Und er spricht über die Schönheit dieser Kurven. Wer hätte gedacht, daß man Jahrhunderte später herausfinden würde, daß die Planeten bei ihrer Umlaufbewegung genau diese Kurven beschreiben?

Wie ist es zu erklären, daß der menschliche Geist bestimmte, abstrakte Konzepte ersinnt – und sie für schön hält? Und warum finden sich in der Natur Ebenbilder davon? Die Kerr-Metrik ist ein

Beispiel aus dem Bereich der Allgemeinen Relativitätstheorie. Kerr entdeckte sie bei der Erforschung der Einsteinschen Gleichungen. Diese sind exakte Beschreibungen der in der Natur vorkommenden rotierenden Schwarzen Löcher. Ich habe den Eindruck, daß es sehr viele Beispiele dafür gibt, daß man in der Natur Ebenbilder von dem finden kann, was der menschliche Geist als schön empfindet; und dies ist für mich in vieler Hinsicht ein sehr ernüchternder Gedanke.

Ich verstehe es nicht. Heisenberg hat es wunderbar formuliert: ›der Schauder vor dem Schönen‹. Ich glaube, das ist genau das, was ich dabei empfinde.

Ich bin mir der Nützlichkeit der Wissenschaft für die Gesellschaft und der Vorteile, die die Gesellschaft daraus zieht, bewußt. Aber auf der anderen Seite ist so viel über die Nützlichkeit der Wissenschaft gesagt worden, daß ich mich mehr mit der Tatsache beschäftigt habe, daß der kulturelle Wert der Wissenschaft von den meisten anscheinend völlig übersehen wird. Wissenschaft ist eine Art, die Welt um uns herum wahrzunehmen. Wissenschaft ist ein Ort, an dem einem das, was man in der Natur vorfindet, Freude bereitet. Daß man am Studieren und bei dem Versuch, die Wissenschaft zu verstehen, Spaß haben kann, daß man das Erlernen des wissenschaftlichen Arbeitens ebenso genießen kann wie die Musik oder die Kunst – es kommt mir so vor, als ob die Menschen diese Gesichtspunkte einfach ignorierten. Aber ich habe wirklich das Gefühl, daß ein bewußtes Verständnis für die Künste einem helfen kann, besser Wissenschaft zu betreiben.«

In Chandrasekhars Büro, gegenüber von seinem Schreibtisch, hängt eine Fotografie an der Wand. Sie ist von Piero Borello gemacht worden und trägt den Titel »Das Individuum aus der Sicht eines Individuums«. Sie zeigt eine Person, die eine Leiter halb hochgeklettert ist, und darüber ist ein seltsames, symmetrisches Gebilde zu sehen, dessen Natur sich von uns nicht erfassen läßt. Borello war damit einverstanden, Chandrasekhar einen Abzug zu überlassen, doch nur unter der Bedingung, daß dieser erklärte, warum er diese Fotografie haben wollte. Chandrasekhar antwortete: »Was mich an deinem Bild so beeindruckt hat, ist die überaus bemerkenswerte Art und Weise, wie du anschaulich die inneren Gefühle darstellst, die man verspürt, wenn man bestrebt ist, irgend etwas zu erreichen: Man hat es geschafft, die Leiter halb hochzuklettern, doch das leicht schimmernde Gebilde, das man undeutlich vor sich sieht und dem man entgegenstrebt, ist vollkommen unerreichbar, selbst wenn es einem gelingen würde, die Leiter ganz hochzuklettern. Die Erkenntnis der absoluten Unmöglichkeit, seine Ziele zu erreichen, wird lediglich durch den Schatten angedeutet, der einem das Gefühl gibt, sich scheinbar noch weiter unten zu befinden.«

13. Kapitel

Uhuru

Die Chandrasekhar-Grenze machte den Kollaps fast unvermeidlich – aber nicht ganz unvermeidlich. Eddington wollte ein Naturgesetz, das einen derartigen Unsinn untersagt, bekam aber keins. Doch er hatte auch »verschiedene zufällige Ereignisse« erwähnt, die eintreten könnten; wahrscheinlich bezog er sich dabei auf Explosionen, die den Stern auseinanderreißen würden, bevor dieser eine Gelegenheit hatte zu implodieren.

Das war schon etwas anderes, was nicht einfach ausgeschlossen werden konnte. Aber die einzige Möglichkeit, sich damit auseinanderzusetzen, war die folgende: Man mußte auf theoretischem Wege die Entwicklung eines Sterns während seines Milliarden Jahre dauernden nuklearen Verbrennungsprozesses verfolgen – und man mußte nicht nur einen Stern, sondern von jedem Sterntyp einen Vertreter genauer untersuchen. Nimmt man einen modernen Computer zu Hilfe, so muß man schon für einen kleinen Teil von nur einer Berechung dieser Art einige Stunden aufwenden. Und damals war die Aufgabe noch schwieriger und zeitaufwendiger.

Anfang der sechziger Jahre hatte man eine Reihe von Entwicklungs-Rechnungen bis zu den stellaren Endphasen durchgeführt. Einige Sterne explodierten, die meisten jedoch nicht. Es begann sich abzuzeichnen, daß es sich bei dem völligen Gravitationskollaps um eine realistische Möglichkeit handelte. Eine langsame Veränderung der Betrachtungsweise war zu beobachten. In einer Abhandlung wurde der Standpunkt, daß stets irgendwelche Ereignisse eintreten würden, auf »nichts anderes als Aberglauben« zurückgeführt; in einem anderen Artikel wurde die Möglichkeit eines Kollapses ernst genommen, und man ging darin so weit, Quasare als Beispiel dafür zu deuten.

Die Entdeckung der Pulsare im Jahre 1967 war ein bedeutsamer Punkt bei dem allmählichen Umdenkungsprozeß. Diese Entdekkung ließ die Dinge in einem recht klaren Licht erscheinen. Pulsare waren Beispiele für die Implosion, gegen die sich Eddington so strikt gewehrt hatte. Und wenn es Neutronensterne gab, warum sollten dann nicht auch Schwarze Löcher existieren?

Nach und nach verwandelte sich die Schwarzschild-Lösung von einer mathematischen Kuriosität in eine handfeste Tatsache. Das Schwarze Loch begab sich in das Reich des Möglichen. Doch wie sollte man eins aufspüren? Es hatte einen Durchmesser von nur wenigen Kilometern – Teleskope haben aber Schwierigkeiten, auf dem Mond etwas in dieser Größenordnung auszumachen, geschweige denn in einer Entfernung von mehreren Lichtjahren. Es war schwarz und befand sich in der Dunkelheit des Weltraums. Die Verzerrung des Himmels im Hintergrund, die durch den Gravitationslinseneffekt hervorgerufen wurde, konnte möglicherweise festgestellt werden, doch diese Verzerrung war nur einige Kilometer um das Loch herum sehr stark.

Alles in allem stand man vor einer äußerst schweren Aufgabe. Es schien fast so, als ob die Schwierigkeiten zu groß waren, um überwunden werden zu können. Und wie es sich dann herausstellte, wurden sie nicht überwunden. Das erste Schwarze Loch entdeckte man auf andere Weise.

Ich saß zusammen mit Harvey Tananbaum in seinem Büro in Cambridge, Massachusetts, und er erzählte mir von seiner Reise nach Malindi, einer kleinen Stadt in Kenia. Malindi ist eine Art Erholungsort, aber von dem Nachtleben dort war Tananbaum nicht sonderlich beeindruckt gewesen. »Es gab dort drei oder vier Hotels«, erzählte er mir. »Einen Strand gab es dort und einige Swimmingpools. Und einen Discjockey, der mit einem Stapel Schallplatten zu den verschiedenen Hotels ging. Montags spielte er diesen Stapel von oben nach unten durch und dienstags von unten nach oben. Donnerstags und freitags spielte er die B-Seiten. Mittwochs konnte man sich Filme ansehen – die Leinwand bestand aus einem großen Laken, das draußen zwischen zwei Pfählen aufgehängt wurde.

Von meinem Hotel in Malindi führte eine unbefestigte Straße zu unserem Stützpunkt«, erzählte er weiter, »und nach einem starken Regenguß war die Straße einige Stunden lang immer so schlammig, daß man sie nicht befahren konnte. Sie war schmal und voller Schlaglöcher. Wenn einem ein Wagen entgegenkam, dann hupte man, und der andere hupte ebenfalls, und einer von uns mußte dann halb in den Urwald hineinfahren, um den anderen vorbeizulassen. Oftmals mußte man anhalten, damit ein Junge mit einem Stock seine Kühe oder Ziegen über die Straße treiben konnte. Sie hatten natürlich Vorfahrt.

Das hieß aber nicht, daß dort nichts passieren konnte. Den italienischen Technikern standen zwei Wagen zur Verfügung, und irgendwie schafften sie es, auf dieser Straße eines Tages frontal zusammenzustoßen. Mit den beiden einzigen Autos, die es in der Umgebung gab.

Es war heiß, und die Luftfeuchtigkeit war sehr hoch. Wir gingen oft schwimmen; selbst das Meer war sehr warm, ungefähr dreißig Grad. Viele Insekten? Nein; die Insekten waren erträglich.«

Tananbaum hielt sich dort auf, um einen Satelliten zu starten.

Die Röntgenastronomie wurde an einem Montag ins Leben gerufen, und zwar in dem US-Bundestaat New Mexico. In der Sommernacht des 18. Juni 1962 wurde eine kleine Aerobee-Rakete von der Abschußbasis White Sands gestartet. Bevor sie, bereits sechs Minuten später, auf der Erde zerschellte, hatte sie Röntgenstrahlung, die aus dem All kam, festgestellt.

Warum wurde eine Rakete benutzt? Um diese Frage zu beantworten, nehmen wir einen Vergleich zu Hilfe: Wir stellen uns einen Planeten vor, der gänzlich von Wolken eingehüllt wird. Eine derartige Welt gleicht der unseren an dem dunkelsten, nebligsten Tag, an den wir uns erinnern können. Der Unterschied ist nur der, daß sich die Wolkendecke bei unserem Beispiel niemals auflöst. Daraus folgt, daß kein einziges Lebewesen in dieser Welt jemals den Sternenhimmel gesehen hat.

In einer derartigen Welt wären die uns vertrauten Auf- und Untergänge der Sonne überhaupt nicht zu sehen. Der Wechsel vom Tag zur Nacht wäre lediglich durch das allmähliche Abnehmen der ohnehin schon schwachen Helligkeit zu bemerken, bis es schließlich völlig finster geworden ist. Am Tage ist die Sonne nicht zu sehen; in der Nacht ist nicht die geringste Spur von Mond und Sternen wahrzunehmen: der Himmel zeigt sich nur als einheitliche, graue Wolkendecke.

Wenn wir in einer derartigen Welt leben würden, dann könnten wir beweisen, daß sie rund ist – beispielsweise, indem wir mit einem

Flugzeug um sie herumfliegen. Wir könnten beweisen, daß sie rotiert – indem man in irgendeinem naturwissenschaftlichen Museum ein Foucaultsches Pendel beobachtet. Mit der Zeit ändert das hin und herschwingende Pendel allmählich seine Bewegungsrichtung, bis es schließlich einen vollen Kreis beschrieben hat. In Wirklichkeit ändert sich die Bewegungsrichtung des Pendels aber überhaupt nicht; der Eindruck wird deshalb erweckt, weil der Boden darunter rotiert. Das Verhalten des Pendels ist also ein Beweis für die Rotationsbewegung der Erde; und wenn wir auf einem nebelverhangenen Planeten leben würden, dann könnten wir auch dort das Verhalten des Pendels richtig deuten. Sehr wahrscheinlich wären wir sehr über die Tatsache erstaunt, daß die vierundzwanzig Stunden dauernde Periode einer Rotation genau mit dem Vierundzwanzig-Stunden-Zyklus von Tag und Nacht übereinstimmt. Auf diese Weise würden wir zu der Überzeugung kommen, daß in der Nähe unseres langsam rotierenden Planeten irgendeine Lichtquelle existieren müßte, obwohl wir diese niemals gesehen hätten. Aber es würde keine Möglichkeit geben, zu ermitteln, in welcher Entfernung von uns sich dieses Objekt befindet oder wie groß es ist – und daß die Sonne rund ist, könnten wir auch nicht feststellen.

Auf ähnliche Weise, indem man die Wechsel von Ebbe und Flut genau untersucht, ist es möglich, die Existenz des Mondes zu beweisen. Aber obwohl es im Prinzip möglich ist, würde dieser Nachweis doch schon mehr Schwierigkeiten bereiten. In der Praxis könnten wir uns unter dem Mond wahrscheinlich kaum etwas vorstellen. Und auf jeden Fall würde es keine Möglichkeit geben, herauszufinden, daß er aus Gestein besteht und von Kratern übersät ist.

Und niemand hätte die geringste Veranlassung, auf die Idee zu kommen, daß Planeten oder Sterne existieren könnten.

Dieser hypothetische Planet ist gar nicht so hypothetisch. Es handelt sich nämlich um die Erde – *wenn* wir nicht Licht, sondern Röntgenstrahlen sehen würden. Es wäre der Evolution ohne weiteres möglich, ein Lebewesen hervorzubringen, dessen Augen auf Röntgenstrahlen reagieren. Doch hier würden sie dem Lebewesen nichts nützen, da die Atmosphäre der Erde für Röntgenstrahlen undurchlässig ist. Sie absorbiert die Strahlen. Die obige Beschreibung ist eine recht genaue Darstellung der schwierigen Situation, der ein dort lebendes Wesen gegenüberstehen würde, wenn es Astronomie betreiben wollte. Und für uns besteht die einzige Möglichkeit,

Röntgenstrahlen von Quellen aus dem Weltall zu beobachten, darin, sich über die Atmosphäre zu begeben – eine Rakete oder einen Ballon zu starken oder einen Forschungssatelliten in eine Umlaufbahn um die Erde zu bringen.

Bereits 1956 gab es Anzeichen dafür, daß verschiedene Objekte im Weltraum Röntgenstrahlen aussenden, aber die Hinweise reichten noch nicht aus, um die Entdeckung in den Fachzeitschriften zu veröffentlichen. Durch den Flug der Rakete, die 1962 von White Sands aus gestartet worden ist, gelang die erste eindeutige Feststellung von Röntgenstrahlung aus dem All, und man kann sagen, daß damit ein neuer Zweig der Astronomie ins Leben gerufen wurde. Der Versuch war von vier Wissenschaftlern des Massachusetts Institute of Technology und des privaten Unternehmens American Science and Engineering durchgeführt worden: Riccardo Giacconi, Herbert Gursky, Frank Paolini und Bruno Rossi. Das vielleicht Bemerkenswerteste ist, daß die Wissenschaftler selbst, die den Versuch erdacht und durchgeführt hatten, von dem Ergebnis völlig überrascht wurden. Sie hatten erwartet, daß sie eine vom Mond stammende Röntgenstrahlung feststellen würden, die, wie vermutet wurde, durch die Einwirkung des Sonnenwinds auf die Mondoberfläche entstand. Den Nachweis dieser Strahlung konnte der Versuch nicht erbringen, aber er konnte etwas anderes nachweisen: eine sehr starke, völlig unerwartete Röntgenstrahlung, die von einem Objekt ausging, das sich weit außerhalb des Sonnensystems befand.

In den folgenden acht Jahren handelte es sich bei diesem gerade flügge gewordenen Wissenschaftszweig um einen unvorstellbar frustrierenden Arbeitsbereich. Die Pioniere wußten so gut wie nichts über ihre neuentdeckten Röntgenquellen. Jeder Raketenstart verschlang riesige Geldsummen, und man brauchte Jahre für den Entwurf und den Bau einer Rakete. Und beim Start war es dann oftmals so, daß sie bereits auf der Abschußrampe einfach explodierte. Andere Raketen konnten erfolgreich gestartet werden, doch dann kam es vor, daß irgendein Bauteil des Röntgenstrahlendetektors nicht richtig funktionierte und die Ergebnisse somit unbrauchbar waren. So sah es am Anfang des Weltraumprogramms aus, aber den Röntgenastronomen stand eben nicht viel Geld zur Verfügung. Sie konnten sich die gigantischen Raketen, die von der NASA eingesetzt wurden, nicht leisten. Ihnen war es höchstens möglich, kurze Flüge zu starten, die dann nur wenige Minuten dauerten, und in dieser kurzen Zeit mußten dann sämtliche Beobachtungen ausgeführt werden. Und selbst diese kurzen Flüge konnten sie nicht oft starten, lediglich ein paar pro Jahr; der Zeitraum zwischen ihnen war also recht lang.

Kehren wir zu dem Vergleich mit dem wolkenumhüllten Planeten zurück: Die Situation war damals so, als ob es einem möglich wäre, unter großem finanziellem Aufwand und mit übermäßiger Anstrengung für wenige Minuten eine kleine Lücke in die Wolkendecke zu reißen. Wenn die Wissenschaftler es zum ersten Mal schafften, entdeckten sie vielleicht die Sterne. Beim zweiten Mal – sechs Monate später – würden sie vielleicht den Großen Wagen sehen und erkennen, daß die Sterne Figuren bilden. Und wenn jemand auf die glückliche Idee kommen würde, ein Fernglas oder ein kleines Teleskop zu benutzen – aber es gibt eigentlich keinen besonderen Grund, warum er darauf kommen sollte –, so würde er mit weiteren ungewöhnlichen Anblicken belohnt werden: Sonnenflecken, den Saturnringen usw. Aber das Wissen, das man auf diese Weise gewinnen würde, wäre bruchstückhaft und unvollständig, man würde nur äußerst langsam Fortschritte erzielen. Am schlimmsten würde die starke, endlose Enttäuschung sein, wenn sich die Wolkendecke wieder schließen würde.

So ist es gewesen, bis schließlich Uhuru auftauchte.

Uhuru war der erste Satellit, der gebaut worden ist, um die Röntgenstrahlen aus dem All zu erforschen. Er fiel nicht fünf Minuten nach dem Start wieder auf die Erde zurück. Dieser Satellit sollte oberhalb der Atmosphäre bleiben, beständig die Erde umkreisen und ein ganzes Jahr lang Beobachtungen ausführen. Wäre er die Hälfte der geplanten Zeit oben geblieben und hätte funktioniert, dann wären die Wissenschaftler schon überglücklich gewesen. Wie langsam die Dinge vor dem Start Uhurus vorangingen, kann man ermessen, wenn man die gesamte Zeit zusammenzählt, die alle Forschungsraketen zusammen über der Atmosphäre verbracht haben: man kommt auf ungefähr eine Woche. Wäre Uhuru eine einzige Woche lang in seiner Umlaufbahn geblieben, dann hätte sich unser Wissen über die Röntgenstrahlung aus dem All verdoppelt. Aber er blieb nicht eine Woche in seiner Umlaufbahn, sondern drei Jahre lang.

In diesen drei Jahren hat dieser eine Satellit das Bild der Astronomie stark verändert. Er entdeckte völlig neue und unerwartete Phänomene im All. Er entdeckte Objekte, deren Existenz niemand vorausgeahnt hatte – nicht nur ein oder zwei davon, sondern unzählige, die neue Kategorien von Objekten darstellten. Der Satellit enthüllte neue Stadien der Sternentwicklung. Er machte intergalaktische Wolken ausfindig, über deren Existenz man endlos debattiert hatte, ohne sie jemals nachweisen zu können. Er stellte Röntgenstrahlen fest, die von weit entfernten Galaxien sowie von unserer eigenen Galaxie kamen. Die wildesten Vermutungen wurden von den handfesten Daten, die vom Himmel herabregneten, übertroffen. Innerhalb von fünf Minuten – in der Zeit, die man braucht, um ein Ei zu kochen – sammelte Uhuru eine Datenmenge, die genauso umfangreich war wie das Ergebnis eines ganzen Raketenfluges. In den folgenden fünf Minuten kamen ebenso viele Daten zusammen, und so ging es immer weiter: Uhuru erforschte das All, während die Wochen zu Monaten wurden und die Monate zu Jahren. Seine Beobachtungen wurden natürlich automatisch gesteuert und in der Stille des Weltraums ausgeführt. Unten auf der Erde liefen die Astronomen unterdessen aufgeregt umher und versuchten den neuen Anblick des Himmels, der sich ihnen plötzlich bot, zu begreifen. In der Geschichte der Wissenschaft gibt es kaum ein Beispiel dafür, daß ein einziges Gerät für eine derartige Bereicherung auf einem Gebiet sorgte. Es war geradezu so, als ob die beständige Wolkendecke mit einem Schlag vertrieben worden wäre.

Natürlich war das Unternehmen nicht ganz billig; es kostete immerhin etwa 5 000 000 Dollar, aber kostengünstiger konnte man den gut drei Zentner schweren Satelliten nicht bauen und in eine Umlaufbahn bringen. Alles in allem war das Unternehmen aber seinen Preis wert.

Riccardo Giacconis Büro befindet sich auf dem gleichen Flur wie das von Harvey Tananbaum. Es ist Giacconi gewesen, der die Idee hatte, das Uhuru-Projekt zu starten; er hatte die öffentlichen Gelder erhalten, den Bau des Satelliten geleitet und an den wunderbaren Tagen, als die Daten herabregneten, die Aufsicht geführt. Auch an dem Raketenflug von 1962, durch den der neue Zweig der Astronomie entstanden war, hatte er mitgewirkt. »Bereits 1960«, erzählte er mir einmal, »zwei Jahre vor diesem ersten erfolgreichen

Flug, war eine Gruppe von uns zusammengekommen und hatte einen Bericht geschrieben, in dem wir versuchten, die möglichen Objekttypen, die durch ein auf Röntgenstrahlung ausgerichtetes Beobachtungsprogramm festgestellt werden könnten, im voraus zu ermitteln. Wir versuchten, die Intensität der Röntgenstrahlung abzuschätzen, die wir vermutlich von nahe gelegenen Sternen, von Supernova-Überresten und vom Mond empfangen konnten. Unser Interesse an dem Mond hatte mit dem Sonnenwind zu tun. Damals wußte man nicht sehr viel darüber. Zuerst dachten wir, daß der Wind beim Auftreffen auf die Mondoberfläche Röntgenstrahlen aussenden würde, die nachgewiesen werden könnten und uns somit einiges über diesen Sachverhalt mitteilen würden. Eine Gruppe, die in den Forschungslaboratorien der Luftwaffe in Cambridge, in der Nähe von Boston, arbeitete, war an dieser Frage interessiert, und es gelang uns, von ihr die für den Raketenflug erforderlichen Gelder zu bekommen.«

Ich hatte bereits erwähnt, daß es durch diesen Flug gelungen war, Röntgenstrahlen nachzuweisen, die nicht vom Mond, sondern von einer Quelle weit außerhalb des Sonnensystems stammten. Sind die ursprünglichen Annahmen nun falsch gewesen?

»Nein, vom Mond geht eine Röntgenstrahlung aus«, antwortete er, »doch sie ist viel schwächer, als wir damals angenommen hatten. Aber der Mond ist nicht der Grund gewesen, weshalb ich Röntgenastronomie betrieb. Er bot uns nur eine Möglichkeit, Gelder zu bekommen. Wir wußten, daß die Luftwaffe an dieser Frage interessiert war, deshalb hatten wir diesen Aspekt besonders hervorgehoben. Mein wirkliches Interesse war etwas anderes: Ich wollte, daß es voranging.

Ich wußte, was möglich war«, fuhr er fort. »Wir hatten die Schätzungen angestellt. Ich wußte, daß ich mit einem Röntgenstrahlendetektor von der und der Größe Strahlungen, die vom Crabnebel, vom Sirius und ähnlichen Objekten ausgingen, nachweisen konnte. Und es handelte sich um etwas Neues. Bisher hatte noch niemand die Röntenstrahlung im All genauer untersucht, und ich hatte ein starkes, intuitives Gefühl, daß es sich lohnen würde.«

Doch keine der Schätzungen war von besonderer Bedeutung gewesen. Bei diesem ersten Flug wurde keine Röntgenstrahlung, die vom Mond, vom Crabnebel oder vom Sirius ausging, festgestellt. Aber es wurde eine andere Röntgenquelle entdeckt. Hatte sich Giacconi also irrtümlich in den Bereich der Röntgenastronomie begeben? War die Entdeckung der ersten Röntgenquelle im All auf einen Zufall zurückzuführen? Als ich in Giacconis Büro saß, fiel mir auf, daß sehr oft, wenn ein neues technisches Gerät erfunden worden war, dieses etwas anderes entdeckte, als der Erfinder erwartet hatte. Das erste Radioteleskop der Welt war gebaut worden, um die Sonne zu erforschen. Es erfüllte seinen Zweck – aber außerdem offenbarte es noch eine starke Strahlung, die von einem dünnen Nebelschleier ausging, der sich in einer Region des Himmels befand, die man bis dahin für uninteressant gehalten hatte. Die Pulsare wurden durch Zufall entdeckt, als Hewish ein neuartiges Radioteleskop gebaut hatte, die Van-Allen-Gürtel auf ähnliche Weise.

Doch genaugenommen handelt es sich bei diesen Entdeckungen nicht um Zufälle. Wenn es irgend etwas gibt, was wir mittlerweile gelernt haben sollten, dann ist es die Erkenntnis, daß die Natur geradezu verschwenderisch ist. Die Natur überrascht uns immer wieder, indem sie unsere unbändigsten Erwartungen übertrifft. Jedesmal, wenn wir sie mit anderen Augen gesehen haben, hat sie uns viel Neues offenbart.

Aber außer einem starken Vertrauen auf die Grenzenlosigkeit der Natur hatte Giacconi noch mehr aufzuweisen: »Ich wußte, daß ich dafür besser geeignet war als jeder andere«, sagte er zu mir. »Ich hatte mich vorher mit der kosmischen Strahlung befaßt, und als ich mich dann in diesen Bereich begab, sah ich mir zuerst an, was alles getan worden war, und ich bemerkte, wer die Wissenschaftler waren, die in diesem Bereich arbeiteten. Es handelte sich um Astrophysiker, die vorher die Sonne, die Atmosphäre oder ähnliches erforscht hatten. Der Punkt ist nun der, daß ich Versuchstechniken kannte, die sie nicht kannten. Ich wußte, daß ich äußerst feine und dabei sehr genaue Messungen durchführen konnte.

Nach einigen weiteren Flügen wollte uns die Luftwaffe nicht mehr finanzieren. Was wir taten, gefiel ihnen, sie fanden es beachtlich, doch sie sahen auch, daß es überhaupt nichts mit dem Mond zu tun hatte. So blieb mir also nichts anderes übrig, als die NASA um Unterstützung zu bitten. Ich machte mir große Sorgen, denn ich war noch recht jung, erst zweiunddreißig Jahre alt, und in den Fachkreisen so gut wie unbekannt. Ich dachte mir, daß die NASA mich nicht ernst nehmen würde, wenn ich nicht ein wissenschaftliches Programm zur Erforschung von Röntgenstrahlen vorlegen könnte, das sich über mehrere Jahre erstreckte. Ich schrieb es 1963 und nahm es mit nach Washington.«

Giacconis Forschungsplan trägt den Titel »Ein Versuchsprogramm der außersolaren Röntgenastronomie« und kann als mustergültig bezeichnet werden. Der Plan umreißt ein Programm, das sich über ein Jahrzehnt erstreckt; es beginnt mit einer Reihe von Raketenflügen, setzt sich fort mit einem um die Erde kreisenden Satelliten, dann folgt ein Detektor, der bei einem der Apolloflüge eingesetzt werden sollte, und den Höhepunkt bildet schließlich ein gigantisches Gerät, nicht nur ein einfacher Detektor, sondern ein vollständiges Teleskop, das in der Lage sein sollte, Röntgenaufnahmen vom All zu machen. Das Außerordentliche an Giacconis Plan ist – abgesehen von der bemerkenswerten Kühnheit –, daß am Ende fast jeder vorgeschlagene Programmpunkt durchgeführt worden ist. Es war ein prophetisches Dokument, das für die darauffolgenden Jahre die Forschung in diesem Bereich fortschrieb.

»Ich nahm es mit nach Washington und legte es Nancy Roman, einer Angestellten der NASA, vor. Ich hielt einen kleinen Vortrag, der ungefähr eine Dreiviertelstunde dauerte, und am Ende meinte sie, daß sie sehr interessiert wäre. Sie sagte, daß sie sich für den Satelliten, den ich vorgeschlagen hatte, einsetzen würde. Ich wäre beinahe vom Stuhl gefallen! Nicht einmal in meinen wildesten Träumen hatte ich mir vorgestellt, daß sie mich so ernst nehmen würde.« Giacconi wollte einige Forschungsraketen haben, doch Roman nahm ihn beim Wort und akzeptierte seinen weitaus anspruchsvolleren Antrag auf einen Satelliten.

Es ist ein langer Weg von der Unterstützung einer NASA-Angestellten auf mittlerer Ebene bis zur endgültigen Genehmigung und der Bewilligung der Gelder für ein größeres Programm. Giacconi mußte an seinen Schreibtisch zurück und einen detaillierteren Antrag, der sich auf den Satelliten konzentrierte, schreiben. Er stellte ihn im April 1964 fertig, und auch dieser Antrag wurde positiv aufgenommen. Aber es dauerte noch zwei Jahre, bis schließlich der endgültige Antrag vorgelegt wurde, und noch ein weiteres Jahr, bis mit dem Uhuru-Projekt offiziell begonnen wurde. Und dann benötigte man noch einmal drei Jahre, um den Satelliten zu bauen.

»Ohne die Unterstützung von Nancy Roman wäre die Verwirklichung des Uhuru-Projekts außerordentlich schwierig, wenn nicht sogar unmöglich gewesen«, erzählte mir Giacconi. Es war nun nicht so, daß ihre Stimme bei der Entscheidung, das Projekt zu unterstützen, ausschlaggebend war; aber »die NASA-Angestellten auf mittlerer Ebene haben einen wirklich beträchtlichen Grad an Handlungsfreiheit bei der Entscheidung, neue Projekte vorzustellen, so daß diese in die oberen Bereiche der Hierarchie gelangen. Aus diesem Grunde sind gute persönliche Beziehungen zu den Angestellten äußerst wichtig.« Die NASA beschreitet zwei verschiedene Wege, um zu entscheiden, welche wissenschaftlichen Projekte unterstützt werden sollen. Wenn die Behörde einen bestimmten Plan ins Auge gefaßt hat, schreibt sie Aufträge aus und erbittet Angebote. Beispielsweise kann es sein, daß sie plant, die Ultraviolettstrahlung der Sonne vom Raum aus zu erforschen, und verlautbaren läßt, daß in soundsoviel Jahren ein Satellit gestartet werden soll, der mit mehreren Ultraviolettteleskopen ausgestattet werden kann. Die Wissenschaftler werden dann aufgefordert, genaue Pläne vorzulegen. Diese Vorgehensweise gleicht der Ausschreibung für einen Brückenbau, bei der die Bauunternehmer ihre Angebote einreichen.

Doch Giacconi und seine Mitarbeiter befanden sich in einer anderen Position. Sie schlugen einen Versuch vor, der völlig außerhalb irgendeines der von der NASA geplanten Programme lag. Anträge dieser Art werden anders behandelt. Diese Anträge müssen so eindrucksvoll sein, daß sie die NASA dazu bewegen, ihre Richtung zu ändern, und jeder, der einmal versucht hat, den Kurs einer Behörde der Vereinigten Staaten zu ändern, weiß, was dies bedeutet! Bei dieser Aufgabe ist es von unschätzbarem Wert, die Unterstützung von jemandem zu haben, der in dieser Behörde arbeitet, von einem Angestellten, der einigen Einfluß hat und an dem Projekt interessiert ist.

»Eine bedeutsame Sache hierbei sind die vielen Zugangsmöglichkeiten«, meinte Giacconi. »Die NASA hat viele Zentren, die verhältnismäßig unabhängig voneinander sind. Jedes davon ist bestrebt, seine eigenen Sachen zu machen. Sie haben alle ihre bestimmten bevorzugten Interessenbereiche. Somit bieten sich einem also viele Möglichkeiten. Wenn ein Angestellter etwas ablehnt, ist man nicht unbedingt am Ende – man kann es noch woanders versuchen. Oder wenn sich die NASA endgültig nicht auf ein Projekt einläßt, kann man noch zur National Science Foundation oder, was damals noch recht aussichtsreich war, zur Luftwaffe gehen.«

Giacconi ist Italiener; er kam erst nach seiner Ausbildung in die USA. »So etwas hätte ich in Italien niemals machen können«, erzählte er mir. »In Italien ist der Widerstand gegenüber neuen Ideen viel größer.« Der Wissenschaftsbetrieb in den meisten europäischen Ländern ist, verglichen mit unserem, sehr hierarchisch aufgebaut. In Europa stehen lediglich ein paar ältere, sehr erfahrene Wissenschaftler an der Spitze, die sehr großen Einfluß haben und praktisch die Richtung der wissenschaftlichen Forschung bestimmen. Das amerikanische System ist dagegen viel demokratischer – oder ungeordneter, je nachdem, wie man es sieht. »Die einzige Möglichkeit, so ein Projekt wie Uhuru in Italien durchzuführen, wäre es gewesen, wenn ein sehr alter Professor, vielleicht achtzig Jahre alt, mit einem aus anderen älteren Professoren bestehenden Komitee zusammengekommen wäre und sie alle entschieden hätten, daß es sich um eine gute Sache handelte. Jemand in meinem Alter hätte keine Chance gehabt. Und bezeichnenderweise hätte dieser ehrwürdige Professor, gerade weil er so alt war, gegen dieses Projekt gestimmt.« Die Röntgenastronomie war damals noch zu neu und befand sich zu weit außerhalb der Hauptströmung, um eine größere Unterstützung zu erhalten.

Die Tradition und die traditionellen Forschungsgebiete spielen auch in den Vereinigten Staaten bei der Bestimmung des wissenschaftlichen Kurses eine wichtige Rolle. Hier gibt es, wie überall auch, eine etablierte Wissenschaft und die Wissenschaft außerhalb davon. Vielleicht ist es kein Zufall, daß Giacconi und seine Mitarbeiter alle mehr *Physiker* als Astronomen gewesen sind. Sie waren von einem anderen Bereich aus zur Astronomie gekommen. Somit kannten sie Dinge, die die Astronomen nicht kannten. Ihnen waren neue Techniken bekannt: neue Detektorarten und neue Vorgehensweisen. Aber glücklicherweise gab es auch einige Dinge, die sie nicht wußten. Die Astronomen *wußten* zum Beispiel, daß die Suche nach Röntgenstrahlen aus dem All sehr teuer und recht aussichtslos sein würde. Sie *wußten,* daß die meisten Himmelskörper keine Röntgenstrahlung aussendeten. Möglicherweise hätten sich nur Außenseiter über diese allgemeine Einstellung hinweggesetzt und wären unbekümmert vorangestürzt.

Es ist auch erstaunlich, daß Giacconi und seine Mitarbeiter weder einer Fakultät irgendeiner Universität angehörten noch in irgendeiner staatlichen Forschungsinstitution angestellt waren, den beiden traditionellen Einrichtungen, in denen man für die Forschung im Bereich der reinen Wissenschaft Unterstützung erhält. Sie arbeiteten für ein Privatunternehmen, American Science and Engineering, das sich in Cambridge, Massachusetts, befindet.

Durch die aufsehenerregenden Erfolge im Bereich der Röntgenastronomie ist dieser Wissenschaftszweig zu einem Teil der etablierten Wissenschaft geworden. Und als Giacconi und seine Mitarbeiter schließlich zur Harvard University gingen, waren sie endgültig keine Außenseiter mehr.

Schon sehr früh entschied man sich dafür, daß der Satellit irgendwo in der Nähe des Äquators in östlicher Richtung gestartet werden sollte. Es gab eine Reihe von Gründen dafür. Zunächst einmal ist die Rotationsgeschwindigkeit der Erde am Äquator am größten – ungefähr 1 600 Kilometer pro Stunde. Ein Satellit, der in östlicher Richtung abgeschossen wird, kann diese Geschwindigkeit für die Erreichung seiner Umlaufbahn ausnutzen. Zweitens unterhält die NASA ein Netzwerk von Bodenstationen, die sich rund um den Äquator befinden. Ein vom Äquator aus gestarteter Satellit würde für immer über ihm bleiben und fortwährend über diese Stationen hinwegfliegen. Es war also leichter, den nach unten übertragenen Datenfluß zusammenzufassen, wenn er immer von den gleichen Stationen in der gleichen regelmäßigen Abfolge empfangen wurde. Der dritte und wichtigste Grund waren die Störungen, die das Signal, das der Satellit nachweisen sollte, überlagern würden. Die Störungen eines Detektors, die durch die Aufnahme nicht gewünschter Strahlung hervorgerufen werden, sind ein wohlbekanntes Problem in der Astronomie. Im sichtbaren Bereich des Strahlungsspektrums ist das *Sonnenlicht* die Störung. Deshalb beobachten wir die Sterne bei Nacht. Im Radiobereich stammten die Signale, die Huguenin störten, von Autos und Radio- und Fernsehsendern. Deshalb hatte er sein Radioteleskop in einer abgelegenen Gegend aufgebaut. Und im Röntgenbereich des elektromagnetischen Spektrums können die Van-Allen-Gürtel, kosmische Strahlungswolken, die die Erde umgeben, bewirken, daß die Detektoren störende Signale aufnehmen. Aber wenn der Satellit seine Umlaufbahn über dem Äquator beschrieb, konnte er den Strahlungsgürteln leicht aus dem Weg fliegen.

Schließlich wurde der Satellit von Kenia aus abgeschossen. Die italienische Regierung hatte dort eine Raketenstartanlage in Betrieb, die San-Marco-Rampe. Sie war gut geeignet, befand sich in der gewünschten Region, und östlich von ihr erstreckte sich der Indische Ozean. Vielleicht spielte die Tatsache, daß Giacconi Italiener war, ebenfalls eine Rolle. Auf jeden Fall hatte man eine gute Wahl getroffen.

Niemand gibt einem Kind einen Namen, bevor es geboren ist, und in ähnlicher Weise hat die NASA die Tradition entwickelt, einem Satelliten erst dann einen Namen zu geben, wenn er sicher gestartet worden ist. Immerhin könnte es passieren, daß die Rakete auf der Rampe explodiert. Oder es könnte sein, daß der Forschungssatellit in seine geplante Umlaufbahn kommt, dann aber nicht richtig funktioniert, was man dann als »kosmische Totgeburt« bezeichnen könnte. Bevor man nicht genau weiß, ob der Satellit seine Umlaufbahn erreicht und richtig funktioniert, gibt man ihm nur einen Decknamen. In diesem Fall bezeichnete man ihn als SAS-1 (Small Astronomy Satellite Number One). Doch als die Zeit für den Start heranrückte, entschloß man sich dazu, SAS-1 am siebenten Jahrestag der Unabhängigkeit Kenias abzuschießen. Und man wählte einen Namen: *»Uhuru«*, das Suaheli-Wort für Freiheit.

Röntgenstrahlen sind ebenso wie das Licht und Radiosignale Wellen im elektromagnetischen Feld. Der Unterschied besteht in der Wellenlänge. Von diesen drei haben Radiowellen die längste, Licht eine mittlere und Röntgenstrahlen die kürzeste Wellenlänge. Jede Wellenart wird auf anderem Wege nachgewiesen. Lichtwellen werden von den Stäbchen und Zäpfchen der Netzhaut des Auges oder von einem fotografischen Film aufgenommen. Radiowellen werden von Antennen empfangen. Was die Röntgenstrahlen angeht, werden sie von Zahnärzten und anderen Medizinern ebenfalls mit fotografischem Film nachgewiesen. Aber dabei handelt es sich um eine grobe Technik. Die Leute der American Science and Engineering kannten eine bessere: den Proportionalzähler.

Ihr Proportionalzähler bestand aus einem kleinen Kasten, der etwas Gas und einen Draht enthielt. Wenn ein Röntgenstrahl hindurchkam, würde er das Gas kurzzeitig ionisieren. Die Ionen würden sich an dem Draht sammeln und einen Stromstoß erzeugen, den die Wissenschaftler dann feststellen können. Er würde anzeigen, daß ein Röntgenstrahl hindurchgekommen ist. Die Geigerzähler funktionieren nach dem gleichen Prinzip.

Der Stromstoß konnte jedoch nicht anzeigen, aus welcher Richtung der Röntgenstrahl gekommen war. Ein gasgefüllter Kasten würde auf Röntgenstrahlen aus allen Richtungen reagieren. Wie konnte man den Zähler richten? Den Wissenschaftlern gelang es, indem sie zunächst fünf von den sechs Seiten des Kastens abschirmten, so daß die Röntgenstrahlen nur von vorne hineinkommen konnten. Als nächstes befestigten sie an der Vorderseite einen Kollimator: eine Metallabschirmung, die keine Röntgenstrahlen hindurchließen, außer denjenigen, die aus einer bestimmten Richtung kamen. Diesen Zweck hätte schon eine kleine Röhre erfüllen können. Genauso wie man durch eine Röhre sieht, so würde der Proportionalzähler durch seinen Kollimator »blicken«.

Als SAS-1 in den Laboratorien der American Science and Engineering langsam Gestalt annahm, war er etwas kleiner als ein Mensch: ungefähr 60 Zentimeter breit und 150 Zentimer hoch. Sein wichtigstes Bauteil war der Proportionalzähler, der etwa die Größe von einem Buch hatte. Die hauchdünne Frontplatte des Zählers, durch die die Röntgenstrahlen hindurchkommen würden, bestand aus Beryllium, das für Röntgenstrahlen durchlässig ist. Der Kollimator setzte sich aus rechtwinklig angeordneten Metallrippen zusammen. Als der Proportionalzähler schließlich fertig montiert worden war, glich er in jeder Hinsicht dem Kühlerschutzgitter eines Autos. Es gab zwei von diesen Zählern, die Rücken an Rücken in den Satelliten eingebaut wurden. Uhuru sollte gleichzeitig in zwei genau entgegengesetzte Richtungen blicken können.

Der Satellit würde sich langsam drehen. Alle zwölf Minuten würde er, gleichmäßig rotierend, eine Umdrehung beschreiben. In diesen zwölf Minuten würde jeder Proportionalzähler einen schmalen Streifen des Alls absuchen. Immer wieder würden sie diesen Streifen absuchen, bis der Satellit, auf einen Befehl von der Bodenstation hin, seine Rotationsachse verändern würde, so daß sie einen anderen Streifen abtasten konnten. Ein magnetischer Meßfühler an Bord würde das Magnetfeld der Erde beobachten und somit Informationen über die Richtung der Drehachse in bezug auf den magnetischen Norden übermitteln. Die Position des Satelliten im Laufe seiner Drehbewegung würde durch eine Fotozelle überwacht werden, die durch einen N-förmigen Schlitz nach draußen blickte. Jeder Stern, der während der Rotationsbewegung auf das N schien, würde einen dreifachen Lichtimpuls auslösen; ein ganzes Sternbild würde ein bestimmtes, kompliziertes Impulsmuster hervorrufen. Diese Impulsmuster würden telemetrisch an die Erde weitergegeben werden. Dort würde sich ein Computer befinden, der eine detaillierte Himmelskarte gespeichert hatte. Indem er die ankommenden Impulsmuster mit der eingespeicherten Himmelskarte verglich, würde er genau feststellen können, auf welche Regionen die Proportionalzähler gerichtet waren. Im Zeitalter der Entdeckungsreisen hatten sich die Seefahrer mit Hilfe von Kompaß und Sextant orientiert, und nun, im Zeitalter der Entdeckungsreisen im Weltraum, würde Uhuru dasselbe tun.

Der Satellit würde durch Solarzellenflächen mit Strom versorgt werden. Diese Flächen sollten während des Starts eingeklappt sein, und wenn der Satellit seine Umlaufbahn erreicht hatte, ausgefahren werden. Der ganze Versuch – die Proportionalzähler, die Übertragung der Meßdaten zur Erde, sämtliche Überwachungsfunktionen und was sonst noch alles dazugehörte – sollte mit einer elektrischen Leistung von 30 Watt auskommen, weniger, als eine Glühbirne verbrauchte.

Nach der Fertigstellung des Satelliten würde man ihn mit einer hauchdünnen aluminiumbeschichteten Mylarfolie überziehen. Diese für Röntgenstrahlen durchlässige Folie sollte ihn vor den extremen Temperaturschwankungen, wenn er im Weltraum aus dem Erdschatten in die Hitze der Sonne fliegen würde, schützen. Nur die Fotozelle zur Feststellung der Position, ein Sonnensensor und die Solarzellenflächen würden nicht mit dieser Folie bedeckt sein.

In einer Höhe von 14 000 Kilometern, mit einer Geschwindigkeit von 270 000 Stundenkilometern ... aber dort oben würde diese hohe Geschwindigkeit nicht bemerkbar sein. Nicht der geringste Luftzug, nicht das leiseste Geräusch und nicht die kleinste Erschütterung würden SAS-1 bei der automatischen Ausführung seiner Funktionen stören. Auf der einen Seite – darüber, darunter, links oder rechts: im All macht das keinen Unterschied – würde sich der massige Körper der Erde befinden. Langsam würden die Wolken, die Seen und die Kontinente vorbeiziehen. Und der Satellit: In einer Folie eingepackt wie ein übergroßes Hähnchen im Grill, vollführt er kaum wahrnehmbare Drehbewegungen, die Solarzellenflächen ausgebreitet, so daß er einer kosmischen Windmühle gleicht. Ein himmelstürmender Don Quijote wäre sicherlich auf ihn losgegangen.

Einen Satelliten zu entwerfen ist eine Wissenschaft für sich. Und einen tatsächlich zu bauen ist eine Kunst.

Dazu Tananbaum: »Die Fenster unserer Proportionalzähler waren aus Beryllium gefertigt, und sie waren unwahrscheinlich dünn. Als ich das erste Mal einen dieser Zähler in die Hand nahm, passierte es mir, daß ich mit einem Schraubenzieher durch das Fenster stieß. Ich erinnere mich noch daran, wie mir beim Zerbrechen des Fensters der Vergleich mit einer Eierschale in den Sinn kam. Beim Umgang mit diesen Instrumenten mußten wir sehr vorsichtig sein. Die minimalste Wassermenge, zum Beispiel von den Fingerspitzen oder durch die Luftfeuchtigkeit hervorgerufen, würde das Beryllium zum Oxydieren bringen. Es würde praktisch anfangen zu rosten. Der Rost würde auf dem Fenster eine winzige poröse Stelle verursachen, ein unscheinbares Loch in der Größe eines Nadelstichs, und das ganze Gas dort drinnen würde verunreinigt werden. Diese Zähler waren äußerst empfindlich, und wir würden von ihnen keine brauchbaren Signale erhalten, wenn es auch nur die geringste undichte Stelle dieser Art gab. Wir versuchten zunächst, das Beryllium mit allen möglichen schützenden Materialien zu überziehen: mit Harzen und Epoxiden in verschiedenen Zusammensetzungen. Dann legten wir den Zähler in eine Kammer und setzten ihn einer Temperatur von 40 Grad und einer Luftfeuchtigkeit von hundert Prozent aus. Dies waren ungefähr die Bedingungen auf der Abschußbasis, und wir mußten wissen, ob die Instrumente, bevor sie ihre Umlaufbahn erreicht hatten, in dieser Umgebung lange genug funktionsfähig bleiben würden. Diese Versuche wurden mehrere Jahre vor dem Start durchgeführt, und wir kamen zu der Erkenntnis, daß die Zähler in dieser Umgebung bereits nach nicht mal einer Woche völlig unbrauchbar sein würden. Am Ende kamen wir zu dem Schluß, daß wir die Fenster der Zähler durch einen Überzug nicht zuverlässig schützen konnten. Von da an mußten wir Handschuhe tragen, wenn wir mit diesen Instrumenten zu tun hatten, und auf der Abschußbasis blieb uns nichts anderes übrig, als dafür zu sorgen, daß der ganze Satellit ständig von der Umgebung abgeschirmt war.«

Die Wissenschaftler hatten Probleme mit elektrischen Entladungen in den elektronischen Geräten. »Wenn sich ein elektronisches Bauteil, an dem eine hohe Spannung anliegt, in der Luft oder im Vakuum befindet, kann so gut wie nichts passieren. Aber wenn sich das Bauteil in einem Zwischenbereich befindet, können starke Entladungen entstehen. Die verschiedenen NASA-Zentren wandten verschiedene Methoden an, um mit diesem Problem klarzukommen – einige hatten sogar für verschiedene Zeiten verschiedene Methoden. Wir gossen alle Einzelteile ein. Ein Hochspannungsbauteil einzugießen ist einfach der Versuch, vor dem Flug die ganze Luft von dem Bauteil abzuziehen, indem man es mit einem Epoxidharz umgibt. Man legt das Bauteil in eine Kammer und pumpt sie luftleer; dann mischt man das Epoxidharz mit dem Katalysator, der dafür sorgt, daß es nach einiger Zeit hart wird, und gießt es über das Bauteil. Wenn man alles richtig ausgeführt hat, sind die Bauteile von einer gleichmäßigen, hundertprozentig dichten Schicht überzogen, die ganze Hochspannung wird sich dann in den Kabeln oder im Innern der Epoxidharzblöcke befinden, und es können somit keine Entladungen entstehen.

Das Problem ist nur, daß es eine Art ›Schwarze Magie‹ ist, diese Arbeit richtig auszuführen. Man braucht einen äußerst geschickten Praktiker dafür, und selbst der erfahrenste kann noch Fehler dabei machen. Vielleicht wurde das Material nicht richtig vorbereitet, oder es wurde falsch aufgetragen. Anstatt daß man dann eine gleichmäßige, dichte Epoxidharzschicht auf das elektronische Bauteil bekommt, bleiben kleine Lücken zurück, kleine Hohlräume, in denen sich Luft befindet. Dann bringt man das Instrument für zwei bis sieben Tage in ein Vakuum, die Hohlräume, in denen sich die Luft befindet, werden immer dünner, und plötzlich trifft man auf diesen kritischen Bereich, und es entstehen elektrische Entladungen. Diese verursachen starke Störsignale und machen die elektronischen Geräte kaputt. Wäre dies im Weltraum geschehen, so hätte es den ganzen Satelliten zerstören können. Also mußten wir das jeweilige Teil eingießen, eine Woche lang im Vakuum testen, dann, wenn es fehlerhaft war, den Fehler herausfinden, das Teil erneut eingießen und den Test wiederholen.

Auf der Abschußbasis war jemand, der extra von der NASA geschickt worden war. Er war ein Spezialist, der nur für die Reinigung des Geräts zuständig war. Er hatte die Aufgabe, in der Nacht, bevor das Gerät endgültig eingekapselt wurde, mit Spezialinstrumenten die letzten Schmutzspuren und Fingerabdrücke zu orten und sie zu entfernen. Er ist wirklich ein Spezialist gewesen.«

Spezialisten, Ingenieure, erstklassige Techniker . . . sie alle arbeiteten unendlich lang an SAS-1. Er wurde zu einem Triumph des handwerklichen Geschicks – ein Juwel. Aber es gibt noch eine treffendere Analogie. Mehr als irgend etwas anderes war SAS-1 ein modernes Gegenstück zu den großartigen religiösen Bauwerken der Vergangenheit wie etwa den gotischen Kathedralen oder den Pyramiden Ägyptens. Ebenso wie sie erforderte der Satellit finanzielle Mittel, die einer Einzelperson bei weitem nicht zur Verfügung stehen: SAS-1 wurde von dem modernen, säkularisierten Staat finanziert, die Pyramiden vom theokratischen Staat der Pharaonen und die Kathedralen von der katholischen Kirche, die damals auch eine Art Regierung gebildet hatte. In allen Fällen handelte es sich um eine Gemeinschaftsleistung, die eine lange Zeit in Anspruch nahm und an der eine große Anzahl erstklassiger Techniker beteiligt waren, die von einer noch größeren Zahl von ungelernten Arbeitern unterstützt wurden.

Und schließlich war SAS-1, von einem strikt praktischen Standpunkt aus gesehen, äußerst nutzlos. Seine Rechtfertigung kann nicht im Reich der praktischen Anwendbarkeit gefunden werden. Er war der Ausdruck eines Bedürfnisses – einer Sehnsucht. Die Ägypter haben Pyramiden gebaut, die Europäer Kathedralen. Wir betreiben Wissenschaft.

SAS-1 wurde am 12. Dezember 1970 von der San-Marco-Rampe aus gestartet. Die Abschußbasis befindet sich im Indischen Ozean, fünf Kilometer vor der Küste Kenias, nicht weit von Malindi entfernt. Daß sie drei Meilen vor dem Festland gelegen ist, hat seinen Grund: Dadurch befindet sie sich in internationalen Gewässern gerade außerhalb des Hoheitsbereichs von Kenia – für alle Fälle. »Sie glich einem Radarvorwarnturm«, erzählte mir Tananbaum. »Sie sah aus wie eine Bohrinsel. Und soviel ich weiß, war es auch eine. Zwei Stück gab es davon; einmal die San-Marco-Rampe, von der aus die Rakete abgeschossen wurde, und dann eine zweite, auf der sich ein Betongebäude befand, in dem sich die Leute, die den Start überwachten, aufhielten. Diese Plattformen waren nicht sehr groß, jede hatte ungefähr die Fläche eines Fußballfeldes, und sie befanden sich mehrere Stockwerke über dem Meeresspiegel. Man erreichte sie vom Festland aus mit einer Fähre, und man mußte vom Boot aus in diesen Förderkorb mit dem Holzfußboden steigen, der dann mit einer Seilwinde auf die Plattform hinaufgezogen wurde. Manchmal fuhren wir auch mit einem kleinen Schlauchboot, das einen Außenbordmotor hatte, dorthin. Dabei wurde man gut durchgeschüttelt, und sie konnten den Förderkorb nicht ganz herunterlassen, da auf dem Schlauchboot nicht genug Platz war, um ihn abzusetzen. So mußten wir dann mit Hilfe einer Art Strickleiter dort hinaufklettern, die aus einen Netz aus miteinander verflochtenen Seilen bestand, wie man es an einem Klettergerüst für Kinder finden kann.

Wenn man einmal auf der Plattform war, hatte man nicht das Gefühl, sich auf See zu befinden. Es war genauso, als ob man sich in einem Gebäude aufhielt. Die Plattform war sehr stabil, und es gab dort mehrere Räume. Natürlich war es heiß und recht feucht. Alle liefen in kurzen Hosen, mit Turnschuhen und freiem Oberkörper herum.«

Der Satellit wurde einen Monat vor dem Start auf die Plattform gebracht. Drei Mitarbeiter der American Science and Engineering waren dabei: der Wissenschaftler Harvey Tannanbaum, ein Elektrotechniker und ein Maschinenbauingenieur. Außerdem waren Leute von der Johns Hopkins University dabei, die das Stromversorgungs- und das Kommunikationssystem gebaut hatten, Mitarbeiter des Goddard Space Flight Centers, der Abteilung der NASA, die das Programm leitete, die italienischen Techniker, die den Start der Rakete durchführen sollten, und Leute von verschiedenen weiteren Unternehmen, die für bestimmte andere Aufgaben verantwortlich waren. »In Anbetracht der Tests, die wir noch durchführen mußten, war ein Monat recht knapp«, erzählte mir Tananbaum. »Der ganze Versuch war für die Zeit, in der der Satellit verschifft wurde, gewissermaßen unterbrochen worden, und nun rechneten wir ungefähr mit einer Woche, um den Satelliten auszupacken, ihn auf einen Tisch zu setzen, Computer aufzustellen und ihn durchzuchecken. Wir mußten eine bestimmte Anzahl von Funktionstests durchführen, um uns davon zu überzeugen, daß durch den Transport keine Schäden entstanden waren.

Wir führten Tests durch, um sicherzustellen, daß die elektrischen Systeme des Satelliten und der Trägerrakete störungsfrei funktionierten. Einige unserer Geräte sollten zur Zeit des Starts in Betrieb sein, und wir wollten uns vergewissern, daß sie nicht irgendein Signal erzeugten, das die Rakete als Zeichen deuten könnte, ihre Triebwerke vorzeitig zu zünden oder sie auf halbem Wege abzustellen oder ähnliches. Wir saßen in einem Telemetrie-Wagen, der sich auf dem Festland befand, standen mit dem Satelliten in Verbindung und gingen probeweise die abschließenden Tests durch, die in den letzten Stunden vor dem Start durchgeführt werden würden. Wir wollten uns davon überzeugen, daß sie in der dafür angesetzten Zeit ausgeführt werden konnten und daß wir die vom Satelliten übertragenen Daten lesen und richtig verstehen konnten.

Manchmal lief alles so glatt, daß wir zwei oder drei Tage freihatten und losfuhren, um uns die Wildparks anzusehen. An anderen Tagen waren wir bereits um zehn oder elf Uhr morgens fertig und fingen früh an zu trinken. Aber trotz der vielen Freizeit war es sehr hektisch. Man spürte immer einen starken Druck.

Ungefähr zehn Tage vor dem Start entdeckten die Leute von der Johns Hopkins University, daß einer ihrer Akkus nicht richtig funktionierte. Der Hauptakku schien die Spannung nicht einwandfrei zu halten. Sie hatten einen Ersatzakku mitgebracht; die Entscheidung, ob ein Austausch vorgenommen werden sollte, war nicht einfach. Schließlich wurde der Akku ausgetauscht, was ungefähr einen Tag in Anspruch nahm. Dann mußten wir einige elektrische Tests wiederholen, um uns zu vergewissern, daß alles richtig funktionierte. Später stellte sich heraus, daß uns dabei ein Fehler unterlaufen war. Diese Akkus waren leicht magnetisiert, und aus irgendeinem Grunde unterschied sich das Magnetfeld des Ersatzakkus von dem des alten Akkus. Der erste Akku war hinsichtlich der Magnetisierung ausgiebig geprüft worden, und wir hatten sein Magnetfeld ausgeglichen, indem wir an den wichtigen Punkten um ihn herum kleine Magneten postiert hatten – es war ungefähr so, als ob man einen Reifen auswuchtet. Als wir die Akkus austauschten, dachte niemand daran, die Magnetisierung neu zu überprüfen. Wir nahmen einfach an, daß die Akkus austauschbar waren, was aber nicht zutraf. Als der Satellit schließlich oben war, wurde das schwache unausgeglichene Magnetfeld von dem Magnetfeld der Erde beeinflußt und verursachte eine ungleichmäßige Rotation des Satelliten. Es bewirkte, daß sich der Satellit bei seinen Drehungen leicht schneller und langsamer bewegte.«

Zunächst befand sich der Satellit in einem Raum, der mit einer Klimaanlage versehen war, um die Proportionalzähler vor den Korrosionswirkungen, die durch die hohe Luftfeuchtigkeit in Kenia hervorgerufen worden wären, zu schützen. Dann, eine Woche vor dem Start, wurde er in die Spitze der Rakete, die ihn in den Weltraum schießen sollte, eingepaßt. Von diesem Zeitpunkt an konnte er nicht mehr mit Hilfe einer Klimaanlage geschützt werden. Er wurde nun trocken gehalten, indem Stickstoff aus einem Tank durch eine Verkleidung hindurch, die den Satelliten umgab, gepumpt wurde.

Dann traf Giacconi ein. »Es war eigentlich überhaupt nicht notwendig, daß ich kam, denn alles lief außerordentlich gut«, erzählte mir Giacconi. »Und zu Hause lag gerade viel an. Wir hatten gerade einen umfangreichen Antrag auf einen zweiten, noch größeren Satelliten fertiggestellt, den wir der NASA vorlegen wollten. Ich mußte wirklich überlegen, ob ich nicht im Goddard Space Flight Center bleiben sollte, wo man die Daten empfangen würde. Aber am Ende konnte ich es doch nicht mehr aushalten und fuhr los.

Und als ich dort angekommen war, stellte es sich heraus, daß ich mich nützlich machen konnte. Die Tatsache, daß ich Italiener war, half sehr, da die Gruppe, die den Start durchführen sollte, aus Italien kam. Daß ich beide Sprachen fließend sprechen konnte, war also sehr nützlich. Zum Beispiel mußte diese Gruppe dafür sorgen, daß die Detektoren 24 Stunden am Tag mit diesem Stickstoff besprüht wurden. Es handelte sich um einen überaus lästige Aufgabe, denn es bedeutete, daß sich jemand mitten in der Nacht dorthin begeben mußte, um den Tank auszutauschen. Und sie taten es. Sie taten es, weil . . . Na ja! Sie waren eben froh, daß dieser Italiener da war, mit dem sie sich unterhalten konnten. Ein paar Flaschen Wein, verstehst du – so lief das ungefähr.«

Zwei Tage vor dem Start wurde die Rakete mit dem Treibstoff betankt. Von diesem Zeitpunkt an war sie gefährlich – eine regelrechte Bombe –, und der Zugang zur San-Marco-Rampe wurde beschränkt. »Es hätte viel passieren können«, erzählte mir Tananbaum. »Es wäre möglich gewesen, daß die ganze Sache in die Luft geht. Nur Leute, die an einem speziellen Sicherheitskurs teilgenommen hatten, durften die Plattform betreten, und ich gehörte nicht dazu. Von diesem Zeitpunkt an standen wir nur noch von einiger Entfernung aus mit dem Satelliten in Verbindung.«

Sie sahen ihn nie wieder. Zwei Tage später, mitten in der Nacht, entfernte ein Techniker die letzte der Sicherheitsvorrichtungen, deren Funktion so war, ein unbeabsichtigtes Zünden der Raketentriebwerke zu verhindern. Bei diesem Techniker handelte es sich um die letzte Person, die die Plattform betrat. Die ganze Zeit über hatte die Rakete, in deren Spitze SAS-1 verstaut worden war, in der

Horizontalen gelegen. Um Mitternacht, nachdem der letzte Techniker die Plattform verlassen hatte, richtete sich die Rakete auf und deutete senkrecht in den Himmel. Tananbaum befand sich in dem Telemetrie-Wagen, der auf dem Festland stand. Giacconi hielt sich auf der Kontrollplattform auf. Die Rakete sollte bei Tagesanbruch gestartet werden.

Sie warteten.

Tananbaum: »Ungefähr hundert Meter von dem Telemetrie-Wagen entfernt befand sich ein Dorf der Eingeborenen. Die abschließenden Tests wurden in der letzten Stunde durchgeführt. Ich hatte Giacconi telefonisch mitgeteilt, daß die Abschlußtests positiv waren. Er stellte mir einige Fragen, dann war ich mit meiner Arbeit im Grunde genommen fertig. Ich ging nach draußen, um den Start zu beobachten. Und da stand ich nun neben diesem Wagen, in dem sich die Computer und die Klimaanlage und die Telefone und die Telemetrie-Geräte befanden, und nicht einmal hundert Meter davon entfernt verlief ein Zaun, hinter dem sich ein Eingeborenendorf befand. Diese Leute lebten in Grashütten ohne Wasserleitung. Sie kochten ihre Mahlzeiten über offenem Feuer. Sie hatten keinen Strom. Und ich konnte mir nicht den Schock vorstellen, den Kulturschock, den sie erleiden würden, wenn unter dem lauten Getöse der Explosion die Rakete aufstieg.

Die Leute dort waren Fischer; ich habe ein Bild, auf dem einige von ihnen zu sehen sind, wie sie mit Fischen nach Hause ins Dorf zurückkommen. Sie gehen gerade an einigen unüberdachten Tribünen vorbei, die für die Prominenten in dieser Gegend aufgebaut worden waren, damit sie von dort aus den Start beobachten konnten. Abends saß ich meistens dort draußen, betrachtete den Sonnenuntergang und die Rakete und war mir nicht sicher, zu welcher Welt ich gehörte. Es war eine eigenartige Zeit und ein eigenartiger Ort. Ein Großteil von Kenia ist nämlich sehr modern. Die Städte sind voll erschlossen, es gibt dort Autos, Straßen, Elektrizität und so. Aber dort ist auch diese andere Welt. Kenia ist wirklich ein sehr schönes Land, und ich werde wohl nie die Gelegenheit haben, nach Afrika zurückzukehren. Es war wunderschön, und es war eine wertvolle Erfahrung.«

Die Rakete, die nun senkrecht nach oben deutete, wurde von Scheinwerfern angestrahlt. Der Tag brach an und ebenso der Augenblick, in dem die Rakete gestartet werden sollte.

Aber nichts passierte.

Giacconi: »Die Rakete war von einem Privatunternehmen bereitgestellt worden, und einige Mitarbeiter dieser Firma befanden sich auf der Kontrollplattform. Einer von den Tests, die sie an einer Einspritzdüse, die für die Kraftstoffzufuhr der zweiten Stufe verantwortlich war, durchgeführt hatten, war anscheinend negativ ausgefallen. Sie wiederholten den Test, und diesmal war das Ergebnis positiv. Sie wiederholten den Test *neunmal;* er fiel jedesmal positiv aus. Und dann bestanden sie auf der schriftlichen Bestätigung eines Angestellten der NASA, daß der Test erfolgreich verlaufen war. Es war nämlich so, daß der abgeschlossene Vertrag die Klausel enthielt, daß das Unternehmen 100 000 Dollar mehr bekommen würde, wenn die für die NASA bereitgestellte Rakete hundertprozentig funktionierte. Bei dem geringsten auftretenden Problem wäre dieses zusätzliche Geld also nicht ausgezahlt worden. Deshalb wollten die Mitarbeiter der Firma also diese schriftliche Bestätigung haben, und zwar nicht von irgend jemanden, sondern von einem dafür unterschriftsberechtigten NASA-Angestellten.

Das Problem war nur, daß sich keiner der unterschriftsberechtigten NASA-Angestellten auf der Plattform befand. Sie schliefen alle im Hotel in Malindi. So machten sich die Mitarbeiter des Unternehmens also auf den Weg, um sie aufzusuchen – fünf Kilometer mit dem Boot bis zur Küste, und dann noch einmal fünfzehn Kilometer auf einer holprigen, unbefestigten Straße entlang. Solange sie unterwegs waren, mußten der Countdown und sämtliche Startvorbereitungen unterbrochen werden.«

Giacconi legte sich einfach auf die harten Stahlplatten der Plattform und schlief. »Es gab nichts, was ich tun konnte, also tat ich nichts«, sagte er. »Ich wartete einfach. Ich wußte zu dieser Zeit überhaupt nicht, was los war. Alles lief sehr geheim ab. Ich war sehr müde, außerdem vom Meer und der hohen Luftfeuchtigkeit ziemlich durchnäßt. Einer der italienischen Techniker gab mir sein Hemd, und es gelang mir tatsächlich einzuschlafen. Alles, was ich wollte, war, meinen Satelliten aus dem Einflußbereich all dieser Narren, die sich dort einmischten, zu bekommen.«

Die Sonne ging auf. Der Satellit, der sich in der Spitze der Rakete befand, begann heiß zu werden. Die Luftfeuchtigkeit stieg an. Weit von einer klimatisierten Umgebung entfernt, ohne weitere Zuführung von Stickstoff, begannen sich auf den zerbrechlichen Berylliumfenstern der Proportionalzähler winzige Wassertröpfchen zu sammeln, die den unaufhaltsamen Korrosionsprozeß in Gang setzen würden, durch den die Instrumente schon bald unbrauchbar sein konnten. »Das dringlichste Problem war jedoch , daß uns der flüssige Sauerstoff langsam ausging«, erzählte mir Giacconi. »Er war für die Aufrechterhaltung einiger Funktionen notwendig. Nun kann man nicht einfach nach Malindi fahren und dort etwas flüssigen Sauerstoff kaufen. Wenn wir die Rakete nicht bald abschossen, hätten wir die ganze Aktion abbrechen müssen, was eine Verschiebung des Starts um ungefähr zwei Monate, bis das flüssige Sauerstoff aus Italien eingetroffen wäre, bedeutet hätte. Das ganze Unternehmen stand auf des Messers Schneide, bis diese Leute endlich mit ihrer Unterschrift zurückkamen und wir weitermachen konnten.« Stunden waren vergangen.

Tananbaum: »Ich glaube, kurz vor dem Start bin ich alle zwei Minuten nach draußen und dann wieder in den Wagen gelaufen. Ich ging in den Wagen, um zu überprüfen, ob die Verbindung mit dem Satelliten in Ordnung war, und dann ging ich wieder nach draußen, um einen Blick auf die Rakete zu werfen. Ich versuchte damit natürlich nur, die Angespanntheit etwas zu entschärfen. Wenige Minuten vor dem Start ging ich einfach nach draußen und blieb neben dem Wagen stehen. Über Lautsprecher lief der endgültige Countdown: 10. . .9. . .8. . .7. . . bis zum Startzeichen. Die Rakete stieg mit einem Aufleuchten nach oben. Es war sehr hell. Der Wagen befand sich so weit von der Abschlußbasis entfernt, daß es 15 bis 20 Sekunden dauerte, bis uns das Startgeräusch erreichte. Es fing leise an und entwickelte sich dann zu einem lauten Donnern.«

Giacconi war dem Ort des Geschehens näher. »Es ist ein gewaltiges Getöse. Es erschüttert dich von Grund auf, du fühlst es in deinem Körper. Mit einem tiefen Grollen fängt es an, dann wird der Klang höher, metallischer.«

Tananbaum: »Die Rakete steigt erst sehr langsam nach oben. Es sieht so aus, als ob sie sich zunächst sehr anstrengen müßte, um vom Boden wegzukommen. Und dann bewegt sie sich immer schneller nach oben.

Ich *sprach* mit ihr, als sie aufstieg. Ich winkte ihr zu. Es war ein äußerst emotionaler Augenblick. Wir waren alle erschöpft. Seit eineinhalb Tagen war ich ununterbrochen auf den Beinen gewesen, die letzten dreißig Stunden hatte ich in dem Wagen verbracht. In einem

Teil von mir hatte es sich dermaßen angestaut, daß mir wohl eine Träne im Auge gestanden haben muß.«

Giacconi: »Dort steckt so viel Arbeit drin – so viele Jahre. Wenn man die Rakete aufsteigen sieht und sie dann schließlich verschwindet, fühlt man sich innerlich ziemlich leer. Aber sie ist erfolgreich gestartet, und es ist ... es ist irgendwie ein Höhepunkt.

Die Rakete hinterließ eine wundervolle Spur am Himmel. Zuerst kann man sie hören, wie sie immer höher steigt, doch dann wird sie immer leiser. Man kann sie länger sehen, als daß man sie hören kann, weil die aus den Triebwerken strömenden Verbrennungsgase sehr hell sind. Aus irgendeinem Grunde hinterließ sie eine korkzieherförmige Spur aus Rauch, als sie in die Höhe stieg.«

Plötzlich fiel das Raketentriebwerk aus.

Tananbaum: »Ich konnte sie vom Boden aus noch immer sehen. Sie sah aus wie ein Flugzeug, das sehr weit entfernt ist. Ich bekam einen großen Schreck. Aber dann startete die Rakete wieder, und da fiel mir erst wieder ein, daß es sich um eine mehrstufige Rakete handelte und daß lediglich die erste Stufe ihren Betrieb eingestellt hatte. Sie wurde abgetrennt, die zweite Stufe gezündet, und *›wusch‹* stieg die Rakete weiter nach oben. Sie wurde kleiner und kleiner. Als sie nur noch einen winzigen Punkt bildete, konnte ich tatsächlich noch sehen, wie die zweite Stufe abgetrennt und die dritte gezündet wurde. Und dann verlor ich sie aus den Augen. Ich ging wieder in den Wagen zurück.«

Nach einigen Minuten war alles vorbei. Die San-Marco-Rampe war leer. Vier Jahre für die Planung, drei Jahre für den Bau und einen Monat hier in Kenia für die letzten Tests. Und nun war SAS-1 verschwunden. Der Satellit war weggeworfen worden. Er hatte sich in Uhuru verwandelt.

»Ich erinnere mich noch daran«, sagte Tananbaum zu mir, »wie ich, während er verschwand, daran dachte, daß wir so viel Arbeit hineingesteckt hatten. Und nun wurde es Zeit, daß er für uns arbeitete.«

Giacconi: »In dem Augenblick, in dem er aufstieg, wurden die italienischen Techniker sehr glücklich, und sie öffneten die Sektflaschen, da der Start so gut verlaufen war. Der Satellit erreichte in der Tat eine wunderbare Umlaufbahn. Doch ich war fürchterlich nervös, weil ich nicht wußte, ob er richtig funktionierte. Es bedeutete überhaupt noch nichts, ihn erfolgreich gestartet zu haben, absolut überhaupt nichts. Der Satellit mußte *funktionieren.* Ich war also sehr nervös, und ich rief das Kontrollzentrum in Maryland an, um zu fragen, ob wir nicht probeweise kurzfristig den Satelliten anstellen konnten. Sie meinten zu mir, daß sie ihn die nächsten Tage nicht anstellen würden, weil sie überprüfen wollten, ob einige andere Dinge einwandfrei funktionierten; sie wollten die Solarzellenflächen ausfahren und so weiter. Mit anderen Worten ausgedrückt: Ich sollte sie nicht belästigen, da sie beschäftigt waren. Aber ich konnte es einfach nicht aushalten. Glücklicherweise war Marjorie Townsend, unsere Programmleiterin von der NASA, dabei, und sie konnte es auch nicht aushalten. Wir beschlossen, etwas zu schummeln; wir wollten den Satelliten vom Telemetrie-Wagen aus selbst anstellen.

Unterhalb der Plattform war ein Schlauchboot mit Außenbordmotor festgemacht, und wir fuhren los. Der Bootsführer steuerte auf den Wagen zu, der fünf Kilometer weit von uns entfernt war. Und während wir im Boot saßen, auf dem Wasser entlanghüpften und naß wurden, kam der Satellit heran. Er hatte die ganze Erdkugel umrundet, und es entwickelte sich ein regelrechtes Rennen; es war die Frage, ob wir den Wagen erreichen würden, bevor der Satellit vorübergezogen war.

Wir schafften es rechtzeitig, und mit Marjories Einverständnis schalteten wir die Anlage an. Ich starrte das Gerät an und sah, daß es funktionierte. Es zählte Röntgenstrahlen. Dann stellten wir es wieder ab.«

Giacconi, in seinem Büro in der Harvard University, lehnte sich in seinem Stuhl zurück und grinste mich an. »Wie Kinder! Wir sind wie die Kinder gewesen. Aber so wußte ich dann, daß der Satellit funktionierte. Ich war glücklich.«

14. Kapitel

Die Doppelstern-Röntgenquellen

Zwei Wochen später fiel Uhuru aus.

Die Techniker der NASA meinten, daß er nur zu heiß geworden war. Vielleicht war der Satellit auf der Rampe in Malindi, als er auf seinen Start gewartet hatte, zu lange der Hitze ausgesetzt gewesen. Und nun war er direkt auf die Sonne ausgerichtet. Die Techniker schickten einige Befehle nach oben, die bewirkten, daß er seitwärts schwenkte, bis er den Sonnenstrahlen seine kleinstmögliche Fläche bot. Der Satellit kühlte ab. Nach einigen Stunden war die Verbindung wieder einwandfrei hergestellt.

Einen Monat später fiel er erneut aus. Uhuru sammelte die Daten, die er bei seinen Beobachtungen erhielt, indem er sie auf ein Magnetband aufzeichnete. Immer wenn er über der in Quito, Ekuador, befindlichen Bodenstation vorüberzog, erhielt er von dort den Befehl, das Band zurückzuspulen und abzuspielen. Aber diesmal meldete sich das Aufzeichnungsgerät nicht.

Die Techniker wiederholten den Befehl mehrere Male und versuchten es auch mit einer Reihe von anderen Möglichkeiten. Aber es kam keine Antwort. Das Aufzeichnungsgerät blieb blockiert. Die während des größten Teils des Umlaufs erhaltenen Daten waren nun unwiederbringlich verloren. Doch man bekam immer noch die Daten, die in der Zeit gesammelt wurden, in der Uhuru mit der Bodenstation in Quito in Verbindung stand – von jedem neunzig Minuten dauernden Umlauf ungefähr acht Minuten lang. Das war natürlich nicht sehr viel; doch andererseits waren acht Minuten die Dauer eines guten Raketenfluges. Also bekam man alle anderthalb Stunden ebenso viele Daten wie bei einem Forschungsprojekt mit einer Rakete.

In den folgenden Monaten bezog die NASA eine Reihe anderer Bodenstationen mit ein, die sich rund um den Äquator herum befanden: eine in Singapur, eine andere auf den Seychellen im Indischen Ozean, dann eine in Malindi, eine auf der Insel Ascension im Atlantik und eine in Französisch-Guayana an der Nordostküste Südamerikas. Jede Station zeichnete die Daten auf, als Uhuru vorüberflog, und schickte das Band dann zum Goddard Space Flight Center nach Maryland. Dort setzten Techniker die Informationen in der richtigen Reihenfolge zusammen und leiteten sie an die American Science and Engineering weiter. Nun bekamen sie also von jedem Umlauf ungefähr die Hälfte der Daten.

Dann wurde das Sendegerät immer störrischer – es war wieder zu heiß geworden. Die Techniker behandelten es äußerst vorsichtig, sie setzten den Satelliten für immer längere Perioden so wenig wie möglich den Sonnenstrahlen aus. Das hatte natürlich zur Folge, daß die beobachtbaren Regionen des Weltraums stark eingeschränkt wurden. Und es wurde noch schlimmer: Schließlich konnte nur noch Quito, die leistungsfähigste Station, die Signale empfangen, was dann aber auch immer schwieriger wurde. Man erhielt jetzt nur noch die Daten von zwei oder drei Minuten pro Umlauf.

Und dann erweckte ein Mitarbeiter der NASA das Sendegerät durch Zufall wieder zum Leben. Das Gerät konnte die Daten mit zwei verschiedenen Sendestärken übermitteln. Ein weiterer Satellit sollte gestartet werden, und aus rein technischen Gründen mußten seine Konstrukteure in Erfahrung bringen, wie lange er auf den magnetischen Nordpol ausgerichtet bleiben konnte. Die NASA entschloß sich dazu, diese Frage durch Tests mit Uhuru zu beantworten. Es wurde eine Reihe von Befehlen hochgeschickt, die bewirkten, daß er sich nach Norden ausrichtete. Unbeabsichtigterweise bewirkten die Befehle auch, daß auf die andere Sendestärke umgeschaltet wurde. Aus irgendeinem Grunde nahm das Gerät den Betrieb wieder auf. Die gesammelten Daten konnten wieder empfangen werden.

Und die ganze Zeit über strömten die Röntgenstrahlen in die Proportionalzähler.

Zeichnung 50 zeigt ein von Uhuru ermitteltes Abtastdiagramm von Cen X-3, der dritten Röntgenquelle, die man im Sternbild Centaur entdeckt hatte. Die gleichmäßige, »ein Dreieck bildende« Zu- und Abnahme der Intensität der Signale wurde durch die Rotation des Satelliten hervorgerufen, die bewirkt hatte, daß das Blickfeld des Kollimators über die Quelle hinweggestrichen war. Die raschen, intensiven Pulse waren es, die von der Quelle selbst stammten. Sie waren regelmäßig. Cen X-3 war ein *Röntgenpulsar.*

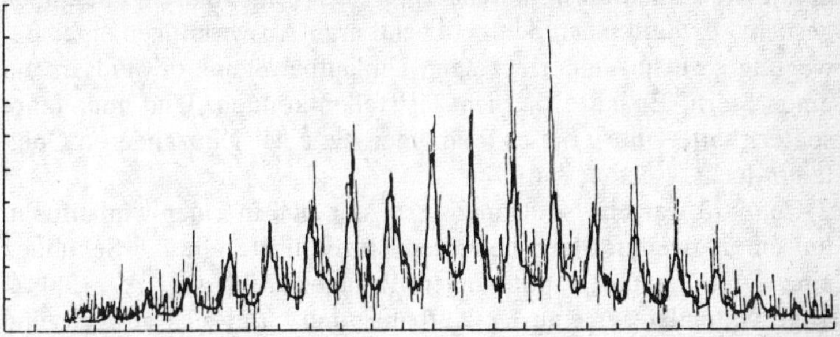

Zeichnung 50

Die Pulse kamen alle 4,8 Sekunden an – verglichen mit den Radiopulsen zwar etwas langsam, aber nicht übermäßig langsam. Doch hier hörte die Ähnlichkeit auch schon auf. Cen X-3 sandte überhaupt keine Radiopulse aus. Er wurde nicht langsamer, sondern schneller. Und er schwankte regelmäßig zwischen einem »An«- und einem »Aus«-Stadium. Ungefähr zwei Tage lang war die Pulsation zu beobachten; dann, ganz plötzlich, verschwand sie vollkommen. Die Quelle verblieb einen halben Tag lang in einem Aus-Stadium, dann setzte sich die Pulsation ebenso plötzlich wieder fort. Die An-Aus-Struktur selbst war außerordentlich regelmäßig; der Zyklus wiederholte sich genau alle 2,0871 Tage. Der Röntgenpulsar war komplizierter aufgebaut als ein Radiopulsar. Er wies nicht eine, sondern zwei Uhren auf.

Der Ablauf der ersten Uhr wurde von dem der zweiten beeinflußt. Die Röntgenpulsation war nicht ganz regelmäßig. In der ersten Hälfte des Zweitageszyklus pulste Cen X-3 etwas schneller als alle 4,8 Sekunden, in der zweiten Hälfte etwas langsamer. Die Pulsationsgeschwindigkeit veränderte sich etwas – genau in Übereinstimmung mit der An-Aus-Struktur.

Warum unterschied sich ein Neutronenstern, der Röntgenstrahlen aussendete, in seinem Verhalten so sehr von den Neutronensternen, die keine Röntgenstrahlen aussendeten? Die beobachtete regelmäßige Modulation mußte der Schlüssel für die Beantwortung dieser Frage sein. In dem Augenblick, in dem die Mitarbeiter der

American Science and Engineering diese Modulation entdeckt hatten, erkannten sie deren Wichtigkeit. Sie war durch den Doppler-Effekt zu erklären. Einige Jahre zuvor hatte Hewish, als er sich mit dem ersten Radiopulsar beschäftigte, nach genau diesem Phänomen gesucht. Er hatte nach den beobachtbaren Auswirkungen einer Bewegung gesucht – einer etwaigen Umlaufbewegung des Pulsars um einen Stern. Er hatte sie nicht feststellen können. Und nun, Jahre später, hatte Uhuru dieses Phänomen bei einer ganz anderen Quelle entdeckt.

Cen X-3 war ein Neutronenstern, der sich in einer Umlaufbahn um einen zweiten Stern bewegte. Er vollführte alle 4,8 Sekunden eine Drehung und sandte einen Röntgenstrahl aus. Alle 2,0871 Tage vollendete er eine Umlaufbahn, und da er sich abwechselnd entweder der Erde näherte oder sich von ihr entfernte, wurde die scheinbare Veränderung seiner Pulsationsgeschwindigkeit durch den Doppler-Effekt hervorgerufen. Die abrupten Übergänge von den An- zu den Aus-Stadien wurden durch Bedeckungen verursacht: in diesen Momenten verschwand der Pulsar bei der Beschreibung seiner Umlaufbahn hinter dem anderen Stern. Es handelte sich um ein *Doppelsternsystem*.

Die Doppelsternnatur von Cen X-3 war der Schlüssel, der Ciacconi und seine Mitarbeiter zu einem Verständnis dieser beobachteten fremdartigen Anomalien führte. Ein zwei Tage langes »Jahr« deutete auf eine sehr enge Umlaufbahn hin – eine, die weitaus enger war als die des Merkurs, der 88 Tage brauchte, um die Sonne zu umkreisen. Eine Finsternis, die bei einem Zweitageszyklus einen halben Tag dauerte, deutete darauf hin, daß der Stern, der den Pulsar verdeckte – der Begleiter –, sehr groß sein mußte. Wenn es sich um einen Weißen Zwerg, um einen Neutronenstern oder um ein Schwarzes Loch handelte, würden die Eklipsen einen viel kleineren Teil der Umlaufzeit einnehmen. Cen X-3 war also ein Neutronenstern, der sich auf einer Umlaufbahn um einen normalen Stern bewegte.

Er beschrieb eine sehr enge Umlaufbahn – und er war sehr massereich. Wenn sich ein Stern so dicht neben einem anderem befand, konnte er eine sehr starke Wirkung auf dessen Form ausüben. Er konnte Gezeiten entstehen lassen.

Der Mond ruft auf der Erde Ebbe und Flut hervor. Wenn er vorüberzieht, hebt sich ihm der Meeresspiegel, durch seine Schwerkraft angezogen, entgegen. Der Wasserstand steigt an, und nachdem der Mond vorbeigezogen ist, fällt der Meeresspiegel wieder. Der Tidenhub ist deshalb nicht allzu groß, weil die Anziehungskraft des Mondes relativ schwach ist. Zwei Dinge können bewirken, daß die Gezeiten auf anderen Himmelskörpern ausgeprägter sind: einmal eine größere Masse des umkreisenden Objekts und zum zweiten eine engere Umlaufbahn.

Die Kombination dieser Voraussetzungen wurde von dem Doppelsternsystem, zu dem Cen X-3 gehörte, erfüllt. Der Neutronenstern bewegte sich sehr dicht um seinen Begleiter herum. Die Sterne, die gewöhnliche Doppelsternsysteme bilden, waren meistens einige Milliarden Kilometer voneinander entfernt. Das Cen-X-3-System hatte eine Ausdehnung von nur wenigen Millionen Kilometern; es war also fast tausendmal kleiner als ein gewöhnliches Doppelsternsystem. Der auf der Oberfläche des Begleiters entstehende Flutberg, der durch den Neutronenstern verursacht wurde, war also entsprechend größer. Nach dem Vorübergang des Pulsars, ließ er nicht nach, sondern Teile davon trennten sich völlig von dem Stern und bewegten sich in den Weltraum hinein.

Das Bild, das sich aus alldem ergab, war ein Begleitstern, der durch die Schwerkraft des Neutronensterns völlig verformt wurde. Seine ursprüngliche Kugelform war kaum noch zu erkennen. Die Seite, die gerade dem Pulsar zugewandt war, dehnte sich nach außen aus. Sie bildete ein spitzes Ende, und aus dieser Spitze floß ein weißglühender Gasstrom. Strömungen, die aus dem Innern des Sterns aufstiegen und sich dann auf der Oberfläche entlang bewegten, trugen beständig Materie in diesen Gasstrom hinein. Wenn die Gase sich diesem Gasstrom näherten, wurden sie leichter. Die Anziehungskraft von dem Stern unter ihnen wurde durch die des Pulsars über ihnen ausgeglichen. Sie stiegen auf, lösten sich allmählich und strömten nach außen in den Weltraum hinein. Sie fielen nach oben.

Nach oben und auf den über ihnen befindlichen Neutronenstern. Der Pulsar gewann an Masse, während sein Begleiter sie verlor. Dieser Vorgang war als Aufsammlung bekannt. Wenn sich der Pulsar nicht auf einer Umlaufbahn bewegen würde, wäre dieser Sachverhalt recht einfach, da er es aber nun einmal tat, waren die Dinge etwas komplizierter. Die Materie des Sterns strebte dem Pulsar entgegen, doch dieser bewegte sich seitwärts. Er schlich sich davon.

Die ankommende Materie verfehlte das Ziel, schoß an dem Pulsar vorbei und wirbelte dann um ihn herum. Sie bildete eine gigantische Scheibe, die sich um den Neutronenstern wand: die Aufsammlungs-Scheibe. Die von einem Künstler geschaffene Darstellung dieses Systems zeigt Bild 10.

Das Gas innerhalb dieser Scheibe befand sich auf Umlaufbahnen um den Neutronenstern. Doch die Umlaufbewegung konnte nicht lange beibehalten werden. Turbulenzen – Wirbelbewegungen im Innern der Scheibe – trugen die Materie nach innen. Die Viskosität – die innere Reibung benachbarter Gasschichten – ließ die Umlaufbewegung abklingen und hatte somit denselben Effekt. Die ankommende Materie flog spiralenförmig allmählich nach innen auf den Stern zu.

Dann kam sie schließlich mit dem Magnetfeld des Pulsars in Berührung. Die Aufsammlungs-Scheibe war, ebenso wie die Pulsarmagnetosphäre, ein ionisiertes Plasma, dem es nicht möglich war, die magnetischen Kraftlinien zu überqueren. Es mußte sich an ihnen entlangbewegen. In der Nähe des Sterns besaß es ein beträchtliches Gewicht, doch es konnte nicht einfach gerade nach unten fallen. Und am magnetischen Äquator konnte das Plasma in der Tat überhaupt nicht hinunterfallen. Es bewegte sich vielmehr seitwärts auf die beiden Magnetpole zu. Nur dort verliefen die Kraftlinien vertikal. Nur dort konnte die ankommende Materie hinunterfallen.

Und sie fiel hinunter! Infolge der übermächtigen Schwerkraft des Pulsars stürzte sie fast mit Lichtgeschwindigkeit unaufhaltsam nach unten, strömte unaufhörlich an den Kraftlinien entlang hinunter – sie bildete zwei formvollendete Röhren, die aus gewaltig komprimiertem, überhitztem Gas bestanden. Da diese Röhren heiß waren, gaben sie Strahlung ab. Da sie sehr heiß waren, sandten sie nicht Licht, sondern Röntgenstrahlen aus.

Auf dem Neutronenstern befanden sich zwei »heiße Stellen«, die eine starke Röntgenemission aussendeten. Zwei Röhren wurden gebildet. Der Stern rotierte, die Röhren wirbelten herum. Ein Röntgenpulsar.

Cen X-3 gehörte zu einer zahlenmäßig starken Klasse von Neutronensternen, die Teil eines Doppelsternsystems sind. Uhuru hatte sie entdeckt. Keiner dieser Neutronensterne bringt Radiopulsationen hervor. Anscheinend handelt es sich bei der Erzeugung von Radiostrahlen in der Pulsarmagnetosphäre um einen recht empfindlichen Prozeß, der bei den Doppelsternsystemen buchstäblich unter dem Gewicht der ankommenden Materie begraben worden ist.

Es ist auch nicht überraschend, daß der Doppelsternpulsar schneller wird. Die Aufsammlungs-Scheibe, in der sich die Materie befindet, die sich spiralenförmig nach unten bewegt, dreht sich in die gleiche Richtung wie der Pulsar. Wenn die Materie auf den Neutronenstern auftrifft, gibt sie ihm einen seitlichen Stoß, wodurch seine Rotationsgeschwindigkeit erhöht wird.

Überraschend ist jedoch, daß derartige Doppelsternsysteme existieren. Eigentlich dürfte es sie überhaupt nicht geben. Die Supernova-Explosion, die einen Neutronenstern entstehen läßt, ist so gewaltig, daß sie sehr gute Chancen hat, jeden Begleiter völlig zu zerstören. Immerhin liegen die Partner dieser Systeme ungewöhnlich dicht zusammen – der Begleiter befindet sich dann also in beunruhigender Nähe des Explosionsschauplatzes. Zumindest müßte die Wucht der Explosion eigentlich die durch Gravitation zustande gekommene Verbindung zerreißen, den Pulsar aus seiner Umlaufbahn bringen und ihn somit in den Weltraum katapultieren.

Ungefähr die Hälfte der gewöhnlichen Sterne, aus denen Neutronensterne entstehen, sind Teil eines Doppelsternsystems. Doch vor dem Forschungsflug Uhurus gehörte *kein einziger* der bekannten Pulsare einem derartigen System an. Diese bemerkenswerte Asymmetrie war von Anfang an aufgefallen, und man betrachtete sie die ganze Zeit über als Beweis für die Richtigkeit dieser Ansichten. Nur wenige glaubten, daß ein Doppelsternpulsar entdeckt werden würde.

Uhuru zwang zu einer Änderung dieses Standpunktes. Mit äußerster Sorgfalt hat man ein detailliertes Szenarium erarbeitet, komplexe Episoden der Entwicklung, die es derartigen Systemen erlauben, zu existieren. Späte Einsicht ist eine wunderbare Sache: die Theorien scheinen folgerichtig zu sein – sie funktionieren. Doch niemand wäre darauf gekommen, wenn die Doppelsternröntgenquellen nicht energisch nachgeholfen hätten.

Diese Systeme existieren nun einmal, und man hat festgestellt, daß sie eigentlich sehr nützlich sind. Sie erlauben es, eine Messung durchzuführen, die ansonsten unmöglich gewesen wäre. Die Doppelsternröntgenpulsare bieten die einzige Möglichkeit, die wir kennen, um das Gewicht von Neutronensternen zu ermitteln.

Kehren wir zum Satelliten Uhuru zurück, der die Erde umkreist. Er sollte seine Umlaufbahn erreichen, damit er oben bleibt. Man hatte Uhuru eine Umlaufgeschwindigkeit verliehen, die ihn davor bewahrte, hinunterzufallen – die ihn dazu brachte, einen Kreis beschreibend, seitwärts zu fallen. Doch nehmen wir an, daß die Masse der Erde größer wäre. Der Satellit würde sich auf einer Bahn bewegen, die immer weiter nach unten verläuft; um ihn also auf einer beständigen Umlaufbahn zu halten, müßte man seine seitwärts gerichtete Geschwindigkeit erhöhen. Daraus folgt also, daß die Umlaufgeschwindigkeit eines Satelliten von der Masse der Erde bestimmt wird. Umgekehrt kann sie dazu benutzt werden, um die Größe dieser Masse zu ermitteln.

Das gleiche gilt für jedes Doppelsternsystem. Wenn man die Umlaufgeschwindigkeiten der beiden Partner ermittelt hat, so hat man auch ihre Massen festgestellt. Aber wenn man dies bei Doppelsternröntgenpulsaren macht, kommt man zu einem überraschenden Ergebnis. All diese Neutronensterne haben die *gleiche* Masse. Sie haben alle die 1,4fache Masse der Sonne.

Es handelt sich um einen interessanten Wert. 1,4 Sonnenmassen, das ist genau die Chandrasekhar-Grenze. Aber was hat die Chandrasekhar-Grenze mit Neutronensternen zu tun? Angeblich hat sie für die Pulsare keinerlei Bedeutung. Theoretisch kann es Pulsare geben, deren Masse größer oder kleiner als 1,4 Sonnenmassen ist. Keine der uns bekannten Tatsachen spräche dagegen, wenn wir einen Pulsar mit der halben oder der doppelten Sonnenmasse konstruieren würden. Aber in der Natur kommen sie anscheinend nicht vor.

Die meisten Wissenschaftler glauben, daß diese bemerkenswerte Tatsache etwas mit dem Entstehungsprozeß des Pulsars zu tun hat. Aber was? Gibt es eine Eigenart bei dem Supernova-Zusammenbruch eines Sterns, die eng mit der Chandrasekhar-Grenze verknüpft ist? Oder hängt die Entwicklung eines Sterns vor der Supernova-Explosion davon ab? Ist es vielleicht möglich, daß es nur bei einem Entwicklungsgang, der zu genau dieser Masse führt, nicht passiert, daß das Doppelsternsystem auseinandergerissen wird? Die Wissenschaftler würden liebend gerne die Massen der vereinzelten Pulsare ermitteln, um diese Fragen zu beantworten, doch bisher ist es unmöglich gewesen. Die Doppelsternpulsare haben ein völlig neues Licht auf Chandrasekhars Entdeckung geworfen; und niemand hatte diese Entwicklung vorausgesehen. Aber was dies alles zu bedeuten hat, kann zur Zeit noch niemand sagen.

Ein anderer Röntgen-Doppelstern ist Cyg X-1, die erste Röntgenquelle, die man im Sternbild Schwan entdeckt hat. Tatsächlich war Cyg X-1 eine der ersten Röntgenquellen, die man überhaupt entdeckt hat. Sie war auf einem der anfänglichen Raketenflüge festgestellt worden und wurde danach auf den zahlreichen anderen Flügen genauer untersucht. Doch die ermittelten Ergebnisse wichen sehr voneinander ab. Bei einem Versuch wurde beobachtet, daß die Röntgenquelle sehr schwach war, beim nächsten war ihre festgestellte Intensität weitaus größer. Andererseits wurden aber bei jedem Flug andere Geräte eingesetzt, so daß es schwierig war, die Beobachtungsergebnisse zu vergleichen. Man konnte also nicht genau sagen, was vor sich ging.

Uhuru löste dieses Problem. Zeichnung 51 ist ein Beobachtungsdiagramm, das Uhuru von Cyg X-1 erstellt hatte (die durch den Kollimator hervorgerufene Dreieckbildung des Signals ist ausgeglichen worden). Die Quelle war tatsächlich unbeständig. Sie flackerte und loderte unaufhörlich, wobei die kürzesten Ausbrüche weniger als eine Zehntelsekunde dauerten. Es sah so aus, als ob es sich um einen Pulsar handelte.

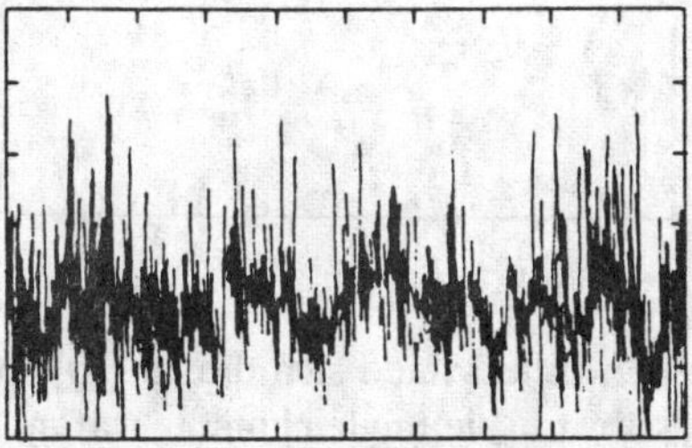

Zeichnung 51

Aber ein genauerer Blick auf das Diagramm offenbarte einige Unterschiede. Auf Zeichnung 51 ist auch noch ein langsameres Ansteigen und Abfallen der Intensität zu beobachten. Die Mitarbeiter der American Science and Engineering untersuchten diese Langzeitschwankungen, indem sie eine Glättung der kurzzeitigeren Ausbrüche vornahmen und somit die Intensität über jeweils längere Zeitabschnitte auf ihren Durchschnittswert brachten. Zeichnung 52 zeigt eine Reihe von fünf Sekungen langen Abschnitten, die sie auf diese Weise erhalten hatten. Die Intensität der Quelle schwankte von einem Abschnitt zum anderen. Die Wissenschaftler verlängerten diese Abschnitte. Auf Zeichnung 53 sind sie 14 Sekunden lang. Auf diesem Diagramm schwankt die Intensität von Cyg X-1 ebenfalls. Egal wie lang die von ihnen gewählten Zeitabschnitte waren, die Intensität veränderte sich auf jedem Diagramm ständig.

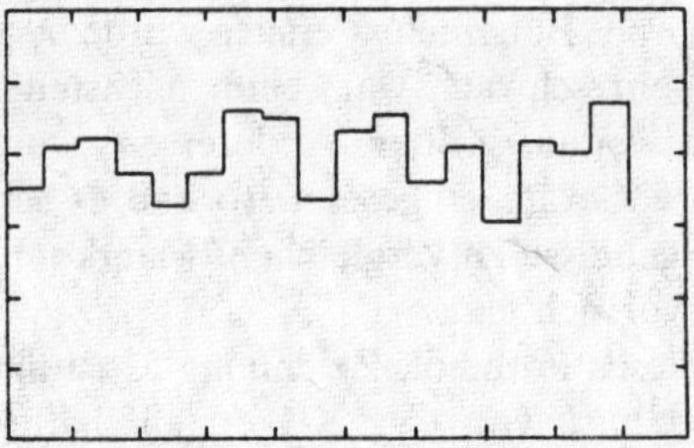

Zeichnung 52

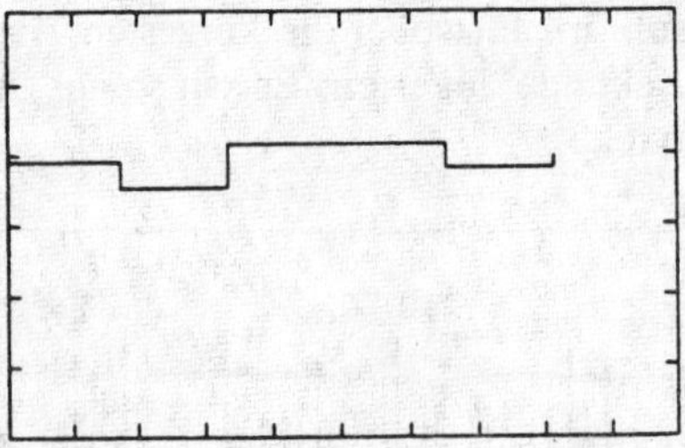

Zeichnung 53

In dieser Hinsicht unterschied sich dieses Objekt von den Pulsaren, deren Pulse, obwohl sie ungleichmäßig waren, eine unabänderliche Langzeit-Durchschnittspulsform aufwiesen. Cyg X-1 besaß überhaupt keine Durchschnittspulsform. Er war absolut unberechenbar. Es stellte sich heraus, daß dies auch für seine Pulsationsgeschwindigkeit galt. Die Wissenschaftler verbrachten Monate mit dem Versuch, aus dem Datenmaterial eine zugrunde liegende Pulsationsgeschwindigkeit zu ermitteln, was sich aber als unmöglich herausstellte. Sie erhielten einen Wert, der für einen Datenabschnitt zutraf, mußten dann aber feststellen, daß er für den nächsten Abschnitt schon nicht mehr zutraf. Cyg X-1 schien ständig seine Pulsationsgeschwindigkeit zu ändern.

Schließlich brachen sie den Versuch ab und kamen zu der Schlußfolgerung, daß es überhaupt keine zugrunde liegende Regelmäßigkeit gab. Es gab nur kurze Pulsketten: kurze Folgen von regelmäßigen Ausbrüchen, die wenige Sekunden lang andauerten, dann abklangen und schließlich von einer weiteren Kette, die eine andere Geschwindigkeit aufwies, abgelöst wurden. Diese Ketten wurden von einem fortwährenden, unsteten Flackern begleitet, das keine Regelmäßigkeit erkennen ließ.

Und dennoch war eine entfernte Ähnlichkeit mit Cen X-3 zu beobachten. Man stellte sich die Frage, ob Cyg X-1 nicht auch Teil eines Doppelsternsystems sein konnte. Aber es gab keine Möglichkeit, diese Frage zu beantworten. Da keine grundlegende Pulsationsgeschwindigkeit feststellbar war, gab es für die Wissenschaftler auch keine Möglichkeit, eine durch den Doppler-Effekt hervorgerufene Änderung dieser Geschwindigkeit festzustellen. Die Quelle wies auch keine Bedeckungen auf. Sie befand sich immer im An-Stadium. Dies hätte bedeuten können, daß es sich um ein vereinzeltes Objekt handelte – doch das mußte nicht unbedingt der Fall sein. Es konnte auch sein, daß man es mit einem dummen Zufall zu tun hatte. Sieht man die beiden Komponenten eines Doppelsternsystems so, wie es auf Zeichnung 54 dargestellt ist, kann man Verfinsterungen beobachten; Zeichnung 55 zeigt dagegen einen Fall, bei dem wir keine Verfinsterungen wahrnehmen würden.

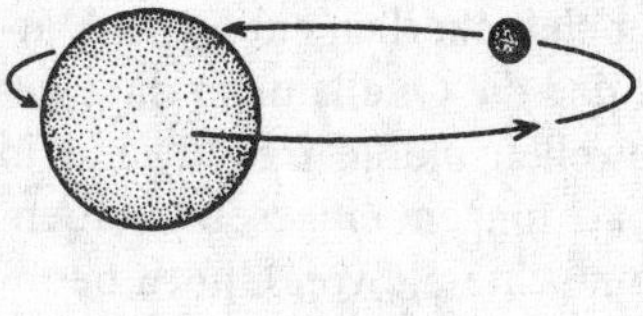

Zeichnung 54

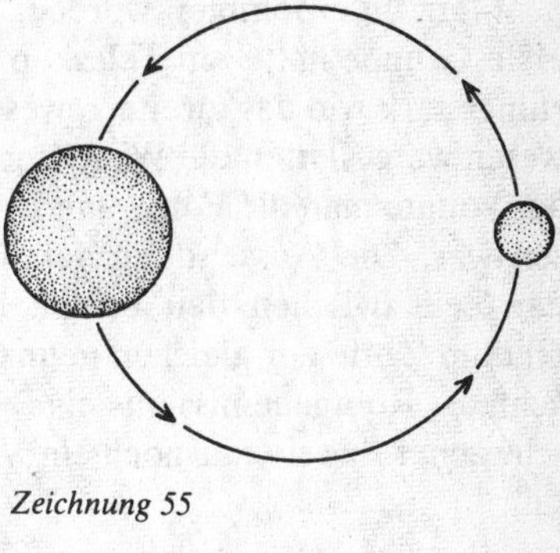

Zeichnung 55

Giacconi und seine Mitarbeiter waren in eine Sackgasse geraten. Es gab nichts mehr, was sie tun konnten. Sie veröffentlichten ihre Ergebnisse, und die Aufgabe wurde von anderen Wissenschaftlern übernommen. Einige von ihnen waren Astronomen, die an Spiegelteleskopen arbeiteten, doch sie wurden sehr stark durch die Tatsache behindert, daß die Kollimatoren Uhurus nicht sehr genau gerichtet waren. Daher konnten sie den Standort der Röntgenquelle im All nicht exakt vermitteln. Bild 11 zeigt die von Uhuru vorgenommene grobe Bestimmung der Position der Röntgenquelle, gekennzeichnet durch einen Kasten. Man hätte Jahre gebraucht, um, in der Hoffnung, irgend etwas Ungewöhnliches zu entdecken, jeden Stern zu untersuchen, der sich in diesem Kasten befand.

Aber Radioteleskope waren genauer als Uhuru. Wenn Cyg X-1 auch Radiowellen aussandte, so konnte er in dem Getümmel ausgemacht und seine Position mühelos bestimmt werden. Eine Gruppe von Radioastronomen begann die Suche. Aber sie hatte kein Glück. Das Objekt sandte scheinbar keine Radiosignale aus. Dann nahm eine andere Gruppe die Suche auf. Diese Wissenschaftler entdeckten etwas und bestimmten den exakten Standort. Es schien nun möglich zu sein, das Objekt genauer zu untersuchen.

Aber es gab doch noch ein Problem. Es konnte nämlich sein, daß es sich bei der Radioquelle und Cyg X-1 um völlig verschiedene Objekte handelte. Der Himmel ist von Radiosendern übersät, und es wäre nicht so unwahrscheinlich gewesen, wenn sich zufällig einer davon in der Nähe der Röntgenquelle befunden hätte. Aber diese Möglichkeit konnte auf ungewöhnliche und bemerkenswerte Weise ausgeschlossen werden.

Der erste Versuch, die Radioquellen zu entdecken, war am 22. März unternommen worden, der zweite neun Tage später. Die erste Gruppe hatte ein Teleskop benutzt, das ebenso groß und leistungsstark wie das zweite gewesen ist, und wenn die Quelle dagewesen wäre, hätten die Wissenschaftler sie sicherlich entdeckt. Daraus konnte man die Folgerung ziehen, daß die Quelle nicht dagewesen war. Die Aussendung der Radiowellen mußte irgendwann in der Zeit zwischen den beiden Beobachtungen eingesetzt haben. Und im Laufe der gleichen neun Tage machte die von Uhuru beobachtete Röntgenemission eine Veränderung durch. Sie wurde schwächer, bis sie nur noch ein Viertel ihrer früheren Intensität besaß.

Bis heute weiß noch niemand, was geschehen war. Es mußte sich irgendeine Strukturveränderung ereignet haben, die bewirkte, daß das Objekt einen Teil seiner Energie nicht mehr in Form von Röntgenstrahlen, sondern in Form von Radiowellen abgab, und diese Veränderung schien dauerhaft zu sein. Glücklicherweise war es nicht notwendig, dies genau zu wissen. Die einfache, zeitliche Übereinstimmung bewies, daß die Radiowellen und die Röntgenstrahlen aus der gleichen Quelle kamen.

An dem Standort der Radioquelle befand sich ein Stern. Er trug den Namen HDE 226 868. Und HDE 226 868 war Teil eines Doppelsternsystems. Und noch etwas: Nur einer der beiden Partner war sichtbar. HDE 226 868 umkreiste ein *Nichts*.

Man fragte sich, welche Beschaffenheit dieses »Nichts«, das der sichtbare Stern umkreiste, hatte. Es bestand die Möglichkeit, daß es sich bei Cyg X-1 um ein ganz gewöhnliches Objekt handelte. Die Listen der Doppelsternsysteme enthalten tatsächlich zahlreiche derartige Fälle, und bei einer genaueren Untersuchung stellt sich dann stets heraus, daß das System aus einem hellen und einem schwach leuchtenden Stern besteht, wobei der dunklere Stern durch das blendende Licht des helleren nicht mehr zu sehen ist.

Man suchte nach einem Weg, um zu überprüfen, ob diese Erklärung zutraf. Einer stand zur Verfügung. Er stützte sich auf die Tatsache, daß die Masse des unsichtbaren Begleiters (die man mit Hilfe der Umlaufgeschwindigkeit ermittelt hatte) sehr groß war – mindestens achtmal so groß wie die der Sonne, vielleicht sogar noch größer. Aber gewöhnliche Sterne gehorchen einer sogenannten Masse-Leuchtkraft-Beziehung: je massereicher der Stern war, desto heller mußte er sein. Wäre der unsichtbare Begleiter ein gewöhnlicher Stern gewesen, so hätte man ihn mit Hilfe eines Teleskops leicht erkennen können. Also war es kein gewöhnlicher Stern. Es konnte sich nur um einen Pulsar – oder um ein Schwarzes Loch handeln.

Diese beiden Möglichkeiten konnte man auch auseinanderhalten – indem man den gleichen Weg beschritt. Massereiche Neutronensterne existieren überhaupt nicht. Ebenso wie Weiße Zwerge wurden die Pulsare durch den Entartungsdruck vor einem weiteren Kollaps bewahrt, aber es gab eine Chandrasekhar-Grenze für sie. Sie lag bei der mehrfachen Masse der Sonne, bei einer Masse, die viel kleiner war als die des unsichtbaren Objekts.

So war Cyg X-1 also auch kein Pulsar. Es handelte sich um ein Schwarzes Loch.

Eine von einem Künstler entworfene Darstellung des Doppelsternsystems, das aus Cyg X-1 und HDE 226 868 besteht, würde fast genauso aussehen wie die von Cen X-3. Das Schwarze Loch, das den Stern umkreist, saugt Material von dessen Oberfläche an. Die Materie strömt herüber, bildet um das Schwarze Loch herum eine Aufsammlungsscheibe und bewegt sich dann spiralenförmig nach innen. Je weiter sie nach innen kommt, desto heißer wird sie; und durch die Reibung und den Verdichtungsprozeß wird sie schließlich so überhitzt, daß sie Röntgenstrahlen aussendet. Der entscheidende Unterschied zwischen einem Doppelsternsystem, das ein Schwarzes Loch enthält, und einem, das einen Neutronenstern enthält, ist, daß bei dem ersteren Fall kein schnell rotierendes Magnetfeld existiert. Das Pulsarmagnetfeld verleiht der Aufsammlungsscheibe eine geordnete Struktur, und diese bewirkt eine bestimmte Ordnung bei den Emissionen. Bei Systemen wie dem von Cen X-3 kanalisiert das Magnetfeld die ankommende Materie, so daß sie zwei Röhren bildet, und ruft somit eine stark gerichtete Strahlung hervor. Was wir dann empfangen, ist eine regelmäßige Folge von Pulsen. Aber im Fall von Cyg X-1 fehlt diese Ordnung, und die beobachtbare Strahlung ist chaotischer.

Das fortwährende, unstete Flackern von Cyg X-1 mußte ein Zeichen für eine gewaltige Wirbelbewegung im Innern der Scheibe sein, ein beständiges Umherstoßen der emittierenden Gase, die von allen Seiten Schläge versetzt bekamen. Bei den Pulsketten mußte es sich jedoch um etwas anderes handeln. Sie können nur an »heißen Stellen« entstehen, an verhältnismäßig langlebigen, selbständigen Strukturen im Innern der Aufsammlungsscheibe. Wenn sie sich nach innen bewegen, werden sie beschleunigt, bis sie auf ihrer Umlaufbahn fast die Lichtgeschwindigkeit erreichen; die schnellsten von ihnen mußten sich in direkter Nähe des Schwarzen Lochs befinden. Mit den schnellsten Pulsketten beobachten wir unmittelbar Materie an der Grenze ihrer Existenz, Sekundenbruchteile von ihrer Vernichtung entfernt. In diesen letzten Momenten saust sie im Verlaufe ihres unvorstellbaren Sturzes mehrere tausendmal pro Sekunde um das Loch herum. Dann berührt sie den Ereignishorizont. Die Pulskette endet. Im Verborgenen verändert sich die spiralförmige Bahn und verläuft nun senkrecht nach unten, direkt auf die Singularität zu.

Die Entdeckung der Doppelsternröntgenpulsare muß zu den bedeutendsten Forschritten der Astronomie in den siebziger Jahren gezählt werden. Aber die Enträtselung der wahren Natur von Cyg X-1 übertrifft in ihrer Bedeutung diese Entdeckung höchstwahrscheinlich noch um einiges. Im Grunde genommen wird uns damit ein natürliches Laboratorium zur Verfügung gestellt, in dem man Materie, die extremsten Bedingungen ausgesetzt ist, und Erscheinungsformen der Raumzeit, die am stärksten von dem uns gewohnten Bild abweichen, untersuchen kann. Eine weitere Folge des gelösten Rätsels ist die Geltendmachung einer weiteren Voraussage der Allgemeinen Relativitätstheorie, nämlich derjenigen, daß es Schwarze Löcher gibt. Auch in diesem Fall war Einstein, was er unmöglich hatte voraussehen können, mit seinem Denken weit in die Zukunft vorgedrungen.

Der Weg zu diesem Erfolg war lang und kompliziert gewesen. Von allen Beteiligten muß Giacconi und seinen Mitarbeitern das größte Verdienst zugesprochen werden. In gewisser Weise hatte es sich um einen Zufall gehandelt – falls man eine Arbeit, die sich über sieben Jahre erstreckt und 5 000 000 Dollar gekostet hat, als Zufall bezeichnen kann. Aber sicherlich hatten sie sich nicht die Aufgabe gestellt, nach Schwarzen Löchern zu suchen. Sie hatten etwas anderes gesucht.

Aber was sie getan hatten, war von entscheidender Bedeutung. Das Verfahren, das man schließlich bei Cyg X-1 angewendet hatte, war nicht neu gewesen. Es war schon vorher benutzt worden – 1966, von den sowjetischen Astronomen Y. B. Zeldovich und O. M. Guseynov. Sie hatten als erste auf die mögliche Existenz eines Schwarzen Lochs hingewiesen; sie hatten sich Doppelsternsysteme, zu denen ein unsichtbarer Begleiter gehörte, näher angesehen und diejenigen unsichtbaren Begleiter herausgesucht, die sehr massereich waren. In ihrer Abhandlung hatten sie sieben Sterne aufgelistet, die dem Berechnungsverfahren nach sehr massereich sein mußten. Drei Jahre später führten zwei amerikanische Astronomen eine gründlichere Untersuchung durch und erstellten eine umfangreichere Liste. Diese beiden Untersuchungen waren das Beste, was man tun konnte.

Aber HDE 226 868 steht auf keiner der beiden Listen. Niemand hatte seine Bedeutung erkannt. Es mußte erst ein neuer Wissenschaftszweig ins Leben gerufen werden, um ein Schwarzes Loch zu entdecken.

15. Kapitel

Gott spielt mit der Welt

Das erste Mal begegnete ich Stephen Hawking auf einer Konferenz in Boston. Es war im Winter 1976, und er sprach über Schwarze Löcher. Sein Referat, das er an diesem Tag gehalten hat, werde ich niemals vergessen. Dieser Vortrag wirkte elektrisierend auf mich. Andererseits verwirrte er auch. Die Entdeckung, von der Hawking berichtete, war so außergewöhnlich, so umwälzend und so unerwartet, daß ich es überhaupt nicht richtig aufnehmen konnte. Nichts von dem, was er sagte, paßte in das Bild von Schwarzen Löchern, das ich mir im Laufe der Zeit angeeignet hatte.

Wenige von uns, die sich in dem Saal befanden, verstanden Hawking, als er sprach. Ich meine dies nicht im übertragenen Sinne. Wir verstanden tatsächlich kein einziges Wort. Man hatte ihn auf das Podium gehoben, und nun saß er dort in seinem Rollstuhl – bewegungslos, zusammengekauert, eine kleine, dürre Gestalt. Es war erschreckend, zu sehen, wie sehr ihn seine Krankheit ausgemergelt hatte. Es schien so, als ob er uns nicht ansähe. Es schien so, als ob er teilnahmslos auf den Fußboden starrte, während aus seinem Mund ein langsames, unverständliches Gemurmel drang. Ich konnte es nicht als Sprechen identifizieren. Es hörte sich an wie etwas, was ich noch nie vernommen hatte.

Hawking war am Ende einer Reihe von verwirrenden Berechnungen auf seine Entdeckung gestoßen, am Ende einer mathematischen Reise voller entmutigender Schwierigkeiten; und diese Berechnungen hatte er im Kopf ausgeführt. Obwohl es ihm nicht möglich war, einen Bleistift in der Hand zu halten, hatte er sich dennoch durch ein Labyrinth gearbeitet, das die besten Mathematiker eingeschüchtert hätte. Die fürchterliche Krankheit, die seinen Körper entstellte, ließ die erfolgreiche Ausführung dieser Berechnungen noch wunderbarer erscheinen. Prophezeiungen können gefährlich sein, doch es scheint bereits eindeutig zu sein, daß Hawkings Entdeckung zu den größten wissenschaftlichen Leistungen unserer Zeit zählen wird. So aufsehenerregend sie auch gewesen war, es handelte sich erst um die Spitze des Eisbergs. Seine Arbeit hat uns auf ein völlig neues Bild von Schwarzen Löchern gestoßen. Sie hat einen unmittelbaren und vorher unvermuteten Zusammenhang zwischen sehr verschiedenen Zweigen der Physik enthüllt. Außerdem kann es sein, daß sie richtungweisend ist für ein neues, vereinheitlichendes Prinzip von unserem Verständnis der Natur. Große Taten, bei deren Ausführung die grundlegende Erkenntnis, die Hawking gewonnen hat, einbezogen sein wird, warten darauf, vollbracht zu werden.

Aber an all diese Dinge dachte ich damals noch nicht. Ich dachte überhaupt nicht: ich saß schweigend da, völlig versunken in einem Gefühl der Verwunderung. Hawking hatte gewußt, daß ihn nur wenige Leute verstehen würden, und deshalb vorher Kopien seines Vortrags verteilt. Auf der Seite, die vor mir lag, standen Worte, die äußerst tiefgründig und bedeutungsvoll waren. Alle Leute in dem riesigen Vortragssaal saßen bewegungslos da und folgten dem schmerzhaften, mühsamen Verlauf seines Berichts.

Der Vortrag hatte den Titel *»Schwarze Löcher sind weißglühend«*.

Jahre nachdem Fritz Zwicky zum ersten Mal die Ansicht vertreten hatte, daß Neutronensterne existieren könnten, kehrte er zum Thema zurück, diesmal jedoch von einer anderen Richtung aus. Er fragte sich, ob es kleinere Brocken aus Neutronenmaterie geben könnte – Klumpen, die nicht einen Durchmesser von wenigen Kilometern, sondern von wenigen Zentimetern hatten, Brocken von der Größe eines Golfballs oder eines Flohs. Zwicky nannte sie *Goblins* (Kobolde); heute werden sie meist Minilöcher genannt. Man weiß nicht, wie ernst er diesen Gedanken genommen hat, nur wenige Wissenschaftler schenken dieser Vorstellung heutzutage große Beachtung, doch ich glaube, daß sie eigentlich sehr ernst genommen werden sollte.

Ein Goblin von der Größe eines Fußballstadions würde fast so viel wiegen wie die Erde; einer von der Größe eines Kieselsteins würde schwerer sein als ein Berg. Goblins, die so groß sind, daß wir sie gerade noch mit bloßem Auge erkennen können – Staubkörnchen –, würden ein Gewicht von einer Million Tonnen haben. Ein

Mensch, der so weit in sich zusammenfällt, daß er den neutronischen Zustand erreicht, würde so groß sein wie eine Bakterie.

Hawking hat entsprechend behauptet, daß es sehr massearme Schwarze Löcher geben könnte. Diese würden sogar noch kleiner sein. Ein Schwarzes Loch, daß so groß ist wie ein Kieselstein, würde nicht aus einem Berg entstanden sein, sondern aus irgendeinem Objekt, das die Masse eines Planten hatte. Eines von der Größe einer Bakterie würde die Masse eines großen Asteroiden enthalten. Und wenn ein Berg derart zusammengepreßt würde, daß ein Schwarzes Loch entstände, würde es nicht größer als ein Elementarteilchen sein.

Derartige winzige, massereiche Brocken hätten äußerst ungewöhnliche Eigenschaften. Elementarteilchen können nur mit speziellen Geräten wie Tscherenkow-Zählern oder Blasenkammern nachgewiesen werden, aber ein elementarteilchengroßes Schwarzes Loch, das durch einen Menschen hindurchfliegt, würde auf andere Weise »nachgewiesen« werden – es würde eine nadelgroße Röhre hinterlassen. Es würde *verletzen.* Die gleiche Masse im neutronischen Zustand wäre tödlich: sie würde durch alles, was ihr in den Weg kommt, einen zentimetergroßen Tunnel bohren. Massereichere Objekte hätten noch ungewöhnlichere Effekte zur Folge: Ein Schwarzes Loch in der Größe einer Bakterie würde einen Energiestrom abgeben, der mit dem eines Blitzstrahls vergleichbar wäre. Derartige Objekte sind so massereich, daß ihre Trägheit alles daran hindern würde, sie zu verlangsamen. Ein kleines Schwarzes Loch könnte einige hundert Lichtjahre weit durch festes Gestein fliegen, bis es schließlich zum Stillstand kommen würde.

Ist es überhaupt möglich, daß solche Objekte existieren? Wie im 1. Kapitel erwähnt worden ist, würden bei der Erzeugung irgendwelcher kleiner Brocken aus Neutronenmaterie große Schwierigkeiten auftreten. Diese Brocken wären einem enormen Druck ausgesetzt und würden explodieren, wenn sie nicht irgendwie gebändigt würden. Bei den Neutronensternen übernimmt die Schwerkraft die Bändigung, doch die Goblins müßten auf andere Art und Weise zusammengehalten werden. Die einzige Möglichkeit bietet eine sehr starke Anziehungskraft zwischen den Elementarteilchen, aus denen die Goblins bestehen; möglicherweise entsteht diese Anziehung bei extremen Dichten. Bisher ist es noch niemandem gelungen, diese Anziehung nachzuweisen, doch wir wissen in diesem Bereich so wenig, daß die Sachlage noch immer alle Möglichkeiten einschließt.

Es ist vorstellbar, daß bei einem Kollaps, der die Entstehung eines Pulsars zur Folge hat, unzählige Goblins gebildet werden. Bei einer derartigen Implosion wird die Materie sicherlich so sehr zusammengedrückt, daß sie die erforderliche Dichte erreicht. Andernfalls kann man sich auch vorstellen, daß von einem bereits existierenden Neutronenstern Goblins abgeschlagen werden können. Riesigen, auf die Erde auftreffenden Meteoriten ist es vielleicht möglich, einige der entstehenden Trümmer so stark wegzusprengen, daß diese in den Weltraum befördert werden. Auf Pulsare auftreffende Meteoriten können vielleicht auf gleiche Weise Goblins auf eine interstellare Reise schicken. Das elektromagnetische Feld eines Pulsars, das Ladungsteilchen so stark beschleunigt, daß sie fast die Lichtgeschwindigkeit erreichen, würde auf irgendwelche lose herumliegende neutronische Kieselsteine genau die gleiche Wirkung haben. Es wäre sicherlich nicht empfehlenswert, sich in der Nähe zu befinden, wenn einer dieser Kieselsteine dann auf der Erde landen würde.

Im Falle der kleinen Schwarzen Löcher befinden wir uns auf einem anderen Territorium. Auf der einen Seite besteht nicht das Problem, sie vor dem inneren Druck bewahren zu müssen: aus der Schwarzschildkugel kann nichts mehr entweichen. Aber andererseits handelt es sich um ein gewaltiges Unterfangen, eins herzustellen. Um eine Masse von der Größe eines Berges in ein kleines Schwarzes Loch zu verwandeln, muß irgend etwas diese Masse so sehr zusammendrücken, bis all die unzähligen Elementarteilchen, aus denen sie besteht, auf einen Raum zusammengedrängt sind, der normalerweise nur für ein einziges Elementarteilchen vorbehalten ist – eine »Überschneidung«, die selbst die verwegensten Physiker mutlos werden läßt.

Bei der Frage, wie dies in der Natur möglicherweise erreicht wird, wendet man seine Aufmerksamkeit unwillkürlich den Singularitäten zu – den Zuständen unendlicher Verdichtung, die von der Allgemeinen Relativitätstheorie vorausgesagt werden. Eine Möglichkeit ist die Singularität im Zentrum eines Weißen Lochs. Da Weiße Löcher– wenn sie überhaupt existieren – von Zeit zu Zeit Materiebrocken ausspeien, ist es sicherlich nicht abwegig, sich vorzustellen, daß sie auch kleine Schwarze Löcher ausstoßen oder Materieklumpen, die derart verdichtet sind, daß sie kurz nach ihrem Auswurf einen Kollaps erleiden. Andererseits handelt es sich bei dieser Hypothese um eine sehr gewagte Spekulation. Es gibt keinen Grund, zu bezweifeln, daß Weiße Löcher so etwas tun würden, es gibt aber auch keinen Grund, der dafür spricht. Eine andere, weitaus weniger spekulative Möglichkeit ist die Singularität, auf die man trifft, wenn man sich einige Milliarden Jahre weit in die Vergangenheit begibt, in die Zeit, in der das Universum entstanden ist. Es geht um den *Urknall.*

Die Singularität im Zentrum eines Lochs tritt an einem bestimmten Punkt des Raums auf, bleibt aber für alle Zeiten bestehen. Diejenige Singularität, die man als Urknall bezeichnet, trat zu einem bestimmten Zeitpunkt auf – er liegt 10 bis 20 Milliarden Jahre zurück –, bezog aber jeden Punkt des Raums mit ein. Nichts konnte ihr entkommen. Sämtliche Materieteilchen, die heute existieren – die Elektronen im Mond, die Protonen in meinem Körper –, waren einstmals so sehr zermalmt worden, daß sie sich in einem Zustand unendlicher Verdichtung und Temperatur befunden hatten. Aus dieser Singularität hervorkommend, ergoß sich die Materie in eine ununterbrochene Ausdehnung. Je weiter sich das Universum ausdehnte, desto kälter wurde es, und desto langsamer ging die Ausdehnung vor sich. Schließlich, Ewigkeiten später, verdichtete es sich stellenweise so sehr, daß Sterne und Galaxien entstanden; die Galaxien treiben noch immer beständig auseinander, was einer plumpen Neuinszenierung der Erschaffung der Welt gleicht. Der Urknall ist ein natürlicher Schauplatz, an dem man nach der Bildung kleiner Schwarzer Löcher suchen kann – und auch nach größeren und nach Goblins. Sekundenbruchteile nach der Singularität besaß das Universum die erforderliche Dichte. Man kann sich kleine Fluktuationen vorstellen, winzige Bereiche mit einer etwas größeren Dichte, die abgesprengt wurden, ihre Ausdehnung umkehrten und nach innen in sich zusammenstürzten.

In der Quantenmechanik stoßen wir auf eine weitere Möglichkeit der Entstehung von Goblins und kleinen Schwarzen Löchern. Heisenbergs Unschärferelation zufolge ist nicht nur der Standort, sondern auch die *Größe* eines Objekts nur bis zu einem gewissen Grade genau bestimmbar. Man kann annehmen, daß diese Unbestimmbarkeit von einer beständigen, unregelmäßigen Fluktuation herrührt. Alle Dinge – Eicheln, Steine usw. – verändern immerwährend ihre Größe und ihre Form: sie dehnen sich aus und schrumpfen zusammen.

Normalerweise kann man diese Fluktuation nicht wahrnehmen. In der Regel ist sie nur für sehr kleine Objekte, wie zum Beispiel Atome, von Bedeutung; bei alltäglichen Gegenständen ist sie derart gering, daß sie nicht feststellbar ist. Aber in Zeitabständen, die äußerst weit auseinanderliegen, kann sich eine dramatische Veränderung ereignen. Eine Eichel schrumpft plötzlich zusammen – aber nicht nur so sehr, daß sie verschwindend klein wird; sie schrumpft so weit zusammen, wie es überhaupt möglich ist. Die Eichel hat sich quantenmechanisch in ein Goblin oder in ein kleines Schwarzes Loch verwandelt.

Ein derartiger Vorgang ereignet sich aber äußerst selten. Die Quantenfluktuationen, die erforderlich sind, um den Gravitationskollaps von alltäglichen Gegenständen zu verursachen, treten so selten auf, daß wir sie im allgemeinen ruhig vollkommen ignorieren können. Es ist fast sicher, daß ein derartiger Prozeß in der ganzen Geschichte der Erde, seitdem sie zum Planeten geworden ist, kein einziges Mal stattgefunden hat. Aber irgendwo anders hat dieser Prozeß stattgefunden, denn wenn genug Zeit vergeht und genug Raum vorhanden ist, dann wird sich selbst der seltenste Vorgang ereignen. Und selbst abgesehen davon: Der entscheidende Punkt ist der, daß jederzeit die Möglichkeit besteht, daß ein derartiger Prozeß stattfindet. Letzten Endes ist nichts vollkommen sicher vor einer Implosion. Jedes Objekt im Universum ist so beschaffen, daß es in sich selbst eine Zeitbombe birgt, jedes Objekt enthält die Samen für seine eigene Zerstörung.

Stephen Hawking wurde 1942 in Oxford geboren, war das älteste von vier Kindern und wuchs in London und Umgebung auf. Sein Vater war Biologe, dessen besonderes Interesse den Tropenkrankheiten galt. Hawking kehrte 1959 nach Oxford zurück, um dort zu studieren, und ließ sich dann als Student in der Universität Cambridge immatrikulieren. Die ganzen Jahre hindurch war er ein guter Student, ein ungewöhnlich guter Student sogar, aber nur wenig deutete auf seine spätere, aufsehenerregende Karriere hin.

Während seiner Anfangszeit in Cambridge zeigten sich dann die ersten Symptome einer atypischen amyotrophischen Lateralsklerose, einer degenerativen Erkrankung des Nervensystems. Er fing an zu humpeln, konnte nur noch undeutlich sprechen und mußte feststellen, daß seine Kräfte immer mehr nachließen. Hawking weiß nicht, wie und wo er sich diese Krankheit zugezogen hat. Sie machte sich kurz nach einer Reise in den Nahen Osten bemerkbar, aber es ist nicht feststellbar, ob er sich dort angesteckt hat. Man weiß nicht, ob sie durch einen Virus übertragen worden ist, ob es sich um eine Art autoimmuner Reaktion gehandelt hat oder ob es sogar die Folge einer Impfung mit einem fehlerhaften Serum gewesen ist – all dies sind mögliche Ursachen. Noch im gleichen Jahr konnte er nur noch langsam laufen und mußte einen Stock zu Hilfe nehmen; es wurde mit der Zeit immer schwieriger, zu verstehen, was er sagte. Einige Jahre später mußte er im Rollstuhl sitzen. Hawking wurde immer dünner.

Die Kranheit ist unheilbar. Die meisten Menschen sterben nach wenigen Jahren.

Aber Stephen Hawking starb nicht. Er heiratete, und heute, zwanzig Jahre später, ist er Vater von drei Kindern. Er schrieb eine Doktorarbeit in Kosmologie. Mit der Verschlimmerung der Krankheit wurde seine Arbeit immer besser. Hawkings besondere Stärke lag in der Anwendung der wirkungsvollsten, sehr abstrakten Methoden der modernen Mathematik auf die Relativitätstheorie. Ende der sechziger Jahre hatte er eine Reihe von tiefgründigen und bedeutungsvollen Lehrsätzen aufgestellt, die sich auf das Vorkommen von Singularitäten im Weltall bezogen. Die Wissenschaftler, die im gleichen Bereich arbeiteten, waren von der Brillanz und der Genialität der Methoden, die er angewendet hatte, fast ebenso beeindruckt wie von seinen Lehrsätzen. In seinen Zwanzigerjahren bewies Hawking bereits, daß er zu den bedeutendsten theoretischen Physikern seiner Zeit gehörte.

Anfang der siebziger Jahre wandte Hawking seine Aufmerksamkeit den Schwarzen Löchern zu und begann, einige der eindrucksvollsten und schönsten sie betreffenden Ergebnisse, die wir kennen, einer Prüfung zu unterziehen. 1973 kam er zu der Annahme, daß sehr kleine Schwarze Löcher existieren könnten, und verbrachte viel Zeit damit, ihre Eigenschaften zu betrachten. Obwohl er es damals noch nicht wußte, waren es diese Untersuchungen, die schließlich eine Grundlage für sein wichtigstes Werk bildeten.

Im September 1973 verbrachte Hawking zehn Tage in Moskau, wo er auch den bedeutenden sowjetischen Astrophysiker Zeldovich aufsuchte. Zeldovich erzählte ihm von einigen Gedanken, die er zusammen mit einem Kollegen entwickelt hatte; sie bezogen sich auf die Wechselwirkung, die zwischen einem Schwarzen Loch und Licht bestehen sollte. Hawking kehrte mit der Überzeugung zurück, daß Zeldovich recht hatte und daß es sich lohnen würde, den Sachverhalt näher zu untersuchen. Aber er war auch der Ansicht, daß die sowjetischen Wissenschaftler nicht auf die richtige Art und Weise an die Dinge herangingen. Er beschloß, es besser zu machen.

Hawking wollte die Effekte der Quantenmechanik bei der Betrachtung des Wechselwirkungsprozesses mit einbeziehen. Normalerweise schenkt jemand, der sich mit Schwarzen Löchern befaßt, der Quantentheorie aus dem einfachen Grunde keine Beachtung, weil sie eigentlich nur auf den Bereich der sehr kleinen Objekte begrenzt ist. Ihre Effekte auf größere Objekte sind im großen und ganzen unbedeutend. Hawkings Wunsch, sie nun mit einzubeziehen, kam daher, weil sein Interesse massearmen Schwarzen Löchern galt, die klein genug waren, so daß die Quantenmechanik dramatische Auswirkungen auf ihre Eigenschaften haben würde. Diese Verbindung der beiden großen Eckpfeiler der modernen Physik, die Verknüpfung der Quantentheorie mit der Relativitätstheorie, war es, die schließlich zu seiner Entdeckung führte.

Hawking begann im Herbst 1973 damit, und es ist ein Zeichen seiner außerordentlichen mathematischen Fähigkeiten, daß er bereits nach wenigen Monaten zu einem Ergebnis gekommen war. Doch es stellte ihn nicht zufrieden. Die Ergebnisse seiner Berechnungen schienen in der Tat keinen Sinn zu ergeben. Seine mathematische Lösung besagte, daß das Loch leuchtete. Es sendete Licht aus. Das Schwarze Loch verhielt sich so, als ob es weißglühend wäre.

Hawking betrachtete das Ergebnis mit Verärgerung und machte sich daran, seinen Fehler aufzuspüren. Die Berechnung war recht kompliziert gewesen; daher bot sie natürlich auch viele Möglichkeiten, einen Fehler zu machen. Er hatte bei den Rechnungen Abkürzungswege beschritten, außerdem einige Näherungsverfahren angewendet und fragte sich nun, ob diese zu dieser unmöglichen Schlußfolgerung, zu der er gekommen war, beigetragen hatten. Ebenso fraglich konnte sein Ansatz sein, denn die Quantenmechanik unterscheidet sich grundlegend von der Relativitätstheorie. Diese beiden

Theorien sprechen nicht die gleiche Sprache, so daß es eine äußerst schwierige Frage gewesen war, wie man vorgehen sollte, um sie miteinander zu verbinden. Lag der Fehler etwa hier? Er betrachtete alles von allen Seiten, versuchte dies und versuchte jenes.

Aber was er auch tat, das Problem ließ sich nicht lösen. Das verdammte Loch blieb unbeirrt dabei, hell zu leuchten. Schließlich kam Hawking langsam zu der Ansicht, daß er auf etwas Reales gestoßen war.

Anfang Januar erzählte er Dennis Sciama, seinem ehemaligen Studienberater, der gerade dabei war, eine bevorstehende Konferenz zu organisieren, von seinem neuen Ergebnis. Hawking erinnerte sich daran, daß er damals nicht so recht gewußt hatte, was er nun damit anfangen sollte, doch Sciama hatte das Ergebnis tatsächlich sehr ernst genommen. Sciama sorgte dafür, daß die Nachricht von dem Ergebnis verbreitet wurde.

Vier Tage später hatte Hawking Geburtstag, und zur Feier des Tages veranstaltete seine Familie ein Festmahl. Als sie sich alle an den reich gedeckten Tisch setzten, klingelte plötzlich das Telefon. Es war Hawkings Kollege Roger Penrose, der aus London anrief. Zusammen mit ihm hatte Hawking einige seiner wichtigsten, früheren Forschungsarbeiten durchgeführt. Penrose hatte von dem Gerücht gehört und wollte nun Näheres darüber erfahren. Hawking berichtete, und Penrose überhäufte ihn mit weiteren Fragen. Während die anderen Familienangehörigen, schon unruhig geworden, am Tisch saßen, zog sich das Gespräch immer weiter hin. Fünfundvierzig Minuten waren schließlich vergangen, als Hawking an den Tisch zurückkehrte.

Das Festessen war inzwischen völlig kalt geworden.

Eine Metallstange, die von einer Lötlampe erhitzt wird, bekommt eine schwach leuchtende, rötliche Färbung. Wird die Stange noch weiter erhitzt, leuchtet sie in einem hellen Gelb. In beiden Fällen entsteht die Emission von Licht, weil das Metall heiß ist. Hawkings Entdeckung war, daß jedem Schwarzen Loch eine bestimmte Temperatur zugeordnet ist: ebenso wie die Metallstange leuchtet das Schwarze Loch.

Die Temperatur hängt von der Masse des Lochs ab; so stellt sich zum Beispiel heraus, daß ein Schwarzes Loch, das sich aus etwas derart Massereichem wie einem Stern gebildet hat, extrem kalt ist.

Seine Temperatur hat einen Wert, der weniger als ein millionstel Grad über dem absoluten Nullpunkt liegt. Bei derart niedrigen Temperaturen ist die Emission von Licht völlig unbedeutend. Somit hat Hawkings Entdeckung keine merkliche Veränderung des Bildes, das wir uns von Schwarzen Löchern gemacht haben, zur Folge: sie sind tatsächlich schwarz.

Doch kleinere Schwarze Löcher sind heißer. Eins mit der Masse eines großen Asteroiden, ungefähr in der Größe einer Bakterie, würde Zimmertemperatur haben. Es würde Infrarotstrahlen aussenden – sie sind dem bloßen Auge zwar nicht sichtbar, aber sie sind da. Ein Loch, das aus einem kleineren Asteroiden entstanden ist, also ein sehr winziges Schwarzes Loch, würde weißglühend leuchten. Und ein Schwarzes Loch von der Größe eines Elementarteilchens würde Gammastrahlen mit einer Leistung von einer Milliarde Watt aussenden.

Dieses abgestrahlte Licht führt Energie mit sich, die irgendwoher kommen muß. Im Falle der Eisenstange stammte die Energie von der Lötlampe. Was das Loch angeht, kommt sie von seiner *Masse.* Jedes Schwarze Loch im Universum ist dabei, ständig seine Masse in Energie umzuwandeln und sie in Form von Licht abzustrahlen. Folglich schwindet das Loch mit dem fortschreitenden Emissionsprozeß dahin. Es wird kleiner – doch je kleiner es wird, desto heißer wird es auch, und die Emission zeigt sich immer deutlicher. Am Ende ist die *gesamte* Masse in Energie umgewandelt worden: das Schwarze Loch ist vollkommen verschwunden, zurück bleibt eine sich ausdehnende Kugel aus Licht.

Da die Emission von Schwarzen Löchern mit der Masse eines Sterns so schwach ist, kann man ihren Verfallsprozeß überhaupt nicht feststellen. Ein Schwarzes Loch, das vor Milliarden Jahren beim Urknall entstanden ist, würde im Laufe der ganzen Geschichte des Universums nicht einmal ein Gramm von seiner Masse verloren haben. Aber kleinere Löcher, die durch den Urknall gebildet worden sind, würden einen Verfallsprozeß durchgemacht haben, der schneller verlaufen ist. Sehr kleine wären heute bereits vollkommen verschwunden, und diejenigen, die anfangs die Masse eines Berges hatten, würden das Ende ihrer Existenz in der gegenwärtigen Epoche erreicht haben. Genau in diesem Moment durchlaufen sie die Endstadien ihrer Auflösung; sie verdampfen stoßweise – ein geräuschloses, ständiges Auflodern reiner Strahlung.

Im Februar 1974 zweifelte Hawking nicht mehr so sehr an seinem Ergebnis und neigte eher zu der Annahme, daß es richtig war. Auf der von Sciama vorbereiteten Konferenz berichtete er dann darüber. Sein Vortrag löste eine Art Aufruhr aus. Die meisten der Anwesenden hatten das Gefühl, daß er irgendwo einen Fehler gemacht haben mußte. Ein Konferenzteilnehmer (sein Name soll hier nicht genannt werden) erklärte alles für Unsinn und verließ eilig den Saal, hielt vorher noch einmal kurz an, um einen Kollegen abzuschütteln, der ihn zurückhalten wollte, dann setzte er sich an seinen Schreibtisch, um eine Abhandlung zu schreiben, in der er darlegte, warum er den gehaltenen Vortrag als Unsinn einstufte. Diese Abhandlung wurde in einer naturwissenschaftlichen Zeitschrift veröffentlicht, aber vorher war sie vom Herausgeber an Hawking geschickt worden, damit dieser eine Stellungnahme dazu abgeben konnte. Hawking meinte, daß jeder, der in der Öffentlichkeit einen groben Fehler machen wollte, das Recht dazu hätte, und empfahl, die Abhandlung zu veröffentlichen.

Die Emission, die er entdeckt hatte, stand allem entgegen, was die Leute über Schwarze Löcher wußten – auch seine eigenen, früher gemachten Entdeckungen stimmten nicht damit überein. Es wurde angenommen, daß Schwarze Löcher Dinge in sich hineinsaugten und somit größer wurden. Er hatte aufgezeigt, daß sie eigentlich zusammenschrumpften. Es wurde angenommen, daß sie Licht in sich aufnahmen. Er hatte aufgezeigt, daß sie es ausstrahlten. Weit davon entfernt, dunkel und unsichtbar zu sein, zeigten die Schwarzen Löcher ihre Existenz auf imposante Weise an, zum mindesten die kleineren von ihnen. Kein Wunder also, daß man lange Zeit brauchte, um sich an Hawkings neue Denkweise zu gewöhnen.

Das entscheidende Element, das er der Theorie von den Schwarzen Löchern hinzugefügt hatte, ist die Quantenmechanik gewesen – insbesondere die Quantenmechanik des Vakuums. Das Schwarze Loch ist eine Verzerrung in der Geometrie des leeren Raums, und diese Leere ist es, die Licht aussendet. Das Vakuum ist es – das reine Nichts –, das heiß wird und leuchtet.

Im Bereich der klassischen Physik ergeben derartige Behauptungen keinen Sinn. Erst die Quantentheorie läßt sie sinnvoll werden, und sie erreicht dies, indem sie noch einmal grundlegend überdenkt, was wir unter einem Vakuum verstehen. Ein Vakuum ist die

Abwesenheit von Materie – aber ist dies überhaupt möglich? Der Quantenmechanik zufolge ist es *nicht* möglich. Ebenso wie die Unschärferelation auf eine ständige Schwankung der Größe und der Position jedes Objekts hinweist, deutet sie auch auf eine entsprechende Schwankung der *Anzahl* der vorhandenen Objekte hin.

Und diese Anzahl kann niemals bis auf Null reduziert werden. Wenn wir in dem Versuch, ein Vakuum zu schaffen, Luft aus einer Kammer herauspumpen würden, müßten wir die Feststellung machen, daß wir nicht in der Lage sind, sämtliche Teilchen abzuziehen – nicht etwa, weil sie sich weigern würden, die Kammer zu verlassen, sondern deshalb, weil sie ständig durch neue Teilchen ersetzt werden, die aus dem Nichts heraus entstehen. Diese Teilchen entstehen paarweise; und jedes Paar existiert nur für eine sehr kurze Zeitspanne, dann verschwindet es wieder. Wenn es verschwunden ist, kommt es wieder zum Vorschein und löst sich erneut auf; unaufhörlich treten die Paare ins Leben und geben ihre Existenz sogleich wieder auf. Dieser Prozeß wird auf Zeichnung 56 dargestellt.

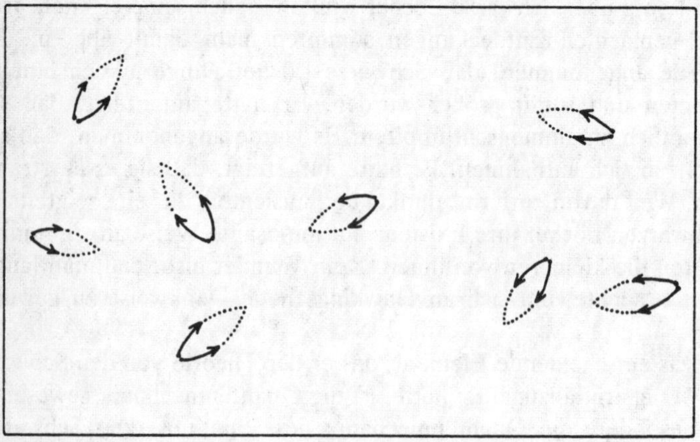

Zeichnung 56

Alle erdenklichen Arten von Teilchenpaaren beteiligen sich an dieser Fluktiation des Vakuums – insbesondere Photonenpaare, also Lichtteilchen. Ihre Entstehung kann in keiner Weise verhindert werden. Ein vollkommen leerer Raum ist somit eine reine Einbildung. Es kann ihn überhaupt nicht geben: alles, was man erreichen kann, ist dieses bemerkenswerte funkelnde Lichtmeer.

Unter normalen Umständen ist das Photonenpaar so kurzlebig, daß dieser Prozeß keine dramatischen Effekte hervorruft (obwohl er bis zu einem gewissen Grad den Aufbau der Atome verändert). Aber bei einem Schwarzen Loch handelt es sich nicht um normale Umstände. Insbesondere werden einige Paare in der Nähe des Ereignishorizonts des Schwarzen Lochs entstehen, und für diese existiert dann eine bemerkenswerte Möglichkeit. Wie Zeichnung 57 zeigt, kann das Paar getrennt werden, kann infolge der Schwerkraft auseinandergerissen werden, bevor sich die Partner wieder miteinander verbinden und in das Nichts verschwinden können. Ein Partner des Photonenpaares kann dann den Ereignishorizont überqueren und wird folglich nach unten in die Singularität gezogen. Es stellt sich heraus, daß dieses Photon eine negative Energiemenge mit sich führt. Folglich vermindert es, wenn es hineinfällt, die Masse des Schwarzen Lochs, und wenn genügend Photonen hineingefallen sind, hat sich das Loch vollkommen aufgelöst.

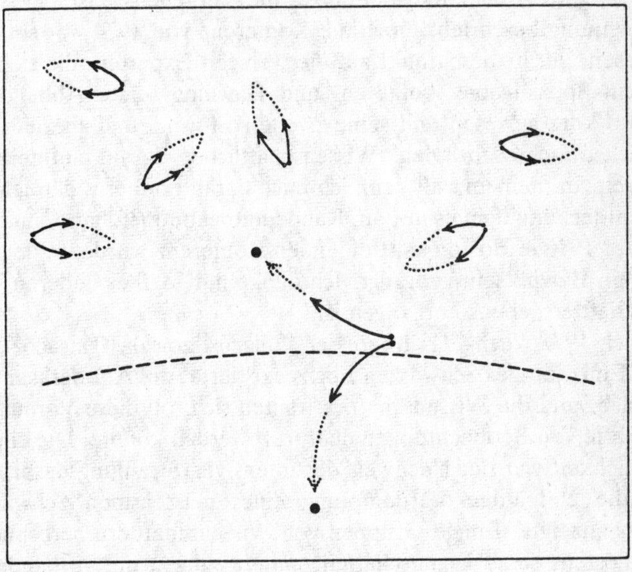

Zeichnung 57

Der andere Partner des Photonenpaares, der diesseits des Ereignishorizonts geblieben ist, hat seinen Begleiter somit verloren. Nun kann er nicht mehr ins Nichts verschwinden, denn dieser Vorgang ist nur paarweise möglich: jedes Photon kann sich nur auflösen, indem es in Verbindung mit seinem Partner zerstrahlt. Das Photon, das seines Partners beraubt wurde, erleidet ein bemerkenswertes Schicksal – seine Existenz ist dauerhaft gemacht worden. Es fliegt davon, in den Weltraum hinein. Es ist das Licht, das von dem Schwarzen Loch »ausgesendet« wird.

Auf die 1974 abgehaltene Konferenz, auf der Hawking seine Entdeckung bekanntgegeben hatte, folgte ein langes Schweigen. Ohne sich vorher auf eine feste Meinung festzulegen, begannen die Experten, Hawkings Berechnungen noch einmal selbst durchzuführen; sie versuchten es mit verschiedenen Methoden, auf der Suche nach einem Fehler. Erst nach ungefähr einem Jahr kamen die Wissenschaftler zu den ersten Ergebnissen.

In dieser Zeit veröffentlichte Hawking eine kurze Abhandlung, in der er allgemein über die neue Art der Strahlung berichtete, und eine längere Abhandlung, in der er die Vorgehensweise bei seiner Berechnung beschrieb. Doch die Konferenz von 1974 war so klein gewesen, derart beschränkt auf die wenigen Experten, die sich mit diesem Spezialgebiet befaßten, und Hawkings erste Abhandlung war so kurz gewesen und seine zweite so formal und speziell, daß zunächst nicht sehr viele Wissenschaftlicher darauf aufmerksam wurden. In meinem Fall kann ich mich daran erinnern, daß ich seine Entdeckung damals nur am Rande mitbekommen hatte, und erst auf der 1976 in Boston stattfindenden Konferenz wurde sie deutlich in mein Bewußtsein gedrängt. Ich denke mir, daß es anderen Wissenschaftlern ebenso ergangen ist.

Nach 1976 wuchs das Interesse. Zunächst zog die Tatsache, daß eine Emission des Schwarzen Lochs existierte, die Aufmerksamkeit auf sich, und die Wissenschaftler fragten sich, ob diese Voraussage mit Hilfe von Beobachtungen überprüft werden könnte. Die einzige Möglichkeit war der Nachweis des intensiven Strahlungsausbruchs, der die endgültige Verdampfung eines massearmen Schwarzen Lochs anzeigte. Einige Gruppen von Wissenschaftlern berechneten genauestens seine Eigenschaften; andere gingen die vorhandenen Daten durch und suchten nach Beispielen dafür. Derartige kurzzeitige, intensive Ausbrüche von Gammastrahlen waren in der Tat bereits festgestellt worden; doch als man sie genauer betrachtete, stellte sich heraus, daß sie nicht exakt die Eigenschaften aufwiesen, nach denen man suchte. Bis jetzt hat man noch nichts entdeckt, was man als Bestätigung für Hawkings Voraussage deuten könnte.

Aber Hawking läßt sich dadurch nicht beunruhigen, denn in der Geschichte der Wissenschaft gibt es zu viele Beispiele von richtigen Voraussagen, die jahrzehntelang nicht bestätigt werden konnten. In den letzten Jahren ist er bei seinen Forschungsarbeiten von der Annahme ausgegangen, daß die Emission des Schwarzen Lochs tatsächlich auftritt, und er ist in Bereiche gelangt, die sich weit jenseits dieser Frage befinden. Gegenwärtig hat er das Gefühl, daß seine ursprüngliche Arbeit lediglich die Spitze eines Eisbergs enthüllt hat und daß die wirkliche Bedeutung der Strahlung woanders liegt. Im weitesten Sinne kann man sagen, daß Hawkings Entdeckung ein neues Licht auf eine tiefschürfende, uralte Frage wirft: Ist das Universum überhaupt faßbar?

Neulich ging ich an einem Gebäude vorbei, an dem eine Trittleiter angelehnt war, und ich wurde Zeuge davon, wie sie zu Boden stürzte. Genau in dem Augenblick, als ich herankam, kippte sie zur Seite und taumelte langsam nach unten. Sehr mysteriös: Warum fiel sie um?

Viele Antworten auf diese Frage gingen mir beiläufig durch den Kopf, als ich über die auf dem Boden liegende Leiter stieg und meinen Weg fortsetzte. Vielleicht lag dort etwas Kies auf dem Gehweg. Vielleicht befand sich dort ein Ölfleck. Meine Schritte hatten möglicherweise genau die Schwingungen hervorgerufen, die nötig waren, um die Leiter umzukippen. Andererseits konnte es sein, daß eine Erschütterung in dem Gebäude, gegen das die Leiter gelehnt war, ihren Halt so sehr beeinträchtigt hatte, daß sie zu Boden stürzte. All das fiel mir als mögliche Erklärung für dieses Ereignis ein – aber es ist einmal wert, folgendes zur Kenntnis zu nehmen: *Kein einziges Mal bin ich auf den Gedanken gekommen, daß es auf meine Frage möglicherweise überhaupt keine Antwort gab.* Obwohl ich die Erklärung nicht kannte, war ich davon überzeugt, daß es eine gab. Unbewußt arbeiteten meine Gedanken nach dem Prinzip von Ursache und Wirkung: alles, was passiert, hat seinen Grund.

Es gibt Ursachen für Dinge, da die Natur festen, unveränderlichen Gesetzen unterliegt. Die Aufgabe der Physik ist es, sie zu entdecken. Wenn man sie einmal gefunden hat, ermöglichen sie es uns, das Universum zu verstehen. Die Vertreter der klassischen Physik hatten dies Generationen lang als ihr Programm angesehen. Der im neunzehnten Jahrhundert lebende Wissenschaftler Laplace hat einmal geschrieben, daß, wenn er die genaue Position und die Geschwindigkeit jedes einzelnen Atoms kennen würde, er die gesamte zukünftige Geschichte des Universums voraussagen könnte. Wenn gestern ein riesiger Meteorit in der Nähe von Chikago auf die Erde geprallt wäre, dann würde der entstandene Krater irgendwann einmal wegerodiert sein. Doch selbst danach würde eine genaue Untersuchung jedes einzelnen Atoms in der Welt noch immer Spuren dieses Vorfalls offenbaren. Das und das Sauerstoffmolekül in der Atmosphäre wird sich *hier* befinden, anstatt *dort,* weil es vor so langer Zeit beiseite gestoßen worden ist. Die Temperatur des unter der Erdoberfläche befindlichen Gesteins in Illinois wird in einem verschwindend kleinen Maße höher sein, als sie eigentlich sein sollte, weil sie infolge des Meteoritenaufschlags stark angestiegen war. Ein nordamerikanisches Staubkörnchen wird sich in Chile befinden, da es beim Aufprall nach oben geschleudert worden war, dadurch in die oberen Schichten der Atmosphäre gelangt und dort jahrzehntelang umhergeschwebt ist, bis es in den Anden, eingefroren in einem Eisblock, wieder zur Ruhe gekommen ist, dann durch einen Gletscher nach unten transportiert, in einer Moräne abgelagert, von einem Rinnsal, das in einen Fluß mündete, aufgenommen und schließlich am Ufer eines Bewässerungsgrabens abgelagert worden ist.

Es spielt keine Rolle, daß man den vor langer Zeit stattgefundenen Sturz eines Meteoriten auf diese Weise in der Praxis nicht nachweisen kann. Laplace ging es um das Prinzip, und das Prinzip war der absolute Determinismus. Alle Vorgänge in der Welt waren voraussagbar. Jedes Ereignis hatte seine Auswirkungen, die wiederum, eine vollkommene Kette bildend, weitere Ereignisse auslösten.

Die bedeutendste Einzelentdeckung der Physik des zwanzigsten Jahrhunderts ist, daß dieses Prinzip falsch ist. Diese Entdeckung weist zwei völlig verschiedene Aspekte auf; der erste davon ist die Unschärferelation der Quantenmechanik. Der Quantentheorie zufolge ereignen sich die Dinge in der Welt ohne jeden Grund. Die moderne Physik kann detailliert erklären, warum Uran als Substanz naturbedingt unbeständig ist, und kann genau den Strahlungsgrad eines Kernreaktors voraussagen. Doch wann ein bestimmter Atomkern des Urans zerfallen wird, darüber hüllt sich die Quantentheorie in Schweigen. Der Zerfall könnte in diesem Augenblick stattfinden, es könnte aber auch noch eine Milliarde Jahre dauern, bis er sich ereignet; es gibt keine Möglichkeit, den Zeitpunkt vorauszusagen. Und wenn der Zerfall schließlich eintritt, so geschieht dies völlig grundlos. In ähnlicher Weise ist es nicht möglich, die exakte Position und die Geschwindigkeit jedes Teilchens des Universums festzustellen – nicht etwa, weil es zu schwierig ist, sondern weil es einfach nicht geht. Die Atome sind nicht *da,* sie sind mit einer gewissen Wahrscheinlichkeit da. Das Gesetz von Ursache und Wirkung wird durch das Gesetz der Wahrscheinlichkeit ersetzt.

Der Unschärferelation zufolge hat der Sturz des Meteoriten in der Tat die Bewegung von Teilchen in der ganzen Welt beeinflußt – aber da die vorherige Bewegung der Teilchen nicht exakt festgelegt war, hatte die Beeinflussung sie auf eine gewisse verschwommene Weise beeinträchtigt. Im Laufe der Jahrhunderte ließ die auf den Meteoriten zurückzuführende Wirkung immer mehr nach, während die mit ihr verbundene Unbestimmtheit blieb. Am Ende überwältigte die Unbestimmtheit die Wirkung: die Zeichen aus der Vergangenheit waren undeutlich geworden und sind schließlich verlorengegangen. Die Tatsachen hatten sich aufgelöst.

Albert Einstein konnte den Zusammenbruch des Determinismus in der Physik und die Betonung der Quantentheorie auf das Gesetz der Wahrscheinlichkeit niemals akzeptieren. Er faßte seine Überzeugung in einem berühmt gewordenen Satz zusammen: *»Der Herrgott spielt nicht Würfel mit dem Universum.«* Damit wollte er nicht sagen, daß die Quantenmechanik falsch wäre, denn sie hatte viel zu viele Überprüfungen bestanden, so daß er diese Möglichkeit ernsthaft in Betracht gezögen hatte. Er wollte damit nur sagen, daß sie unvollständig war; seiner Meinung nach handelte es sich um den bleichen Schatten irgendeiner noch zu entdeckenden Theorie, die tiefgehender und zutreffender war und die schließlich das Gesetz von Ursache und Wirkung wieder an seinen rechtmäßigen Platz setzen würde. Doch bisher konnte keine Theorie dieser Art aufgestellt werden, und ironischerweise ist Einstein, der an der Entwicklung der Quantentheorie beteiligt gewesen war, auch der Verursacher des zweiten schweren Schlags, der im zwanzigsten Jahrhundert gegen das Kausalprinzip gerichtet worden ist: der Relativitätstheorie und ihres Produktes, des Schwarzen Lochs. Das Schwarze Loch löst die Tatsache nicht auf; es verschlingt sie.

Um dies zu veranschaulichen, schlage ich ein Spiel vor. Unmittelbar vor mir und einem Mitspieler schwebt ein Schwarzes Loch. Ich halte irgend etwas in meiner Hand. Mein Mitspieler muß sich nun abwenden, während ich diesen Gegenstand in das Loch hineinwerfe. Dann dreht sich mein Mitspieler wieder um. Seine Aufgabe ist es nun, herauszufinden, was ich in das Loch geworfen habe.

Natürlich kann er diese Aufgabe nicht lösen. Der Gegenstand wird von dem Ereignishorizont verborgen gehalten. Außer selbst in das Loch hineinzuspringen, kann mein Mitspieler nichts tun, um die Natur dieses Gegenstandes zu ermitteln – und wenn er hineinspringen würde, hätte er keine Möglichkeit, sein Wissen an irgendeine dritte Person, die sich außerhalb des Lochs befindet, weiterzugeben. Der Ereignishorizont des Schwarzen Lochs teilt den Raum in zwei Bereiche, in einen inneren und einen äußeren, und ein Beobachter, der im Außenbereich bleibt, kann Objekte, die sich im Innern befinden, absolut nicht erkennen. Und das trotz der Tatsache, daß mein geheimgehaltener Gegenstand noch immer *da* ist: unversehrt und unverändert, nur wenige Zentimeter von meinem Mitspieler entfernt, kriecht er endlos langsam dem Ereignishorizont entgegen.

Das gleiche gilt für das Loch selbst: Es ist möglicherweise durch den Kollaps eines Sterns am Ende seiner nuklearen Brennphase entstanden – vielleicht aber auch wieder nicht, denn es wäre ebensogut möglich, daß es bei dem Versuch, eine gigantische Menge von Kartoffeln zu zermalmen, der etwas zu weit gegangen war, entstanden ist. Es könnte sogar sein, daß es aus reiner Energie entstanden ist, denn ein Lichtstrahl, der intensiv genug ist, stürzt in sich selbst zusammen und bildet ein Schwarzes Loch.

Im Bereich der gewöhnlichen Erfahrungen gibt es hierfür keine Entsprechungen. Wenn ich meinen Gegenstand in irgendeine Klärgrube hineinwerfen oder einen steilen Abhang hinunterwerfen würde, dann gäbe es Wege, die Natur dieses Gegenstandes zu ermitteln. Wenn sich einstmals eine alte Stadt auf den Ebenen von Kansas befunden hatte, dann hat ein fleißiger Archäologe immer die Möglichkeit, sie freizulegen und damit Licht auf unsere Geschichte zu werfen. All diese Dinge sind möglich, da die gewöhnliche Welt Spuren der Vergangenheit in sich birgt. Anhand dieser Spuren kann man einen kleinen Teil des Universums verstehen. Doch jenseits des Ereignishorizonts eines Schwarzen Lochs nimmt die Geschichte ein Ende. Die Vergangenheit existiert nicht mehr.

Eine bemerkenswerte Eigenschaft von Hawkings Entdeckung ist es, daß sie sich auf beide Theorien gründet, die – jede für sich – zum Zusammenbruch des Determinismus geführt haben. Aber sie geht noch weiter, denn ein Schwarzes Loch leuchtet nicht nur. Es verhält sich buchstäblich und genau so, als ob es *heiß wäre.*

Licht kann auf verschiedene Arten erzeugt werden, und es kann, was von den Umständen seiner Erzeugung abhängig ist, viele verschiedene Eigenschaften aufweisen. Aber Licht, das von einem Objekt ausgesendet wird, weil dieses Objekt heiß ist, weist eine Eigenschaft auf, die das besondere Interesse der Physiker auf sich zieht: *Es befindet sich in dem willkürlichsten Zustand, der möglich ist.* Die Thermodynamik ist der Bereich der Physik, der sich mit den Beziehungen zwischen Wärme und den anderen Formen der Energie befaßt, und die Erkenntnisse, die man in diesem Bereich gewonnen hat, sind in drei Hauptsätzen zusammengefaßt. Aber eine tiefgründigere Interpretation dieser Hauptsätze ist auch möglich: Sie sind Aussagen über die Willkür, über die Unordnung. Schon lange vor Hawkings Entdeckung hatte es Anzeichen dafür gegeben, daß die Schwarzen Löcher auf rätselhafte Weise irgend etwas mit der Thermodynamik zu tun hatten.

Diese Anzeichen entsprangen der Arbeit von Jacob Bekenstein, der damals an der Princeton University studierte. Bekenstein zeigte in seiner Doktorarbeit auf, daß zwischen den Hauptsätzen der Thermodynamik und bestimmten Gesetzen, die sich auf Schwarze Löcher bezogen, eine bemerkenswert starke Analogie bestand. Für jede Aussage, die man über die Wärme machen konnte, gab es eine entsprechende Aussage, die auf Schwarze Löcher zutraf.

Bekensteins Arbeit gehörte zu den besten Beispielen der geschickten, abstrakten Methoden der theoretischen Physik. Es handelte sich um eine wunderbare Forschungsarbeit, doch ihre Folgerungen waren unklar. Die Beweisführung mit Hilfe der Analogie ist ein recht wirksames Verfahren, doch oftmals führt sie zu Mehrdeutigkeiten. Man kann die Entsprechung entweder annehmen oder sie zurückweisen, und die Wahl ist in der Regel der eigenen Neigung überlassen. In diesem Fall waren viele Wissenschaftler, die in diesem Bereich arbeiteten, von Bekensteins Vermutung beeindruckt und verfolgten sie auf verschiedene Weise weiter. Doch Stephen Hawking war davon nicht beeindruckt worden. Er vertrat die Meinung, daß Bekensteins Arbeit keine besondere Bedeutung zukam, und er hatte einen klaren Grund, weshalb er dies annahm. Er wußte, daß die Entsprechung niemals vollkommen, sondern höchstens annähernd sein konnte. Und der Grund dafür war, daß heiße Objekte Licht aussendeten, die Schwarzen Löcher dies aber nicht taten.

Zwei Jahre später entdeckte Hawking dann, daß sie es doch taten.

Seine Entdeckung vervollständigte die Kette von Bekensteins Beweisführung, und die Analogie zwischen Schwarzen Löchern und Wärme wurde somit genau zutreffend. Hawking hatte nicht vorgehabt, dieses Ziel zu erreichen, während Bekenstein nicht vorhersehen konnte, aus welcher Richtung die endgültige Lösung kommen würde. Alles in allem war es ein bemerkenswerter Akt mehrfachen Schlafwandelns gewesen.

Hawking war zu seinem Ergebnis gekommen, ohne sich irgendwie auf Bekensteins Analogien zu beziehen. Daher war es um so erstaunlicher, daß die von ihm entdeckte Strahlung genau die Eigenschaft völliger Willkür aufwies, wie sie die thermodynamische Analogie voraussagen würde. Aber wie er dazu kommt, ist beim Nachlesen seiner ursprünglichen Aufzeichnungen nicht leicht zu verstehen: es stellt sich einfach, ohne eine unmittelbare befriedigende Erklärung, als Ergebnis seiner Berechnungen heraus.

Bekensteins Analogie übermittelt uns ein Verständnis dieser Dinge, doch Hawking vertritt in einer kürzlich veröffentlichten Abhandlung den Standpunkt, daß eine noch tiefer gehende Erklärung gefunden werden müßte. Er hat das Gefühl, daß diese Entdeckung auf einen *dritten* Zusammenbruch des Determinismusgesetzes in der Physik hindeutet.

Zu dieser Annahme kommt er durch die Tatsache, daß die von einem Schwarzen Loch ausgehende Emission so willkürlich wie möglich ist. Dies bedeutet, daß wir nicht exakt voraussagen können, wie die Emission aussehen wird. Wir können nur voraussagen, wie sie höchstwahrscheinlich aussehen wird. Normalerweise sendet das Schwarze Loch mit einem gleichmäßigen Leuchten Licht aus – aber ab und zu schwankt die Emission. Es kann sich ein winziger

Ausbruch der »falschen« Farbe ereignen: ein kleines, grünes Aufflackern heute; ein großes, rotes Auflodern morgen. Das Loch kann gelegentlich sogar etwas anderes aussenden als Licht: einen Stein oder eine Person.

Die Folgen davon können durch einen imaginären Versuch veranschaulicht werden. Wir nehmen eine große Ansammlung von Materie und tun sie in eine Kiste. Es spielt keine Rolle, welcher Art die Materie ist: Murmeln erfüllen den Zweck genauso wie alles andere. Wir drücken sie so extrem zusammen, daß sie einen Kollaps erleiden und dadurch ein Schwarzes Loch entstehen lassen. Nun enthält die Kiste nichts weiter als das Loch.

Wir treten etwas zurück und warten. Allmählich füllt sich die Kiste mit Licht an, während das Loch kleiner wird. Schließlich verschwindet das Schwarze Loch völlig: die Murmeln sind in reine Strahlung umgewandelt worden. Aber nicht ganz! Es kann sich noch etwas anderes in der Kiste befinden – ein Lichtstrahl mit der falschen Farbe vielleicht oder ein kleines Stück Holz, das von dem Loch emittiert worden ist. Und das Problem dabei ist, daß wir keine Möglichkeit besitzen, vorauszusagen, was die Kiste enthalten wird, wenn sich das Loch aufgelöst hat.

Wiederholen wir den Versuch.

Wir pressen den Inhalt der Kiste, egal, was es auch ist, so fest zusammen, daß sich ein zweites Schwarzes Loch bildet, und lassen dieses Loch wiederum verschwinden. Die Kiste wird am Ende mit etwas anderem angefüllt sein – mit Licht und einem Walfischbaby vielleicht. Wir führen den Versuch ein drittes Mal durch, dann ein viertes Mal und so weiter, solange wir wollen. Am Ende jedes Versuchs ist der Inhalt der Kiste absolut unvoraussagbar. Die Physik hat die Fähigkeit verloren, die in der Kiste ablaufenden Ereignisse zu verstehen.

Hawkins ist durch diese neue Begrenzung, die er entdeckt hat, nicht beunruhigt. Ganz im Gegenteil, er scheint sie eher amüsant zu finden. Er hat sich sogar als Erwiderung auf Einsteins Aphorismus einen eigenen ausgedacht: »Der Herrgott spielt nicht nur Würfel. *Manchmal wirft er sie auch dorthin, wo man sie nicht mehr sehen kann.«*

Hawking arbeitet in der Cambridge University in England, im Department of Applied Mathematics and Theoretical Physics. Mich interessierte, wie ein Mann, dem es nicht möglich war, seiner Frau eine kurze Mitteilung aufzuschreiben, derartige Dinge zustande bringen konnte, und ich stattete ihm deshalb vor kurzem einen Besuch ab. Das Institut befindet sich etwas abseits von einem kleinen, kurvenreichen Weg, und gemäß der typisch britischen Untertreibung ist das Hinweisschild dorthin so winzig, daß ich sage und schreibe dreimal daran vorbeilief, bis ein freundlicher Passant mein Elend erkannte und mir den richtigen Weg wies. Ich durchschritt einen überwölbten Torweg und gelangte auf einen mit Kopfsteinen gepflasterten Hof, auf dem Autos geparkt waren; unzählige Fahrräder standen dort gegen die Wände gelehnt.

Die Einrichtung im Innern wurde einer der angesehensten Forschungsstätten der Welt kaum gerecht. Es war grau, düster und kahl. Ein mit Linoleum ausgelegter Korridor wand sich hierhin und dorthin, schien an nichts Besonderem vorbeizuführen und erreichte schließlich einen großen Raum, von dem die Büros abgingen. Eins davon gehörte Hawking.

Er saß zusammengesackt in einem Rollstuhl, vor einem großen Schreibtisch, die Arme auf seinem Schoß gekreuzt. Sein Kopf war etwas zur Seite geneigt; gelegentlich hob er ihn an und kippte ihn zur Erleichterung auf die andere Seite. Als ich bei ihm war, sah ich noch, daß er seine Fingerspitzen bewegte, aber dies waren die einzigen Bewegungen seines Körpers, die ich in der ganzen Zeit bemerkt hatte.

Hawking bedient seinen batteriebetriebenen Rollstuhl mit Hilfe eines kleinen Hebels, der an seinem Arm angebracht ist; neben seinem Schreibtisch befinden sich drei Geräte, die ebenfalls auf die Berührung der Fingerspitzen ansprechen. Das eine davon ist ein Telefon, ausgerüstet mit einem Lautsprecher und einem Mikrofon, in das er hineinsprechen kann, ohne den Hörer in die Hand nehmen zu müssen. Jedoch haben selbst diejenigen, die ihn gut kennen, Schwierigkeiten, ihn über das Telefon zu verstehen. Ich selbst konnte ihn so gut wie nicht verstehen, obwohl wir uns sogar gegenübersaßen, und nur mit der Hilfe eines »Übersetzers« – eines jungen Wissenschaftlers namens Ian Moss, mit dem er zusammenarbeitet – war ich in der Lage, ein Gespräch mit ihm zu führen.

Man muß sich an Hawkings Art zu sprechen gewöhnen. Dem ungeschulten Ohr hört es sich wie ein gleichmäßiges, wenig betontes Brummen an, und anscheinend ist es für ihn überhaupt schwierig zu sprechen. Dies macht es ihm unmöglich, sich an einem lockeren Gespräch zu beteiligen, wie es jeder von uns tut – einfach von diesem und jenem zu plaudern und häufig das Thema zu wechseln. Jede einzelne meiner Fragen beantwortete er sehr langsam, wobei er viele Pausen machte. Unser Gespräch war fast mit einem längeren Briefwechsel zu vergleichen.

Neben dem Telefon befindet sich sein zweites Gerät – eine Vorrichtung, auf die Bücher gelegt werden können und die dann die Seiten automatisch umblättert. Da Hawking mit seinen Händen nichts ergreifen und festhalten kann, ist das Lesen eine der größten Schwierigkeiten für ihn. Wenn jemand das Gerät richtig eingestellt hat, kann er also ein Buch lesen. Was die wissenschaftlichen Abhandlungen und ähnliches angeht, so läßt er sie fotokopieren, und die losen Seiten werden dann vor ihm auf dem Schreibtisch ausgebreitet. Einen großen Teil seiner Zeit verbringt er damit, schweigend vor den Seiten zu sitzen und deren Inhalt zu durchdenken.

Das dritte Gerät ist ein Computer, der auf dem Schreibtisch steht. Es handelt sich um eine Spezialanfertigung mit zwei Hebeln, die die sonst gebräuchliche Tastatur ersetzen. Hawking zeigte mir, wie das Gerät funktioniert. Auf seine Bitte hin hob ihn Moss in seinem Rollstuhl in eine etwas aufrechtere Postition, nahm dann seine Hände und legte sie vorsichtig auf die beiden Hebel. Auf dem Bildschirm, der sich vor Hawking befand, erschien eine Darstellung der Schreibmaschinentastatur und ein kleiner Pfeil. Mit unscheinbaren Bewegungen seiner Fingerspitzen drückte Hawking den einen der beiden Hebel hierhin und dorthin, womit er die Position des Pfeils dirigieren konnte. Als dieser auf den Buchstaben »I« deutete, betätigte er den anderen Hebel: der Buchstabe war in das Gerät eingegeben worden. Er manövrierte den Pfeil hinunter zum Buchstaben »C«, gab ihn ein. bewegte den Pfeil schräg nach oben, machte einen Fehler und gab ein »J« ein, löschte ihn wieder, gab ein »H« ein und schrieb auf diese Weise weiter. Nach und nach wurde der Satz »Ich kann Sätze und anderes tippen« auf dem Bildschirm sichtbar.

Als er ihn zu Ende geschrieben hatte, waren mehr als drei Minuten vergangen. Er benutzt den Computer nicht sehr oft.

Eines der Kapitel in Hawkings Doktorarbeit hatte fast ausschließlich mit Mathematik zu tun und war buchstäblich vollgestopft mit Gleichungen. Doch er erzählte mir, daß dies die letzte Arbeit gewesen ist, die er auf diese Weise durchgeführt hatte. Mit dem Fortschreiten der Krankheit hatte er schließlich die Fähigkeit verloren, einen Bleistift festzuhalten, und ist nun dazu gezwungen, seine Arbeiten auf andere Art und Weise auszuführen. Er hat sich deshalb bestimmte, in hohem Grade geometrische Methoden der modernen Mathematik angeeignet, bei denen Gleichungen durch Diagramme ersetzt werden. »In meinem Kopf zeichne ich kleine Bilder«, erklärte er. Einen Großteil seiner Zeit verbringt er damit, nach Abkürzungen zu suchen, nach findigen Tricks, durch die sich umständliche Berechnungen erübrigen; und diejenigen, die mit ihm zusammenarbeiten, bestätigen, daß er es meisterhaft versteht, elegante und brillante Lösungen für Probleme zu finden, die andere mit roher Gewalt angehen würden. Oft arbeitet er mit anderen Wissenschaftlern oder mit Studenten zusammen – er stellt Theorien in den Raum und schärft seinen Verstand, indem er sie erklärt. Wenn er mit einer besonders komplizierten Berechnung konfrontiert wird, schreibt sein Mitarbeiter sie an die Tafel, und dann fangen sie beide zusammen an, darüber nachzugrübeln. Oftmals bittet er jemanden, für ihn die Nebenrechnungen, die bei irgendeiner Berechnung anfallen, aufzuschreiben.

Als Hawking mir an jenem Tag all dies erklärte, wurde ich von einer gewaltigen Verwirrung ergriffen. Nichts von dem, was er sagte, reichte aus, um seine enormen Leistungen zu erklären. Viele Wissenschaftler arbeiten zu zweit zusammen, wenden dabei die moderne Mathematik an und suchen nach der brillanten Lösung. Warum unterschied er sich so sehr von ihnen? Wie war es zu erklären, daß er erfolgreich durch mathematische Dickichte gedrungen war und somit zu einem der bedeutendsten Wissenschaftler unserer Zeit geworden ist? Ich fragte ihn, ob er über ein fotografisch genaues Gedächtnis verfügte. Er versicherte mir, daß dies nicht der Fall wäre. Konnte er viele komplizierte Gleichungen in seinem Kopf speichern? Nein. Konnte er 215 multipliziert mit 73 im Kopf ausrechnen? Er konnte es nicht. Irgend jemand hatte einmal gesagt, das Hawkings Arbeitsweise mit der Mozarts verglichen werden könnte, der ganze Symphonien in seinem Kopf komponiert hatte. Hawking wies diese Ansicht mit einem Lachen ab. Als ich ihn verließ, war ich irgendwie etwas enttäuscht.

Doch als ich dann, noch am gleichen Nachmittag, am Ufer des Flusses Cam entlangging, fiel mir plötzlich auf, daß Stephen Hawking mir überhaupt nichts vorenthalten hatte. Es fiel mir plötzlich auf, daß ihm sein außergewöhnliches Können ebenso unbegreiflich war wie mir. Und warum sollte es nicht so sein? Denn niemand kann erklären, wie seine Denkvorgänge ablaufen. Mir wurde klar, daß die Denkprozesse in seinem Kopf ihm genauso verschlossen waren wie uns allen. Ich hatte einem Menschen gegenübergesessen, der ebenso geheimnisvoll ist wie das Objekt seiner Forschung.

Ein Student rauschte mit seinem Fahrrad an mir vorbei. Ich kam zu dem Schluß, daß ich mit einer törichten Frage zu Hawking gekommen war, Ich wollte, daß er mir erzählte, *wie er dies alles geschaffen hat.* Ich wollte sein Geheimnis wissen. Aber die einzige Parallele, die mir bei der Betrachtung seines Werkes einfiel, war die zu dem tauben Beethoven und der Musik, die dieser komponiert hatte. Wer war ich denn, daß ich das Wunderbare daran wegnehmen wollte?

16. Kapitel

Der Abstieg in den Mahlstrom

Die Meerenge von Corryvreckan verläuft zwischen den schottischen Inseln Jura und Scarba, die sich vor der Küste von Argyll befinden, nicht allzuweit entfernt von der Insel Arran. In dieser Gegend gibt es viele Strudel; der größte von ihnen wird *Cailleach* genannt, was soviel wie »alte Frau« bedeutet. Vor vielen, vielen Jahren trug sich dort – so erzählt eine Sage – die folgende Begebenheit zu:

Prinz Brecan von Norwegen verliebte sich in die Tochter des Herrn über Corrie, ein Fischerdorf auf der Insel Arran. Doch ihr Vater wollte seine Einwilligung für die Hochzeit erst geben, wenn der Prinz eine Prüfung bestanden hatte. Um seine Liebe zu beweisen, sollte der Prinz drei Tage lang mit seinem Schiff an der Stelle ankern, wo sich der Strudel befand.

Brecan ließ sich aus seiner Heimat drei Seile kommen, die er benutzen wollte, um sein Schiff fest zu verankern. Das erste bestand aus Hanf. Es zerriß gleich am Anfang und war nicht mehr zu gebrauchen. Der zweite, aus Seide gefertigt, erwies sich als stärker, doch schließlich wurde es ebenfalls auseinandergerissen. Das letzte Seil war aus Mädchenhaar gefertigt worden – geflochten aus den Zöpfen von einhundert Jungfrauen. Es war das stärkste von den drei Seilen. Doch als die Flut einsetzte und der Strudel immer reißender wurde, verlor im weit entfernten Norwegen eines der Mädchen ihre Jungfernschaft. Genau in diesem Augenblick zerriß das Seil, und Brecan war mitsamt seinem Schiff verloren.

Diese Sage hat mir Brandon Carter erzählt, ein mathematischer Physiker, der sich speziell mit der Allgemeinen Relativitätstheorie befaßt. Er glaubt, daß diese Erzählung etwas mit Schwarzen Löchern zu tun hat.

Im 11. Kapitel befindet sich eine »Landkarte« von einem Schwarzen Loch, die es als Schacht bzw. als Trichter darstellt (Zeichnung 45). Das Bemerkenswerte an diesem Bild, das einem Strudel gleicht, ist das Ausmaß, in dem es die Phantasie der Leute ergriffen hat – die Phantasie der Wissenschaftler ebenso wie die der Nichtwissenschaftler. Rein sachlich gesehen, ist eine derartige Karte nicht etwa zutreffender als ein Raumzeit-Diagramm oder eine der vielen anderen möglichen Darstellungen. Außerdem sind derartige Diagramme niemals in der Lage, das Schwarze Loch, das natürlich unsichtbar ist, vollständig darzustellen. Aber egal: Trotz allem hat man gerade dieses Bild aufgegriffen, um auf phantasievolle Weise das Schwarze Loch zu veranschaulichen. Immer wieder taucht es sowohl in den populärwissenschaftlichen Werken als auch in den Fachzeitschriften auf. Es ist geradezu so, als ob die polykonische Projektion eine tiefe, innere Resonanz in uns hervorriefe.

Fast noch nie hat sich eine wissenschaftliche Entdeckung als derart fesselnd erwiesen wie das Schwarze Loch. Weitaus stärker als viele andere, ebenso bedeutende Entdeckungen hat es anscheinend eine empfindliche Saite angeschlagen. Regelmäßig erscheinen Artikel und Bücher über Schwarze Löcher, und mindestens ein abendfüllender Spielfilm ist bereits über sie gedreht worden. Und ihre starke Wirkung beschränkt sich nicht nur auf die allgemeine Öffentlichkeit. Auch die Wissenschaftler sind innerhalb weniger Jahre anscheinend in ihren Bann geraten. Vor Mitte der sechziger Jahre war es äußerst schwierig gewesen, mehr als eine Handvoll Physiker zu finden, die bereit waren, die Schwarzen Löcher ernst zu nehmen. Nun ist das Pendel zur anderen Seite geschwungen, und die Wissenschaftler führen sie in ihren Arbeiten ständig an. Jedesmal wenn ein neues Phänomen entdeckt wird, stellt garantiert irgendein Theoretiker die Behauptung auf, daß es auf außergewöhnliche Art und Weise auf ein Schwarzes Loch zurückzuführen ist. Und dies geschieht trotz der Tatsache, daß man nach größten Bemühungen nur ein einziges Schwarzes Loch entdeckt hat! In der Natur sind Schwarze Löcher kaum zu finden. Nur in unseren Köpfen wimmelt es davon.

Aber warum? Man kann wohl nicht sagen, daß sie irgendeine besondere Bedeutung für unsere gegenwärtige politische oder wirtschaftliche Situation haben. Und man kann wohl auch nicht sagen, daß sie unser Bild, das wir von uns selbst machen, irgendwie beeinflussen, wie es zum Beispiel Darwins Evolutionstheorie oder die neuen Entdeckungen im Bereich der künstlichen Intelligenz getan haben. Wie ist es zu erklären, daß dieses vorgeblich nichtmenschliche Objekt eine derartige Wirkung auf den Menschen hat?

Meiner Meinung nach liegt die Antwort in der uns vertrauten Bildersprache begründet. Ein Schwarzes Loch ist ein Trichter. Ein Trichter ist ein Strudel. Und die Sage von Corryvreckan weist eine starke sexuelle Komponente auf.

Ein bengalisches Märchen über die Entstehung der Rubine handelt von einem jungen Mann, einem von vier Brüdern, deren Vater gestorben war. Seine Mutter liebte ihn sehr, woraufhin seine Brüder eifersüchtig wurden und sich zusammen verschworen, um sich das vom Vater hinterlassene Land und die Besitztümer anzueignen. Völlig verarmt fuhren der junge Mann und seine Mutter eines Tages mit einem Boot davon.

Sie segelten den Fluß hinunter und ins offene Meer hinaus, wo sie schließlich zu einem Strudel kamen. Um diesen Strudel herum trieben viele, ungewöhnlich große Rubine auf den Wellen. Der junge Mann nahm einen davon, dann setzten sie ihre Reise fort und erreichten schließlich in weiter Ferne eine Stadt, in der sie sich niederließen.

Eines Tages erblickte die Tochter des Königs den Rubin und begehrte ihn sehr. Der König kaufte ihn für sie, aber schon bald verlangte sie mehr davon, und der junge Mann erklärte sich bereit, zum Strudel zurückzukehren, um noch mehr Rubine zu holen. Er lief mit dem gleichen Boot aus und erreichte schließlich sein Ziel.

Entschlossen, diesmal die Quelle der Rubine ausfindig zu machen, sprang er vom Boot und tauchte in das Zentrum des Wirbels hinein. Im Innern des Strudels entdeckte er einen Palast, der auf dem Meeresgrund stand. Der junge Mann ging hinein. Dort erblickte er den Gott Schiwa, der seine Augen geschlossen hielt und in Meditation versunken war; über Schiwas Kopf, auf einem Absatz, lag eine wunderschöne Frau. Sie schlief, und ihr Kopf war von ihrem Körper abgetrennt. Aus der Wunde sickerte Blut, und wenn es sich mit dem Wasser des Meeres vermischte, verwandelte es sich in Rubine, die durch den Strudel nach oben getragen wurden.

Neben der Frau lagen ein goldener und ein silberner Stab, und als er einen davon ergriff, verband sich ihr Kopf auf magische Weise wieder mit ihrem Körper. Sie erwachte und warnte ihn vor Schiwas Zorn: »Unglücklicher junger Mann, verlasse sofort diesen Ort, denn wenn Schiwa seine Meditation beendet hat, wird er dich mit einem einzigen Blick in Asche verwandeln.« Doch er begehrte sie, und so kehrten sie zusammen in die Welt zurück und brachten viele Rubine mit. Schließlich heiratete er beide, sie und die Tochter des Königs, und sie gebaren ihm viele Kinder.

Die sexuelle Komponente tritt hier noch deutlicher hervor. Das Märchen beginnt mit einem jungen Mann, dessen Vater gestorben ist und der von seiner Mutter sehr geliebt wird. Die beiden leben, von dem Rest der Familie ausgeschlossen, allein. Es endet mit der Entdeckung, daß die Rubine in dem Strudel erstarrte Blutstropfen einer Frau sind. Könnte es sich um Menstruationsblut handeln? Ist der Strudel eine Vagina?

Das Auftreten von Schiwa in diesem Volksmärchen mag uns wenig sagen, doch bei einem bengalischen Zuhörer würde es eine ganze Reihe von starken Assoziationen auslösen. In der hinduistischen Mythologie wird er in zwei einander entgegengesetzten Erscheinungen dargestellt, die jedoch beide starke sexuelle Züge tragen, oftmals in einer sehr gefährlichen Ausprägung. Er ist der erotischste der Götter; »Als Schiwa Parwati heiratete, liebte er sie ununterbrochen hundert himmlische Jahre lang, denn er wurde von seiner Leidenschaft und seiner Begierde beherrscht. Als die Götter dieses eindrucksvolle Liebesspiel sahen, fragten sie sich beunruhigt, ob der Sohn, der aus einer derartigen Vereinigung hervorging, nicht das ganze Universum zerstören würde.« Ein anderer Mythos beschreibt seinen erotischen Tanz: »Die Erde bebte, und die Schildkröte und die Schlange, die die Erde trugen, konnten sie nicht mehr halten, doch Schiwa tanzte, von Glückseligkeit erfüllt, weiter, seine Augen sausten umher. Die besorgten Götter überlegten, wie sie ihn dazu bringen konnten, daß er sich wieder beruhigte. . .«

In seiner asketischen Erscheinung ist er demütig, in sich gekehrt, in Meditation versunken – aber immer noch erotisch. Einer seiner vier Köpfe, der dem Süden zugeordnet wird, zeigt einen asketischen und zugleich furchterregenden Ausdruck. Sein Penis ist glühend heiß, denn sein Sperma hat sich im Laufe seiner eintausend Jahre langen Meditation aufgestaut. Das Sanskrit-Wort *tapas,* das benutzt wird, um diese Art der Meditation zu beschreiben, bedeutet »die Hitze der Askese«. Genau in dieser äußerst aufgeladenen Erscheinung hat der junge Mann ihn im Innern des Strudels angetroffen.

Die Psychoanalytiker achten oftmals auf Schlüsselwörter, auf immer wieder benutzte, auffallende Redewendungen, die es ihnen ermöglichen, ihre Patienten besser zu verstehen. Es ist auch eine brauchbare Methode, um kulturell bedingte Zwangsvorstellungen aufzudecken. Sehen wir uns einmal an, woher die allgemeine Öffentlichkeit ihre ersten Informationen über Schwarze Löcher bekommt: aus Zeitungen und Zeitschriften. Hier ist eine Liste von typischen Redewendungen, die ich aus in den letzten Jahren veröffentlichten Artikeln über Schwarze Löcher herausgeschrieben habe:

Von einem Schwarzen Loch verschlungen
Ein Blick in Schwarze Löcher
Unersättlich verzehren sie alles, was ihnen begegnet
Bodenlose Abgründe
Jene bizarren Löcher

Die Botschaft ist deutlich genug.

Die Charybdis aus Homers Odyssee öffnet ihren Schlund dreimal am Tag, um ihre Opfer zu verschlingen. In ihrer Nähe, auf einer vor der Küste gelegenen Klippe, wächst ein Feigenbaum.

Edgar Allan Poes Mahlstrom ergreift den unvorsichtigen Fischer und verschlingt ihn. Tief unten, im pechschwarzen Wasser des Strudels, entdeckt der Fischer die Wrackteile zahlreicher anderer Schiffe, die schon vor Jahren dort hineingeraten waren und seitdem über dem endgültigen Abgrund herumkreisen. Auf diese unirdische Szenerie leuchtet der Vollmond, und ein Regenbogen wölbt sich darüber.

Das letzte, was wir von Kapitän Nemo und seiner Nautilus hören, ist, daß er am Ende von Jules Vernes Roman *Zwanzigtausend Meilen unter dem Meer* gegen den Strudel ankämpft.

Die ersten Karten Mercators stellten den Nordpol als einen gewaltigen Wirbel dar, in den die Meere der Welt unaufhörlich hineinströmten.

Der gähnende Abgrund tut sich in unseren Alpträumen immer wieder unter uns auf.

Das Bild von der alles verschlingenden Leere hat seit Jahrtausenden eine große Faszination auf die Menschheit ausgeübt. Die Schwarzen Löcher sind ein weiteres Beispiel für dieses Bild, das in unzähligen Formen in Erscheinung tritt, und ihre Faszination besitzt eine starke sexuelle Komponente. Aber die Sexualität ist mit dem Schöpferischen ebenso verbunden wie mit dem Zerstörerischen.

Erstaunlicherweise heißt das Wort für Loch im Griechischen *chaos;* und für die damals lebenden Menschen bedeutete dieses Wort noch mehr als nur Aufruhr und Verwirrung. Es hatte nämlich auch sehr viel mit der Fruchtbarkeit zu tun. In seinen *Metamorphosen* versteht Ovid unter Chaos »eine gestaltlose Leere, die die Samen, oder Möglichkeiten, aller Dinge in sich birgt«. Das Chaos war die ursprüngliche Substanz, der die gesamte Natur entströmte.

Jeder von uns ist aus dem Schoß seiner Mutter gekommen, und aus jedem Schwarzen Loch flutet die Hawking-Strahlung in Form von perligem Licht. Das Schwarze Loch ist der Mathematik nach mit dem Weißen Loch verbunden, einer Quelle unaufhörlicher Schöpfungen; und die Singularität, die in beiden Löchern auftritt, ist in ähnlicher Weise mit der Singularität des Urknalls, aus dem unser materielles Universum hervorgegangen ist, verbunden. Jedes Schwarze oder Weiße Loch ist chaotisch, undifferenziert und wird von Licht überflutet; eine gestaltlose Leere, die die Samen, oder Möglichkeiten, aller Dinge in sich birgt.

Personen- und Sachregister

H

I

J

K

L

M

N

Bildnachweis

Bild 1: California Institute of Technology und Carnegie Institution of Washington
Bild 2: George Orsten, Department of Astronomy, University of Massachusetts
Bild 3: Dr. H. C. Arp, Mount Wilson Observatory und Las Campanas Observatories
Bild 4: California Institute of Technology und Carnegie Institution of Washington
Bild 5: Dr. H. C. Arp, Mount Wilson Observatory und Las Campanas Observatories
Bild 6: Dr. H. C. Arp, Mount Wilson Observatory und Las Campanas Observatories
Bild 7: McGraw-Hill, Inc.; aus Hodge ›Slides for Astronomy‹
Bild 8: Harvey Tananbaum
Bild 9: Smithsonian Astrophysical Observatory
Bild 10: Lois Cohen, Griffith Observatory
Bild 11: Dr. Jerome Kristian, Mount Wilson Observatory und Las Campanas Observatories; Carnegie Institution of Washington
Bild 12: S. Jocelyn Bell Burnell
Bild 13: University of Massachusetts
Bild 14: Karen Tucker
Bild 15: Karen Tucker
Bild 16: University of Chicago
Bild 17: David Montgomery/Syndication Sales